梓人说构造
木竹家具结构设计理论、工艺与创新

刘学莘 牛敏 赵鹤 主编

U0155382

化学工业出版社
·北京·

内 容 简 介

家具和人们的生活密不可分，而木质材料和竹质材料是各式家具的传统材料，也是不可替代的材料。本书详细分析了常见木质和竹质材料的构成、结构、性能以及材质特性，系统介绍了传统实木家具和板式家具的结构、连接、制作工艺以及传统造型设计和现代设计思路，并简要介绍了家具结构的有限元分析等现代分析方法和技巧。

本书适合从事家具设计与制造的技术人员参考。

图书在版编目（CIP）数据

梓人说构造：木竹家具结构设计理论、工艺与创新/刘学莘，牛敏，赵鹤主编. —北京：化学工业出版社，2023.12
ISBN 978-7-122-44589-6

Ⅰ.①梓… Ⅱ.①刘… ②牛… ③赵… Ⅲ.①木家具-研究②竹家具-研究 Ⅳ.①TS664.1②TS664.2

中国国家版本馆 CIP 数据核字（2023）第 240406 号

责任编辑：邢　涛　　　　　　　文字编辑：张　宇
责任校对：李雨晴　　　　　　　装帧设计：韩　飞

出版发行：化学工业出版社
　　　　　（北京市东城区青年湖南街 13 号　邮政编码 100011）
印　　装：北京天宇星印刷厂
710mm×1000mm　1/16　印张 25½　字数 508 千字
2023 年 12 月北京第 1 版第 1 次印刷

购书咨询：010-64518888　　　　　售后服务：010-64518899
网　　址：http://www.cip.com.cn
凡购买本书，如有缺损质量问题，本社销售中心负责调换。

定　　价：138.00 元

前　言

　　我国是林木资源消耗和木竹制品加工制造大国，以家具制造、人造板加工为代表的木竹加工产业每年产值已突破 3 万亿元。近年来，伴随城市化进程的进一步推进以及房地产市场的规范化、稳定化发展，人们对家居建材与环境的需求已经逐渐由"量"向"质"的方向发展。尤其是近年来，在绿色发展和"双碳"目标的引领下，利用木材、竹材等可再生材料加工制备的可再生、高固碳的建筑装饰材料、日用家具等家居产品既迎来了新的市场机遇，又面临着生产技术革新、加工制造转型升级的时代需求。

　　本书在前人研究和实践的基础上，结合我国木竹加工产业的发展现状与趋势，从理论、工艺和创新三个方面全面介绍了木竹家具产品零部件结合方式、装配要求、加工方法、工艺流程等技术知识，同时提供了新型竹灯具设计方法及案例，以有限元分析为代表的家具设计新技术以及工业 4.0 背景下家具产品柔性化定制设计的新技术、新标准、新方法，以期拓展广大读者的创新思维，助推传统木竹产业转型升级发展。

　　本书共分 3 篇 8 章，其中第 1～3 章由刘学莘编写，第 4～6 章由牛敏编写，第 7～8 章由赵鹤编写，杜光耀和邹艾琪参加了少量编写工作。在本书编写过程中，得到福建农林大学材料工程学院林金国教授的指导，研究生田威威，本科生石梦瑶、李若茜等参与了文字校对、素材收集和图片处理工作，同时本书的编写与出版还得到福建省林业科技推广项目（项目编号 K1519110A）、福建农林大学出版基金的支持，在此一并表示感谢。

　　本书是福建农林大学"家具结构设计"国家级一流本科课程指定教材，既可供木材科学与工程、家具设计与工程、工业设计、产品设计等相关专业学生选读，也可作为相关企业职工培训教程以及服务乡村振兴的广大木竹加工行业从业者的职业参考书。

　　由于本书编者水平有限，如有疏漏请不吝赐教，在此表示深深的感谢。

编　者

2023 年 9 月 10 日　于福建福州

目　录

第3章 家具的接合方式 ·················· **140**

第2篇 工艺篇

● 第3篇 创新篇 ●

| 第1篇 |

理论篇

第 1 章

绪　　论

1.1　家具的概念与分类

1.1.1　家具的概念

家具是指人们从事日常生活生产和开展社会活动所必需的器具，它是构建工作、生活空间的基础。家具具有使用功能、审美功能、技术功能和经济功能。

家具也可以认为是由材料、结构、造型和功能四个要素组成。其中功能是先导，是推动家具发展的动力；结构是主干，是实现功能的基础。这四个因素既互相联系又互相制约。由于家具是为了满足人们一定的物质需求和使用目的而设计与制作的，具有外观形式和审美方面的要素，因此，家具既是物质产品，又是艺术作品，这便是人们常说的家具二重特点。

家具在我国有着悠久、繁荣的历史，尤其是明式家具，在世界范围内都享有盛誉。在古代，家具被分为席、床、屏风、镜台、桌、椅、柜等。席，是最古老、最原始的家具，最早由树叶编织而成，后来大都由芦苇、竹篾、藤皮等编制，古语中的"席地而坐"流传至今。床，是继席之后最早出现的家具。一开始，床是低矮的，古人读书、写字、饮食、睡觉几乎都在床上进行。南北朝以后，床的高度与今天的床差不多，成为专供睡觉的家具。自唐朝以来，高型家具广泛普及，种类繁多，品种齐全，有床、桌、椅、凳、高几、长案、柜、衣架、巾架、屏风、盆架、镜台等多种。同时，各个时期的家具都极力讲究工艺手法，力求图案丰富、雕刻精美，表现出浓厚的中国传统文化气息，成了我国传统文化的一个重要组成部分。

家具的类型、数量、功能、形式、风格、制作水平以及当时的背景情况，反映了一个国家或地区在某一历史时期的社会生活方式、物质文明水平以及历史文化特征。因此，家具是某一国家或地区在某一历史时期社会生产力发展水平的标志，是某种生活方式的缩影、文化形态的显现，所以家具凝聚了丰富而深刻的社会性。同时，家具也随着时代和科技的进步不断发展与创新，如今家具种类繁多，用料各异，用途不一。

1.1.2　家具的分类

家具作为室内的一种物质装备，其基本功能是辅助人类生活中的各种活动，它是建筑与人类生活的交汇之处，比建筑更直接地与人类生活相关联。正因有了家具，建筑的功能最终才得以实现。家具作为室内能够移动的设备，是室内设计至关重要的组成部分。

1.1.2.1　按家具与人体的亲疏关系分类

① 人体系家具：直接支承人体的家具，如椅、床等，是一切家具中与人体关系最为密切的对象，因此也是设计师应赋予最大关注的对象。它们的设计受人体形态、尺寸与动作等严格制约。

② 准人体系家具：它们虽不直接支承人体，但起到支持人类作业的重要作用，如写字台、餐桌与工作台等，是与人体关系相当密切的对象。其设计除受人体的制约外，还受到人体系家具的形态、尺寸等要素制约。

③ 建筑物系家具：它们本来是建筑物的组成部分，为了某种便利从建筑物中独立出来，主要用于生活用品的整理与收藏以及室内空间的临时分割等，如各类橱柜和屏风等，是家具中受人体的直接制约最少的对象。尽管如此，它们与人体的关系仍比建筑物本身更为亲密，仍是设计的重要对象。收藏物品的种类、数量与收藏方式是这类家具在造型和结构设计上的主要依据。

1.1.2.2　按家具的类型分类

① 移动式家具：可根据室内布置的使用要求灵活移动的家具，包括单件和组合两种不同形式。

单件家具是功能明确而形式独立的一般家具，如独立存在的椅、凳、桌、沙发、橱柜等。从节省面积、方便运输角度还可以分成堆积式、折叠式和拆装式。堆积式家具主要用于公共建筑中多人使用的座椅，以解决多量座椅的存放问题。折叠式家具是在主要部位设置若干个折动点，这些折动点用铆接或用螺栓连接，互相牵连而起连动作用，当家具不用时可以折叠合拢，便于存放和运输。拆装式家具是在结构上不用榫接、焊接这类固定死的接合方式，而是用拆卸方便的金属连接件或家具零部件自插接的方式将各零部件组装成整体的家具。

组合家具是采用单位尺度的系列单元组件，可以按空间和功能需要做自由配合的多用途家具，也称单元家具和组件式家具。柜类家具组合在一起的称为组合柜；沙发组合在一起的称为组合沙发；不同类型的家具组合在一起的则被称为多功能家具。组合家具是纯粹的工业设计产品，要求简化家具的组合单元，以利于批量化生产和减少生产成本，消费者可以按自己的意愿随意组合。其特点是功能和造型上的简明与美感，尤其是变化的功能富有造型上的统一感。

② 固定式家具：与建筑物组合而成的家具，也被称为嵌入式家具。该类家具以壁柜的形式布置在建筑物墙壁或房间的分隔部位，将储藏柜、桌椅、床等家具设计成建筑的结合部分，尤其适合在较小的室内空间中使用，同时兼顾了功能和形式两方面的需求，使空间得到最大化利用。

1.1.2.3 按家具使用场合分类

① 民用家具：日常生活用家具，是人类生活离不开的家具。因为是用于个人生活，有特定的使用者，所以它的种类繁多，品种复杂，式样多样化。其设计受使用者特定要求、个性与状况的制约。

② 公用家具：公共建筑室内使用的家具。由于社会活动内容不同、专业性很强，每一类场所家具的类型不多，但是数量很大。这类家具的设计是以使用者群体的平均、共性的数据为依据，虽然有些与民用家具相差不多，但是设计时要求条件要高些，要适应环境气氛，并充分利用有效空间。

③ 室外家具：供室外或半室外的阳台、平台使用的桌、椅，要求与外环境的风格和功能相吻合，要求具有抵御外界气候条件影响的功能。

1.1.2.4 按家具的功能分类

① 储存类家具：主要功能是储存人们日常生活、学习及工作中所需要的物品，如小衣柜、大衣柜、床头柜、酒柜、书柜、文件柜、资料柜、各种箱柜等，还包括陈列柜、货柜等。储存类家具大都是柜类，因此储存类家具也称为柜类家具。

② 支承类家具：供人们坐、卧的家具。它主要包括椅、凳、沙发和床。

③ 凭倚类家具：以台、桌类为主的供人们学习和工作时倚靠用的家具。凭倚类家具还兼有陈放、储存物品的功能，如写字台的脚柜、抽屉可以储存一些学习用品和书籍资料，餐桌的台面可以放置物品。

如果按功能多少分类，还可以划分为单功能家具和多功能家具。单功能家具是家具设计的主流，只要有足够的室内空间，单功能家具能与人体取得更好的匹配，是室内设计的方向。多功能家具是自古以来就有的形式，如坐柜既是人体系家具又是建筑物系家具，因而很难做出有机的、功能化的设计，但它可以大大节约室内空间，这对居住面积狭小的都市生活来说，往往成为很有需求的对象。尤其像两用沙发，既是沙发又是床，空间的节约极为可观。但这毕竟只是权宜之计，并非长远的方向。

1.1.2.5　按家具的结构形式分类

① 框架式家具。传统家具都是以榫卯、装板为主的框架式结构，是实木家具在发展中形成的理想结构。它以较细的纵横撑档料为骨架，以较薄的装饰板铺大面，用槽、榫来连接，既经济又结实轻巧，无论是支承类家具还是储存类家具都采用这种结构。我国几千年的历史文化中，明末清初的传统家具较好地体现了这一点。这类家具均使用实木，对木材的要求较高，且利用率很低，对实现家具生产的机械化、自动化存在较大的困难。

② 板式家具。凡主要部件均由各种人造板作为基材的板件构成，并以连接件接合起来的家具称为板式家具。板式家具可分成可拆装和不可拆装两种。板式家具的板块既是家具的固体件，又是家具的结构受力件。板式家具的生产大大提高了木材资源的工业利用率，为实现家具生产的自动化提供了条件。板式家具是柜类家具生产的发展方向。现代板式家具的板件表面不再是光溜溜的，而是附以大量可选的线型、线脚、浮雕等表面装饰。板式家具结构简单，专用连接件可使板式家具实现多次拆装，既便于家具的包装运输，又便于家具的使用保养。

③ 曲木家具。凡主要部件是由经过软化处理并弯曲成型的木质零件或多层胶合弯曲等工艺生产的木零件构成的家具称为曲木家具。该类家具的结构简单，造型优美。曲木家具生产工艺是新型的家具制造工艺，目前主要应用于椅类家具的生产。

④ 折叠家具。使用后或存放时可以改变形状和折叠收缩的家具叫折叠家具。折叠家具的主要种类有椅、桌、床等。

1.1.2.6　按家具的主要材料分类

多数家具采用多种材料制成，可以充分发挥各种材料的性能，使其多变而富有材质的对比趣味，可以分为木家具、金属家具、塑料家具、玻璃家具、软垫家具、竹藤家具、石材家具。木质材料是古今中外家具生产的最主要材料，包括实木家具、木质人造板家具、薄板胶合弯曲家具等。金属家具以钢和铝为主要材料，不锈钢也可以作为家具的主体构件。采用塑料制成的家具具有自然材料无法代替的优点，既可以单独成型自成一体，也可以制成部件与金属材料配合制成家具。玻璃用在家具上，其透明性令人赞赏，特别是利于观赏和扩大室内空间，在陈列柜、餐柜、茶几等中常用。软垫家具是由泡沫成型和充气成型的具有柔性的家具，主要应用在与人体直接接触的沙发、坐垫及床榻上，是极其普遍的家具。竹藤便于弯曲和编织，使竹藤家具造型轻巧且具有自然美。石材的质地坚硬、耐久，感觉粗犷、厚实，常用大理石制作桌及茶几的支承构件或全部。

1.1.2.7　按家具产生的时间分类

每一个国家，特别是世界文明古国，每一个历史时期都有不同风格的家具，而在目前的家具市场上以下几个国家古代典型风格的家具仍然存在或有影响力。

① 中国古代家具有宋式家具（960—1279）、明式家具（1368—1644）以及清式家具等，这些统称中国的传统家具（又叫中国古典家具）。中国明式家具是在历代家具不断发展的基础上完善、成熟起来的，形成了一种独特的风格。明式家具在国内、国际市场上越来越受到关注和欢迎。明式家具也就成了中国传统家具的代名词。

② 法国古代家具包括路易十四式家具（1643—1715）、路易十五式家具（1715—1774）、路易十六式家具（1774—1793）、拿破仑帝政式家具（1799—1814）等。今天制造的法国古代家具统称法国乡村式家具，它是一种适合现代生活需要和生产工艺的法国古典家具。这类家具具有优美的线形雕刻装饰。

③ 美国古代家具有美国殖民地式家具（1700—1780）和联邦式家具（1783—1850）。它是在美国早期家具款式的基础上发展起来的，式样多受法国家具的影响，但保持着美国式简洁、粗犷的特色。

④ 英国古代家具有威廉-玛丽式家具（1689—1702）、安娜式家具（1702—1760）、维多利亚式家具（1837—1901）、18 世纪英国传统式家具等。今天多见的英国传统式家具就是在 18 世纪四大设计名师作品的基础上设计的。四大设计名师家具形式是：奇彭代尔式、赫普怀特式、亚当式和谢拉顿式。

1.2　家具设计概述

1.2.1　设计的基本要素

家具作为现代工业化产品，功能、造型和物质技术条件是其设计的三个基本要素，它们构成了家具设计的整体。功能指产品所具有的某种特定功效和性能。造型是产品的实体形态，是功能的表现形式。功能的实现和造型的确立必须要有组成产品的材料，以及赋予材料特定的造型和功能的各种技术、工艺和设备，这些被称作是物质技术条件。

功能是家具设计的决定性因素，它是前提、目的和基础要素，但功能不是决定造型的唯一因素，而且功能与造型也不是一一对应的关系。造型有其自身独特的方法和手段，同样一种功能的家具，往往可以采取多种造型形态，这就是家具设计师的特质所在。当然，造型不能与功能相矛盾，也不能为了造型而造型。物质技术条件是实现功能与造型的根本条件，是构成家具产品功能与造型的中介因素。物质技术条件具有相对的不确定性。比如一张座椅，其所用的材质可能会有所不同，而材质的差异导致其制作工艺及设备上的差异也很大。因此，家具设计师只有掌握了各种材料的特性与相应的加工工艺，才能更好地进行造型设计。造型是设计者的审美构思，其任务是创造某种家具的一种形式。只重造型而无良好造型的家具只能算是粗劣的产品，只重造型而无完美功能的家具则无疑是虚假的摆设。所以，家具产品的功能、造型与物质技术条件是相互依存、相互制约而又不完全对应地统一于产品中的辩证关系。只有功能和造型结合成为一体的家具才能满足人类身心的需要。正是因为其不完全对应性，才形成了丰富多彩的家具产品世界。透彻地理解并创造性地处理好三者的关系是家具设计师的主要工作。

现代工业的发展使得家具成为工业设计和艺术设计高度融合的结晶，工业技术与艺术的融合是现代家具的特色。所以，现代家具是一种工业产品，其功能与审美并重。在功能方面，家具与其他工业消费品一样可根据消费者需要而改变机能和形态，可以按照个人的需求适应生活特点与个人美感的要求，使家具能够适应与发挥所在室内空间的功能。在美观方面，家具要表现出材料固有的美感属性，线条简洁而富有韵律，比例优美，给人以优雅、新颖和真实的品质感。

1.2.2　设计的基本要求

家具设计就是为了满足人们的需要而进行的一种设计，它是为人而生、为人所用的。所以，家具设计必须满足以下基本要求。

（1）功能性要求

现代家具产品的功能有着丰富的内涵，包括：物理功能——产品的性能、构造、精度和可靠性等；生理功能——产品使用的方便性、安全性、宜人性等；心理功能——产品的造型、色彩、肌理和装饰等各要素给予人愉悦感等；社会功能——产品象征或显示个人的价值、兴趣、爱好或社会地位等。

（2）审美性要求

家具必须通过其美观的外形使人得到美的享受。现实中绝大多数家具都是满足大众需要的物品，因而产品的审美不是设计师个人的主观审美，只有具备大众普遍性的审美情调才能实现其审美性。工业产品的审美往往是通过新颖性和简洁性来体现，而不是依靠过多的装饰才成为美的东西，它必须是满足功能基础上的美好的形体本身。

（3）经济性要求

除了满足个别需要的单件制品，现代产品几乎都是供多数人使用的批量产品。家具设计师必须从消费者的利益出发，在保证质量的前提下，研究材料的正确选择和构造的简单化，减少不必要的劳动，以及延长产品使用寿命，使之便于运输、维修和回收等，尽量降低生产企业的生产费用和消费者的使用费用，做到物美价廉，这样才能既为用户带来实惠，也为企业创造效益。

（4）创造性要求

设计的内涵就是创造。尤其是在现代高科技、快节奏的市场经济社会，家具产品更新换代的周期日益缩短，创新和产品的改良都必须突出独创性。一件家具产品的设计如果没有任何新意，就容易被进步的社会所淘汰，因而家具的设计必须是创造出更新更便利的功能，或是唤起新鲜造型感觉的新设计。

（5）适应性要求

设计的家具产品总是供特定的使用者在特定的使用环境下使用，因此在设计中，既要考虑家具与人、时间、地点的关系，又要将其与社会的关系纳入其中。设计的产品必须适应这些由人、物、时间、地点和社会多项因素构成的使用环境的要求，否则产品就不能在激烈竞争的市场上生存下去。正如日本夏普公司的总设计师净志坂下提出的：“应该在产品将被使用的整体环境中来构思产品。”夏普公司聘请了社会学家来研究人的生活与行为状态、安全性和标准化等多方面，然后用设计出来的产品来满足他们发现的人类生活的潜在需求。

除此之外，家具的设计还应当是一种容易被人认识、理解和使用的设计，而且还应当满足环保、社会伦理、专利保护、安全性和标准化等相关的需求。

1.2.3　设计的基本原则

（1）工效学原则

要用人类工效学的原理指导家具设计，目的就是要避免因家具设计不当而带来的低效、疲劳、事故、紧张、忧患、生态环境破坏及其他各种有形的损失，使人和家具之间处于一种最佳的状态，人和家具及环境之间相互协调，使人的生理和心理都得到最大的满足，从而提高工作和休息的效率。

（2）综合性思维原则

家具是一类具有物质功能和精神功能的复合体，不能纯粹用单一的形式美的法则去处理家具造型。家具造型设计时，不仅要符合造型规律，还要符合科学技术的规律，不仅要考虑造型的风格与特点，如民族的、地域的、时代的特点，还要考虑用材、结构、设备和加工工艺，以及生产效率和经济效益。

（3）满足需求原则

设计的根本目的就是如何去及时地满足人们不断增长的新的需求。因而满足需求也是一条重要的设计原则。设计者要从生活方式的变化迹象中预测和推断出潜在的社会需求，并以此作为新产品开发的依据。

（4）创造性原则

设计的核心就是创造，设计的过程就是创造过程，创造性当然是设计的重要原则之一。家具新功能的拓展，新形式的构想，新材料、新结构和新技术的开发都是设计者应用创造性思维和创新技法的过程。这种创造的能力人皆有之，人的创造力往往是以他的吸收能力、记忆能力和理解能力为基础，通过联想和对平时经验的积累与剖析、判断与综合来产生的。具有创造能力的设计师应掌握现代设计科学的基本理论和现代设计方法，应用创造性的设计原则，去进行新产品的开发工作。

（5）流行性原则

流行性原则就是要求设计的产品表现出时代的特征，符合流行时尚；要求设计者能经常地及时地推出适销对路的产品，以满足市场的需要。要成功地应用流行性原则，就必须研究有关流行规律与理论。新材料和新工艺的应用往往是新产品的先导；新的生活方式的变化和当代文化思想的影响，是新形式、新特点的动因；经济的发展和社会的安定是产生流行的条件。

（6）资源可持续利用的原则

家具是用不同的物质材料加工而成的，而木质材料又是最主要的家具材料。随着资源的日趋减少，天然材料日趋珍贵。为此在家具设计时必须考虑木材资源持续利用的原则。

1.3　家具结构设计概述

1.3.1　结构设计概念

在有文字记载的古代，人们所设计的家具外形和结构与今天我们所使用的家具差别其实不大。例如在埃及图坦卡蒙法老墓中发现的椅子、柜子，甚至折叠床，都与现代家具非常相似。而今天仍被广泛使用的榫卯结构，早在 6000 年前就已经被人们所了解和使用。

虽然人们使用家具有着数千年的历史，但如何设计与制造出既舒适实用又美观大方的家具依然是大家所关心的话题。因此，家具设计不仅仅是产品造型上的设计，还要包括结构与功能等方面的研究。从理论上讲，家具设计，尤其是结构设计，需要建立在一定的科学基础之上，如与结构相关的舒适性、承载能力、稳定性、使用寿命等方面均需要有科学依据。但从家具发展的历史来看，家具结构是通过不断尝试、不断吸取经验和教训而进化发展的。在早期的家具结构设计中，几乎都是以经验为主要依据，而且这种以经验为主的家具结构设计方式一直沿袭至今，并且还处于主导地位。因此，有必要将科学的设计方法引入家具产品的结构设计之中，使产品的结构更加合理。

家具结构设计是家具设计的重要组成部分，是在设计过程中按照产品的造型设计方案，为实现某种使用功能，选用合适的材料，并根据材料的基本属性，全面表达零部件之间的接合方式、装配关系以及必要的工艺技术要求的过程。它包括家具零部件结构设计以及整体装配结构设计。

由于一般的家具是由若干个零部件按照一定的接合方式装配而成，因此家具结构设计的主要内容就是研究其零部件间的接合关系。合理的结构不仅可以提高家具的力学性能，还能节省材料、提高工艺性，同时还可以加强家具造型的艺术性。因此，结构设计的任务除了满足家具使用过程中的力学要求外，还必须根据所用材料的属性来寻求力学与美学的统一。中国明式家具之所以堪称典范，其最根本原因就是构件本身不仅起到装饰作用，而且实现了结构与造型的完美结合。

实际上，如何科学地对家具结构进行设计仍未引起足够重视。一方面，虽然设计师从未忽视产品的安全性与材料的减量化与轻量化之间的辩证关系，但许多设计师习惯基于设计经验进行设计，导致很少有家具结构研究的动力或缺乏科学地考虑这个问题的能力。因此，在家具结构分析方面所需要的详细信息很难获得或根本没有。而另一方面，在其他领域，科学的设计方法却在广泛应用。

随着科学技术不断进步，有多种设计方法与分析技术可以辅助家具的结构设计。因此，在讨论家具结构设计的同时，有必要将现代科学的设计方法与分析技术引入其中，从而对家具结构进行科学分析，使家具产品的设计更具科学性。

1.3.2　结构设计的内涵与外延

家具结构是指家具构件之间的组合与连接方式，也是所使用的材料和构件之间的一定的组合与连接方式，是依据一定的使用功能而组成的一种结构系统。

（1）内涵

家具结构指家具零部件间的接合方式，如传统的榫卯连接方式和现代家具用的五金件连接方式，它与材料的变化和科学技术的发展相关。同时，不同的材料所构成的家具也存在不同的结构体系，如金属家具、塑料家具、藤家具、木家具等都有自己的结构特点。

家具的结构通常受材料物理与化学属性的约束，同时还要兼顾制造成本、工艺条件和造型样式的要求。一般来说，同一材料的家具也可以有不同的结构，如实木家具中，除了传统的榫卯结构之外，类似于板式家具中的拆装结构，在一定范围内也适用于实木家具。

（2）外延

构件连接后的整体样式具有较宽泛的范围，并通过形态、材料、功能等加以展示，可认为是外观造型的另一种解释。由于家具是具有一定使用功能的产品，因此，要求家具在尺度、比例、形状和功能上都必须与使用者的生理特征相适应。同时，家具产品的形态与结构特征还应与环境相匹配。

为了设计出与人体的生理尺寸、姿态动作、运动范围和生理机能相适应的家具产品，在结构设计中通常要引入人体工程学的相关原理与方法，使产品的外在结构更具有科学性。实际上，只有内涵与外延和谐统一，方可最大化地实现家具产品的功能价值。

第 2 章

家具结构设计技术基础

―――――

2.1 家具的常用材料

家具是由各种材料通过一定的结构技术制造而成的。制作家具的材料按其用途，一般可分为结构材料、装饰材料和辅助材料等三大类。结构材料因其性质的不同有木材、金属、竹藤、塑料、玻璃等，其中木材是制作木家具的一种传统材料，至今仍占主要地位。随着我国木材综合利用和人造板工业的迅速发展，各种木质人造板材也广泛地应用于制作家具。用于家具的装饰材料主要有涂料（油漆）、贴面材料、蒙面材料等。用于家具的辅助材料主要有胶黏剂和五金配件等。

2.1.1 木材

2.1.1.1 木材的构造与化学组成

木材是自然界分布较广的材料之一，也是制作家具的主要原材料。木材种类很多，一般可分为两大类，即针叶树材（needle-leaved wood）和阔叶树材（broad-leaved wood）。

针叶树材树干通直且高大，纹理平直，材质均匀，木质轻软，易于加工［故又称软材（softwood）］，强度较高，表观密度及胀缩变形小，耐腐蚀性强。习惯上把松、杉、柏类木材称为针叶树材，因此类木材没有导管（即横切面没有管孔），故又称为无孔材（non-porous wood）。

阔叶树材树干通直部分一般较短，材质较硬，难加工［故又称硬材（hardwood）］，较重，强度大，胀缩翘曲变形大，易开裂，常用于制作尺寸较小的构件。有些树种具有美丽的纹理与色泽，适合制作家具、室内装饰及胶合板等。由于阔叶树材种类繁多，习惯上统称为杂木，因此类木材具有导管（即横切面具有管孔），故又称为有孔材（porous wood）。常用的树种有榆木、柞木、柚木、榉木、紫檀、水曲柳等。

（1）木材的三个切面

木材是由大小、形状和排列各异的细胞组成。木材的细胞所形成的各种构造特征，可通过木材的三个切面来观察。树干的三个标准切面为横切面、径切面和弦切面。

横切面（transverse/cross section）是与树干轴向或木材纹理方向垂直锯切的切面。在这个切面上，年轮呈同心圆状，木材纵向细胞或组织的横断面形态和分布规律以及横向组织木射线的宽度、长度方向等特征，都能清楚地反映出来。横切面较全面地反映了细胞间的相互联系，是识别木材最重要的切面，也称基准面。

径切面（radial section）是与树干轴向相平行，沿树干半径方向（即通过髓心）锯切的切面。在该切面上，年轮呈平行条状，并能显露纵向细胞的长度方向和横向组织的长度和高度方向。

弦切面（tangential section）是与树干轴向相平行，不通过髓心所锯切的切面。在该切面上，年轮呈 V 字形花纹，并能显露纵向细胞的长度方向及横向细胞或组织的高度和宽度方向。

（2）宏观构造与显微构造

木材的宏观构造是指肉眼和放大镜能观察到的木材构造和外观特征，分为构造特征和辅助特征两类。

构造特征包括心材（heartwood）、边材（sapwood）、生长轮（growth ring）或年轮（annual ring）、早材（early wood）、晚材（late wood）、导管（vessel）、管孔 [pore，含环孔材（ring porous wood）、散孔材（diffuse porous wood）、半散孔材（semidiffuse porous wood）、辐射孔材（radial porous wood）、切线孔材（tangential porous wood）、交叉孔材（figured porous wood）]、轴向薄壁组织（axial parenchyma）、木射线（ray）及胞间道 [intercellular canal，含树脂道（resin canal）和树胶道（gum duct）] 等。

辅助特征包括颜色（color）、光泽（gloss）、气味（smell/odor）、滋味（taste）、纹理（grain）、结构（structure）、质量（mass）和密度（density）等。

木材的显微构造是指在显微镜下观察的木材构造。针叶树材的显微组成极其简单，主要由管胞、木射线、轴向薄壁组织和树脂道等四类组成。阔叶树材的显微构造比针叶树材复杂，其细胞组织也不及针叶树材规则和均匀，主要由导管、木纤维、木射线、轴向薄壁组织和管胞等五类组成。有些树种还有树胶道、乳汁管等。

（3）木材的化学组成

木材是一种天然的有机体，细胞是组成木材的基本单位，细胞组成决定了木材的各种性质，对木材的加工工艺和木材产品的特性也有着很大的影响。细胞包括细胞壁和细胞腔两部分，一般情况下，细胞腔是空的，细胞壁构成木材的骨架，因而细胞壁的组成与木材性质和木材利用有密切关系。

木材的化学组成中有四种元素：碳（C，50%）、氢（H，6.4%）、氧（O，42.6%）、氮（N，1%）。木材细胞的化学组分，根据其在木材中的含量和作用可分为主要组分和次要组分。主要组分包括纤维素（cellulose）、半纤维素（hemicellulose）和木质素（lignin），它们是构成木材细胞壁的主要物质；次要组分为浸提物（extractives）和灰分（矿物质），主要以内含物的形式存在于细胞腔中。

木材细胞壁主要由骨架物质（纤维素）、基体物质（半纤维素）和结壳物质（木质素）这三类结构物质组成。如果把木材细胞比作钢筋混凝土建筑物，那么可以近似地说，纤维素是建筑物中的钢筋，木质素是混凝土，半纤维素则是钢筋与混凝土之间的连接物。

木材浸提物是指木材中经乙醇、苯、乙醚、氯仿、丙酮等有机溶剂或水浸提出来的物质的总称，一般可分脂肪族化合物、萜类化合物和酚类化合物三大类，包括树脂、树胶、鞣质、精油、色素、生物碱、脂肪、蜡、糖、淀粉和硅化物等。浸提物的含量随树种、树龄、树干部位以及树木生长的立地条件的不同而有差异。含量少者不足1%，高者可达40%以上。木材中大量的浸提物是在边材转变为心材的过程中形成的，故一般心材浸提物含量高于边材，而心材外层又高于心材内层。木材的浸提物对木材性质和利用具有一定的影响，主要表现在以下几个方面：①对材色、气味的影响；②对木材渗透性的影响；③对木材干缩的影响；④对木材涂饰性能的影响；⑤对木材胶合性能的影响；⑥对木材加工机械、仪表和工具的腐蚀等。

2.1.1.2 木材特性

（1）木材的基本性质

① 木材中的水分。树木在生长过程中，其根部从土壤中吸收含有矿物营养的水分通过边材输送到树木各个器官，同时树叶通过光合作用所制造的养分由韧皮部输送到各部分。树木中的水分随树种、季节和部位的不同而异。此外由于木材是多孔体，在水存、水运、水热处理过程中，水均可渗入木材内部，干木材还能从空气中吸收蒸汽状态的水分。

木材中的水分按其存在的状态可分为三类。以游离态存在于木材细胞的细胞腔、细胞间隙和纹孔腔这类大毛细管中的水叫自由水（free water），它包括液态水和腔内水蒸气两部分；以吸附状态存在于细胞壁中微毛细管的水称为吸着水（bound water）；与木材细胞壁组成物质呈化学结合的水称为化合水（combined water）。

毛细管内的水均受毛细管的束缚，而毛细管束缚力与直径大小成反比，即直径越大，表面张力越小，束缚力也越小。因此，相对于微毛细管而言，大毛细管对水分的束缚力较微弱，水分的蒸发和移动与水在自由界面的蒸发和移动相近，故称自由水。自由水仅对木材的密度、渗透性、导热性、耐久性、质量有影响。由于细胞壁中微毛细管对水有较强的束缚力，因此除去吸着水比除去自由水要花费更大的能量。吸着水对木材性质的影响比自由水也要大得多，它几乎对木材所有物理、力学性质都有影响。化合水与细胞壁组成物质呈化学结合，一则其数量少，二则这部分水要加热到足以使木材破坏的温度才能逸散，因此它不属于物理性质的范畴，对木材物理性质没有影响。

含水率（moisture content，MC）是指木材中水分的质量和木材自身质量之比。以全干木材的质量为基准的称为绝对含水率；以湿木材的质量为基准的称为相对含水率。

吸湿与解吸（hygroscopicity/desorption）是指木材随周围气候状态（温度、相对湿度或水蒸气相对压力）的变化，由空气中吸收水分或向空气中蒸发水分的性质。当空气中的水蒸气压力大于木材表面水蒸气压力时，木材能从空气中吸收水分，这种现象叫作吸湿；反之木材中水分向空气中蒸发叫解吸。

木材吸湿的机理是木材细胞壁中纤维素、半纤维素等组分中的自由羟基，借助氢键力和分子间作用力吸附空气中的水分子，形成多分子层吸附水；此外，细胞壁中微毛细管具有强烈的毛细管凝结现象，在一定的空气相对湿度下吸附水蒸气而形成毛细管凝结水。

当木材浸渍于水中时，在细胞腔、细胞间隙及纹孔腔等大毛细管中，由于表面张力的作用，对液态水进行机械的吸收并将细胞壁物质润湿，这种现象称为吸水。吸湿与解吸仅指吸着水的吸收和排除；而吸水在木材达到最大含水率前的任何含水率状态下均能进行；干燥可指自由水和吸着水的排除。

木材含水率在解吸过程中达到的稳定值叫作解吸稳定含水率，在吸湿过程中达到的稳定值叫作吸湿稳定含水率。干木材在吸湿时达到的稳定含水率，低于在同样气候条件下湿木材在解吸时的稳定含水率，此现象叫作吸湿滞后或吸收滞后。图 2-1 所示为吸湿与解吸曲线。在相对湿度范围为 60%～90% 时，细薄木料及气干材的吸湿滞后很小，生产上可忽略；而对窑干的成材而言，吸收滞后值通常在1%～5%之间，平均为2.5%；高温窑干材吸湿滞后值更大。产生木材吸收滞后的原因是：在木材干燥时，细胞壁内微纤丝间及基本微纤丝间的间隙缩小，氢键的结合增多，部分羟基相互键和而不能完全恢复活性；水分排出后部分空隙被空气占据，妨碍了木材对水分的吸收；木材的塑性造成缩小的间隙不能完全恢复。

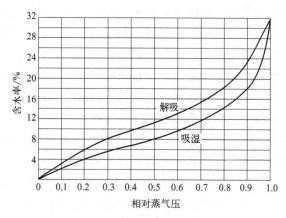

图 2-1　吸湿与解吸曲线

纤维饱和点（fiber saturation point，FSP）。干木材在潮湿空气中会吸湿，若空气的相对湿度高达99.5%，则全部微毛细管内充满毛细管凝结水，即木材细胞壁完全被水饱和，而细胞腔中没有水，这种含水率状态称为纤维饱和点。

木材的纤维饱和点随树种和温度的不同而异，约在23%～32%之间，通常取30%为平均值。含水率在纤维饱和点以上时，木材只能吸水，而不能吸湿（不能吸附空气中的水蒸气）；在纤维饱和点以下时，视大气条件木材可以是吸湿，亦可是解吸，而且还能依靠大毛细管吸收液态水，即能吸水。木材的纤维饱和点是木材各类性质的转折点，它具有非常重要的理论意义和实用价值。当含水率降低到纤维饱和点以下时，随着吸着水的蒸发，细胞壁物质逐渐紧密，细胞壁变薄，单个细胞变小，木材外形就发生了收缩，至绝干时，收缩至最小尺寸。在纤维饱和点以上时，自由水的蒸发和吸收不会导致木材外形尺寸的变化，多余的水分均存在于细胞腔和细胞间隙中，木材除重量有所不同外，外形尺寸是相同的。

平衡含水率（equilibrium moisture content，EMC）。木材长期暴露在一定温度和相对湿度的空气中，最终会达到相对恒定的含水率，即吸湿与解吸的速度相等，此时木材的含水率称为平衡含水率。平衡含水率随不同地区、不同季节的大气温度和湿度的不同而异。我国北方地区木材年平均平衡含水率约为

12%，南方约为 18%。国际上以 12% 为标准平衡含水率。

木材按照不同时期的含水状况可以划分成如下五种类型：生材（green wood）是指新砍下来的木材，它的含水率非常高，为树木生长时的含水率，通常在 70%～140% 的范围；湿材（unseasoned timber）是经水运或水存的木材，含水率大于生材，一般超过 100%；气干材（air-dried wood）是生材或湿材长期储存在空气中，水分被蒸发，在空气中相对干燥的木材，含水率根据各地区平衡含水率估计值，一般为 8%～20%，平均为 15%；窑干材或炉干材（kiln-dried wood）是把木材放入干燥窑中人工干燥到含水率在气干材以下的木材，含水率大约为 4%～12%；绝干材或全干材（oven dried wood）是将木材中的水分全部排出，即含水率为零的木材。

各种不同类型的用材，对木材含水率的要求也不一，但通常要求达到或低于平衡含水率（气干材或窑干材）。如枕木和建筑用材等大方，使用时要求达到气干材含水率；车辆用材要求含水率为 12%，家具用材为 10%～12%，地板用材要求 8%～13%，铅笔用材约 6%，乐器用材为 3%～6%。

② 木材的密度（density）。木材密度、容积重和相对密度的概念是有区别的。现多用单位体积木材的质量来表示木材的密度。由于木材的体积和质量都是随含水率的变化而变化的，因此表示木材的密度时应注明测定时的含水率。木材密度有气干密度、绝干密度和基本密度。木材在绝干时质量最小，生材时体积最大，两者的数值是固定不变的，所以基本密度不随含水率变化而变化，与其他密度相比数值最小，测定结果较为准确，是最能反映材性特征的密度指标，应用广泛。生产上也常常采用气干密度，即木材处于平衡含水率状态下的密度。但平衡含水率随地区和季节的不同而异。为了便于气干密度值的比较，需把所测定的气干密度换算成含水率为 12% 时的值。

（2）木材的优点

① 质轻、强度高。木材是一种轻质材料，一般它的密度仅为 0.4～0.9g/cm^3；但木材单位质量的强度却比较大，能耐较大的变形而不折断。这是因为木材是由细胞构成的，木材细胞基本上都是死细胞，它由细胞壁和细胞腔组成。细胞腔及细胞壁上的纹孔腔等构成木材中的大毛细管系统；而细胞壁内纤丝间的间隙形成微毛细管系统。可见，木材无论是宏观、微观还是超微结构上均显示出多孔性，它是一种"蜂窝状"结构。

② 容易加工。木材天然形成的中空使其具有适中的密度，从而易于加工和连接。木材经过采伐、锯截、干燥等便可使用，加工简便。它可以采用简单的手工工具或机械进行锯、铣、刨、磨（砂）、钻等切削加工；也可以采取榫、胶、钉、螺钉、连接件等多种接合；由于木材的管状细胞容易吸湿受潮，因而

易于漂白（脱色）、着色（染色）、涂饰、贴面等装饰处理；另外，还可以进行弯曲、压缩、切片（刨切、旋切）、改性（强化、防腐、防火、阻燃）等机械或化学处理。

③ 电、声传导性小。由于木材是多孔性材料，它的纤维结构和细胞内部留有停滞的空气，空气是热、电的不良导体，因此，其隔声和绝缘性能好，热传导慢，热胀系数小，热胀冷缩的现象不显著，常给人以冬暖夏凉的舒适感和安全感。木材的热学性质包括比热容（C）、导热性（热导率 λ）、导温性（导温系数 a）、耐热性等。这些性质在木材加工中，为单板旋切、热压、干燥、胶合、改性及曲木工艺的热计算提供基本数据。此外，木材作为隔热保温材料在建筑和室内装修方面得到广泛应用。多孔的管状结构赋予木材优良的扩音和共振性能。钢琴等乐器的音板需要有小的内摩擦力的减缩和大的声辐射的减缩，声辐射的减缩主要取决于声速与材料的密度。在木材中顺纹方向的声速与一般金属大致相等，而木材的多孔性导致其密度低，因而其声学性质有着明显的优越性。云杉、泡桐等木材常作为许多乐器的音板用材，古琴制作选材中就有"桐天梓地"的传统说法。

④ 具有天然色泽和美丽花纹。木材因年轮和木纹方向的不同而形成各种粗细直斜纹理，经锯切、旋切、刨切以及拼接等多种方法，可以制成各种美丽的花纹。各种木材还有深浅不同的天然颜色和光泽，材色美观悦目，这为家具及室内装饰的选材提供了广阔的途径，是其他材料无法相比的。

⑤ 木质环境学特性。人们珍爱木材所具有的独特的色、香、质、纹等天然特性，因此木材被广泛地应用于建筑、家具等工作和生活环境中。有木材存在的空间会使人感到舒适和温馨，从而能提高工作效率、学习兴趣和生活乐趣。同其他许多材料相比，木材的冷暖感、软硬感、粗滑感等环境学特性都更为适合人的生理和心理需要。

木材颜色的形成是由于细胞内含有各种色素、树脂、树胶、鞣质及油脂等，并可能渗透到细胞壁中。木材的颜色因树种不同而差异很大，同一树种的心材、边材之间也会呈现很大差异，还会因木材的干湿、暴露空气中时间的长短而出现变化。木材的颜色大多呈现为浅黄白色、橙黄色、黄褐色、红褐色、暗褐色等，以暖色调为主，给人以温暖、亲切的感觉。以年轮为主体的木材花纹，辅以木射线、轴向薄壁组织、导管槽和材色、节疤、斜纹理等的点缀，在不同切面上呈现出风格各异的天然的图案。其大体平行而不交叉的木纹，给人以流畅井然、轻松自如的感觉；其"涨落"周期式的变化，与生物体固有的波动相吻合，给人以多变、起伏、运动、生命的感觉。这便是木纹图案用于室内环境装饰经久不衰，令人百看不厌之原因所在。

木材良好的回弹性及吸收能量的特性，使得木材成为良好的地板材料，当人们踩在木地板上时，与水泥、地砖、石材地板相比，有令人轻松、舒适的感觉，所以木结构地板被广泛用于住宅、室内运动场馆、健身房等。木材的声学性能，一方面能创造良好的室内音质条件，另一方面有较好的隔声性能，以木板作为墙板、吊顶和地板，能较好地阻挡户外的噪声。

不同温度和湿度条件下的室内环境会使人体产生舒适与否的感觉。温度的变化直接影响人的冷热感；而相对湿度通过人体水分的蒸发，间接地影响人的冷热感，同时也关系到人体通过皮肤的新陈代谢，以及空气中浮游菌类、病毒的生存时间。可见温度和湿度均影响着人的健康。木材在一定程度上具有调节室内气候的功能。一方面，由于木材是热的不良导体，具有良好的隔热、保温性能，所以木结构房子冬天能很好地保持室温，夏天又能很好地隔绝户外的热量。另一方面，木材作为家具和室内装修材料，由于具有吸湿和解吸作用，只要有一定量的木材，就能直接缓和室内空间的湿度变化。

（3）木材的缺点

① 吸湿性（干缩、湿胀性）（hygroscopicity）。在含水率低于纤维饱和点时，木材具有吸湿性。木材解吸时其尺寸和体积的缩小称为干缩，相反，吸湿引起尺寸和体积的热胀称为湿胀。与大多数固体一样，木材也会热胀冷缩，但木材的热胀系数是非常微小的，与其湿胀性相比，热膨胀完全可以忽略不计。因此，木材的胀缩性就是指干缩、湿胀性。干缩和湿胀并不是在任何含水率条件下都能发生的，而只有在纤维饱和点以下才会发生。木材暴露在空气中受温度和湿度的影响，材性极不稳定，容易发生水分、尺寸、形状和强度的变化，并发生变形、开裂、翘曲和扭曲等现象。

木材的干缩、湿胀在不同的方向上是不一样的，如图 2-2 所示。木材纵向的干缩率仅为 0.1%～0.3%；径向为 3%～6%；弦向为 6%～12%。可见，横向干缩率较纵向要大几十倍至上百倍，横向干缩率中弦向约为径向的两倍。三个

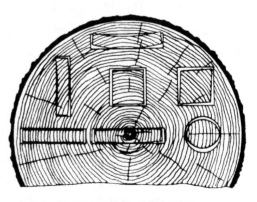

图 2-2　木材各个方向干缩差异

方向干缩大小顺序为弦向、径向和纵向。实际应用中，也常用干缩系数来表示木材的干缩性。它是指吸着水每变化 1% 时干缩率的变化值，即以干缩率与造成此干缩率的含水率差值之比来表示。常用木材的干缩系数：径向约为

$0.12\%\sim0.27\%$；弦向约为 $0.24\%\sim0.42\%$；体积约为 $0.36\%\sim0.59\%$。

　　木材的干缩、湿胀随树种、密度以及晚材率的不同而异。针叶树材的干缩较阔叶树材要小；软阔叶树材的干缩较硬阔叶树材要小；密度越大的树种干缩值越大；晚材率越大的木材干缩值也越大。湿胀和干缩是木材固有的不良特性，它对木材的加工、利用影响极大。干缩、湿胀时各个方向尺寸变化不一致，不仅会造成木材尺寸的改变，而且会导致木材的开裂和板材的翘曲变形。减少木材干缩、湿胀的途径有以下几种。

　　a. 控制含水率。木材是否发生胀缩，取决于木材的含水率与平衡含水率的关系。虽然同一地区的平衡含水率随季节而变，但可以根据木材具有吸湿滞后现象，通过人工干燥，使木材的含水率达到比当地年平均平衡含水率低 $2\%\sim$ 3%。这样能较有效地降低木材干缩与湿胀。然而，即使干燥后的木材，其尺寸和体积也并非永久不变，在使用中木材的尺寸将随大气相对湿度和温度的波动而变化。如在室内使用空调器，空气的相对湿度通常会较低，其实际平衡含水率也会相应降低，因此木材及其制品的使用环境也是应考虑的因素。

　　b. 降低吸湿性。木材干缩、湿胀的根本原因就在于木材的吸湿性，利用化学药剂或油漆、树脂等表面处理，从而使纤维表面被包裹起来，可阻止水分渗入。纤维素、半纤维素和木质素中所含亲水性的游离羟基是木材吸湿的内在原因。高温干燥能使纤维素中亲水的羟基减少和使半纤维素分解，从而降低木材吸湿性，达到稳定尺寸的目的，如制造铅笔杆的木坯除一般干燥外，尚要进行高温烤板处理。使用乙酰剂（可用冰醋酸和乙酐按一定比例配制）作用于木材，即乙酰化处理，能使木材组分基环上的羟基全部或部分封闭。乙酰化处理后，不仅能降低木材的吸湿性，其耐腐性、耐热性和耐磨性等均可得到改善。

　　c. 采用径切板。径切板宽度方向为径向，而木材的径向干缩约为弦向干缩的 1/2，因此径切板的尺寸稳定性优于弦切板。在某些特殊的场合，如航空、乐器、军工和高级体育馆、高级宾馆的地板等，常常使用径切板。但径切板的加工通常需要采用特殊的锯解方法（径向下锯法），该方法费工费时，出材率也低，因而成本高。通常的锯解方法所得到的板材绝大多数为弦切板。可将弦切板锯成一定宽度的木条，再将木条径向胶拼在一起，即成径切板。若不考虑拼合方向，而是杂乱胶拼，所成板材（称为胶合木或细木工板）的尺寸稳定性仍可得到改善。

　　d. 机械抑制。可利用木材本身的干缩异向性来改善其尺寸稳定性。胶合板就是利用纹理或纤维方向的交错，干缩时相互牵制，减少干缩，并使材性更趋于均匀。

② 异向性（各向异性）（anisotropy）。木材的力学强度、干缩和湿胀、对水分或其他液体的贯透性、导热、导电以及传播声音等性质比匀质材料要复杂得多。实验证明，不管木材体积大小如何，取自何处，在它的纵向（顺纹方向）、径向（平行于木射线而垂直于年轮的方向）和弦向（平行于年轮而垂直于射线的方向）这三个方向上，上述物理和力学性质都具有一定差异。这种在树木生长过程中形成的天然属性称为木材的异向性或各向异性。

木材的异向性是由木材的组织构造所决定的。从木材的宏观结构看，横切面上的年轮是以髓心为中心呈同心圆分布，绝大多数细胞沿轴向排列，木射线则呈辐射状分布，径、弦两个切面的特征亦各不相同。在显微构造上，多数细胞径面壁上的纹孔较多、较大，而弦面壁则相反，纹孔少而小。在不同方向上构造差异的综合结果，就注定了木材的异向性。各个方向上木材性质的差异：

木材力学强度是木材抵抗外部机械力作用的能力。当作用力方向与木材纵向一致时，木材强度最大。概括地说，弹性模量顺纹比横纹大 20 倍，顺纹抗拉强度比横纹抗拉强度大 40 倍，顺纹抗压强度比横纹抗压强度大 5～10 倍。即使同是横纹受力，径、弦向也不同，如对于横纹抗压比例极限强度，针叶树材和环孔材的径向较弦向低，而散孔材的径向则比弦向高。

木材的干缩、湿胀特性在其纵向、径向和弦向上呈现出较大的差异。一般来说，纵向全干缩率通常不超过 0.2%，由于很小，实际使用中往往可忽略不计，而弦向干缩率可高达 12%，径向干缩率约为弦向的一半。由于径、弦向的差异，常常使板材发生翘曲、变形，径、弦向干缩差异越大，板材发生翘曲、变形的可能性、严重性也越大。

木材中水分传导的纵横比值约为 9.5～16.7，径弦比值约 1.77。木材的导热性能也依纹理方向而异，热导率比值为弦向：径向：纵向＝1：(1.05～1.1)：(2.25～2.75)。电传导率为弦向：径向：纵向＝1：1.1：2。各种木材的传声速度在纵向最快，近似于一般金属的传声速度，而横纹方向声传播速度则要低得多，木材径向的传声速度又较弦向快，三个方向的传声速度之比约为纵向：径向：弦向＝15：5：3。

③ 变异性（variability）。木材的变异性通常是指因树种、树株、树干的不同部位及立地条件、造林和营林措施等的不同，而引起的木材外部形态、构造、化学成分和性质上的差异。从木材利用的角度上讲，木材的外部形态（包括树干的通直度、尖削度、径级大小及树干的长短）、构造、材性以及各种缺陷（如节子、裂纹、菌害、虫蛀、应力木等）的程度和范围均影响木材各种不同用途的适用性。不同树种的木材，其构造、材性差异较大，因而有其不同的适用性。而同一树种的木材常被认为具有相同的构造和物理、力学性质，但事

实并非如此，即使同株树木的不同木块，也不完全一样，只是在较大的范围内近似而已。

④ 天然缺陷（natural defects）。木材缺陷是指呈现在木材上能降低其质量、影响其使用价值的各种缺陷。任何成材都不太可能没有缺陷存在，有些缺陷如节子各种树种都会有，有些缺陷如髓斑仅某些树种才具有。

我国原木缺陷标准（GB/T 155—2017）和锯材缺陷标准（GB/T 4823—2013）将木材缺陷分为节子、变色、腐朽、蛀孔、生长裂纹、损伤、木材构造缺陷、干裂、锯割缺陷、变形等十大类。但标准中并未能包括木材中的所有缺陷，如幼龄材、生长应力等。木材在生长过程中因本身构造上自然形成的天然缺陷包括节子、变色、腐朽、蛀孔、生长裂纹、生长应力、树干形状缺陷以及对外伤反应而产生的缺陷等，这些缺陷致使木材各种性能受到影响，降低了木材的使用价值和利用率。

木材材质的等级评定主要是依据木材不同的用途所容许的缺陷限度而定的。这种限度是相对的，取决于木材资源、加工利用等技术的实际情况。由于木材用途不同，缺陷对材质的影响程度也不同，有时在物理、力学性质的意义上应属于缺陷，但在装饰意义上不属于缺陷，甚至认为是优点，例如节子、乱纹、树瘤等，一方面降低了木材的强度性质，另一方面却给予了材面美丽的花纹，制成的单板刨片可作装饰材料，所以缺陷在一定程度上有相对的意义。

⑤ 易受虫菌蛀蚀和燃烧。木材在保管和使用期间，经常会受到虫菌的危害，使木材产生虫蛀和腐朽现象，也极易着火燃烧。为防虫蛀和防火，木材通常采用干燥（含水率在18%以下）、涂装以及防腐、防火、阻燃处理。

2.1.1.3　木材标准与分类

生长的活树木称为立木；树木伐倒后除去枝桠与树根的树干称为原条；沿原条长度按尺寸、形状、质量、标准以及材种计划等截成一定规格的木段称为原木；原木经锯机纵向和横向锯解加工所得到的板材和方材称为锯材或成材或板方材（lumber/timber）。

锯材按树种可分为针叶树材和阔叶树材两大类。针叶树材有红松、落叶松、白松、云杉、冷杉、铁杉、柳杉、红豆杉、杉木、柏木、马尾松、华山松、云南松、花旗松、智利松等；阔叶树材有水曲柳、白蜡木、椴木、榆木、杨木、槭木（色木）、枫香（枫木）、枫杨、桦木（白桦、西南桦）、酸枣、漆树、黄连木、冬青、桤木（冬瓜木）、栗木、楮木、锥木（栲木）、泡桐、鹅掌楸、黄杨、山毛榉（水青冈、麻栎青冈）、青冈栎、柞木（蒙古栎）、麻栎、橡木（栎木）、橡胶木、樱桃木、胡桃木（核桃木、山核桃）、樟木（香樟）、楠木、檫木、柳桉、红柳桉、柚木、桃花心木、阿比东、龙脑香、门格里斯（康巴斯）、塞比利（沙比利）、紫檀、黄檀、酸枝木、香木、花梨木、黑檀（乌木）、鸡翅木、铁力木等。

锯材按下锯法（年轮与材面夹角）分为径向板（90°）、弦向板（0°）和半径（弦）向板（0°～90°）；按断面位置分为髓心板、半心板、边板和板皮；按断面形状分为对开材、四开材、等边毛方、不等边毛方、一边毛方、方材、毛边板、半毛边板、整边板、板头（边板）和板皮；按其宽度与厚度的比例不同可分为板材和方材。宽度是厚度两倍以上的叫板材。其中，厚度 21mm 以下、宽度 60～300mm 的为薄板；厚度在 22～35mm、宽度 60～300mm 的为中板；厚度在 36～60mm、宽度 60～300mm 的为厚板；厚度在 60mm 以上、宽度 60～300mm^2 的为特厚板。宽度小于厚度 2 倍的叫方材。其中，宽厚乘积 54cm^2 以下的为小方；宽厚乘积 55～100cm^2 的为中方；宽厚乘积 101～225cm^2 的为大方；宽厚乘积 226cm^2 以上的为特大方。

2.1.1.4 木材用料量估算

家具图上标注的尺寸都是做成家具后的实际尺寸或净料尺寸。一般必须根据这些尺寸估算出实际需要的木材用量。

买来的原木，首先经过制材加工剖分成板方材，而后再经配料锯解成毛料，最后通过机械加工成净料和零部件。

一般来说，将原木制材剖成板方材时的出材率大约为 70%，其余 30% 左右变成了不能直接用来制作家具的锯木屑、板皮或板条；从板方材锯成毛料时的出材率也只有 60%～70%；毛料尺寸等于净料尺寸与加工余量之和，加工余量还需要根据不同情况按经验标准另外确定，圆形零件以方形尺寸计算，大小头零件以大头尺寸计算，所以，从毛料到净料的出材率也只有 80%～90%。净料材积一般只有原木材积的 40%～50% 或板方材材积的 50%～70%。

木材利用率的大小取决于原木直径（直径大则利用率高）和质量（树节少、无腐朽、弯曲度小则利用率高），也取决于加工时是否精打细算和合理使用。因此，木材用料量一般只能根据家具图上或家具产品用料规格明细表（用料单）上的零部件的实际净料尺寸来大致地估算出。木材用料量的估算，目前主要有两种方法。

① 概略计算法。此法是常用的一种估算方法，即首先根据家具产品每根零部件的实际净料尺寸计算出整个产品的木材净料材积，然后除以各种木材的净料出材率（根据家具产品的种类和复杂程度预先确定）可估算出所需各种木材的耗用量。例如：长×宽×高为 1350mm×560mm×1830mm 的三门大衣柜，根据每根木料的净料尺寸算出的总木材净料材积为 0.1m^3，那么可以估算

出大约需要板方材 $0.2m^3$。

②　精细计算法。此法广泛用于木材用料的精确计算或产品成本概算以及工艺设计时的木材用料量的估算，即根据家具每个零部件的净料尺寸分别确定长度、宽度和厚度上的加工余量值，将净料尺寸与加工余量相加得到每个零部件的毛料尺寸，并由此可算出整个产品的毛料材积，然后再除以配料时的毛料出材率（60%～70%），即可估算出所需板方材的耗用量。例如：上述三门大衣柜，根据每个木料的净料尺寸和加工余量算出的总毛料材积为 $0.12m^3$，那么可以估算出大约需要板方材 $0.19m^3$。

2.1.2　竹材

2.1.2.1　竹材利用概述

我国是世界上主要产竹国家，竹子是我国森林资源的重要组成部分，素有"第二森林"之称。我国竹林面积约 480 万公顷，其中经济利用价值较高的毛竹（*Phyllostachys heterocycla var. pubescens*）林面积约 250 万公顷，占世界毛竹总量的 90% 以上。我国的竹林面积约占国土面积的 0.5%，约占全国森林面积的 2.8%，每年可砍伐毛竹约 5 亿根，各类杂竹 300 多万吨，相当于 1000 万立方米以上的木材。另外，我国竹类的种质资源十分丰富，据统计全国竹类资源有 40 多属 400 余种（全世界有 50 多属 1200 余种），约占世界竹类种质资源的 1/3。这些竹子中既有材用竹，也有笋用竹；既有直径大的，也有直径小的，为我国竹材资源的利用提供了十分有利的条件。只要进行科学的经营管理，这些资源是一项取之不尽、用之不竭的重要生物资源。开发利用好竹类资源，对我国山区经济的发展和增加农民的收入具有十分重要的意义。

据统计，现在全球仍有约 25 亿人使用竹子，其中有 10 亿人居住在竹子住宅中，竹子的用途已多达 1500 种，形成了年产值达 50 亿美元的竹产业，几乎与世界 50% 的人口的生活休戚相关。竹子在生产、生活、建筑、交通运输、食品医药、文化、园林、水土保持、军事等方面的广泛运用，不仅保护了自然资源与生态环境，丰富了人民的物质文化生活，还在促进农村经济社会持续发展，帮助贫困地区农民脱贫致富等方面发挥了重要作用。竹子具有材性好、易繁殖、生命力强、生长快、产量高、成熟早、轮伐期短等特点。随着全球森林资源日趋减少、生态危机日渐加剧和竹制品在国际市场上需求的迅速增加，世界上越来越多的产竹国家和国际组织对竹子更为重视，开发竹子产业、发展竹子经济正在成为世界各产竹国家的共同实践和行动。

几千年来，中华民族对竹子一直怀有特殊的感情，人们爱竹、咏竹、画竹、用竹，世代相传，日臻完美，形成了中国特有的竹文化。古往今来，竹子一直是重要的生活、生产资料，对几千年华夏文明的传承更是功不可没：竹简保存了中国东汉以前光辉灿烂的历史文化，如《尚书》《礼记》和《论语》等就写在竹简上。宋代著名文学家苏东坡曾总结道："食者竹笋，庇者竹瓦，载者竹筏，炊者竹薪，衣者竹皮，书者竹纸，履者竹鞋，真可谓'不可一日无此君'也！"经历代工艺匠师们对竹子的创造性加工利用，还形成了我国独步世界的竹编、竹刻、竹雕等技术。在历史发展的长河中，勤劳智慧的中华儿女用竹子创造了大量的生产、生活用品，促进了社会发展和文明进步。

生产工具包括：竹犁头、竹耙齿、竹锄、筒车、麦笼、箩、筐、晒席等用于播种、中耕、灌溉、收获、装运、加工储藏的农具；卤笼（输送盐水的竹管）、竹弓等用于盐业、棉纺业的手工业用具；鱼竿、笱（音：狗〈方〉，竹制的捕鱼器具）等渔具；竹弓、竹弩、箭矢等狩猎用具。

生活用品（图 2-3～图 2-5）包括：甑、笼、箪（音：单，古代盛饭用的

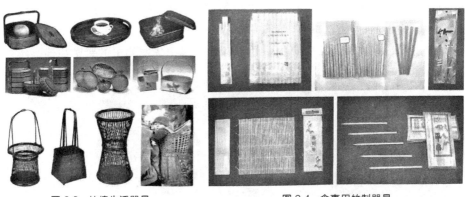

图 2-3　竹编生活器具　　　　　图 2-4　食事用竹制器具

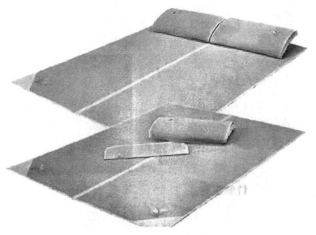
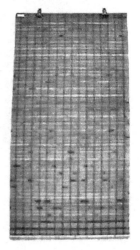

图 2-5　竹席与竹帘

圆形竹器)、簋(音:鬼,古代盛食物的器具,圆口,两耳)、筷、筲(音:烧,水桶)等炊具、食具、盛器;笠、竹冠、竹鞋等服饰用品;簟(音:电〈方〉,竹席)、箦(音:责〈书〉,床席)、竹扇、竹夫人等消暑用具;笥(音:四〈书〉,盛饭或放衣物的方形竹器)、筐(小竹箱)、竹凳、竹桌、竹屏风、竹帘等竹家具;竹风筝、竹马等玩具;篦、竹笄(音:机,古代束发用)、竹簪等梳理装饰品;竹扫帚、竹杖等其他生活用品。

　　建筑、交通运输用具包括:干栏式竹楼、竹厅、竹榭、竹廊、竹亭、竹脚手架、竹索桥、竹桥等竹建筑物;竹筏、竹舟、竹缆、竹篙、竹梯、竹舆、竹集装箱底板、竹车厢板等交通运输用具。食品、医药用具包括:竹笋、竹荪、竹米、竹菇、粽子、竹筒饭等食品;竹沥、竹青、竹黄等中药材。文化礼仪用品(图2-6)包括:竹简、竹纸、毛笔、竹砚、笔筒、笔架、竹尺等文具;簧、笙、笛、箫、竽、筝、筑、笳、箜篌(古代弦乐器)、籁等竹乐器。竹景观如:竹林风景区、竹林公园、竹类植物园等。军事上如竹弓、竹弩、箭矢、竹云梯、竹盾、竹兵符、鞭、策等军需品。

　　上述所举只能算是管中窥豹,竹子和数千年中华文明史的紧密相连、不可

图2-6　竹制工艺品

分割，还可从字典收录的文字加以证实：清朝《康熙字典》收录的竹部文字有960 字之多，我国《辞海》（1979 年版）中共收录竹部文字 209 个，《新华字典》（商务印书馆 1957 年版）收录了竹部汉字 178 字。这些文字涵盖了人类衣、食、住、行、医等生产、生活的方方面面。

不仅如此，我们的祖先还掌握了加工利用竹子的高超技术。尽管竹子受材性所限，早期的制品难以传世，但那些工艺高超、制作精美、内涵深远的出土文物仍令我们为祖先的聪明才智所折服。有感于竹子对华夏文明的巨大贡献，英国著名学者李约瑟在他的《中国科学技术史》一书中赞誉说：东亚文明实际上是"竹子文明"。

然而，千百年来竹材的加工利用长期停留在手工编织、制作农具、生活用具及原竹利用的状态，未能像木材那样经过物理、化学、机械等工业化加工，制成各种制品进入工程建设领域，因此竹材的工业化利用和科学研究水平要比木材落后很长一段距离。

近十多年来，中国竹材工业化利用和科学研究工作有了很大的发展。目前全国已有数百家各种类型的竹材加工企业，并有诸多的科研机构和科技人员从事竹材加工利用的研究工作，开发出许多新产品、新工艺、新技术、专用新设备，并得到了广泛的应用，推动了我国竹材工业化利用事业的发展，使中国的竹材工业化利用取得了令人瞩目的成就，达到世界先进水平。

2.1.2.2　竹类植物特征

（1）分类

竹子在植物分类学上属于被子植物门（Angio-spermae）单子叶植物纲（Monocotyledoneae）禾本目（Graminales）禾本科（Gramineae）竹亚科（Bambuso-ideae）。竹子的茎称为秆，多为木质，罕有草质，具有木质化秆的竹子称为木本竹，具有草质秆的竹子称为草本竹。从分类学角度来说，竹子与水稻、小麦、玉米、高粱等重要的草本粮食作物都是"亲戚"，同属禾本科。

竹亚科（不包括我国不产的草本竹类）就狭义而言有 70 余属 1000 种，一般生长在热带和亚热带，尤以季风盛行的地区为多，但也有一些种类可分布到温寒带和高海拔的山岳上部；亚洲和中、南美洲属种数量最多，非洲次之，北美洲和大洋洲很少，欧洲除栽培外无野生的竹类。我国除引种栽培外，已知竹亚科植物有 37 属 500 余种，分隶 6 族。

（2）分布

我国竹类植物自然分布地区很广。南北分布为长江流域及其以南地区，少数种类向北延伸至秦岭、汉水及黄河流域各地。东西分布东起台湾，西至西藏的错那和雅鲁藏布江下游，约相当于北纬 18°～35°和东经 92°～122°。其中以

27

长江以南地区的竹种最多，生长最旺，面积最大。由于气候、土壤、地形的变化以及竹种生物学特性的差异，我国竹子分布具有明显的地带性和区域性，其分布可划分为三大竹区。

① 黄河-长江竹区（散生竹区）：包括甘肃东南部、四川北部、陕西南部、河南、湖北、安徽、江苏以及山东南部和河北西南部，约相当于北纬30°～37°。主要竹种为散生型的毛竹、刚竹、淡竹、桂竹、金竹、水竹、紫竹及其变种和混生型的苦竹、箭竹等。黄河-长江竹区南部，有成片竹林，主要生长在背风向南、条件较好的地方。

② 长江-南岭竹区（散生竹-丛生竹混合区）：包括四川西南部、云南北部、贵州、湖南、江西、浙江等地区和福建西北部，约相当于北纬25°～30°。这是我国竹林面积最大，竹子资源最丰富的地区，其中毛竹的比例最大，仅浙江、江西、湖南三个地区的毛竹合计约占全国毛竹林总面积的60%。此外，具有经济价值的竹种中，还有散生型的刚竹、淡竹、早竹、桂竹、水竹，混合型的苦竹、箬竹以及丛生型的慈竹、硬头黄竹、凤凰竹等。

③ 华南竹区（丛生竹区）：包括台湾、福建南部、广东、广西、云南南部，约相当于北纬25°以南的地区，是我国丛生竹集中分布的地区。主要的竹种有撑篙竹、硬头黄竹、青皮竹、车筒竹、麻竹、慈竹、绿竹、甜竹、吊丝球竹、大头典竹、粉单竹等。华南竹区南部，村前屋后和溪流两岸，都有成丛成片的丛生竹林；偏北部特别是海拔较高的地方，则有大面积散生竹或混生竹组成的竹林。

竹子垂直分布的幅度也很大，从海拔几米到几千米的地方都有生长，并随纬度、经度和地形而有变化。在喜马拉雅山海拔3500m、秦岭海拔2300m、台湾新高山海拔3000m处都有竹子分布。大多数有经济价值的竹林在分布上一般都呈成片集中状态。

（3）产量

我国竹材资源十分丰富，在全世界范围内森林资源遭受严重破坏、蓄积量日益下降的情况下，我国的竹材资源却呈明显增长的趋势。目前，我国是当之无愧的世界竹子生产大国，竹林面积和竹子产量均居世界首位，有竹林面积520万公顷（占世界竹林面积的1/4），年产毛竹4亿根（相当于600万立方米的木材量），其他竹1180万吨，竹笋逾160万吨。

（4）形态与特征

竹类植物的营养器官有根、地下茎、竹竿、竿芽、枝条、叶、竿箨等区分，生殖器官为花、果实和种子。

① 地下茎是竹类植物在土中横向生长的茎部，有明显的分节，节上生根，

节侧有芽，可以萌发为新的地下茎或发笋出土成竹，俗称竹鞭，亦名鞭茎。因竹种不同，地下茎有下列几种类型（图 2-7）。

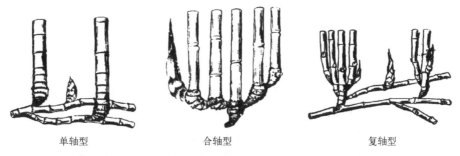

单轴型　　　　　　　　合轴型　　　　　　　　复轴型

图 2-7　竹类植物的地下茎类型

a. 单轴型：地下茎细长，横走地下，称为竹鞭。竹鞭有节，节上生根，称为鞭根。每节着生一芽，交互排列，有的芽抽成新鞭，在土壤中蔓延生长，有的芽发育成笋，出土长成竹竿，稀疏散生，逐渐发展为成片竹林。具有这种繁殖特点的竹子称为散生竹，如刚竹属等。

b. 合轴型：地下茎不是横走地下的细长竹鞭，而是粗大短缩，节密根多，顶芽出土成笋，长成竹竿，有状似烟斗的竿基。这种类型的地下茎，不能在地下长距离蔓延生长，顶芽抽笋长成的新竹一般都靠近老竿，形成密集丛生的竹丛，竿基则堆集成群，状若推轮。具有这种繁殖特性的竹子，称为丛生竹，如慈竹属等。

c. 复轴型：兼有单轴型和合轴型地下茎的繁殖特点，既有在地下可长距离横向生长的竹鞭，并从鞭芽抽笋长竹，稀疏散生，又可以从竿基芽眼处萌发成笋，长出成丛的竹竿。具有这种繁殖特性的竹子称为混生竹，如茶竿竹属、苦竹属等。

② 竹竿是竹子的主体，分竿柄、竿基、竿身三部分（图 2-8）。

竿柄：竹竿的最下部分，与竹鞭或母竹的竿基相连，细小、短缩、不生根，由十几节组成，是竹子地上和地下系统连接

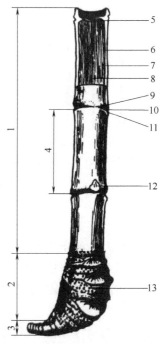

图 2-8　竹类植物的竿身、竿基和竿柄

1—竿身；2—竿基；3—竿柄；4—节间；
5—竹隔；6—竹青；7—竹黄；8—竹腔；
9—竿环；10—节内；11—箨环；
12—芽；13—根眼

29

输导的枢纽。

竿基：竹竿的入土生根部分，由数节至十几节组成，节间短缩而粗大。竿基各节密集生根，称为竹根，形成竹株独立根系。竿基、竿柄和竹根合称为竹蔸。

竿身：竹竿的地上部分，端正通直，一般形圆而中空有节。每节有两环：下环为箨环，又叫鞘环，是竹箨脱落后留下的环痕；上环为竿环，是节间分生组织停止生长后留下的环。两环之间称为节内，两节之间称为节间。相邻两节间有一木质横隔，称为节隔，着生于节内。竹竿的节、节间形状和节间长度因竹种而有变化（图 2-9）。竿身是竹家具的主要原料。

③ 竹枝中空有节，枝节由箨环和枝环组成。按竹竿正常分枝情况，可分为下列四种类型（图 2-10）。

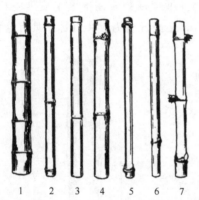

图 2-9　几种竹子的节、节间形状和节间长度

1—毛竹；2—淡竹；3—茶竿竹；

4—麻竹；5—粉单竹；6—青皮竹；7—撑篙竹

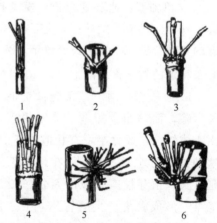

图 2-10　竹子的分枝类型

1——枝型；2—二枝型；3—三枝型；

4—三枝型变异；5—多枝型（主枝不突出）；

6—多枝型（主枝突出）

a. 一枝型（单分枝）：竹竿每节单生 1 枝。

b. 二枝型（双分枝）：竹竿每节生 2 枝，一主一次，长短、大小有差异。

c. 三枝型（三分枝）：竹竿每节生 3 枝，一个中心主枝，两侧各生一个次主枝。

d. 多枝型（多分枝）：竹竿每节多枝丛生，有的主枝很粗长，有的主枝和侧枝区别不大。

④ 叶和箨。竹竿上枝条各节生叶，排列成两行。每叶包括叶鞘与叶片两部分。叶鞘着生在枝的节上，包被节间，通常较小枝的节间长，并于一侧开缝。叶片位于叶鞘上方，叶片基部通常具有短柄，称叶柄。叶鞘与叶片接触处

常向上延伸成一边缘。在内侧边缘有时较高，成为一舌状突起，称为内叶舌。外侧的边缘称为外叶舌（图 2-11）。此现象为竹类所特有。在叶鞘顶端口部两侧，常有流苏状须毛。叶片基部两侧各有一明显质薄的耳状物，称为叶耳。

叶片通常为披针形或矩形，大的长约 30cm、宽约 5cm，小的长约 2cm、宽约数毫米，先端渐尖，基部狭而成柄。边缘粗糙有小锯齿，或其一边近于光滑。质厚如革或薄如纸。正面色泽较深而光滑，背面则较浅或呈灰绿色而被有毛茸。中脉显著，子叶背面突起；中脉两侧各有次脉数条；次脉之间更有较细的第三脉若干条，这是纵行脉。在纵行脉之间，常有横行小脉，构成种种区别，如方形、长方形的小方格。

叶肉组织：有的竹种由栅栏状细胞组成，细胞内充满叶绿素；有的竹种叶肉组织并不具有此种细胞。叶片先端及基部的形状，因竹种而异，如图 2-12、图 2-13 所示。竹子主干所生之叶称为箨（tuò）或笋箨，箨着生于箨环上，对节间生长有保护作用。当节间生长停止后，竹箨一般都形成离层而脱落。箨鞘相当于叶鞘，纸质或革质，包裹竹竿节间。箨顶两侧又叫箨肩，着生箨耳。箨顶中央着生一枚发育不完全的叶片，称为箨叶或缩小叶。箨叶与箨鞘连接处着生箨舌（图 2-14）。

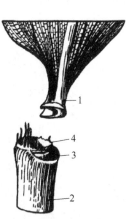

图 2-11　箬竹的叶片基部
1—叶柄；2—叶鞘；3—外叶舌；
4—内叶舌及须毛

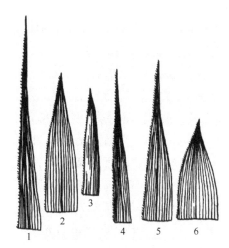

图 2-12　竹类叶片先端的不同形状
1～3—青篱竹属；4，5—方竹属；6—小竹属

⑤ 竹子的花与果同一般的禾本科植物花、果基本相同。通常，竹子罕见开花，花后竹子多枯死，俗称自然枯。竹子的果实通常为颖果，也有坚果或浆果。

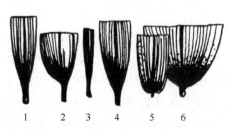

图 2-13 竹类叶片基部的不同形状

1~3—青篱竹属；4—毛竹属；

5—莉竹属；6—慈竹属

图 2-14 三明苦竹箨片、箨耳、箨舌

此外，竹类植物的根、枝、竿芽、叶、竿箨、花、果实、种子等形态特征因竹种不同而各异。

（5）主要经济竹种

我国的竹种资源数量较多，但具工业化利用价值的竹种仅有 10 多种。主要经济竹种有刚竹属的毛竹（*Phyllostachys heterocycla var. pubescens*）、刚竹（*Phyllostachys sulphurea cv. viridis*）、淡竹（*Phyllollostachys glauca*）、桂竹（*Phyllostachys bambusoides*）；簕竹属的车筒竹（*Bambusa sinospinosa*）、硬头黄竹（*Bambusa rigida*）、撑篙竹（*Bambusa pervariabilis*）、青皮竹（*Bambusa textilis*）、孝顺竹（*Bambusa multiplex*）；茶竿竹属的茶竿竹（*Pseudosasa amabilis*）；单竹属的粉单竹（*Lingnaniachungii*）；牡竹属的麻竹（*Dendrocalamus latiflorus*）；慈竹属的慈竹（*Neosinocalamus affinis*）和苦竹属的苦竹（*Pleioblastus amarus*）等。

① 毛竹又称楠竹、茅竹、猫头竹、孟宗竹（图 2-15）。其地下茎单轴散生，具有粗壮横走的竹鞭；竹竿端直，梢部微弯曲，高 10~20m；胸径 8~16cm，最粗可达 20cm 以上；

图 2-15 毛竹

1—竿身、竿基及地下茎；2—竹节分枝；3—笋；

4—箨（a 为背面；b 为腹面）；5—叶枝

竹壁较厚，胸高处厚可达 0.5～1.5cm；基部节间短，长 1～5cm，分枝附近的节间长，可达 45cm；节间呈圆筒形，分枝节间的一侧有沟槽，下宽上窄，并有一纵行中脊。

毛竹竿形粗大端直，材质坚硬强韧，是我国竹类植物中分布最广、用途最多、经济价值最高的优良竹种。它可用于脚手架、足跳板、竹筏、棚架、捕鱼浮筒、编织农具、用具、工艺品、美术雕刻等，更是竹集成材、竹重组材、竹胶合板、竹层压板、竹编胶合板以及制作竹家具的理想材料。

② 刚竹又称苦竹、台竹、斑竹、光竹、鬼角竹（图 2-16）。其地下茎单轴散生，竹鞭似毛竹，但节间较短，直径较小；竹竿直立，梢微曲，高 5～15m；胸径 3～10cm；竹壁厚度中等；基部节间长，一般为 4～15cm，中部最长节间可达 35cm；节间呈圆筒形，分枝一侧有沟槽，上窄下宽，有纵行中脊。

刚竹分布在我国长江流域及黄河流域，而以长江流域较为广泛，耐寒性较强，对土壤的要求不高，在丘陵、平原、江河两岸和村宅前后，都可见成片的人工林或天然林。刚竹竹竿质地细密，坚硬而脆，韧性较差，劈篾效果远不如毛

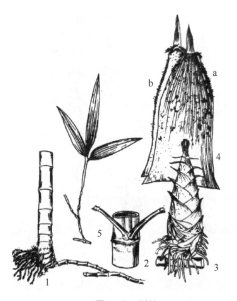

图 2-16　刚竹
1—竿身、竿基及地下茎；2—竹节分枝；3—笋；
4—箨（a 为背面，b 为腹面）；5—叶枝

竹和淡竹，一般用作晒衣竿、农具柄，在竹材工业化利用中可以作为竹胶合材及竹碎料板等的材料。

③ 淡竹又称白夹竹、钓鱼竹、金花竹、甘竹（图 2-17），是禾本科刚竹属的多年生植物。其先端平截，具波状缺齿和纤毛；箨叶为带状披针形，绿色，有多数紫色脉纹；竿高 18m，径达 9cm，老竿绿或灰黄绿色，节下有白粉环，竿环稍突起；每小枝 2～3 叶，叶鞘初具叶耳，后渐脱落，叶舌紫或紫褐色，叶为带状披针形或披针形；出笋期 4 月，花期 10 月至次年 5 月。淡竹分布于黄河流域至长江流域各地，也是常见的栽培竹种之一。

淡竹竹竿节间细长，质地坚韧，整竿使用和劈篾使用均佳，是制作花竹家具的理想用材，也可用于席、篓、筛、筐、扇骨、竹编工艺品及晒衣竿、钓鱼

竿、蚊帐竿等。紫竹是淡竹的变种，较淡竹矮小，竹竿呈紫黑色，竹竿坚韧，可制作箫、笛、手杖、伞柄及美术工艺品等。紫竹竿紫叶绿，可供庭园绿化栽植。

④ 茶竿竹又称青篱竹、沙白竹、亚白竹（图 2-18）。其地下茎复轴混生，有横走竹鞭，鞭节不隆起。其竹竿坚硬直立，高 6～13m；胸径 5～6cm；节间长一般为 30～40cm，最长可超过 50cm，枝下各节无芽。

图 2-17 淡竹

1—竿身、竿基及地下茎；2—竹节分枝；

3—笋；4—箨（a 为背面，b 为腹面）；5—叶枝

图 2-18 茶竿竹

1—竿身、竿基及地下茎；2—竹节分枝；3—笋；

4—箨（a 为背面，b 为腹面）；5—叶枝

茶竿竹具有通直、节平、肉厚、坚韧、弹性强、久放不生虫等优点，可以用作雕刻、装饰、编织家具、竹器、运动器材、钓鱼竿、晒衣竿等。茶竿竹用细砂纸擦去竹竿黑斑，晒干后呈乳白色而有光泽，在国际市场上很受欢迎，已有近百年的出口历史，是我国出口的特产竹种之一。

⑤ 苦竹又称伞柄竹（图 2-19）。其地下茎为复轴混生，有横走竹鞭；竹竿直立，高 3～7m；胸径 2～5cm；节间长一般 25～40cm；最长可达 50cm；节间呈圆筒形，分枝一侧的节稍扁平，枝下各节无芽；幼时被有白粉，箨环下尤甚。

苦竹是我国竹类中分布广、经济价值高的竹种，分布在长江流域，东起江苏、浙江、安徽，西至四川、云南、贵州，适应性强，在低山、丘陵、山麓、平地的一般土壤上，均能生长良好。苦竹竹竿直而节间长，大者可制作伞柄、帐竿、农作物支架，小者可制作笔管，亦可造纸或劈篾来编织使用。

⑥ 车筒竹又称车角竹、水筋竹、莿楠竹、大筋麻竹（图 2-20）。其地下茎合轴丛生；竹竿端直，高 10～20m；胸径 6～15cm；竹壁厚，中空小；竿色深绿、无毛；节间近等长，约 30cm；箨环突起，幼时密生棕色刺毛，节下白环鲜明。

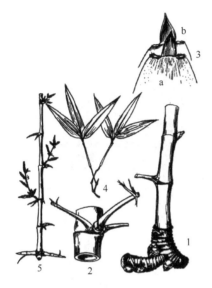

图 2-19　苦竹
1—竿身、竿基及地下茎；2—竹节分枝；3—笋；
4—箨（a 为背面，b 为腹面）；5—叶枝

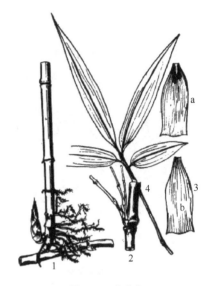

图 2-20　车筒竹
1—竿身、竿基及地下茎；2—竹节分枝；
3—箨（a 为背面，b 为腹面）；4—叶枝

车筒竹在我国南方及西南各地分布甚广，适应性强，在广东、广西、贵州、四川等地区广泛栽植于村旁或河流两岸。其竹竿高大，竹材坚韧厚硬，可作建筑材料及加工使用。

⑦ 硬头黄竹，如图 2-21 所示。其地下茎合轴丛生；竹竿直立，梢部微弯曲，高 6～10m；胸径 4～6cm；下部节间长 20～35cm，中部可达 45cm；枝下各节有芽；竹竿深绿色，平滑无毛，节上部无灰白色毛环，幼时被有白色蜡粉；竿壁厚 1～1.5cm，中空小，质地坚硬。硬头黄竹竿壁厚，竹材坚硬，其用途与撑篙竹相似，可用作担架、农具柄、撑篙及竹材加工。硬头黄竹是我国分布较广的丛生竹种之一，在四川、湖南、江西、福建、广东、广西等地都有栽培，对土壤要求不高，平原、低山、丘陵都能生长，而以河流两岸冲积砂质土壤生长最好。

⑧ 撑篙竹，如图 2-22 所示。其地下茎合轴丛生；竹竿直立，一般高 5～10m，最高可达 15m；胸径 4～6cm；节间长 20～45mm；竹壁厚，中空小；竿绿色，平滑无毛，幼时有白色蜡粉，基部节上有黄白色毛环，节间有淡色纵

条。撑篙竹是我国华南人工栽培的主要用材竹种之一，分布在珠江流域中、下游地区，在丘陵、山麓及平原、河滩的疏松、肥沃的砂质土壤上生长良好，竹竿通直，竹壁厚而坚韧，力学性质良好，可用于棚架、撑篙、农具柄等。

图 2-21　硬头黄竹
1—竿身、竿基及地下茎；2—竹节分枝；
3—箨（a 为背面，b 为腹面）；4—叶枝

图 2-22　撑篙竹
1—竿；2—叶枝；
3—箨（a 为背面，b 为腹面）；4—花枝

⑨ 青皮竹，如图 2-23 所示。其地下茎合轴丛生；竹竿直立，先端稍下垂，高 8～12m；胸径 5～6cm；节间长 35～50cm；竹壁薄，仅 3～5mm；幼竿深绿色，被有明显白粉和倒生刺毛，以后逐渐脱落。青皮竹发笋多、生长快、产量高、材质柔韧，是广东、广西地区普遍栽培的最好篾用竹种之一，适合生长的气候、土壤条件和撑篙竹基本相同。近年来，浙江、江苏、江西、湖南等地区都有引种。

⑩ 凤凰竹，如图 2-24 所示。其地下茎合轴丛生；竹竿密集生长，梢端弯曲，高一般为 2～7m；胸径 3～5m；基部节间长达 40cm，被有白粉，箨包被部分尤甚。凤凰竹是竹类植物中分布最广、适应性最强的竹种之一，在我国的华南、西南直至长江中下游地区都有分布，生长良好。其竹竿细长强韧，可用于编织、造纸及竹材碎料板、竹编胶合板。

⑪ 粉单竹，如图 2-25 所示。其地下茎合轴丛生；竿直立或近于直立，顶端微垂悬，高一般为 8～10m；最高可达 16～18m；胸径 6～8cm，节间长度一般为 50cm 左右，最长可超过 1m；竹壁薄，常为 3～5mm；枝下各节有芽，幼竿有显著的白色蜡粉。粉单竹是我国南方特产，分布于广东、广西和湖南等

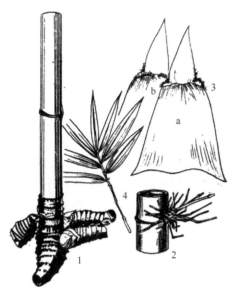

图 2-23　青皮竹

1—竿身、竿基；2—竹节分枝；

3—箨（a 为背面，b 为腹面）；4—叶枝

图 2-24　凤凰竹

1—竿身、竿基和笋；2—竹节分枝；

3—箨（a 为背面，b 为腹面）；4—叶枝

地区，对气候、土壤条件的要求和撑篙竹、青皮竹相同，普遍栽培在溪边、河岸及村旁。其竹竿强韧，节间长，为优质劈篾用竹，是圆竹家具的良好材料。

⑫ 麻竹又称甜竹、大叶乌竹（图 2-26）。其地下茎合轴丛生；竹竿的竿梢

图 2-25　粉单竹

1—竿身、竿基；2—竹节分枝；3—竿箨；

4—箨顶（a 为背面，b 为腹面）

图 2-26　麻竹

1—竿身、竿基；2—竹节分枝；3—笋；

4—箨（a 为背面，b 为腹面）；5—叶枝

呈弧形弯曲，梢尖软、下垂，一般高 15～20m，最高可达 25m；胸径 10～20cm，最大可达 30cm；节间长 30～45cm，竹壁厚，基部可达 1.5cm。麻竹是我国南方主要笋用竹种之一，分布于福建、台湾、广东、广西、云南、贵州等地。麻竹对土壤要求不高，在平原或丘陵、谷地都能生长，竹竿粗大坚硬，材质稍差。

⑬ 慈竹，又称甜慈、钓鱼慈（图 2-27）。其地下茎合轴丛生；竹竿顶梢细长呈弧形下垂，高 5～10m；胸径 4～8cm；基部节间长 15～30cm，中部最长节间可达 60cm，枝下各节无芽，节间呈圆筒形。慈竹是我国西南地区栽培最普遍的篾用竹种，分布于云南、贵州、广西、湖南、湖北、四川及陕西南部各地，竹竿壁薄，节间长，材质柔韧，劈篾性能优良，是编织农具、工艺品和竹家具的优良材料。

⑭ 桂竹，如图 2-28 所示。其竿高 6～10m，亦有高达 20m 的；胸径 4～8cm；节间长达 30cm；箨平滑无毛，有淡紫黑色不规则斑点；材质强韧致密，可用于建筑、竹制品、劈篾编织等。桂竹是台湾的特产。

不同地区的圆竹家具能工巧匠们运用不同的竹种，采用不同的生产工艺生产出或空灵秀雅，或朴质敦实的各类家具，如湖南益阳、浙江安吉的花竹家具，福建建瓯、江西崇义的毛竹家具等。

图 2-27 慈竹
1—竿身、竿基；2—竹节分枝；
3—箨（a 为背面，b 为腹面）；4—叶枝

图 2-28 桂竹
1—竿节（图示为分枝情形）；
2—笋；3—叶枝

2.1.2.3 竹材构造及其性质

（1）竹材基本构造

① 竹竿。竹类植物地上茎的主干，称为竹竿。竹竿多为圆柱形的有节壳

体。不同竹种竹竿的节数和节间长度变异很大。毛竹竹竿的节数可达 70 个左右，而有的小型竹种的竹竿仅有 10 多个节。节间长的可达 1m 以上，短的仅有几厘米。竹竿的节间多数中空，周围的竹材称为竹壁。竹竿的节间直径和竹壁厚度因竹种而异，粗大的（如毛竹、麻竹等）直径可超过 20cm，细小的仅有几毫米，实心竹近乎于实心，而有的竹种竹壁甚薄。竹节内部有节隔相连，把中空的竹竿分隔成一个个空腔。因此，竹节和竹隔不仅有巩固竹竿的作用，而且是竹竿横向输导水分和养料的"桥梁"。

　　② 竹节。竹竿上有两个相邻环状突起的部分称为竹节。竹竿空腔内部处于竹节位置上有个坚硬的板状环隔称为节隔。竹材的维管束在竹竿节间的排列是相当平行而整齐的，且纹理一致。但是，通过竹节时，除了竹壁最外层的维管束在笋箨脱落处（箨环）中断及一部分继续平行分布外，另一部分却改变了方向。竹壁内侧的维管束在节部弯曲伸向竹壁外侧；另一些竹壁外侧的维管束则弯曲伸向竹壁内侧；还有一些维管束从竹竿的一侧通过节隔交织成网状分布，再伸向竹竿的另一侧（图 2-29）。竹节维管束的弯曲走向、纵横交错，有利于加强竹竿的直立性能和水分、养分的横向输导，但对竹材的劈篾性带来不良的影响。

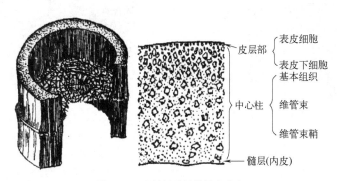

图 2-29　毛竹竹壁的维管束分布

　　③ 竹壁。竹竿圆筒状外壳称为竹壁。竹壁的厚薄一般在根处最厚，至上部逐渐变薄。竹壁可分为竹青、竹肉、竹黄三部分（图 2-30）。竹青是竹壁的外侧部分，组织致密，质地坚韧，表面光滑，外表常附有一层蜡质。表层细胞内常含有叶绿素，所以幼年竹竿常呈绿色。老年竹竿或被采伐过久的竹竿，因叶绿素变化或被破坏而呈黄色。竹黄在竹壁内侧，组织疏松，质地脆弱，一般呈黄色。竹壁中部，位于竹青和竹黄之间的部分，称为竹肉，由维管束和基本组织构成。此外，在竹黄的内侧有一薄膜或片状物，附着于竹黄上，称为竹衣，可用作笛膜。

　　竹材纵向劈开后，用肉眼就可以看到，在竹壁的纵剖面上有一丝丝的纵向纤维，它们的组合平行而致密，其中维管束的分布亦很整齐。在竹材的横断面上，也可看到许多深色的斑点，这些斑点就是纵向维管束的断面。

　　④ 内部构造。竹壁主要由纵向纤维组成，大致可分为维管束与基本组织两部分。在肉眼和放大镜下观察横切面，可见维管束与基本组织的分布规律：靠近竹壁的外侧，维管束小，分布较密，基本组织的数量较少；维管束向内逐渐减少，分布比较稀疏，但其形体较大，而基本组织数量较多。因此，竹材的密度和力学强度，都是竹壁的外侧大于内侧。竹材节间构造自外向内分为表皮层、皮下层、皮层、基本组织、维管束、髓环及髓。竹类维管束的解剖构造如图 2-31 所示。

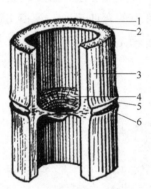

图 2-30　毛竹竹材的竹壁和竹节

1—竹青；2—竹黄；3—节间；

4—节隔；5—竿环；6—箨环

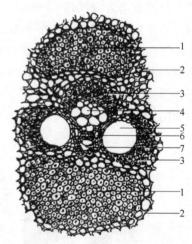

图 2-31　竹类维管束解剖构造

1—纤维股；2—薄壁组织；3—硬质细胞组织鞘；

4—韧皮部；5—后生木质部导管；

6—小的木质部分子；7—细胞间隙

　　纤维细胞和导管细胞是构成维管束的主要成分。竹材中维管束的大小和密度随竹竿部位、大小和竹种的不同而异。同一竹竿，自基部至梢部，维管束总数一致，但维管束的横断面积随竿高增大而逐渐缩小，密度逐渐增大。同一竹种，竹竿粗大的竹材，维管束的密度小；竹竿细小的竹材，维管束密度大。不同竹种，维管束的形状和密度亦不相同。竹材中纤维细胞是一种梭形厚壁细胞，导管细胞是一种竖向排列的长形圆柱细胞。由于它们是组成维管束的主要成分，因此它们在竹材中的分布、变化规律基本上与维管束一致。

　　薄壁细胞是竹材的基本组织，它在竹材中所占的比例最大，为 40%～60%。薄壁细胞包围在维管束四周，亦有贯穿维管束间的。薄壁细胞的形状，从横切面看，多为圆形或多角形，横向宽度为 $30\sim60\mu m$；从纵切面看，薄壁细胞为长短不一的细胞，纵向长度为 $50\sim300\mu m$，细胞壁上有小纹孔。同一竹竿上，基部薄壁细胞所占比例大约为 60%，梢部所占比例较小，约为 40%，从竹壁外层到内层薄壁细胞逐渐增多。薄壁细胞的主要功能为储存养分和水分，由于它的细胞壁是随竹龄的增长而逐渐增厚，细胞腔逐年缩小，其含水率也相应减小，故老竹的干缩率较小。

（2）物理性质

① 密度。密度是竹材的一项重要物理性质，具有很大的实用意义。可以根据它来估计竹材的质量，判断竹材的工业性质和物理力学性质（强度、硬度、干缩及湿胀等）。密度有以下四种：基本密度是绝干材质量与生材体积之比；生材密度是生材质量与生材体积之比；气干密度是气干材质量与气干材体积之比；绝干密度是绝干材质量与绝干材体积之比。其中，以基本密度和气干密度最常用。

同一竹种的竹材，密度大，力学强度就大，反之力学强度就小。因此，竹材的密度是反映竹材力学性质的重要指标。竹材的密度与竹子的种类、竹龄、立地条件和竹竿部位都有密切的关系。

a. 竹种。不同竹种的竹材其密度是不同的（表 2-1）。竹类植物不同属间的竹材密度变化趋势，与其地理分布有一定的关系，即分布在气温较低、雨量较少的北部地区的竹类（如刚竹属），竹材密度较大；而分布在气温较高、雨量较多的南部地区的竹类，竹材的密度较小。

表 2-1　主要经济竹种的密度

竹种	密度 /(g/cm³)	竹种	密度 /(g/cm³)	竹种	密度 /(g/cm³)	竹种	密度 /(g/cm³)	竹种	密度 /(g/cm³)
毛竹	0.81	茶竿竹	0.73	硬头黄竹	0.55	凤凰竹	0.51		
刚竹	0.83	苦竹	0.64	撑篙竹	0.61	粉单竹	0.50	葱竹	0.46
淡竹	0.66	车筒竹	0.50	青皮竹	0.75	麻竹	0.65		

b. 竹龄。竹笋长成幼竹后，竹竿的体积不再有明显的变化。但是，竹材的密度则是随竹龄的增长而不断提高和变化，这是由于竹材细胞壁及其结构是随年龄的增长而不断充实和变化。研究结果表明，毛竹竹材的密度在幼竹时最小，$1\sim6$ 年生逐步提高，$5\sim8$ 年生稳定在较高的水平上，8 年生以后则有所下降（表 2-2）。

表 2-2　毛竹竹材的密度与竹龄的关系

竹龄/年	幼竹	1	2	3	4	5	6	7	8	9	10
密度/(g/cm³)	0.243	0.425	0.558	0.608	0.626	0.615	0.630	0.624	0.657	0.610	0.606

c. 立地条件。竹林的立地条件与竹子生长有密切的关系，从而也影响到竹材的密度和物理力学性质。一般来说，在气候温暖多湿、土壤深厚肥沃的条件下，竹子生长好，竹竿粗大，但是竹材组织疏松，密度较低；在低温干燥、土壤较差的地方，竹子生长差，竹竿细小，而竹材组织较致密，密度较大（表2-3）。

表 2-3　立地条件与毛竹竹材密度的关系

立地等级	Ⅰ	Ⅱ	Ⅲ	Ⅳ	平均
密度/(g/cm³)	0.591	0.597	0.603	0.602	0.603

注：Ⅰ为最好的立地等级，Ⅳ为最差的立地等级。

d. 竹竿部位。同一竹种的竹材，竹竿自基部至梢部，密度逐步增大；同一高度上的竹材，竹壁外侧（竹青）的密度比竹壁内侧（竹黄）大（图2-32）；有节部分的密度大，无节部分的密度小（图2-33）。这是因为竹竿上部和竹壁外侧的维管束分布密度较大，导管孔径较小，所以密度较大；竹竿下部和竹壁内侧的维管束分布密度较小，导管孔径较大，所以密度较小。

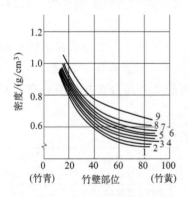

图 2-32　毛竹竹材的密度随高度和
竹壁部位的变化
1—根部上 1~2m；2—根部上 2~3m；
3—根部上 3~4m；4—根部上 4~5m；
5—根部上 5~6m；6—根部上 6~7m；
7—根部上 7~8m；8—根部上 8~9m；
9—根部上 9~10m

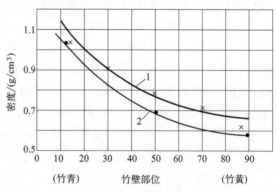

图 2-33　慈竹竹节对其密度的影响
1—有节；2—无节

② 含水率。竹材的含水率（绝对含水率）指竹材所含水分的质量占其全干材质量的百分比。新鲜竹材的含水率与竹龄、部位和采伐季节等有密切关系。一般来说，竹龄越老，竹材含水率越低；竹龄越幼则含水率越高。

例如Ⅰ龄级毛竹新鲜竹材含水率为135%，Ⅱ龄级（2~3年生）含水率为91%，Ⅲ龄级（4~5年生）含水率为82%，Ⅳ龄级（6~7年生）含水率为

77%。竹竿自基部至梢部，含水率逐步降低（表2-4）。

表 2-4　新鲜毛竹竹竿上不同部位的含水率

竹竿上的部位	0/10	1/10	2/10	3/10	4/10	5/10	6/10	7/10	8/10	9/10
竹材含水率/%	97.10	77.78	74.22	70.52	66.02	61.52	56.58	52.81	48.84	45.74

竹壁外侧（竹青）含水率比中部（竹肉）和内侧（竹黄）低。例如，毛竹新鲜竹材的竹青含水率为36.74%，竹肉为102.83%，竹黄为105.35%。夏季采伐的毛竹竹材含水率最高，为70.41%；秋季为66.54%；春季为60.11%；最低是冬季，为59.31%。新鲜竹材，一般含水率在70%以上，最高可达140%，平均为80%~100%。

③ 干缩性。新鲜竹材置于空气中，水分不断蒸发，由于逐渐失去水分，而引起干缩。竹材不同切面水分蒸发速度有很大的不同。毛竹竹材水分蒸发速度以横切面最大，为100%；其次是弦切面，为35%；径切面为34%；竹黄为32%；竹青最小，为28%。因此，竹材加工过程中，要降低竹材含水率，应首先对竹材进行去竹青和竹黄，再进行人工干燥。竹材的干缩率通常比木材要小一些，但竹材和木材一样，不同方向的干缩率也有显著的差异。引起竹材干缩的主要原因是竹材维管束中的导管失水后发生干缩。因此，竹材中维管束分布密度大的部位，干缩率就大；分布密度小的部位，干缩率就小。

由于竹材的结构特点，竹材的干缩有以下特征。各个方向的干缩率以弦向最大，径向（壁厚）次之，高度方向（纵向）最小。各个部位的干缩率：弦向干缩中竹青最大，竹肉次之，竹黄最小；反之，纵向干缩中，则竹青最小；竹肉次之，竹黄最大。不同竹龄的干缩率：竹龄愈小，竹材弦向和径向的干缩率愈大，随着竹龄的增加，弦向和径向的干缩率逐步减小，如由气干至绝干，2年生毛竹竹材的弦向干缩率为7.45%，4年生为4.46%，6年生为3.53%；纵向干缩率与竹龄无关，平均为0.1%左右（从新鲜竹到气干竹）。不同竹种的干缩率：竹种不同，其干缩率也不同，不同的竹种其干缩率差异较大。

由于竹壁外侧（竹青）比内侧（竹黄）的弦向干缩大，因此，原竹（竹竿）在保存、运输过程中，常常由于自然干燥产生应力引起竹竿开裂。图 2-34 为竹材（无节）

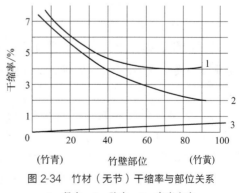

图 2-34　竹材（无节）干缩率与部位关系
1—径向；2—弦向；3—高度方向

干缩率与部位的关系。图 2-35 为毛竹竹材含水率与线干缩率、体积干缩率的关系。

④ 吸水性。竹材的吸水与竹材的水分蒸发是相反的过程。干燥的竹材吸水性能很强，竹材的吸水速度与其长度成反比，即长度愈大吸水速度也愈慢，而吸水速度与竹材的宽窄关系不大。图 2-36 为竹材长度与吸水速度的关系。这一现象说明竹材的吸水和竹材水分的蒸发一样，主要都是通过横切面进行的。竹材吸收水分后和木材一样各个方向的尺寸和体积均增大，强度下降。

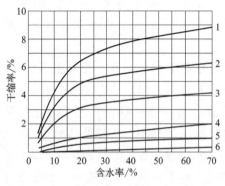

图 2-35　4~6 年生毛竹竹材含水率与干缩率的关系

1—纵向（外侧）线干缩；2—纵向（内侧）线干缩；

3—弦向（内侧）线干缩；4—纵向（垂周）线干缩；

5—弦向（外侧）线干缩；6—体积干缩

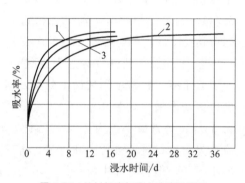

图 2-36　竹材长度与吸水速度的关系

1—20mm×20mm×t（径向厚度）；

2—300mm×200mm×t（径向厚度）；

3—20mm 高竹筒（无节）

竹材吸水后，长、宽、厚和体积等都会产生膨胀，其膨胀率与吸水量有密切的关系。不同起源竹材高向（h）、弦向（b）、径向（t）、体积（v）的吸水膨胀率之间的比例关系为：

$$\Delta h : \Delta b : \Delta t : \Delta v = 1 : 32 : 64 : 120$$

（3）化学性质

竹材的化学成分十分复杂。据分析，组成竹材的主要成分是纤维素、半纤维素和木质素，其次是各种糖类、脂肪类和蛋白质类物质。此外，还有少量的灰分。

① 纤维素。纤维素是组成竹材细胞壁的基本物质。一般竹材中，纤维素含量为 40%~60%。同一竹种不同竹龄的竹材中纤维素的含量是不同的。例如，毛竹竹材中纤维素的含量，嫩竹为 75%，1 年生竹为 66%，3 年生竹为 58%；麻竹竹材中，1 年生竹为 53.19%，2 年生竹为 52.78%，3 年生竹为 50.77%。随着竹龄的增加，不同的竹种其纤维素含量逐步减少，数值虽有不

同但基本趋势是一致的。

② 半纤维素。一般竹材中半纤维素的含量为 14％～25％。同一竹种不同竹龄的竹材中，半纤维素的含量是不同的。例如：毛竹竹材中的半纤维素含量，2 年生为 24.9％，4 年生为 23.65％；淡竹竹材中，1 年生为 19.88％，2 年生为 19.76％，3 年生为 18.24％。不同竹种的竹材，半纤维素的含量也不相同。

③ 木质素。一般竹材中，木质素的含量为 16％～34％。同一竹种不同竹龄的竹材中，木质素的含量是不同的。例如：毛竹中木质素的含量，2 年生为 44.1％，4 年生为 45.60％；淡竹中，1 年生为 33.23％，2 年生为 33.45％，3 年生为 33.52％。不同竹种的竹材中，木质素的含量也不相同。竹材木质素平均含量为 16％～34％。各种竹种的竹材，随着竹龄的增加，纤维素、半纤维素的含量逐年减少，木质素的含量逐年增加，一般竹龄在 6 年后趋于稳定，因而物理和力学性质也趋于稳定。作为工业用材的竹子，应使用 6 年生以上的竹子较为合理。竹子的生物学特性表明：砍伐 6 年生以下的嫩竹或留下 10 年生以上的老竹，都不利于竹林发笋成竹和竹林丰产。

④ 浸提物质

浸提物质主要指用冷水、热水、醚、醇或 1％氢氧化钠等溶剂浸泡竹材后，从竹材中浸提出的物质。竹材中的浸提物质的成分十分复杂，但主要是一些可溶性的糖类、脂肪类、蛋白质类以及部分半纤维素等。一般竹材中，冷水浸提物有 2.5％～5.0％，热水浸提物有 5.0％～12.5％，醚醇浸提物有 3.5％～9.0％，1％氢氧化钠浸提物有 21％～31％。同一竹种不同竹龄的竹材中，各种浸提物的含量是不同的。例如，慈竹中 1％氢氧化钠溶液的浸出物，嫩竹为 34.82％，1 年生竹为 27.81％，2 年生竹为 24.93％，3 年生竹为 22.91％。竹种不同，各种浸提物的含量也不相同（表 2-5）。

表 2-5　不同竹种竹材浸提物的含量

浸提物	毛竹	淡竹	撑篙竹	慈竹	麻竹
冷水浸提物/％	2.60	—	4.29	—	—
热水浸提物/％	5.65	7.65	5.30	—	12.41
醇、乙醚浸提物/％	3.67	—	5.44	—	⌐
醇、苯浸提物/％	—	5.74	3.55	8.91	6.66
1％NaOH 浸提物/％	30.98	29.95	29.12	27.62	21.81

此外，一般竹材中的蛋白质含量为 1.5％～6％；还原糖的含量为 2％左右；脂肪和蜡质的含量为 2.0％～4.0％；淀粉类含量为 2.0％～6.0％；灰分

的总含量为 $1.0\%\sim3.5\%$，其中含量较多的有五氧化二磷、氧化钾、二氧化硅等。综上所述，竹材的化学成分见表2-6。

表2-6　竹材的化学成分

名称	纤维素	多缩戊糖	木质素	冷水浸提物	热水浸提物	醇、乙醚浸提物	醇、苯浸提物	1%NaOH浸提物	蛋白质
含量/%	(46~60) 50.38	(14~25) 20.86	(16~34) 25.45	(2.5~5.0) 3.92	(5.0~12.5) 7.72	(3.5~5.5) 4.55	(2~9) 5.45	(21~31) 27.26	(1.5~6) 2.55

名称	脂肪和蜡质	淀粉	还原糖	氮素	P_2O_5	K_2O	SiO_2	其他灰分	总灰分
含量/%	(2~4) 2.87	(2~6) 3.60	2左右2.0	(0.21~0.26) 0.24	(0.11~0.24) 0.16	(0.5~1.2) 0.82	(0.1~0.5) 1.30	(0.3~1.3) 0.72	(1.0~3.5) 2.04

2.1.2.4　力学性能

竹材具有刚度好、强度大等优良的力学性能，是一种良好的工程结构材料。且由于它劈裂性好，能用手工和机械的方法将其剖分成薄篾，因而千百年来竹子被广泛用于编织农具、生活用具及传统工艺品。表2-7为毛竹竹材与几种木材的力学性能比较。

表2-7　毛竹竹材与几种木材的力学性能比较

材料	密度/(g/cm³)	纵向静弯曲强度/MPa	纵向静弯曲弹性模量/MPa	硬度（弦向与径向平均值）
毛竹	0.789	152.0	12062.2	71.6
泡桐	0.283	34.89	4310.0	10.63
大青杨	0.390	53.80	7750.0	15.73
鱼鳞云杉（白松）	0.451	73.60	10390.0	16.01
桦木	0.615	85.75	8820.0	36.99
麻栎	0.842	111.92	15580.0	73.21

竹材的抗弯强度、抗拉强度、弹性模量及硬度等力学性能的数值约为一般木材（中软阔叶树材和针叶树材）的2倍，可与麻栎等硬阔叶树材相媲美。但是竹材的力学性能极不稳定，与多种因素有关。影响竹材力学性能的因素主要有以下几点。

（1）竹种

不同竹种的竹材内部结构不同，因此其力学性能也不一样。表2-8为几种竹材的力学性能。

表 2-8　几种竹材的力学性能

力学性能	毛竹	慈竹	麻竹	淡竹	刚竹
抗拉强度/MPa	188.77	482.23	197.77	185.89	289.13
抗弯强度/MPa	163.90	183.99	171.10	213.36	194.08

（2）立地条件

一般来说，竹林立地条件越好，竹子生长越粗大，但竹材组织较松，所以力学性能较低；在较差的立地条件上，竹子虽生长差，但竹材组织致密，力学性能较高。气候条件与竹子生长关系密切，从而也影响到竹材的性质。表 2-9 为毛竹立地条件对竹材力学性能的影响，表 2-10 为气候条件对毛竹竹材力学性能的影响。

表 2-9　毛竹立地条件对竹材力学性能的影响

立地等级	竹材平均胸径/cm	顺纹抗压强度/MPa	顺纹抗拉强度/MPa
I	12.5	63.02	180.76
II	10.5	66.04	184.69
III	9.8	64.50	185.03
IV	8.1	67.12	198.86

表 2-10　气候条件对毛竹竹材力学性能的影响

地点	东经	北纬	年平均气温/℃	年降水量/mm	抗拉强度/MPa	抗压强度/MPa
江苏宜兴	119°51′	30°0′	15.60	1320	200.06	71.96
浙江石门	121°16′	29°37′	15.98	1512	185.67	81.17
江西大茅山	117°48′	28°45′	17.60	1800	177.54	61.15

（3）竹龄

研究结果表明，竹材的强度与竹龄有着十分密切的关系。通常，幼竹最低，1～5 年生逐步提高，5～8 年生稳定在较高的水平，9～10 年生以后略有降低，所以毛竹竹材的最佳采伐年龄以 6～8 年生为好。不同的竹种、不同地区的竹材，其强度与竹龄的关系虽有差异，但基本趋势是一致的。表 2-11、表 2-12 为毛竹竹龄对其竹材力学性能的影响。从毛竹竹材的强度来看，竹材的最佳采伐年龄以 6～8 年生为好。

表 2-11　毛竹竹龄对其竹材力学性能的影响

力学性能	幼竹	1 年生	2 年生	3 年生	4 年生	5 年生	6 年生	7 年生	8 年生	9 年生	10 年生
抗拉强度/MPa	—	135.35	174.76	195.55	186.15	184.83	180.64	192.40	214.93	185.70	185.61
抗压强度/MPa	18.48	49.05	60.61	65.38	69.51	67.53	69.51	67.45	75.51	64.89	62.68

表 2-12　不同地区毛竹竹龄对其竹材力学性能的影响

竹材产地	竹材强度	1~2 年生	3~4 年生	5~6 年生	7~8 年生	9~10 年生
江苏宜兴	抗拉强度/MPa	189.98	213.68	201.70	205、76	189.17
	抗压强度/MPa	67.28	73.48	74.16	73.20	71.73
浙江石门	抗拉强度/MPa	167.26	195.12	198.79	188.24	173、45
	抗压强度/MPa	55.53	58.89	65.31	66.43	59.73
江西大茅山	抗拉强度/MPa	139.90	189.24	191.33	190.82	176.41
	抗压强度/MPa	49.28	63.30	62.69	67.89	65.57

（4）竹竿部位

竹竿不同的部位，力学性能差异较大。一般来说，在同一根竹竿上，上部比下部的强度大，竹壁外侧（竹青）比内侧（竹黄）的强度大（表 2-13）。竹青部位维管束的分布较竹黄部位密集，密度较高，因而强度高于竹黄。竹材的节部由于维管束分布弯曲不齐，因此其抗拉强度要比节间约低 25%，而对抗压强度则影响不大。图 2-37、图 2-38 为竹材强度与竹竿高度、竹壁部位的关系。

表 2-13　毛竹竹材高度与强度的关系

竹材强度		竹竿高度/m						
		1	2	3	4	5	6	7
抗拉强度 /MPa	有节	126.84	146.73	167.34	166.94	167.55	169.90	169.49
	无节	157.96	191.02	194.28	202.14	208.98	215.41	221.22
抗压强度 /MPa	有节	140.31	149.79	151.84	156.12	162.86	173.26	172.45
	无节	138.77	147.35	152.14	152.75	160.82	162.04	170.20

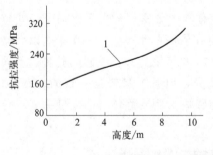
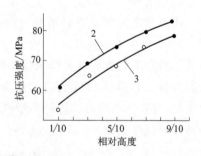

图 2-37　竹材强度与竹竿高度的关系

1—四川产；2—江苏下蜀产；3—浙江石门产

（5）含水率

竹材和木材一样，在纤维饱和点以内时，其强度随含水率的增加而降低。当竹材为绝干状态时，会因质地变脆，强度下降。当竹材含水率超过纤维饱和点时，含水率增加，竹材强度则变化不大。但是，由于目前对竹材纤维饱和点的研究不够深入，因而尚无比较准确的数据。图 2-39 为毛竹竹材含水率与其抗拉强度的关系。

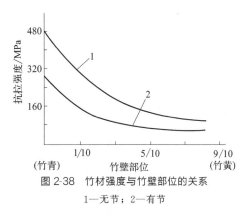

图 2-38　竹材强度与竹壁部位的关系

1—无节；2—有节

2.1.2.5　竹材特点

竹材和木材一样，都是天然生长的有机体，同属非均质和不等方向性（各向异性）材料。但是，它们在外观形态、结构和化学成分上都有很大的差别，具有自己独特的力学性能。竹材和木材相比较，具有强度高、韧性大、刚性好、易加工等特点，使竹材具有多种多样的用途，但这种特性也在相当大的程度上限制了其优异性能的发挥。竹材的基本性质有以下几点。

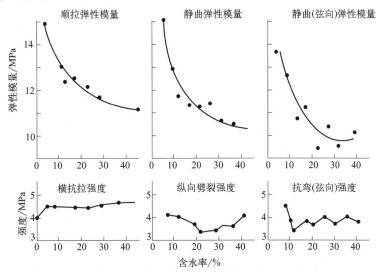

图 2-39　毛竹竹材含水率与其抗拉强度的关系

① 易加工、用途广泛。竹材纹理通直，用简单的工具，即可将竹子剖成很薄的竹篾，用其可以编织成各种图案的工艺品、家具、农具和各种生活用品；新鲜竹子通过烘烤还可弯曲成型制成多种造型别致的竹家具等竹制品；竹材色浅，易漂白、染色；原竹还可直接用于建筑、渔业等多个领域。

② 直径小、壁薄中空。竹材的直径相对小于木材。木材的直径大的可达 2m，一般的工业用木材直径也有几十厘米，而竹材直径小的仅 1cm，经济价值最高的毛竹，其胸径也多在 7~12cm。木材都是实心体，而竹材却壁薄中

空，其直径和壁厚由根部至梢部逐渐变小。毛竹根部的壁厚最大可达15mm左右，而梢部壁厚仅有2～3mm。竹材的这一特性，使其不能像木材那样可以锯切、旋切或刨切。

③ 结构不均匀。竹材在壁厚方向上，外层为竹青，组织致密、质地坚硬、表面光滑、附有一层蜡质，对水和胶黏剂润湿性差；内层为竹黄，组织疏松、质地疏松，对水和胶黏剂的润湿性也较差；中间为竹肉，性能介于竹青和竹黄之间，是竹材利用的主要部分。三者之间结构上的差异，导致了它们的密度、含水率、干缩率、强度、胶合性能等都有明显的差异，这一特性给竹材的加工和利用带来很多不利的影响。而木材虽然也有一些心、边材较明显的树种，却没有竹材这样明显的物理、力学和胶合性能上的差异。图2-40所示为竹材的部位与竹材胶合性能的关系。由图可知：对于酚醛树脂胶，竹青、竹黄的湿润、胶合性能都为零，而竹肉则有良好的胶合性能；脲醛树脂胶对竹青、竹黄、竹肉的胶合性能与酚醛树脂胶基本相似。

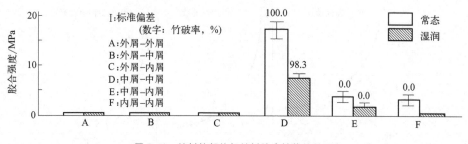

图2-40 竹材的部位与竹材胶合性能的关系
所用胶黏剂为酚醛树脂胶

④ 各向异性明显。竹材和木材都具有各向异性的特点。但是由于竹材中的维管束走向平行而整齐，纹理一致，没有横向联系，因而竹材的纵向强度大，横向强度小，容易产生劈裂。一般木材纵、横两个方向的强度比约为20∶1，而竹材却高达30∶1，加之竹材不同方向、不同部位的力学性能、化学组成都有差异，因而给加工、利用带来很多不稳定的因素。

⑤ 易虫蛀、腐朽和霉变。竹材比一般木材含有较多的营养物质，这些有机物是一些昆虫和微生物（真菌）的营养物质。其中蛋白质为1.5%～6.0%，糖类为2%左右，淀粉类为2.0%～6.0%，脂肪和蜡质为2.0%～4.0%，因而在温暖、潮湿的条件下使用和保存，容易引起虫蛀和病腐。蛀食竹材的害虫有竹蠹虫、白蚁、竹蜂等，其中以竹蠹虫最为严重。竹材的腐烂与霉变主要由腐朽菌寄生引起，竹材腐朽菌是真菌门、担子菌纲的多孔菌科（*Polyporaceae*）、革菌科（*Thelephoraceae*）、齿菌科（*Hydnaceae*）、伞菌科（*Agaricace-ae*）的

一些菌种。大量试验表明，未经处理的竹材耐老化性能（耐久性）也较差。

⑥ 易褪青、褪色。竹材的色泽是竹家具的重要造型要素。幼年竹的表层细胞内常含有叶绿素而呈绿色，色泽亮丽，而老年竹或采伐过久的竹因叶绿素变化或被破坏而呈黄色，且色泽暗淡。一些竹种在自然生长中，特别是幼年时，竹竿常具有赏心悦目的色泽、花纹或斑点（块），如紫竹（*Phyllostachys nigra*）、大琴丝竹（又名黄金间碧玉，*Bambusa vulgaris var. vittata*）、斑竹（*Phyllostachys bambusoides f. lacrimadeae*）等，但采伐后特别是储存不当时，光泽、色彩、花纹或斑点（块）常消退乃至消失。

⑦ 耐久性差、容易燃烧。竹材和木材一样，燃烧过程可分为升温、热分解、着火、燃烧、蔓延等五个阶段。竹材在外部热源作用下，温度逐渐升高，当达到分解温度（280℃）时产生一氧化碳、甲烷、乙烷、乙烯、醛、酮等可燃性气体；在竹材表面形成一层可燃气体，当有足够的氧气和热量存在时就着火燃烧；然后这种热传导到相邻部位，使燃烧蔓延起来。竹材炭化温度为 320～500℃。

⑧ 运输费用大、难以长期保存。竹材壁薄中空，因此体积大，实际容积小，车辆的实际装载量少，运输费用高，不宜长距离运输。竹材易虫蛀、腐朽、霉变、干裂，因此在室外露天保存时间不宜过长，而且竹材砍伐有较强的季节性，每年有 3～4 个月要护笋养竹，不能砍伐。因此，要满足规模、均衡的工业化生产，原竹供应是一个难以解决的问题。

2.1.3　藤材

2.1.3.1　分类与分布

棕榈藤是木质藤本植物，属棕榈科省藤亚科省藤族植物，是棕榈科中具有刺和鳞状果皮的攀缘植物，是亚洲热带地区宝贵的植物资源。目前，棕榈藤产品贸易已发展成为价值可观的产业，藤原材料国际贸易额相当可观，中国藤产品的年产值超过 1 亿美元。在这当中，藤家具作为主要的藤产品，占有相当的比重。

现已确认，全世界共有棕榈藤 13 属 600 余种，它们天然分布于热带地区，即亚洲、非洲和大洋洲的热带地区。美洲热带地区没有棕榈藤的天然分布，但古巴近年来开始引种棕榈藤。东南亚是棕榈藤天然分布的中心，天然分布有省藤属、美苞藤属、角裂藤属、黄藤属、戈塞藤属、多鳞藤属、钩叶藤属、类钩叶藤属、鬏毛藤属、网苞藤属等 10 个属，该地区的印度尼西亚是世界棕榈藤资源和藤种数最多的国家。非洲棕榈藤天然分布的有省藤属、单苞藤属、脂种藤属和肿胀藤属等 4 个属，其中单苞藤属、脂种藤属和肿胀藤属是非洲特有属，非洲喀麦隆是非洲棕榈藤藤种丰富度最大的地方。

省藤属是棕榈藤中藤种最多的一个属，大约有 370～400 种，主要分布在亚洲，它从印度次大陆开始向东延伸至中国南部，向南穿过马来西亚地区分布至斐济、瓦努阿图和澳大利亚东部的热带和亚热带地区。省藤属在非洲也有分布，但只有 1 种。除省藤属外，角裂藤属、黄藤属、戈塞藤属、钩叶藤属、类钩叶藤属、多鳞藤属、美苞藤属、鬃毛藤属和网胞藤属等 9 个属的分布以东南亚为中心，并向东和向北延伸。棕榈藤的具体藤种分布见表 2-14。在这些藤种中，有经济利用价值的藤种的比例不到 10%，即 600 多个藤种中只有 20～30 种有经济利用价值，它们主要集中在省藤属，较集中分布在印度尼西亚、马来西亚等东南亚国家，具体情况见表 2-15。

表 2-14　世界棕榈藤的地理分布

属名	中国	泰国	缅甸	印度	菲律宾	马来西亚	爪哇	婆罗洲	苏门答腊	苏拉威西	新几内亚	斯里兰卡	大洋洲	西非	估计种数
省藤属 *Calamus*	＋	＋	＋	＋	＋	＋	＋	＋	＋	＋	4	＋	＋	＋	400
美苞藤属 *Calospatha*	－	－	－	－	－	＋	－	－	－	－	－	－	－	－	1
角裂藤属 *Ceratolobus*	－	＋	＋	＋	＋	＋	＋	＋	＋	＋	－	－	－	－	6
黄藤属 *Daemonorops*	＋	＋	＋	＋	＋	＋	＋	＋	＋	＋	4	－	－	－	115
单苞藤属 *Eremospatha*	－	－	－	－	－	－	－	－	－	－	－	－	－	＋	7
戈塞藤属 *korthalsia*	－	＋	＋	＋	＋	＋	＋	＋	＋	＋	＋	－	－	－	26
脂种藤属 *Laccosperms*	－	－	－	－	－	－	－	－	－	－	－	－	－	＋	7
多鳞藤属 *Myrialepis*	－	＋	＋	－	－	＋	－	＋	－	－	－	－	－	－	1
肿胀藤属 *Oncocalamus*	－	－	－	－	－	－	－	－	－	－	－	－	－	＋	5
钩叶藤属 *Plectocomia*	＋	＋	＋	＋	＋	＋	＋	＋	＋	＋	＋	－	－	－	16
类钩叶藤属 *Pleotocomiopsis*	－	＋	－	－	－	＋	－	＋	－	－	－	－	－	－	5

续表

属名	中国	泰国	缅甸	印度	菲律宾	马来西亚	爪哇	婆罗洲	苏门答腊	苏拉威西	新几内亚	斯里兰卡	大洋洲	西非	估计种数
鬃毛藤属 *Pogonotium*	—	—	—	—	—	+	—	+	—	—	—	—	—	—	3
网苞藤属 *Retispatha*	—	—	—	—	—	—	—	+	—	—	—	—	—	—	1
分布属数	3	7	5	4	4	9	5	8	5	3	3	1	1	4	13
估计种数	42	50	30	46	54	104	25	105	755	28	50	10	8	24	600
（变种）	26														

注：＋表示有；—表示没有。

表 2-15　主要经济利用藤种在世界上的分布

藤种	分布
西加省藤 *Calamus caesius*	马来半岛、苏门答腊、婆罗洲、菲律宾和泰国，中国和南太平洋有引种
短叶省藤 *Calamus egregious*	中国海南岛特有种，中国华南地区其他省份有引种
细茎省藤 *Calamus exilis*	马来半岛和苏门答腊
丝状省藤 *Calamus javensis*	东南亚
玛瑙省藤 *Calamus manna*	马来半岛和苏门答腊
梅氏省藤 *Calamus merrillii*	菲律宾
民都洛藤 *Calamus mindorensis*	菲律宾
佳宜省藤 *Calamus optimus*	婆罗洲和苏门答腊，加里曼丹有栽培
美丽省藤 *Calamus ornatus*	泰国、苏门答腊、爪哇、婆罗洲、苏拉威西至菲律宾
卵果省藤 *Calamus ovoideus*	斯里兰卡西部
泽生藤 *Calamus plaustris*	缅甸、中国南部至马来西亚和安达曼
毛刺省藤 *Calamus pogonacanthus*	婆罗洲
长节省 *Calamus scipionam*	缅甸、泰国、苏门答腊
单叶省藤 *Calamus simpliesfolius*	中国海南岛特有种，中国南部其他省份有引种
藏精省藤 *Cabomics sublinermis*	沙巴、沙捞越、加里曼丹东部和巴拉壁
白藤 *Calamus teiradactylus*	中国南部，马来西亚有引种
粗鞘省藤 *Calamalus trachycoless*	加里曼丹中部和南部，马来西亚有引种
种鞘省藤 *Calains tamindaus*	马来半岛和苏门答腊
大藤 *Calannis wailing*	中国南部
珠林葛藤 *Calamus zollingeri*	苏拉威西和摩鹿加群岛

续表

藤种	分布
珠林葛藤 *Datemanorops jenkinsiana*	中国南部
粗壮黄藤 *Daemonorops robusta*	印度尼西亚、苏拉威西和摩鹿加群岛
同羽黄藤 *Daemonorops sabut*	马来半岛和婆罗洲
黄藤 *Eremospatha macrocarpa* *Eremospatha haullevilleanade*	非洲的塞拉利昂至安哥拉 刚果盆地到东非
Laccosperma secundiflorum	非洲的塞拉利昂到安哥拉

注：*Daemonorops jenkinsiana* 同 *Daemonorops margaritae*。

中国疆域辽阔，北纬 24°以南的热带和亚热带区域，处于中心分布区的北缘，天然分布 3 属 42 种 26 变种，约占全世界总属数的 23.1%，已知种数的 6.7%。由于中国东南部和西南部自然地理和气候条件的明显差别，形成了分别以海南岛和云南西双版纳为中心的东南部和西南部两大棕榈藤分布区。东南分布区包括华南地区及台湾，有 3 属 25 种 6 变种，西南地区包括云南、贵州、西藏及广西西南部局部区域，有 2 属 19 种 16 变种，见表 2-16。

表 2-16　中国棕榈藤的分布　　　　　　　　单位：种

属名	海南	广东	广西	福建	江西	浙江	湖南	台湾	贵州	云南	西藏
省藤属 *Calamus*	11+1v	11+3v	9+2v	3	2	1	1	3+1v	4	15+21v	1+1v
黄藤属 *Daemonorops*	1	1	1	—	—	—	—	—	—	—	—
类钩叶藤属 *Plectocomiopsis*	1	—	1	—	—	—	—	—	—	3	—
合计	13	12+1v	11+3v	3+2v	2	1	1	3	4+1v	18+21v	1+1v

注：v 表示变种。

世界原藤 90%来自天然棕榈藤，只有 10%来自棕榈藤人工林。因此，世界棕榈藤资源主要还是天然棕榈藤资源。而天然棕榈藤资源总量究竟有多少，目前还没有非常精确的数字。1991 年，联合国亚洲及太平洋经济社会委员会（ESCAP）报道，亚太地区现有棕榈藤分布的天然林估计面积为 2900 万公顷。作为一种非木材林产品植物，棕榈藤在许多国家的各类森林资源调查中被忽视，在 20 世纪 80 年代以前主要是通过原藤产量和栽培面积等其他指标来间接反映棕榈藤资源，见表 2-17。20 世纪 80 年代以后，部分国家开始对天然棕榈藤资源进行调查，从而有了用藤丛数和长度来具体表示的棕榈藤资源总量，见表 2-18。

表 2-17 1991 年世界棕榈藤资源分布统计

国家或地区	天然林			人工林			总产量 /t	年可采收 总量/t
	面积 /万公顷	现产量 /t	年可采 收量/t	面积 /公顷	现产量 /t	年可采 收量/t		
中国	50	10000	6000	2000	—	4000	10000	10000
印度尼西亚	950	90000	140000	22000	20000	40000	110000	180000
菲律宾	200	40000	32500	3300	—	10000	40000	42500
泰国	20	6000	4000	1200	—	2500	6000	6500
马来西亚	900	80000	100000	24000	5000	—	85000	100000
缅甸	500	85000	115000	—	—	—	85000	115000
越南	50	12000	10000	—	—	—	12000	10000
老挝	150	3000	15000	—	—	—	3000	15000
巴布亚新几内亚	100	2000	20000	—	—	—	2000	20000
总计	2920	328000	442500	52500	25000	56500	353000	499000

表 2-18 2000 年棕榈藤资源分布统计

国家或地区	森林面积 /万公顷	含藤天然林 /万公顷	藤人工林 /万公顷	棕榈藤产量/ （万吨/a）	天然棕榈藤 储量
印度尼西亚	10360	3300～4150	3.7	57.0	—
马来西亚	1530	—	3.1	—	327.02 万丛以上
菲律宾	540～650	170～300	0.6～1.1	10800 万 m	56.07 亿 m
老挝	1240～950	220	—	0.01	—
越南	760～830	—	8.5	2.5	—
柬埔寨	980	178	—	—	—
孟加拉国	70	—	—	0.10668 万 m	—
斯里兰卡	160	—	0.0394	—	—
中国	9950	—	2.0	0.4～0.6	—
泰国	1110	—	0.05	—	—
古巴	—	—	0.2	—	—

棕榈藤的主要器官有根、茎、叶和叶鞘、攀缘器官、花序和花、果实。图 2-41 所示为棕榈藤中长节省藤的主要植物器官示意图。

（1）根

棕榈藤没有粗大的垂直生长的主根，只有须根。种植于沼泽林的西加省藤（calamus caesius），18 个月的幼苗水平生长有 3mm 粗的根，其上分布有许多向地性的根，而背地性的根往往在地表 5cm 以上生长；玛瑙省藤（calamus

55

manan）的根系从植株基部向外辐射可达 8m。

（2）茎

棕榈藤的茎是藤家具的加工原料。棕榈藤的茎，商业上俗称藤条，往往由叶鞘及其残留物所包被。刚露出的茎呈淡黄色或黄白色，以后由于见光而变成深绿色，采收干燥后往往变成深褐色。多数属种的藤，叶鞘脱落后留下光滑的茎表面，而部分藤的叶鞘残留物仍然紧贴在茎表面。图 2-42 所示为生长中的美丽省藤（calamus ornatus），图 2-43 所示为玛瑙省藤。

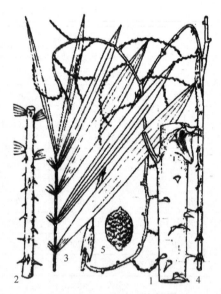

图 2-41　长节省藤主要器官
1—带叶鞘的茎；2—叶柄上部；
3—叶；4—雌花序的一部分；5—果实

藤茎直径从 3mm 到 10cm 大小不一。藤茎往往不随年龄的增加而增粗，而藤茎长度随环境及种类的不同差异极大，有的可长达数百米。藤茎基部通常较粗，而向上则变细，藤茎成熟时，通常直径达到最大值。花序着生和未着生茎节之间的直径也有变化，前者通常较细。藤茎粗细的变化影响藤条的质量。

图 2-42　美丽省藤

图 2-43　玛瑙省藤

多数藤茎的横切面是圆形的，但省藤属一些有纤鞭的种类，在茎上着生纤鞭的部位留下隆起的纵脊，该处的茎横切面不呈圆形，而有些属（如类钩叶藤）的藤茎的横切面呈三角形，往往限制了藤茎的利用。藤茎表面的变化产生较大的商业价值变化，如有些藤茎表面由于昆虫危害留下斑痕，往往降低了藤茎的等级；而戈塞藤属的藤茎由于其色泽为红色，加之叶鞘与藤茎难以剥离而价值较低；西加省藤由于其藤茎坚硬、耐腐蚀，表面乳黄色而显现光泽，因而商业价值较高。有些藤种（如钩叶藤属、类钩叶藤属和多鳞藤属的种类）由于藤茎表面坚硬，但藤芯柔软而商业价值较小。

（3）叶和叶鞘

棕榈藤的叶由叶鞘、叶柄、叶轴和羽片组成。

叶鞘具有非常重要的分类学意义。叶鞘是叶柄的基部下面扩大形成一个完全包围着整个节间和上面节的一部分管状物。叶鞘通常有刺，少数种类少刺或无刺。刺的种类、排列形式多样，是种类鉴定的重要依据。羽片在种类鉴定上也具有重要意义。

（4）攀缘器官

攀缘器官通常在地上茎发育中产生，支持棕榈藤的攀缘。由于攀缘习性的差异，棕榈藤中存在两种功能和结构完全不同的攀缘器官，一种是叶轴顶端延伸成的有刺纤鞭，另一种是着生在囊状凸起附近相对于叶柄的叶鞘上纤鞭。两种攀缘器官都是鞭状的，并着生成簇的反折的短刺或爪状刺，通常它们是彼此独有的。

（5）花序和花

棕榈藤开花可分为两种类型，即单次开花和多重开花。花序显现高度复杂的结构，花序的形态对属种分类是非常重要的。

（6）果实

基生或侧生果实和种子的形状、大小、颜色也是鉴定属种的重要依据。多种藤果和藤梢富含营养，为优质热带水果和森林蔬菜；黄藤属的果实可萃取血竭（中药）。

藤类品种较多，其中棕榈藤是加工藤家具的主要藤类。去鞘的藤茎外观很像竹子，再加上两者在家具的造型方法和工艺上非常近似，有时，甚至在一件家具上同时应用到竹和藤，因此，常有人把竹家具和藤家具混为一谈，或者把它们合称竹藤家具。藤茎的断面一般为圆形或椭圆形，竿茎通直有节，内为实心（与竹材的主要差别之一）。图 2-44 所示为去鞘的藤茎形态。藤茎的直径大小不一，小到几毫米，大到几十毫米，但总体直径偏小，是

图 2-44　成捆藤茎

藤家具制作的制约因素之一，同时也是藤家具展现其艺术魅力的有利因素
之一。

2.1.3.2　藤材构造及性质

藤种间直径变化很大，节内直径也有变化。细的如中国的短轴省藤（Cal-
amus compsostachys）、印度的特拉万科里克省藤（Calamus travancoricus），
直径约3mm；粗如东南亚的玛瑙省藤（Calamus manan），直径80～100mm，
钩叶藤属的个别单株直径可达200mm。商用藤的直径范围为3～80mm。藤茎
有节，节间长度受环境影响，株内变化很大，一般基部的较短。据对10余种
商用藤的测定资料，单种藤平均节间长度为10.1～25.6cm，总平均节间长度
约20cm。直径为商用藤的分级基础，印度尼西亚一般以18mm为大径藤及小
径藤的分界，认为小径藤容易弯曲，弯曲时不折断，大径藤难以弯曲，弯曲时
会损坏。中国藤器厂认为6～12mm直径的藤最适宜加工。藤茎色泽不一，表
皮颜色有奶黄、乳白、灰褐、黄褐等，有或无光泽。中国一些优良藤种如小省
藤、多穗白藤、白藤、麻鸡藤及云南省藤等均为奶黄色及乳白色，有光泽。国
际著名编织用藤是产于东南亚的西加省藤及粗鞘省藤，均为奶黄色，有光泽。
由于优良藤种表皮颜色常为奶黄色或乳白色，有光泽，故给人一种印象，似乎
藤材的质量与其表面色泽有关。

棕榈藤有600余种，但主要商用藤种仅20余种，多数藤种由于藤材的品
质较差，如节间短、节部隆起、直径不匀、颜色深、缺乏光泽等外观缺点，以
及茎外围特别坚硬，内部却十分脆弱、缺乏弹性，弯曲时易折等结构上的缺
陷，导致商业价值低，而未得到广泛利用，如中国的广西省藤和钩叶藤等，东
南亚几个一次性开发的属，除戈塞藤属、钩叶藤属、类钩叶藤属及多鳞藤属
外，一般均有此问题。

多数藤茎的表皮硅质化，弯曲时可弹出硅砂，采收后需进行"除砂"处
理。有的藤种表皮蜡质丰富，触之有油脂感，如中国的白藤及东南亚的玛瑙省
藤，蜡质多，会使加工、编织时的摩擦力增大，利用前需去除蜡质，如采用柴
油浸泡（即所谓油浴）。根据藤表面这两种不同特性，印度尼西亚把藤材分成
硅质藤及油质藤。

（1）藤茎的解剖构造

世界上对藤材解剖特性的研究尚有很大空白，目前还没有形成用解剖特性
进行种属鉴定的系统资料，已有的种属鉴定方法是基于植物学分类进行的。藤
茎外围为表皮及皮层，其内为中柱，主要由基本组织及维管束组成，如图2-45
所示。

① 表皮。表皮为一层未木质化细胞，有三种形状：横卧（长边在径向）、

直立（长边在轴向）和等径。横卧形最常见。
对几种省藤和钩叶藤的研究表明，表皮细胞的
形状和大小的轴向变化小。一些藤种的表皮覆
盖硅质层，表皮细胞高度硅质化；另一些藤种
则覆盖角质层，表皮细胞角质化。

图 2-45　小省藤茎横切面
（显示一般显微构造）

　　② 皮层。皮层是表皮及维管束组织之间的
区域，由几层至十余层薄壁细胞及分布其中的
纤维束、不完全维管束构成。皮层薄壁细胞有
圆形、椭圆形、矩形，木质化，部分硬化。有
些藤种在皮层与表皮之间有下皮层。

　　③ 维管束组织。维管束由木质部、韧皮部
及纤维组成。木质部包含后生木质部、原生木
质部及其周围的薄壁组织。韧皮部由筛管及伴胞构成，位于后生木质部导管上
方和两侧。

　　木质部被两种不同形态的薄壁细胞所围绕，紧靠后生木质部导管的一层薄
壁细胞，有矩形大纹孔，其余薄壁细胞有圆形小纹孔。

　　纤维围绕韧皮部及部分木质部，形成鞘状，在中柱外围，此种组织十分发
达，输导组织少，向内，纤维减少，疏导组织增多。自基部向上，二者也呈相
同的变化趋势。纤维高度木质化，次生壁为多层聚合结构，宽层与窄层相间，
微纤丝方向相反，微纤丝角度一般约 $40°$，纤维长 $1\sim3\mathrm{mm}$，壁厚 $1.9\sim$
$4.0\mu\mathrm{m}$，自茎的外围向内及基部向上，纤维壁厚减小，宽度及胞腔增大。纤维
长度与节间长度的变化一致。

　　戈塞藤属、多鳞藤属、钩叶藤属及类钩叶藤属中，第一层维管束纤维鞘外
缘的硬化纤维形成"黄帽"。

　　在横切面，外围的维管束小而密集，内部的则大而稀疏；在轴向，维管束
的大小及密度均变化小。G. Weiner、Walter Liese 等通过研究，指出有几种典
型的维管束（图 2-46）。

　　作为维管束组成部分的纤维素，在茎的径向和轴向均具有与维管束不同的
分布规律。纤维比量自外围向内的下降率和下降梯度反映藤材质量。下降率
小、梯度平缓，为材质良好的构造特征。

　　④ 基本组织。基本组织由有单纹孔、约为等径的薄壁细胞构成，胞壁为
多层聚合结构。在纵切面，可分为两种形态：横卧形，由主轴在横向的椭圆形
或矩形细胞叠成纵行；异形，长、短两种细胞间隔地叠成纵行。有的研究者将
基本薄壁组织横切面区分为 A、B、C 型，并作为属的鉴别特征。但另一些研

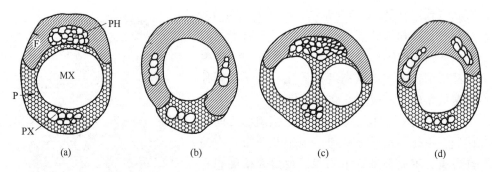

图 2-46 藤的解剖构造示意图

（a）单韧皮部，木质部导管 1 个，如钩叶藤属；（b）双韧皮部，木质部导管 1 个，如省藤属；

（c）单韧皮部，木质部导管 2 个，如类钩叶藤属；

（d）双韧皮部，单列或两列筛管，木质部导管 1 个，如角裂藤属

究者对省藤属的多个藤种研究表明，在省藤属一属内甚至均存在这些类型。

⑤ 黏液道或针晶体。薄壁未木质化的异形细胞，横切面呈圆形，直径显著大于周围的基本组织细胞；单独或几个连接；胞腔内常见针晶体，有时可见沉积的暗色胶状物。

⑥ 硅石细胞。硅石细胞形成于纤维与薄壁细胞之间，硅体呈晶簇状，圆形，被膜包围，藤茎中普遍存在。

⑦ 有鉴别意义的解剖特征。有鉴别意义的解剖特征有：皮层外缘是否有纤维轮；中柱外缘维管束是否有"黄帽"；韧皮部单或双及筛管排列；后生木质部导管数 1 或 2；基本薄壁组织横切面及纵切面的形态；有或无黏液道或针晶体。根据上述解剖特征，已做出属的检索表。

G. Weiner、Walter Liese 等的研究表明，商用藤种有下列解剖特性：横切面维管束的分布中，有 20%～25% 的纤维素，45% 的疏导组织，30%～55% 的基本薄壁组织；相同尺寸的皮层纤维，中柱内部的细胞具有多层聚合结构的纤维壁，同时细胞长度大约相同；有厚壁的、多层聚合结构的基本薄壁细胞。

（2）物理性质

① 密度。藤皮、藤芯分别取样者，采用最大含水率法，整段藤茎为试样则以排水法测定生材体积，取全干重量，所得结果均为基本密度，简称密度。已研究的藤种主要为省藤属 10 余种；黄藤属、戈塞藤属及钩叶藤属各 1 种或 2 种。平均密度 0.32～0.65g/cm³。在横切面，径向 1～2mm 的外围藤皮，密度不小于 0.40g/cm³，藤芯一般不小于 0.30g/cm³，密度 0.25g/cm³ 以下的藤芯会明显脆弱（如黄藤）。径向长度取 1mm 为单元，则外围 2 层之间的密

度相差大，内部诸层次缓慢递减。在轴向，自基部向上，各层次的密度均减小。密度在株内的变异趋势与纤维比量一致；纤维壁厚可占密度变因的 72%～78%。棕榈科植物的纤维为长寿细胞，细胞壁物质的沉积随年龄增加，因此年龄是密度变异的原因之一。

② 含水率。生材含水率自基部向上增大，基部为 60%～116%，顶部可达 144%～154%。在 20℃、相对湿度 65% 条件下的平衡含水率也表现为自基部向上增大。由于密度自基部向上减小，说明密度越大，藤茎中保存水分越少。纤维壁厚、纤维比量及后生木质部导管直径占初含水率变因的 80%～91%。中国广州地区藤材的气干含水率为 12.7%～16.0%。

③ 干缩率。原藤横切面的面积干缩率、纵向干缩率及二者相加的体积干缩率，均以生材体积为基数。面积干缩率：生材至气干材为 3.46%～7.56%，平均为 5.14%；生材至全干材为 8.37%～13.73%，平均为 9.91%。纵向干缩率：生材至气干材为 0.25%～0.64%，平均为 0.43%；生材至全干材为 0.86%～1.47%，平均为 1.30%。生材至全干的体积干缩率为 9.6%～15.2%，平均为 11.2%。同木材相比，藤材的纵向干缩率大，原因除了与纤维壁的微纤丝角度大（40°～60°）有关，尚需做进一步的研究。自茎基部向上，面积与体积的干缩率均表现为减小趋势，同纤维比量、纤维壁厚及密度一致，说明干缩主要由于纤维中水分逸出。纵向干缩率则呈增大趋势，原因有待研究。

④ 化学性质。藤材主要含有纤维素、半纤维素、木质素，同时内含物含量较高。藤材的化学性质有待进一步研究总结。

⑤ 力学性能。藤材的力学性能主要包括轴向抗拉强度及抗压强度。由于藤茎中组织分布很不均匀，在没有统一的方法而又采取藤皮、藤芯分别取样的情况下，各研究者对抗拉强度的测定缺乏互相比较的基础。但各项试验本身能说明某些问题。藤材抗拉强度约比抗压强度大 10 倍。一些含节部的，抗拉强度试样在节部被破坏，表明节部可能是藤材的最弱点。用硫黄烟雾或漂白粉漂白藤材，可使抗拉强度减小，尤其是藤芯。其中漂白粉的影响更大。野生藤强度有大于栽培藤的趋势。

抗拉强度试样为整段藤茎，其长度取直径的 2～3 倍。试验藤种除戈塞藤属及钩叶藤属各 1 种外，皆为省藤属，轴向抗压强度的种平均值为 16.6～39.2GPa，气干材强度大于生材强度。

藤材达到破坏时的（总）变形量大，而比例极限变形量的比值小，即具有较大的塑性变形，因此藤材柔韧。这种优良的工艺特性同藤茎的薄壁细胞含量高有关。

藤材的抗压强度、抗压弹性模量、抗拉强度、抗拉弹性模量与密度及纤维相对密度均呈显著正相关，与薄壁组织比量均呈显著负相关。

藤材内应力发源于纤维。纵向压应力存在于外围，纵向拉应力存在于心部。自基部向上及外围向内，应力减小，与纤维比量在株内的变化一致。纤维比量与应力及弹性模量均呈显著正相关。马来西亚研究人员曾试图将藤材用于建筑构件，但试验表明，藤材和混凝土之间的黏着力低。藤钢筋混凝土梁常因斜向拉力被破坏。

2.1.3.3　主要商用藤种材性及利用

（1）西加省藤

西加省藤是国际上最知名的优质商用藤种之一，其藤茎柔韧，节间长度大，藤节无明显突起，均匀光滑，表皮黄白色，为中小径级藤种，丛生，攀缘性强，去鞘直径 7.0～12.0mm，带鞘直径约 20.0mm，节间长度 50.0cm 或更长。长期以来，农民应用西加省藤制作篮子、席子、地毯、手工艺品、绳子和建筑材料。现代人用其制作高级名贵家具和工艺品。

（2）短叶省藤

短叶省藤为中小径级藤种，攀缘藤本，品质优良，带鞘直径 1.0～1.3cm。短叶省藤是家具业极佳的绑扎和编织材料，并广泛应用于索具和建筑材料。

（3）细茎省藤

细茎省藤为中径级藤种，单生或丛生，品质优良，去鞘直径 4.0～8.0mm，带鞘直径 8.0～20.0mm，节间长度 15.0cm 或更长。细茎省藤主要用于制作家具，以及劈制成藤篾制作篮子、灯具和花瓶等手工艺品。

（4）长鞭藤

长鞭藤为中径级藤种，攀缘藤本，丛生或单生，去鞘直径 22.0～28.0mm，平均 24.0mm，带鞘直径 40.0～50.0mm，节间长度 22.0～35.0cm。其原藤为黄白色，直径较均匀，藤材有优良的工艺学特性，性能与单叶省藤相似。长鞭藤在产地用于制作绳索、编制农用器具和日常用品；工业上直接利用原藤制作家具的骨架；经加工劈制的藤篾、藤丝用于编织精美的工艺品和器具。

（5）丝状省藤

丝状省藤藤条长，为丛生藤，藤茎纤细，韧性好，品质优良，去鞘直径 2.0～6.0mm，带鞘直径 10mm，节间长度 30cm 或更短。在马来西亚半岛，当地人用其原藤制作索具、篮子、索梯和乐器；西迈人用多刺的叶鞘制作粗齿木锉；在沙巴和沙捞越地区，一般用于制作篮子和绑扎材料。藤茎可做成吹箭筒外套。

（6）玛瑙省藤

玛瑙省藤为大径藤种，攀缘藤本，单生。其原藤直径 5.0～8.0cm，节间长度 30.0～50.0cm，节无明显突起，整藤均匀平顺，表皮黄白色，藤材品质优良，抗弯强度高，易于造型。玛瑙省藤是高级藤家具的优选材料，为国际市场最著名的优质商用藤种之一。

（7）梅氏省藤

梅氏省藤原产于菲律宾，是品质优良的商用藤种，为攀缘藤本，丛生，去鞘直径 25.0～45.0mm，带鞘直径 60.0～70.0mm。其原藤条可做成支承架或弯曲成各种形状的框架。多藤条可拧成缆绳。藤篾是优质的编织材料，用来做席子、帽子、篮子、椅子及各种捕鱼器，常用来做"镶嵌"家具。

（8）民都洛藤

民都洛藤是菲律宾备受欢迎的大径级藤种，其品质优良，为攀缘藤本，单生。菲律宾政府对民都洛藤的原藤做了系统分类和分级，并以 tum-alim 的商业名进行注册。藤茎直径为 15.0～25.0mm，总体颜色为浅淡黄色至淡黄色。商用民都洛藤通常要求：含水量 12%～20%，最小长度 4.0m，小头直径 15.0～30.0mm，藤茎浅淡黄色至淡黄色。民都洛藤是菲律宾最重要的商品藤种之一。在地方和国际市场上通常是以原藤条的形式进行交易，工业上直接用原藤条制作家具。

（9）版纳省藤

版纳省藤为优良藤种，攀缘藤本，丛生，带鞘直径 3.0～4.0cm，去鞘直径 2.0～3.0cm。藤皮及藤芯的抗拉强度均较大，易于加工，工艺性能良好。版纳省藤是藤编家具及工艺品的优良材料。

（10）佳宜省藤

佳宜省藤除了直径比西加省藤略粗外，其他品质与西加省藤相同。其为中径级藤种，丛生，去鞘直径 15mm，带鞘直径 30.0mm，节间长度 15.0mm。藤茎富有弹性，经久耐用，表面光滑，金黄色，质地均匀，特别适合劈成细篾。在沙捞越，佳宜省藤用于制作席子、索具、绑扎家具和编织；在加里曼丹中心和南部，劈开的藤条以同样用途在商业上占有重要的地位。

（11）美丽省藤

美丽省藤为攀缘藤本，丛生，去鞘直径 40.0mm，带鞘直径 70.0mm，节明显，节间距 30.0cm。其材质优良，是国际上著名商用藤种之一。藤茎主要用来做家具。

（12）卵果省藤

卵果省藤为攀缘藤本，丛生，去鞘直径 30.0～50.0mm，带鞘直径 40.0～

80.0mm，节间长度为30cm或更长。其茎光滑、浅褐色，藤芯白色，极少软髓，藤条重，品质优良。藤茎主要用来做家具骨架和破成藤篾制作篮子等。

（13）泽生藤

泽生藤为中径级藤种，高大攀缘藤本，带鞘直径4cm，去鞘直径2.0～3.0cm，节间长度15.0～30.0cm。藤茎黄色，有光泽，其形态、藤材材性和强度与玛瑙省藤几乎相似，是最优良的商用藤种之一。泽生藤用于制作优质藤家具。

（14）毛刺省藤

毛刺省藤为攀缘藤本，丛生，中等大小，去鞘直径25.0mm，带鞘直径35.0mm，节间长度30.0cm，为耐用藤种，藤条质地均一，易于劈开。毛刺省藤用于绑扎、系节和制作藤席及藤织工艺品。

（15）长节省藤

长节省藤为攀缘藤本，密丛生，去鞘直径25.0～35.0mm，带鞘直径50.0mm，节明显，横切面略不对称，藤茎不是圆柱形，节间长度大多一般长于30cm，有时28cm或更短，但有时超过1m。藤茎表面为浅褐色或浅褐色至深褐色，有时具有褐色斑点。长节省藤可用于制作质量适中的家具，还可做手杖、伞柄等。

（16）单叶省藤

单叶省藤为丛生攀缘大型藤本，去鞘直径0.8～2.0cm，茎粗变化小，上下均一，节间长度15.0～30.0cm。其藤茎加工工艺性能良好，藤皮及藤芯抗拉强度均较大，易于加工，具有很高的经济价值和开发利用前景。单叶省藤是藤编家具及工艺品的优良材料。

（17）疏刺省藤

疏刺省藤为大径级藤种，单生或丛生，去鞘直径18.0～30.0mm，很少达到40.0mm，带鞘直径50mm或更大，节间长度15.0～30.0cm。其藤茎呈黄色、光滑、均匀、坚硬而富有弹性和韧性。藤条除直径稍细之外，其藤材性质与玛瑙省藤等优质商用藤种相似。疏刺省藤多用于制作家具骨架，而较少用于制作工艺品。

（18）白藤

白藤为小型攀缘藤本，丛生，带鞘直径0.9～1.2cm，去鞘直径0.5～0.8cm，藤茎终生变化小，节间长度15.0～25.0cm。其藤茎工艺性能良好，具有较高的经济价值和开发应用前景。白藤是编织家具及藤席、工艺品的优良材料。

（19）粗鞘省藤

粗鞘省藤为中小径级藤种，丛生，去鞘直径 8.0～10.0mm，带鞘直径 20.0mm 以上，节间长度 15.0～30.0cm 或更长。其品质优良，是国际上最重要的商用藤种之一。传统上，其原藤用于制作篮子、捕鱼工具、绳索等；商业上，其原藤或藤皮、藤芯用于编织各种器具、工艺品或家具材料。

（20）肿鞘省藤

肿鞘省藤为攀缘藤本，单生，去鞘藤茎基部直径 12.0mm，成熟藤茎上部去鞘直径约 25mm、带鞘直径 45.0mm，基部节间长度 30.0cm。肿鞘省藤品质优良，虽然藤茎没有玛瑙省藤规则，但仍是一个优良的商用藤种。肿鞘省藤是家具的优质材料。

（21）大藤

大藤为攀缘藤本，丛生，带鞘直径 4cm 或更粗，去鞘直径约 2cm。其茎粗壮，藤条经久耐用，与其他藤种相比，更易劈成细篾。大藤广泛用于编织和家具制作：藤篾可用于编织椅子、小桌、饭盒、手提篮和席子；原藤用于制作家具骨架和建筑材料。

（22）云南省藤

云南省藤为中径级藤种，攀缘藤本，单生，带鞘直径 2.0～2.5cm，去鞘直径 1.0～1.3cm。其原藤材质优良。云南省藤是优质家具、工艺品和日用器具的编织材料。

（23）珠林葛藤

珠林葛藤为丛生藤，茎粗壮，去鞘直径 25.0～40.0mm，带鞘直径 60.0mm，节间长度约 40.0cm。珠林葛藤是制作家具骨架的优良藤材，在印度尼西亚的苏拉威西得到广泛的应用，在爪哇以原料的形式销售或出口到中国香港等地。

（24）黄藤

黄藤为大型攀缘藤本，丛生，带鞘直径 3.0～5.0cm，去鞘直径 0.8～1.2cm，茎粗终生变化小，节间长度 15.0～40.0cm。其藤茎具良好的工艺特性。黄藤是具有较高经济价值和开发前景的多用途珍贵森林植物，也是华南地区推广人工栽培的主要商用藤种之一。其藤茎主要用于家具制作、其藤工艺品和编织材料。

（25）粗壮黄藤

粗壮黄藤为丛生藤，茎粗壮，去鞘直径 23.0mm，带鞘直径 40.0mm，节间长度约 23.0cm，质量略次于珠林葛藤。粗壮黄藤主要用于制作家具骨架。

（26）同羽黄藤

同羽黄藤丛生，去鞘直径 15.0mm，带鞘直径 30.0mm，节间长度约

10.0cm。同羽黄藤经久耐用，是编织篮子的优良材料，在沙捞越地区，常用藤篾编织席子、篮子及绑扎房屋。

（27）戈塞藤属

藤条直径很小（6.0mm）至中等粗壮（40.0mm或更大），节间长度10.0～40.0cm。藤条表面暗淡至红褐色，质地非常均匀，经久耐用，但因叶鞘难以剥离，降低了原藤的综合市场竞争力。戈塞藤属最重要的用途是作为编织牢固篮子的耐用材料，有时因表面暗红色而混为西加省藤，其原藤可用作便宜家具的耐用材料，也可广泛用作索具。

2.1.4　实木拼板与人造板

天然木材由于生长条件和加工过程等方面的原因，不可避免地存在着各种缺陷，同时，木材加工也会产生大量的边角余料。为了克服天然木材的缺点，充分合理地利用木材，提高木材利用率和产品质量，木质人造板得到了迅速发展和应用。木质人造板是将原木或加工剩余物经各种加工方法制成的木质材料。其种类很多，目前在家具生产中常用的有胶合板、刨花板、纤维板、细木工板、空心板以及层积材和集成材等。它们具有幅面大、质地均匀、表面平整、易于加工、利用率高、变形小和强度大等优点。采用人造板生产家具，结构简单、造型新颖、生产方便、产量高和质量好，便于实现标准化、系列化、通用化、机械化、连续化、自动化生产。目前，人造板正在逐渐代替原来的天然木材而广泛地应用于家具生产和室内装修。现分别介绍各类人造板的特点和用途。

2.1.4.1　胶合板（plywood，PW）

胶合板是原木经旋切或刨切成单板，涂胶后按相邻层木纹方向互相垂直组坯胶合而成的多层（奇数）板材。

胶合板的生产工艺流程主要为：原木→截断→水热处理→剥皮→定中心旋切→单板剪切与干燥→单板拼接与修补→芯板（中板）涂胶→组坯→冷预压→热压→合板齐边→砂光→检验→成品。

普通杨木芯胶合板生产新工艺：芯板（中板）涂胶→底板与芯板组坯→冷预压→修补（最好砂光）→再涂胶→再组坯→再短时冷预压→热压。

（1）胶合板特点

胶合板以其幅面大、厚度小、密度小、木纹美丽、表面平整、不易翘曲变形、强度高等优良特性，被广泛地应用于家具生产和室内装修。胶合板的最大经济效益之一是可以合理地使用木材，它用原木旋切或刨切成单板生产胶合板代替原木直接锯解成的板材使用，可以提高木材利用率。每 $2.2m^3$ 原木可生产 $1m^3$ 胶合板；生产 $1m^3$ 胶合板，可代替相等使用面积的 $4.3m^3$ 左右原木锯解的板材使用。胶合板在使用性能上要比天然木材优越，它的结构（结构三原则：对称原则、奇数层原则、层厚原则）决定了它的各向力学性能比较均匀，克服了天然木材各向异性等缺陷。

胶合板可与木材配合使用。它适用于家具上大幅面的部件，不管是做面还是做衬里，都极为合适。例如：各种柜类家具的门板、面板、旁板、背板、顶板、底板，抽屉的底板和面板，以及成型部件如折椅的靠背板、座面板、沙发扶手、台面望板等。在家具生产中，常用的有厚度在 12mm 以下的普通胶合板和厚度在 12mm 以上的厚胶合板以及表面用薄木、木纹纸、浸渍纸、塑料薄膜以及金属片材等贴面做成的装饰贴面板。

（2）胶合板种类

胶合板按树种（面板）分，有阔叶树材（水曲柳、柳桉、榉木等）胶合板和针叶树材（马尾松、落叶松、花旗松等）胶合板。按照胶合板使用的胶黏剂耐水和耐用性能、产品的使用场所，胶合板可分为室内型胶合板和室外型胶合板两大类，或如下四类：

Ⅰ 类胶合板：耐气候、耐沸水胶合板（NQF），相当于国外产品代号 WBP（water-boil proof），具有耐久、耐气候、耐沸水和抗菌性能，常用酚醛树脂胶或三聚氰胺树脂胶或性能相当的胶生产，主要用于室外场所。

Ⅱ 类胶合板：耐水胶合板（NS），相当于国外产品代号 WR（water-re-sistant），具有耐水、短时间耐热水和抗菌性能，但不耐煮沸，常用脲醛树脂胶或性能相当的胶生产，主要用于室内场所及家具。

Ⅲ 类胶合板：耐潮胶合板（NC），相当于国外产品代号 MR（moisture-resistant），只具有耐受大气中潮气和短时间耐冷水性能，常用低树脂含量的脲醛树脂胶、血胶或性能相当的胶生产，只适用于家具或一般用途。

Ⅳ 类胶合板：不耐水胶合板（BNC），相当于国外产品代号 INT（interi-or），不具有耐水、耐潮性能，一般用豆胶等生产，只适用于室内常态或一般用途。

按结构和制造工艺分，胶合板有普通胶合板［又分薄胶合板，即厚度在 4mm 以下、三层（3 厘）板；厚胶合板，即厚度在 4mm（五层）以上、多层（5 厘、9 厘、12 厘等）板］、特殊胶合板［即特殊处理、专门用途的胶合板，如塑化胶合板、防火（阻燃）胶合板、航空胶合板、船舶胶合板、车厢胶合板、异型胶合板等］。

（3）胶合板分等

普通胶合板按加工后胶合板上可见的材质缺陷和加工缺陷（国家标准）可分成特等、一等、二等、三等、等外几个等级。

特等胶合板：适用于高级建筑室内装饰、高级家具和其他特殊木制品。

一等胶合板：适用于较高级建筑室内装饰、中级家具和其他特殊木制品。

二等胶合板：适用于普通建筑室内及车船等装饰、一般家具等。

三等胶合板：适用于低档建筑室内装修和低档家具及包装材料。

根据有关进口胶合板标准，贴面胶合板（overlayplywood）可分为AAA、AA、A几个等级，普通胶合板可分为AA、BB（BC）、CC、LC几个等级。

（4）胶合板标准与规格

胶合板国家标准，包括胶合板分类、胶合板术语和定义、普通胶合板尺寸和公差技术条件、普通胶合板通用技术条件、普通胶合板外观分等技术条件、普通胶合板检验规则、普通胶合板标志包装运输和保存、测试胶合板抽取方法、试件的锯割、试件尺寸的测量、含水率的测量、胶合强度的测定。

胶合板厚度规格主要有2.6mm、2.7mm、3mm、3.5mm、4mm、5mm、5.5mm、6mm、7mm、8mm……（8mm以后以1mm递增）一般三层胶合板为2.6~6mm，五层胶合板为5~12mm，七~九层胶合板为7~19mm，十一层胶合板为11~30mm。胶合板幅面（宽×长）主要有915mm×1830mm、915mm×2135mm、1220mm×1830mm、1220mm×2440mm，常用为1220mm×2440mm等。

胶合板的规格尺寸及尺寸公差、形位公差、力学性能、外观质量等技术指标和技术要求可参见胶合板国家标准中的相关规定。

2.1.4.2　刨花板（particle board，PB）

刨花板是利用小径木、木材加工剩余物（板皮、截头、刨花、碎木片、锯屑等）、采伐剩余物和其他植物性材料加工成一定规格和形态的碎料或刨花，并施加胶黏剂后，经铺装和热压制成的板材，又称碎料板。

刨花板的生产工艺流程主要为：原料准备→刨花制备→湿刨花料仓→刨花干燥→刨花筛选→干刨花料仓→拌胶→铺装→预压→热压→冷却→裁边→砂光→检验→成品。

（1）刨花板特点

刨花板具有幅面尺寸大、表面平整、结构均匀、长宽同性、无生长缺陷、不需干燥、隔声隔热性好、有一定强度、利用率高等优点。刨花板有密度大、平面抗拉强度低、厚度膨胀率大、边部易脱落、不宜开榫、握钉力差、切削加工性能差、游离甲醛释放量大、表面无木纹等缺点。刨花板的最大优点是利用小径木和碎料，可以综合利用木材、节约木材资源、提高木材利用率。每 1.3～ 1.8m³ 废料可生产 1m³ 刨花板；生产 1m³ 刨花板，可代替 3m³ 左右原木锯解 的板材使用。刨花板经二次加工装饰（表面贴面或涂饰）后广泛用于板式家具 生产和建筑室内装修。

（2）刨花板种类

刨花板按制造方法分，有挤压法刨花板（纵向静曲强度小，一般都要用单 板贴面后使用）和平压法刨花板（平面上强度较大）；按结构分，有单层结构 刨花板（拌胶刨花不分大小粗细地铺装压制而成，饰面较困难）、三层结构刨 花板（外层细刨花、胶量大，芯层粗刨花、胶量小，家具常用）、渐变结构刨 花板（刨花由表层向芯层逐渐加大，无明显界限，强度较高，用于家具及室内 装修）；按刨花形态分，有普通刨花板（常见的细刨花板）和结构刨花板〔定 向刨花板或欧松板（orientedstrand board，OSB），长宽尺寸较大的粗刨花定 向铺装压制；华夫刨花板（wafer board，WB），长宽尺寸较大的粗刨花华夫 层积铺装压制〕；按原料分，有木质刨花板和非木质刨花板（竹材刨花板、棉 秆刨花板、亚麻屑刨花板、甘蔗渣刨花板、秸秆刨花板、水泥刨花板、石膏刨 花板等）。

（3）刨花板标准与规格

根据刨花板国家标准（GB/T 4897），刨花板按其用途可分为 12 类。其在 干燥、潮湿、高湿三种状态下各有四种类型，即普通型、家具型、承载型、重 载型。

刨花板的常用厚度规格主要有 4mm、6mm、8mm、9mm、10mm、 12mm、14mm、16mm、19mm、22mm、25mm、30mm 等。刨花板的幅面 （宽 × 长）主要有 915mm × 1830mm、915mm × 2135mm、1220mm × 1830mm、1220mm×2440mm 及大幅面等，常用 1220mm×2440mm 等。

刨花板的规格尺寸及尺寸公差、形位公差、力学性能、外观质量等技术指 标和技术要求可参见刨花板国家标准中的相关规定。

2.1.4.3　纤维板（fiber board，FB）

纤维板是以木材或其他植物纤维为原料，经过削片、制浆、成型、干燥和 热压而制成的板材，常称为密度板。纤维板的主要生产工艺流程包括：原料准 备→削片→（水洗）→筛选→蒸煮软化→纤维热磨与分离→纤维干燥→（涂胶）→ 铺装→预压→热压→冷却→裁边→堆放→砂光→检验→成品。

（1）纤维板种类

纤维板按原料分，有木质纤维板、非木质纤维板；按制造方法分，有湿法 纤维板（以水为介质，不加胶或少加胶）、干法纤维板（以空气为介质，用水量极少，基本无水污染）；按密度分，有软质纤维板 [（soft fiberboard，SB；或 insulation fiberboard，IB；或 low density fiberboard，LDF），密度小于 0.4g/cm³]、中密度纤维板（medium density fiberboard，MDF，密度 0.4～0.8g/cm³）、高密度纤维板（highdensity fiberboard，HDF，密度一般为 0.8～0.9g/cm³）。

（2）纤维板特点

软质纤维板：密度不大、力学性能不及中密度纤维板和高密度纤维板，主要在建筑工程中用于绝缘、保温和吸声、隔声等方面。中密度纤维板（MDF）和高密度纤维板（HDF）：幅面大、结构均匀、强度高；尺寸稳定，变形小；易于切削加工（锯截、开榫、开槽、砂光、雕刻和铣型等）；板边坚固；表面平整，便于直接胶贴各种饰面材料、涂饰涂料和印刷处理；是中高档家具制作和室内装修的良好材料。

（3）纤维板标准与规格

中密度纤维板（MDF）国家标准（GB/T 11718—2021）的内容主要包括术语和分类、技术要求和检验规则、试件制备、密度的测定、含水率的测定、吸水厚度膨胀率的测定、平面抗拉强度的测定、静曲强度和弹性模量的测定、握螺钉力的测定、甲醛释放量的测定。

中密度纤维板的常用厚度规格为 6mm、8mm、9mm、12mm、15mm、16mm、18mm、19mm、21mm、24mm、25mm 等。其常用幅面（宽×长）尺寸为 1220mm×2440mm 等。中密度纤维板的规格尺寸及尺寸公差、形位公差、力学性能、外观质量等技术指标和技术要求可参见国家标准 GB/T 11718—2021 中的相关规定。

2.1.4.4　细木工板（block board）

细木工板俗称木工板。它是将厚度相同的木条，同向平行排列拼合成芯板，并在其两面按对称性、奇数层以及相邻层纹理互相垂直的原则各胶贴一层或两层单板而制成的实心覆面板材。所以细木工板是具有实木板芯的胶合板，也称实心板。

（1）细木工板生产工艺

细木工板的生产工艺过程包括单板制造、芯板制造和胶合加工三大部分，具体为：小径原木（旋切木芯等）→制材→干燥→（横截）→双面刨平→纵解→横截→选料→（芯条涂胶→横向胶拼→陈放→芯板双面刨光或砂光）→内层单板（中衬板）整理与涂胶→表背板（底面板）整理→组坯→预压→热压→陈放→裁边→砂光→检验分等→修补→成品。

在五层结构的细木工板生产中，配坯与预热压主要有两种形式：一种是传统工艺，即将经双面涂胶的内层单板（第二、四层）与未涂胶的细木工芯板（第三层）和表背板（第一、五层）一起组坯，一次配板与一次预热压；第二种是新工艺，由于目前常用的表背板的厚度较薄、内层单板（衬板，如杨木）翘曲变形较大或不平整，常在细木工芯板的两面先各配置一张经单面涂胶的内层单板，并进行第一次配板和预热压，然后进行修补整理，再双面涂胶，与表背板进行第二次配板和预热压。这两种胶合方案中，第二种方案最为常用，而且其产品质量最能保证。

（2）细木工板特点

① 与实木板比较：细木工板幅面尺寸大、结构尺寸稳定、不易开裂变形；利用边材小料、节约优质木材；板面纹理美观、不带天然缺陷；横向强度高、板材刚度大；表面平整一致。

② 与"三板"比较：细木工板与胶合板相比，原料要求较低；与刨花板、纤维板相比，质量好、易加工；与胶合板、刨花板相比，用胶量少、设备简单、投资少、工艺简单、能耗低。

③ 细木工板的结构稳定、不易变形，加工性能好，强度和握钉力高，是木材本色保持最好的优质板材，广泛用于家具生产和室内装饰，尤其适合制作台面板和座面板部件以及结构承重构件。

（3）细木工板种类与分等

① 按结构分：芯条胶拼细木工板（机拼板和手拼板）、芯条不胶拼细木工板（未拼板或排芯板）。

② 按表面状况分：单面砂光细木工板、两面砂光细木工板、不砂光细木工板。

③ 按耐水性分：Ⅰ类胶细木工板［相当于国外产品代号 WBP（waterboilproof），具有耐久、耐气候、耐沸水和抗菌性能，常用酚醛树脂胶或三聚氰胺树脂胶或性能相当的胶生产，主要用于室外场所］、Ⅱ类胶细木工板［相当于国外产品代号 WR（water-resistant），具有耐水、短时间耐热水和抗菌性能，但不耐煮沸，常用脲醛树脂胶或性能相当的胶生产，主要用于室内场所及家具］。

细木工板按其面板的外观、材质和加工质量分为一等、二等、三等三个等级。

（4）细木工板标准与规格

细木工板国家标准（GB/T 5849—2016）的内容主要包括定义、分类、规格和尺寸、通用技术要求、外观分等、试件锯割方法、试件尺寸测量方法、含水率测定方法、横向静曲强度测定方法、胶合强度测定方法、检验规则、标志包装运输保存。

细木工板的常用厚度规格为 12mm、14mm、16mm、18mm、19mm、20mm、22mm、25mm 等。其常用幅面（宽×长）尺寸为 1220mm×1830mm、1220mm×2440mm 等。

细木工板的规格尺寸及尺寸公差、形位公差、力学性能、外观质量等技术指标和技术要求可参见细木工板国家标准 GB/T 5849—2016 中的相关规定。

2.1.4.5　空心板（hollow-core panel）

空心板是由轻质芯层材料（空心芯板）和覆面材料所组成的空心复合结构板材。在家具生产中，通常把在木框和轻质芯层材料的一面或两面使用胶合板或装饰板等覆面材料胶贴制成的空心板称为包镶板。其中，一面胶贴覆面的为单包镶；两面胶贴覆面的为双包镶。

家具用空心板的生产工艺过程包括周边木框制造、空心填料制造和覆面胶压加工三大部分，具体如下：

湿锯材→干燥→双面刨平→（也可直接用 PB、MDF、单板层积材 LVL 等厚人造板材）→纵解→横截→组框→涂胶→组坯（覆面板、空心填料）→冷压或热压→陈放→裁边→砂光→成品。

在家具生产用空心板中，芯层材料或空心芯板多由周边木框和空心填料组成，其主要作用是使板材具有一定的充填厚度和支撑强度。周边木框的材料主要有实木板、刨花板、中密度纤维板、多层胶合板、层积材、集成材等。空心填料主要有单板条、纤维板条、胶合板条、牛皮纸等制成的方格形、网格形、波纹形、瓦楞形、蜂窝形、圆盘形等。

空心板具有重量轻、变形小、尺寸稳定、板面平整、材色美观、有一定强度等特点，是家具生产和室内装修的良好轻质板状材料。

空心板根据其空心填料的不同主要有木条栅状空心板、板条格状空心板、薄板网状空心板、薄板波状空心板、纸质蜂窝状空心板、轻木茎杆圆盘状空心板等。

家具生产用空心板通常多无统一标准幅面和厚度，由家具制造者自行生产，而室内装修用空心板除此之外，还有一种只有空心填料而无周边木框的芯层材料，这种空心板是具有统一标准幅面和厚度的成品板。

在空心板中，覆面材料起两种作用，一种是起结构加固作用，另一种是起表面装饰作用。它是将芯层材料纵横向联系起来并固定，使板材有足够的强度和刚度，保证板面平整、丰实、美观，具有装饰效果。

空心板最常用的覆面材料是胶合板、中密度纤维板、硬质纤维板、刨花板、装饰板、单板与薄木等硬质材料。在实际生产中，使用哪一种覆面材料，要根据空心板的用途和芯层结构来确定。通常家具和室内中高档门板用空心板的覆面材料多采用胶合板、薄型中密度纤维板、薄型刨花板等，只有受力易碰的空心板部件如台板、面板等，才用五层以上胶合板、厚中密度纤维板、厚刨花板覆面。如果仅采用蜂窝状、网状或波状空心填料制作芯层，覆面材料最好采用厚胶合板、中密度纤维板和刨花板等；也可为两层，内层为中板，采用旋切单板，外层为表板，采用刨切薄木，这样覆面材料的两层纤维方向互相垂直，既省工又省料；覆面材料也可以用合成树脂浸渍纸层压装饰板（又称塑面板）。

2.1.4.6　单板层积材（laminated veneer lumber，LVL）

单板层积材是把多层旋切单板顺纤维方向平行地层积胶合而成的一种高性能产品。

单板层积材最早始于美国，并用于飞机部件与家具的框架。其当时价格很高，用材也经精选，使用范围很小。层积材作为一种新型材料引人注目，还是在 20 世纪 60 年代之后。由于当时住宅建筑飞速发展、木材需要量骤然增加、大径级优质材价格显著上涨，促进了可利用小径木、短原木生产的 LVL 的发展。日本在美国之后，约 1965 年开始批量生产 LVL，广泛用于建筑、家具和木制品等方面。目前，世界上主要胶合板生产国家如美国、日本、芬兰和英国等都十分重视 LVL 的生产，并在大力发展 LVL。

单板层积材的生产工艺与胶合板类似，但胶合板是以大平面板材来使用的，因此要求纵横方向上尺寸稳定、强度一致，所以才采取相邻层单板互相垂直的配坯方式。而 LVL 虽然可作为板材来使用，如台面板、楼梯踏板等，但大部分是作为方材使用，一般宽度小，而且要求长度方向强度大，因此把单板纤维方向平行地层积胶合起来：原木→截断→旋切单板→单板剪切→干燥→单板拼接（对接、斜接、指接）→涂胶→组坯→（预压）→热压→裁边→砂光→检验分等→成品。

（1）层积材特点

单板层积材可以利用小径材、弯曲材、短原木生产，出材率可达 60%～70%（而采用制材方法只有 40%～50%），提高了木材利用率。由于单板（一般厚度为 2～12mm，常用 2～4mm）可进行纵向接长或横向拼宽，因此可以生产长材、宽材及厚材。单板层积材可以实现连续化生产。由于采用单板拼接和层积胶合，可以去掉缺陷或分散错开，因此单板层积材强度均匀、尺寸稳定、材性优良。单板层积材可方便进行防腐、防火、防虫等处理。

单板层积材可作为板材或方材使用，使用时可垂直于胶层受力或平行于胶层受力，主要用于家具的台面板、框架料和结构材，建筑的楼梯板、楼梯扶手、门窗框料、地板材、屋架结构材以及内部装饰材料，车厢底板、集装箱底板、乐器及运动器材。

（2）层积材种类

按树种分：针叶树材层积材（如美国铁杉、辐射松、落叶松、日本柳杉、白松等）、阔叶树材层积材（如柳桉、栎木、桦木、榆木、椴木、杨木等）。

按承重分：非结构用层积材和结构用层积材。

在日本标准（日本农林规格）中 JAS 规格（Jap-anese agricultural stand-ard）：

非结构用层积材的规格：厚度 9～50mm、宽度 300～1200mm、长度 1800～4500mm。

结构用层积材的等级和规格：特级（12 层以上）、1 级（9 层以上）、2 级（6 层以上）；厚度 25mm 以上、宽度 300～1200mm、长度根据需要定。

单板层积材的规格尺寸及尺寸公差、形位公差、力学性能、外观质量等技术指标和技术要求可参见有关国际标准中的相关规定。

2.1.4.7　集成材（Laminated Wood、Glued laminated Wood，Glulam）

集成材是将木材纹理平行的实木板材或板条在长度或宽度上分别接长或拼宽（有的还需再在厚度上层积）胶合形成一定规格尺寸和形状的木质结构板材，又称胶合木或指接材（finger joint wood）。

加工工艺：

原木→制材→板材干燥→板材两面刨光→板材纵解（多片锯）→板条横截去除缺陷→人工分选→板条两端开指榫→指榫涂胶→长度指接→指接方材堆放养护→被胶合面刨光→侧向涂胶→宽度胶拼（热压）→指接板材堆放养护→指接板材裁边→两面砂光或刨光→检验分等→成品。

（1）集成材特点

集成材能保持木材的天然纹理，强度高、材质好、尺寸稳定不变形，是一种新型的功能性结构木质板材，广泛用于建筑构造、室内装修、地板、墙壁板、家具和其他木质制品的生产中。

① 小材大用、劣材优用。由于集成材是板材或小方材在厚度、宽度和长度方向胶合而成的，所以用集成材制造的构件尺寸不再受树木尺寸的限制，也不再受运输条件的限制，可按所需制成任意大的横截面或任意长度，做到小材大用；同时，在集成材制作过程中，可以剔除节疤、虫眼、面部腐朽等木材上的天然瑕疵，以及弯曲、空心等生长缺陷做到劣材优用以及合理利用木材。

② 构件设计自由。因胶合木是由一定厚度的小材胶合而成的，故可制得

74

能满足各种尺寸、形状以及特殊形状要求的木构件，为产品结构设计和制造提供了任意想象的空间。而且集成材可按木材的密度和品级不同而用于木构件的不同部位，在强度要求高的部分用高强板材，低应力部分可用较弱的板材，含小节疤的低品级材可用于压缩或拉伸应力低的部分。也可根据木构件的受力情况，设计其断面形状，如中空梁、变截面梁等，在制作如家具异形腿等构件时，可先将木材胶合制成接近于成品结构的半成品，再经仿形铣等加工，节约大量木材。

③ 尺寸稳定性高、安全系数高。集成材采用坯料干燥，干燥时木材尺寸较小，相对于大块木材更易于干燥，含水率不均匀等干燥缺陷少，有利于大截面和异型结构木质构件的尺寸稳定。相对于实木锯材而言，胶合木的含水率易于控制、尺寸稳定性高。由于胶合木制成时可控制坯料木纤维的通直度，因而减少了斜纹理或节疤部紊乱纹理等对木构件强度的影响，使木构件的安全系数提高。这种材料由于没有改变木材的结构和特性，因此它和木材一样是一种天然基材，但从力学性能来看，在抗拉和抗压强度方面都优于木材，并且在材料质量的均匀化方面也优于木材。木材的防腐、防火、防虫、防蚁等各种特殊功能处理也可以在胶拼前进行，相对于大截面锯材，大大提高了木材处理的深度和处理效果，从而有效地延长了木制品和木建筑的使用寿命。

④ 可连续化生产。集成材可实现工厂连续化生产，并可提高各种异形木构件的生产速度和建筑物的组装速度。

⑤ 投资较大、技术较高。集成材生产需专用的生产装备，如纵向胶拼的指接机、横向胶拼的拼板机、涂胶机等，一次性投资大，与实木制品相比，需要更多的锯解、刨削、胶合等工时和需用大量的胶黏剂，同时锯解、刨削等需耗用能源，故生产成本相对较高。工艺上，胶合木制作需要专门的技术，故对组装件加工精度等技术要求较高。

集成材种类根据使用环境分，有室内用集成材和室外用集成材；根据长度方向形状分，有通直集成材和弯曲集成材；根据断面形状分，有方形结构集成材、矩形结构集成材和异形结构集成材；根据用途分，有非结构用集成材、非结构用装饰集成材、结构用集成材、结构用装饰集成材。

（2）集成材标准与规格、分等

日本 JAS 标准（日本农林标准，Japanese Agricultural Standard）规定：用于制作不承重的部件制品，适用于楼梯侧板、踏步板、扶手、门、壁板等装修和家具行业的集成材，是非结构用集成材（furnishing laminated wood），包括非结构用集成材、非结构用装饰集成材；用于制作承重部件制品，适用于建筑行业的梁、柱、桁架等的集成材，是构造用集成材（structural laminated wood），包括结构用集成材、结构用装饰集成材。

2.1.5　涂料

涂料，通常称油漆。它是指涂布于物体表面能够干结成坚韧保护膜的物料的总称，是一种有机高分子胶体混合物的溶液或粉末。木家具表面用涂料一般由挥发分和不挥发分组成，涂布在家具表面上后，其挥发分逐渐挥发逸出散失，而留下不挥发分（或固体分）在家具表面上干结成膜，可起到保护和装饰家具的作用，延长家具的使用寿命。

涂料通常是由主要成膜物质、次要成膜物质和辅助成膜物质三部分组成（表 2-19）。

家具上使用的涂料种类很多，根据涂料的组成中含有颜料量、含有溶剂量以及施工用途可分为不同的类型（表 2-20）。家具中常用的涂料按其主要成膜物质可分为以下几类。

表 2-19　涂料的基本组成

组成			原料
主要成膜物质	油料	植物油	干性油:桐油、亚麻油、紫苏籽油等; 半干性油:豆油、葵花籽油、棉籽油等; 不干性油:蓖麻油、椰子油等
	树脂	天然树脂	虫胶、大漆、松香等
		人造树脂	松香衍生物、硝化纤维等
		合成树脂	酚醛树脂、醇酸树脂、氨基树脂、丙烯酸树脂、聚氨酯、聚酯树脂等
次要成膜物质	颜料	着色颜料	白色:钛白、锌白、锌顿白(立德粉); 红色:铁红(红土)、甲苯胺红(猩红)、大红粉、红丹; 黄色:铁黄(黄土)、铅络黄(络黄); 黑色:铁黑、炭黑、墨汁; 蓝色:铁蓝、酞菁蓝、群青(洋蓝); 绿色:铅络绿、络绿、酞菁绿; 棕色:哈巴粉; 金属色:金powder(铜粉)、银粉(铝粉)等
		体质颜料	碳酸钙(老粉、大白粉)、硫酸钙(石膏粉)、硅酸镁(滑石粉)、硫酸钡(重晶石粉)、高岭土(瓷土)等
	染料	酸性染料	酸性橙、酸性嫩黄、酸性红、酸性黑、金黄粉、黄钠粉、黑钠粉等
		碱性染料	碱性嫩黄、碱性黄、碱性品红、碱性绿等
		分散性染料	分散红、分散黄等
		油溶性染料	油溶浊红、油溶橙、油溶黑等
		醇溶性染料	醇溶耐晒火红、醇溶耐晒黄等

组成		原料
辅助成膜物质	溶剂	松节油、松香水(200号溶剂汽油)、煤油、苯、甲苯、二甲苯、苯乙烯、乙酸乙酯、乙酸丁酯、乙酸戊酯、乙醇(酒精)、丁醇、丙酮、环己酮、水等
	助剂	催干剂、增塑剂、固化剂、防潮剂、引发剂、消光剂、消泡剂、光敏剂等

表 2-20　家具用涂料类型

分类方法	类型	特性
组分数	单组分漆	只有一个组分,即开即用,不必分装与调配(稀释除外),施工方便
	多组分漆	两个以上组分分装,使用前按一定比例调配混合,现用现配,施工麻烦
含颜料量	清漆	不含着色颜料和体质颜料的透明液体,用于透明涂饰
	色漆	含有着色颜料和体质颜料的不透明黏稠液体(各种色调),用于不透明涂饰
漆膜光泽	亮光漆	涂于家具表面,干后的漆膜呈现较高的光泽
	哑光漆	含消光剂的漆,涂于家具表面,干后的漆膜只具有较低光泽(半哑光)或无光(亚光)
含溶剂量	溶剂型涂料	含有挥发性有机溶剂,涂于家具表面后,溶剂挥发形成漆膜
	无溶剂型涂料	不含挥发性有机溶剂和稀释剂,成膜时无溶剂等的挥发
	水性涂料	以水作为溶剂和稀释剂
	粉末涂料	不含挥发性有机溶剂和稀释剂,呈粉末状态
固化方式	挥发性漆	依靠溶剂挥发而干燥成膜的涂料,可被原溶剂再次溶解修复
	反应型漆	成膜物质之间或与溶剂之间发生化学交联反应而固化成膜的涂料
	气干型漆	不需特殊加热或辐射便能在空气中直接自然干燥的涂料
	辐射固化型漆	必须经辐射(如紫外光)才能固化的涂料
涂层施工工序	腻子	含有大量体质颜料的稠厚膏状物,有水性腻子、胶性腻子、油性腻子、虫胶腻子、硝基腻子、聚氨酯腻子、聚酯腻子等,用于嵌补虫眼、钉孔、裂缝等
	填孔漆(剂)	含有着色颜料和体质颜料的一种稍稠浆状体,用于填充木材的管孔(导管槽)
	着色漆(剂)	含有颜料或染料或两者混合的浆状体或清漆,用于基材着色和涂层着色
	底漆	涂面漆前最初打底用的几层涂料,用于封闭底层、减少面漆耗用量
	面漆	家具表面最后几层罩面用的涂料,可用各种清漆或色漆

（1）油脂漆

油脂漆是指单独使用,以具有干燥能力的植物油作为主要成膜物质的涂料,也称油性漆。它的优点是涂饰方便、渗透性好、价格低廉、有一定的装饰性和保护性;缺点是漆膜干燥缓慢、质软,不耐打磨和抛光,耐水、耐候、耐化学性差。它适用于一般质量要求不太高的家具涂饰。其主要漆种有:

①　清油（光油）：用精制植物油经高温炼制后加入催干剂制成的一种低级透明涂料，如桐油。其在多数情况下是供调制油性厚漆、底漆、腻子等使用的。

②　厚油（铅油）：由着色颜料、大量体质颜料与少量精制油料经研磨而制成的稠厚浆状混合物，不能直接使用，使用时按用途加入清油调配后才能涂饰。它是一种价格最便宜、品质很差的不透明涂料，只适用于打底或调配腻子。

③　调和漆：已基本调制好，购来即可使用的一种不透明涂料。调和漆涂饰比较简单，漆膜附着力好，但耐酸性、光泽、硬度都较差，干燥也很慢，适合于一般涂饰使用。

（2）天然树脂漆

天然树脂漆是指其成膜物质中含有天然树脂的一类涂料。常用的漆种有：

①　油基漆：由精制干性油与天然树脂经加热熬炼后加入溶剂和催干剂制得的涂料。其中含有颜料的为瓷漆（因其漆膜呈现瓷光色彩而得名），不含颜料的为清漆。木家具常用的品种为酯胶清漆（俗称凡立水，varnish）和酯胶瓷漆，其漆膜光亮、耐水性较好、有一定的耐候性，用于一般普通家具表面的涂饰。

②　虫胶漆（俗称洋干漆、泡立水，polish）：虫胶（又称漆片、紫胶、雪纳，shellac）的酒精（乙醇）溶液。虫胶漆的虫胶含量一般在 10%～40%，酒精适用浓度为 90%～95%。它在木家具涂饰工艺中应用较普遍，主要用于透明涂饰的封闭底漆、调配腻子等，有时也作为一般家具面漆，但不用作罩光漆。其优点是施工方便，可以刷涂、喷涂、淋涂，漆膜干燥快、隔离和封闭性好，但耐热、耐水性差，易出现吸潮发白、剥落等现象。

③　大漆（又称中国漆）：漆树的一种分泌物，是我国传统特产漆，主要用于高级硬木（红木类）家具的表面涂饰。其漆膜坚硬、富有光泽，附着力强，具有突出的耐久、耐磨、耐溶剂、耐水、耐热等优良性能，但其颜色深、性脆、黏度高、不易施工、工艺复杂、不适宜机械化涂饰、干燥时间长、毒性大、易使人皮肤过敏。大漆可分为：生漆（又称提庄、红贵庄，是采集后经过滤除去杂质、脱去部分水分所制成的一种白黄或红褐色的浓液）、熟漆（又称推光漆，是生漆经日晒或低温烘烤处理再去除部分水分制成的一种黑色大漆）、广漆（又称金漆、笼罩漆，是在生漆中加入桐油或亚麻油经加工制成的紫褐色半透明的漆）、彩漆（又称朱红漆，是在广漆中加入颜料调和制成的各种颜色的彩色漆）。

（3）酚醛树脂漆

酚醛树脂漆是指以酚醛树脂或改性酚醛树脂为主要成膜物质的一类涂料。它的漆膜柔韧耐久，光泽较好，耐水、耐磨和耐化学药品性均较强，但颜色较深、易泛黄、干燥慢、表面粗糙、光滑度差。其由于性能较好、价格便宜、涂饰方便，仍广泛用于一般普通家具的涂饰。常用酚醛漆的品种有酚醛清漆、酚醛调和漆、酚醛瓷漆等。

（4）丙烯酸树脂漆

丙烯酸树脂又称阿克力树脂或亚克力树脂，是由丙烯酸及其酯类、甲基丙烯酸及其酯类和其他乙烯基单体经共聚而生成的一类树脂。用这类树脂作为主要成膜物质的涂料就是丙烯酸树脂漆。它具有良好的保色、保光性和较高的耐热、耐腐、耐药剂、耐久性，漆膜丰满坚硬、光泽高、不变色，既可制成水白色的清漆，也可制成纯白色的瓷漆。

（5）醇酸树脂漆

醇酸树脂是由多元酸、多元醇经脂肪酸或油改性共聚而成的树脂。醇酸树脂漆是以醇酸树脂为主要成膜物质的一类涂料。它能在常温下自然干燥，其漆膜具有耐候性和保色性，不易老化，且附着力、光泽、硬度、柔韧性、绝缘性等都较好，但流平性、耐水性、耐碱性差。用干性油改性的醇酸树脂漆是一种独立的涂料，能制成用于家具涂饰的清漆、瓷漆、底漆、腻子等；用不干性油改性的醇酸树脂漆可与多种其他树脂共聚或混制成多种涂料，如酸固化氨基醇酸树脂漆、硝基漆、过氯乙烯漆等。

（6）酸固化氨基醇酸树脂漆

酸固化氨基醇酸树脂漆（又称 AC 漆）是由氨基树脂、不干性醇酸树脂、流平剂（水溶性硅油或乙酸乙酯溶液）、溶剂（丁醇与二甲苯）、酸性固化剂（盐酸酒精溶液）等组成。其操作容易、施工方便、干燥快，漆膜坚硬耐磨、丰满有光泽、机械强度高、附着力好，耐热、耐水、耐化学药品和耐寒性高，清漆颜色浅、透明度高。但其抗裂性差、易开裂，施工时有少量刺激性游离甲醛气味，须加强通风，在酸固化（acid curing）涂饰遇碱性着色剂或填充剂时，应有一封闭隔离层，以免发生变色、起泡、固化不良等涂饰缺陷。

（7）硝基漆

硝基漆（又称 NC 漆、蜡克）是以硝化纤维素为基础并加有其他树脂、增塑剂和专用稀释剂（俗称香蕉水或天那水，即酮、酯、醇、苯等类的混合溶剂）的一种溶剂挥发型漆。硝基漆是一种高级装饰涂料，广泛应用于中高级（尤其是出口）木家具涂饰。其特点是可采用刷、擦、喷、淋等多种涂饰方法，漆膜干燥迅速，坚硬光亮，平滑耐磨，耐弱酸、弱碱等普通溶剂侵蚀，容易修复，但附着力和耐温热性差，固体含量和涂层成膜率低，工艺繁复，成本高，环境污染大，受气候影响涂膜易泛白、鼓泡和皱皮等，施工时须注意底面层涂料的配套以免产生咬底（可与虫胶底漆配套，不能用作油脂漆、酚醛树脂漆或醇酸树脂漆的面漆，不宜作为聚氨酯漆的底漆）。硝基漆的品种有透明腻子、透明底漆、透明着色剂、各种清漆、亚光漆以及不透明色漆、特色裂纹漆等。

（8）聚氨酯漆

聚氨酯漆（又称 PU 漆）是以聚氨基甲酸酯（polyurethane）为主要成膜物质的一类涂料。其性能比较完善，漆膜坚硬耐磨、光泽丰满、附着力强，耐酸碱、耐水、耐热、耐寒和耐温度变化的性能好，是目前木家具表面涂饰中使用最为广泛、用量最多的涂料品种之一。其中最多的聚氨酯漆多属于羟基固化异氰酸酯型的双组分聚氨酯涂料，并可分为两类：一类是含羟基聚氨酯与含异氰酸酯预聚物的甲乙双组分聚氨酯涂料（常见有"685"聚氨酯漆）；另一类是含羟基的丙烯酸酯共聚物与含异氰酸酯基的氨基甲酸酯的甲乙双组分聚氨酯涂料（俗称 PU 漆）。使用时，通常按 2:1 的甲乙组分比例配合，并加入适量的混合稀释剂（俗称天那水）调节施工黏度，可用刷涂、喷涂和淋涂（由于干燥快，多用喷涂）施工。由于聚氨酯漆通常用环己酮、乙酸丁酯、二甲苯等强溶剂，所以用聚氨酯漆作为面漆时，应注意底层涂料的抗溶剂性。通常醇酸底漆、酚醛底漆等油性底漆不能作为涂饰聚氨酯面漆的底漆使用，否则会产生底漆皱皮脱落。同时应适当控制涂饰的层间间隔时间，以免因间隔时间过短而引起气泡、橘纹和流平性差等涂膜病态。

（9）聚酯树脂漆

聚酯树脂漆（又称 PE 漆）是以不饱和聚酯树脂（polyester，由不饱和的二元酸和二元醇经缩聚而成）为基础的一种独具特点的高级涂料（也称不饱和聚酯漆），是当今高级木家具涂饰的主要漆种之一。它用乙烯基单体作为活性稀释剂和成膜组成物，用过氧化环己酮或过氧化甲乙酮作为引发剂，用环烷酸钴作为促进剂，能以自由基聚合交联生成不溶、不熔的涂膜，因此这类不饱和聚酯漆为无溶剂型漆。不饱和聚酯漆漆膜坚硬耐磨、丰满厚实、光泽极高，耐水、耐热、耐酸碱、耐溶剂性好，保光保色，并有绝缘性，一次涂饰即可获得较厚的涂膜层。但聚酯树脂漆也存在性脆、抗冲击性差、附着力不强、难以修复、几个组分（一般有 3～4 组分）一经混合必须立即使用、不能与虫胶底漆配套等弱点。目前，木家具涂饰中广泛使用的聚酯树脂漆主要有非气干型和气干型两类。

① 非气干型（又称隔氧型）聚酯树脂漆：不饱和聚酯树脂与苯乙烯溶剂

的聚合反应会受到空气中氧的阻聚作用而在空气中不能彻底干燥，里干外不干，因而需要隔氧施工。目前主要采用浮蜡法（蜡型）和覆膜法（膜型）来隔氧。浮蜡法是在涂料中加入少量高熔点石蜡，涂漆后石蜡浮于表面形成蜡层隔离空气，使其干燥固化成膜，但表面需要磨掉蜡层才能显现聚酯漆的光泽，常用刷涂、喷涂、淋涂进行施工。覆膜法是在涂饰后的涂层上覆盖涤纶薄膜、玻璃或其他适当纸张，使涂层与空气隔离，待漆膜固化后除去膜层即可得到镜面般的光泽，常采用倒模施工（故俗称其为倒模聚酯漆或玻璃钢漆），施工方法复杂，非平面型部件一般不能使用。

② 气干型聚酯树脂漆：在空气中就能正常直接气干固化成膜，不需隔氧的不饱和聚酯漆。这种涂料常采用喷涂施工（又称喷涂聚酯漆），施工方便，性能优异，不受部件曲面限制，在家具工业中广泛使用。

（10）光固化漆

光固化漆也称光敏漆（又称 UV 漆），是指涂层必须在紫外光（ultraviolet）照射下才能固化的一类涂料。它是由反应性预聚物（也称光敏树脂，如不饱和聚酯、丙烯酸环氧酯、丙烯酸聚氨酯等）、活性稀释剂（如苯乙烯等）、光敏剂（如安息香及其醚类，常用安息香乙醚）以及其他添加剂组成的一种单组分涂料。光敏漆干燥时间短，将其涂于家具表面经紫外光照射后能很快（在几秒或 3～5min 内）固化成膜，并可及时收集堆垛或包装，节省场地占用面积；不含挥发性溶剂，施工卫生条件好，对人体无危害；漆膜综合性能优良；只能用于平板零部件（如板式家具部件、地板、木门等）表面的涂饰，不适用于复杂形状表面或整体装配好的制品的涂饰。

（11）涂料的性能与选用原则

由于木家具有其特殊的使用环境和使用要求，所以就要用专用的涂料来涂饰。木家具使用涂料装饰的目的是美化与保护产品，因此，在选择涂料时，作为木家具使用的涂料品种应该满足以下一系列性能要求（表 2-21）或原则。

表 2-21　家具用涂料的性能要求

项　　目	性能要求
漆膜装饰性能	光泽、保光性、色泽、保色性、透明度（清晰度）、质感、观感、触感等性能优异
漆膜保护性能	附着力好、硬度高、柔韧性好、冲击强度高、耐液、耐磨、耐热、耐寒、耐候、耐久等
施工使用性能	流平性、细度、黏度、固体含量、干燥时间、遮盖力、储存稳定性等适宜；涂饰方法多样
层间配套性能	层间涂料应相容，层间无皱皮、无橘纹、无脱落、无咬底等
经济成本性能	漆膜质量好、产品价位低等

① 能够美化产品，具有良好的装饰性。木制品，尤其是木家具表面涂了涂料以后就有了装饰的效果，赋予产品一定的色泽、质感、纹理、图案纹样等明朗悦目的外观，使其形、色、质完美结合，给人以美好舒适的感受。因此，要根据家具制品的装饰性能和基材特性选用涂料：在木家具表面要保留木纹时，涂料必须具有极好的透明性、耐变色性和耐用性，一般用各种清漆；在透明高光涂饰时，要求漆膜表面亮如镜面，表面丰满厚实；在透明亚光涂饰时，要求漆膜表面光泽柔和，手感滑爽；在做不透明彩色涂饰时，要求漆膜掩盖基材表面，色彩艳丽，不易变色、泛黄，一般可选用各种瓷漆；在涂层肌理有特殊效果要求时，可选用特种涂料，如裂纹漆、皱纹漆、锤纹漆、晶纹漆、斑纹漆等；对于榆木、水曲柳、花梨木、胡桃木、樱桃木等表面具有美丽花纹与颜色的阔叶树材，可选用能充分显示木材纹理的各种清漆；管孔较大的木材，如水曲柳、栎木等，可选用费工较少的平光漆，采用亚光涂饰工艺，既可获得透明光亮的表面，又可省去填补管孔的繁重工序；松木、杉木等针叶树材表面节疤较多，既可选用满刮腻子后不透明涂饰，也可直接选用各种清漆轻度透明涂饰，以显现针叶树材天然效果。

② 适应环境要求，具有良好的保护性。木家具表面覆盖一层具有一定附着力、柔韧性、冲击强度、硬度、耐水、耐液、耐磨、耐热、耐寒、耐候、耐久等性能的漆膜保护层，可使其基材避免或减弱阳光、水分、大气、外力等的影响和化学物质、虫菌等的侵蚀，防止其翘曲、变形、开裂、磨损等，以便延长其使用寿命。因此，应根据家具的使用环境和要求选用涂料。

③ 具有多种施工方法的可操作性。由于家具生产企业的规模和家具品种的不同，对涂料的施工应用方法也各不相同，规模较大的家具企业多采用机械化流水线的连续操作，而较多的小企业则以手工涂饰为主。施工方法虽不一样，但对漆膜性能的要求是相同的，因此，家具木器涂料必须适应多种施工方法。随着涂料品种和工艺的不断发展，出现了各种施工方法和设备，如刷涂、淋涂、辊涂、喷涂、刮涂、浸涂、高温干燥（烘漆）、红外干燥、紫外光固化、隔氧固化等，对配套涂料提出了各自的特殊要求。因此，要根据施工方法和涂饰工艺要求选用涂料。

④ 具有良好的配套性。家具木器涂料是一类按功能和施工工序的不同而需做多种涂饰的涂料，有嵌补腻子、封闭底漆、着色底漆、透明底漆、中层涂料、面层涂料等多个配套产品，各涂料产品在整个涂饰中发挥着各自的作用。其使用时，既要选择好各层的涂料产品，又不可忽视各涂料品种间的相互配套性。例如，虫胶底漆可以作为硝基漆的封闭底漆使用，但若作为聚氨酯涂料或光敏涂料的封闭底漆，则往往容易出现层间剥落，特别是在做厚层涂饰时更易

出现层间剥落；同样，含强溶剂的聚氨酯涂料或硝基漆如果涂饰在油性漆上，就极易出现咬底现象。

⑤ 具有合适的经济性。在保证漆膜质量的前提下，选择经济的涂料是提高经济效益的有力措施。在木家具的制造成本中，涂料成本约占生产总成本的10%～15%。但在质量和效益的二者选择中，应注意在提高或稳定产品质量的前提下再考虑降低成本的问题。没有质量就没有效益，这是选择低价位涂料产品所必须平衡的问题。

2.1.6　胶黏剂

在家具生产中，胶黏剂（胶料）是必不可少的重要材料，如各种实木方材的胶拼、板材的胶合、零部件的接合、饰面材料的胶贴等，都需要采用胶黏剂来胶合，胶黏剂对家具生产的质量起着重要作用。

家具和木制品所用胶黏剂的品种较多，其通常是由主体材料和辅助材料两部分组成。

主体材料：也称黏料、基料、主剂，是胶黏剂中起黏合作用并赋予胶层一定机械强度的物质。作为黏料，要求其有良好的黏附性和湿润性。它既可以是天然高分子化合物，如淀粉、蛋白质等，也可以是合成高分子材料，如合成树脂（包括热固性树脂、热塑性树脂）、合成橡胶以及合成树脂与合成橡胶的混合。

辅助材料：胶黏剂中用于改善主体材料性能或为便于施工而加入的物质。主要包括溶剂（稀释剂）、固化剂、增塑剂、填料以及其他助剂（如防老剂、防霉剂、增稠剂、阻聚剂、阻燃剂、着色剂等）。

家具和木制品生产中所用的胶黏剂按其化学组成、物理形态、固化方式、耐水性能等分类（表 2-22），可分为以下几种。

表 2-22　胶黏剂分类

分类			胶种
化学组成	天然系	蛋白质型	豆胶、血胶、皮胶、骨胶、干酪素胶、鱼胶等
	合成系	树脂型 热固性	脲醛树脂胶、酚醛树脂胶、间苯二酚树脂胶、三聚氰胺树脂胶、环氧树脂胶、不饱和聚酯胶、聚异氰酸酯胶等
		树脂型 热塑性	聚乙酸乙烯酯乳液胶、乙烯-乙酸乙烯酯共聚树脂热熔胶、聚乙烯醇胶、聚乙烯醇缩醛胶、聚氨酯胶、聚酰胺胶等
		橡胶型	氯丁橡胶、丁腈橡胶等
		复合型	酚醛-聚乙烯醇缩醛胶、酚醛-氯丁橡胶、酚醛-丁腈橡胶、环氧-丁腈橡胶、环氧-聚酰胺胶、环氧-酚醛树脂胶、环氧-聚氨酯胶等

续表

分类			胶种
物理形态	液态型	水溶液型	聚乙烯醇胶、脲醛树脂胶、酚醛树脂胶、三聚氰胺树脂胶等
		非水溶液型	氯丁橡胶、丁腈橡胶等
		乳液（胶乳）型	聚乙酸乙烯酯乳液胶、聚异氰酸酯胶、氯丁橡胶、丁腈橡胶等
		无溶剂型	环氧树脂胶等
	固态型	粉末状	干酪素胶、聚乙烯醇胶、脲醛树脂胶、三聚氰胺-脲醛树脂胶等
		片块状	鱼胶、热熔胶等
		细绳状	环氧胶棒、热熔胶等
		胶膜状	酚醛-聚乙烯醇缩醛胶、酚醛-丁腈、环氧-丁腈、环氧-聚酰胺等
	胶带型	黏附型、热封型	聚氯乙烯胶黏带、聚酯膜胶黏带等
固化方式	溶剂挥发型	溶剂型	聚乙烯醇胶、氯丁橡胶、丁腈橡胶等
		乳液型	聚乙酸乙烯酯乳液胶、聚异氰酸酯胶、氯丁橡胶、丁腈橡胶等
	化学反应型	固化剂型	脲醛树脂胶、酚醛树脂胶、间苯二酚树脂胶、三聚氰胺树脂胶、环氧树脂胶、聚异氰酸酯胶等
		热固型	酚醛树脂胶、三聚氰胺树脂胶、环氧树脂胶、聚氨酯胶等
	冷却冷凝型		骨胶、热熔胶、聚酰胺胶、饱和聚酯胶等
耐水性能	高耐水性胶		酚醛树脂胶、间苯二酚树脂胶、三聚氰胺树脂胶、环氧树脂胶、异氰酸酯胶、聚氨酯胶等
	中等耐水性胶		脲醛树脂胶等
	低耐水性胶		蛋白质类胶等
	非耐水性胶		皮胶、骨胶、聚乙酸乙烯酯乳液胶等

（1）脲醛树脂胶（UF）

脲醛树脂胶（urea-formaldehyde resin）是由尿素与甲醛缩聚而成。这类胶的外观为微黄色透明或半透明黏稠液体，属于水分散型胶黏剂，其固体含量一般在 50%～60%；同时也可制成粉末状，使用时加入适量水分和助剂即可形成胶液。脲醛树脂胶根据其固化温度，可分为冷固性胶（常温固化）和热固性胶（加热固化）两种，在实际应用中需加入酸性固化剂［如氯化铵（NH_4Cl），加入量为胶液的 0.2%～1.5%］，将胶液的 pH 值降到 4～5 之间，使其快速固化。其成本低廉、操作简便、性能优良、固化后胶层无色、工艺性能好，是目前木材工业中使用量较大的合成树脂胶黏剂，一般用于木制品的生产以及木材胶接、单板层积、薄木贴面等。

由于脲醛树脂胶属于中等耐水性胶（胶接制品仅限于室内用），固化时收缩大，胶层脆、易老化，在使用过程中常存在释放游离甲醛污染环境的问题，所以近年来常采用以下方式来改善其性能：①加入适当苯酚、间苯二酚、三聚氰胺树脂、异氰酸酯、合成胶乳等与脲醛树脂胶共聚或共混，以提高其耐水性能，如间苯二酚改性脲醛树脂胶（RUF）、三聚氰胺改性脲醛树脂胶（MUF）等；②加入热塑性树脂，如加入聚乙烯醇形成聚乙烯醇缩醛、加入聚乙酸乙烯树脂或聚乙酸乙烯酯乳液形成两液胶（UF＋PVAc），以及加入各种填料（如豆粉、小麦粉、木粉、石膏粉等）以改善脲醛胶的老化性，提高其柔韧性；③加入甲醛捕捉剂（如尿素、三聚氰胺、间苯二酚、对甲苯磺酰胺、聚乙烯醇、各种过硫化物等）降低游离甲醛含量。

（2）酚醛树脂胶（PF）

酚醛树脂胶（phenol-formaldehyde resin）是由酚类与甲醛缩聚而成，外观为棕色透明黏稠液体，具有优异的胶合强度、耐水、耐热、耐气候等优点，属于室外用胶黏剂，但颜色较深、成本高、有一定脆性、易龟裂、固化时间长、固化温度高。酚醛树脂胶有醇溶性和水溶性两种：醇溶性酚醛树脂胶是苯酚与甲醛在氨水或有机胺催化剂作用下进行缩聚反应，并以适量乙醇为溶剂制成的液体（固体含量为50％～55％）；水溶性酚醛树脂胶是苯酚与甲醛在氢氧化钠催化剂作用下进行缩聚反应，并以适量水为溶剂制成的液体（固体含量为45％～50％）。酚醛树脂胶使用时既可加热固化也可室温固化，主要用于纸张或单板的浸渍、层积木和耐水木质人造板。

酚醛树脂胶的改性：可以将柔韧性好的线性高分子化合物（如合成橡胶、聚乙烯醇缩醛、聚酰胺树脂等）混入酚醛树脂胶中；也可以将某些黏附性强或耐热性好的高分子化合物或单体（如尿素、三聚氰胺、间苯二酚等）与酚醛树脂胶共聚，从而获得具有各种综合性能的胶黏剂，如三聚氰胺-苯酚-甲醛树脂胶（MPF）、苯酚-尿素-甲醛树脂胶（PUF）、间苯二酚-苯酚-甲醛树脂胶（RPF）等。

（3）间苯二酚树脂胶（RF）

间苯二酚树脂胶（resorcinol-formaldehyde resin）是由含醇的线性间苯二酚树脂液体和一定量的甲醛在使用时混合而成。间苯二酚树脂胶可加热固化和常温固化。其耐水、耐候、耐腐、耐久以及胶接性能等极其优良，主要用于特种木质板材、建筑木结构、胶接弯曲构件、指接材或集成材等木制品的胶接。

（4）三聚氰胺树脂胶（MF）

三聚氰胺树脂胶（melamine-formaldehyde resin）是由三聚氰胺（又称蜜胺）与甲醛在催化剂作用下经缩聚而成，外观呈无色透明黏稠液体。其具有很高的胶合强度，较好的耐水性、耐热性、耐老化性，胶层无色透明，有较强的保持色泽的能力和耐化学药剂能力，但价格较贵，硬度和脆性高。三聚氰胺树脂胶有较大的化学活性，低温固化能力强、固化速度快，不需加固化剂即可加热固化或常温固化。在木材加工和家具生产中，其主要用于树脂浸渍纸、纸质层压板（装饰板或防火板）、人造板直接贴面等。

三聚氰胺树脂胶可用乙醇改性，降低其脆性，增加柔韧性；也可加入适量的尿素进行共聚，以降低其成本。尿素改性三聚氰胺树脂胶（UMF）主要用于胶合板、细木工板以及各种木材胶接制品的制造等。

（5）聚乙酸乙烯酯乳液胶（PVAc）

聚乙酸乙烯酯乳液胶（polyvinyl acetate resin）是由乙酸乙烯单体在分散介质水中经乳液聚合而成的一种热塑性胶黏剂，外观为乳白色的黏稠液体，通常称白胶或乳白胶。其具有良好而安全的操作性，无毒、无臭、无腐蚀、不用加热或添加固化剂就可直接常温固化、胶接速度快、干状胶合强度高、胶层无色透明、韧性好、易于加工、使用简便，在家具木制品工业中已取代了动物胶的使用，应用极为广泛，如榫接合、板材拼接、装饰贴面等。但其由于耐水、耐湿、耐热性差，因此只能用于室内用制品的胶接，并且要求木材含水率应在 5%～12%，当含水率大于 12% 时，会影响胶合强度。涂胶量一般为 150～220g/m²，胶接压力为 0.5MPa，胶压时间因温度高低而异，既可在室温胶接，也可加热胶接。室温下，胶压时间夏季为 2～4h，冬季为 4～8h。若加热胶接（以 80℃ 为宜），胶合单板只需数分钟即可。常温下，胶压后需放置一定时间（通常夏季需放置 6～8h，而冬季则需 24h）才能达到较为理想的胶合强度。

聚乙酸乙烯酯乳液胶为热塑性胶，软化点低，并且制造时用亲水性的聚乙烯醇作为乳化剂和保护胶体，因而，其耐热和耐水性差。为此，一般采用内加交联剂共聚形成共聚乳液［如乙酸乙烯酯-乙烯共聚乳液（EVA）、乙酸乙烯酯-顺丁烯二酸二丁酯共聚乳液（VAM）、乙酸乙烯酯-N-羟甲基丙烯酰胺共聚乳液（VAc/NMA 或 VNA）、乙酸乙烯酯-丙烯酸丁酯-N-羟甲基丙烯酰胺共聚乳液（VBN）、乙酸乙烯酯-丙烯酸丁酯-氯乙烯（VBC）等］或外加交联剂（如酚醛树脂胶、间苯二酚树脂胶、三聚氰胺树脂胶、脲醛树脂胶、异氰酸酯、硅胶等）混用来使聚乙酸乙烯酯乳液胶从热塑性向热固性转化，以改善其综合性能。

（6）热熔胶

热熔性胶黏剂（简称热熔胶，hot melt adhesives）是在加热熔化状态下进行涂布，再借冷却快速固化而实现胶接的一种无溶剂型胶黏剂。热熔胶胶合迅速，可在数秒内固化，适合连续自动化生产；不含溶剂，无毒无害，无火灾危险；耐水性、耐化学性、耐腐性强；能反复熔化再胶接。但其耐热性和热稳定性差，胶接后的使用温度不得超过 100℃，胶接产品不应接近高温场所或长时间暴晒，否则胶层会软化使胶合强度下降。热熔胶对各种材料都有较强的黏合力，应用范围较广，在木材和家具工业中，主要用于单板拼接、薄木拼接、板件装饰贴面、板件封边、榫接合、V 形槽折叠胶合等。

热熔胶因其所用基本聚合物的种类不同而有很多种，但在木材和家具工业中用量最多的有以下几种：

① 乙烯-乙酸乙烯酯共聚树脂热熔胶（EVA）：目前用量最大、用途最广的一类。

② 乙烯-丙烯酸乙酯共聚树脂热熔胶（EEA）：使用温度范围较宽，热稳定性较好，耐应力开裂性比 EVA 好。

③ 聚酰胺树脂热熔胶（PA）：高性能热熔胶，软化点的范围窄，能快速熔化或固化，具有较高的胶合强度、良好的耐化学性、优良的耐热寒性等。

④ 聚酯树脂热熔胶（PES）：高性能热熔胶，耐热性和热稳定性较好，初黏性和胶合强度较高。

⑤ 聚氨酯系反应型热熔胶（PU-RHM）：熔融后通过吸湿产生交联而固化的一种热熔胶（湿固化型）。反应型热熔胶（reactive hot melt adhesive）同时具有一般热熔胶的常温高速胶接和反应型胶的耐热性，而且具有优良的低污染性、高初黏性和速粘接性。这种具有端异氰酸酯基预聚体的聚氨酯类反应型热熔胶特别适用于木材的胶接（木材是含水分的多孔性材料，水分容易向表面散发，因此湿润性好、反应程度大、强度高）。

（7）橡胶类胶黏剂

橡胶类胶黏剂是以合成橡胶或天然橡胶为主制成的胶黏剂。其胶层柔韧性好，能在常温低压下胶接，能胶接多种材料，尤其是对极性材料（如木材）有较高的胶合强度。在木材和家具工业中应用较多的是氯丁橡胶胶黏剂和丁腈橡胶胶黏剂。

① 氯丁橡胶胶黏剂：以氯丁二烯聚合物为主，加入其他助剂而制成。其有优良的自黏力和综合抗耐性能，胶层弹性好，涂覆方便，广泛用于木材及人造板的装饰贴面和封边粘接，也用于木材与沙发布或皮革等的柔性粘接和压敏粘接。其按制备方法不同，有溶剂型和乳胶型两大类。一般都使用溶剂型胶，这是因为溶剂型胶具有特别强的接触黏附力，能快速胶接，并获得较高的胶合强度，但其固体含量低、溶剂量大、成本高、污染环境、易发生火灾危险。近年来，随着水基型乳液胶的发展，氯丁乳液胶也得到了发展。由于它的耐高温

性能好、无毒、不燃、成本低，因此它在木材和家具工业中得到了广泛的应用。

② 丁腈橡胶胶黏剂：由丁二烯和丙烯腈经乳液聚合并加入各种助剂而制成。其胶层具有良好的挠曲性和耐热性，在木材和家具工业中，主要用于把饰面材料、塑料、金属及其他材料胶贴到木材或人造板基材上进行二次加工，提高基材表面的装饰性能。

（8）聚氨酯胶黏剂

聚氨酯胶黏剂是以聚氨基甲酸酯（简称聚氨酯）和多异氰酸酯为主体材料的胶黏剂的统称。由于聚氨酯胶黏剂分子链中含有氨基甲酸酯基（—NH-COO—）和异氰酸酯基（—NCO），因而具有高度的极性和活性，对多种材料具有极高的黏附性能，不仅可以胶接多孔性材料，而且可以胶接表面光洁的材料。它具有强韧性、弹性、耐疲劳性、耐低温性，既可加热固化，也可室温固化，黏合工艺简便，操作性能良好，已在木材和家具工业中得到重视并广泛用于制造木质人造板、单板层积材、指接集成材、各种复合板和表面装饰板等。

聚氨酯胶黏剂按其组成的不同，可分为以下四类。

① 多异氰酸酯胶黏剂：以多异氰酸酯单体小分子直接作为胶黏剂使用，是聚氨酯胶黏剂的早期产品。常用的多异氰酸酯胶黏剂有甲苯二异氰酸酯（TDI）、二苯基甲烷二异氰酸酯（MDI）、六次甲基二异氰酸酯（HDI）、苯二亚甲基二异氰酸酯（XDI）、多亚甲基多苯基多异氰酸酯（PAPI）等。因这些多异氰酸酯的毒性较大、柔韧性差，现较少以单体形式单独使用，一般将它们混入橡胶系胶黏剂，或混入聚乙烯醇溶液制成乙烯类聚氨酯胶黏剂中使用。

② 封闭型多异氰酸酯胶黏剂：用一种作为封闭剂的单官能团的活泼羟基化合物（如酚类、醇类等），将多异氰酸酯中所有活泼的异氰酸酯基（—NCO）暂时封闭起来使其暂时失去原有的化学活性，防止水或其他活性物质对它作用，可解决其在储存中因吸收空气中水分而固化的缺点。使用时该胶黏剂可在加温或催化剂作用下解离释放出异氰酸酯基（—NCO）而起胶接作用。它可配制成水溶液或水乳液（水分散型）胶黏剂。

③ 预聚体型聚氨酯胶黏剂：也称含异氰酸酯基聚氨酯胶黏剂，是由多异氰酸酯与多羟基化合物（如聚酯、聚醚）反应生成的端异氰酸酯基（—NCO）的聚氨酯预聚体胶黏剂。该预聚体具有较高的极性和活性，能与含有活泼氢的化合物反应，对多种材料具有极高的黏附性能，既可形成单组分湿气固化型胶黏剂（在常温下遇到空气中的湿气即产生固化，空气湿度以 40％～90％为宜，

当加入氯化铵或尿素作为催化剂时，可室温固化，也可加热固化），也可制成双组分反应型胶黏剂（一个组分为端异氰酸酯基的聚氨酯预聚体，另一个组分是由含有羟基（—OH）的多元醇化合物或含有氨基（—NH$_2$）的胺类化合物或含有端羟基的聚氨酯预聚体制成的固化剂，两组分按一定比例配合使用，可以室温固化，也可加热固化），多以溶液型使用。

④ 热塑性聚氨酯胶黏剂：也称含羟基聚氨酯胶黏剂，是由二异氰酸酯（如 TDI 或 MDI）与二羟基化合物（如二官能度的聚酯二醇或聚醚二醇）反应生成的线性高分子聚氨酯弹性体聚合物（或异氰酸酯改性聚合物）。该类胶黏剂胶层柔软、易弯曲和耐冲击，有较好的初黏附力，但黏合强度低、耐热性较差。热塑性聚氨酯胶黏剂多为溶剂型，一般是将聚氨酯弹性体溶于有机溶剂（如丙酮、甲乙酮、甲苯）中，粘接后，溶剂挥发而固化，可用于 PVC、ABS、橡胶、塑料、皮革的粘接。

（9）环氧树脂胶黏剂（E）

环氧树脂胶黏剂（epoxy resin）是由含两个以上环氧基团的环氧树脂和固化剂（如乙二胺、二乙烯三胺、间苯二胺等多元胺类，以及酸酐类、树脂类等）两大组分组成。它是一种胶接性能强、机械强度高、收缩性小、稳定性好、耐化学腐蚀的热固性树脂胶，能够胶接大多数材料，故常被称作"万能胶"。在各类环氧树脂胶中，产量最大、应用最广的是由环氧氯丙烷与二酚基丙烷缩聚而成的双酚 A 环氧树脂胶（简称环氧树脂胶）。

环氧树脂胶有单组分型，但多数为双组分型，即与固化剂混合使用。通过选择不同的固化剂而实现室温固化或加热固化。木材之间胶接或木材与异种材料胶接常用室温固化型。胶接时，即使压力很小也可获得良好的胶接效果。为改善环氧树脂胶脆性大、施工黏度高等缺点，满足不同用途，还需加入增塑剂、稀释剂和填料等。近年来，采用热塑性聚酰胺树脂、丁腈橡胶、聚酯树脂、聚氨酯树脂等改性的环氧树脂胶已得到广泛应用。

（10）蛋白质胶黏剂

蛋白质胶黏剂是以含蛋白质的物质（植物蛋白和动物蛋白）为主制成的一类天然胶黏剂，主要有皮骨胶、鱼胶、血胶、豆胶、干酪素胶等。它们一般是在干燥时具有较高的胶合强度，但由于其耐热性和耐水性差，已被聚乙酸乙烯酯乳液胶等合成树脂胶所代替，目前一般用于木质工艺品以及特殊用途（乐器、木钟等）。

① 皮骨胶：用牲畜的皮、骨、腱和其他结缔组织为原料经加工制成的一种热塑性胶。成品为浅棕色粒状或块状（含水分 10%～18%）。其根据所用原料可分为骨胶和皮胶，经加水分解去除杂质后的高纯度胶，一般称为明胶。皮

骨胶胶层凝固迅速，胶接过程只需几分钟到十几分钟；调胶简单，不需加其他药剂；胶接压力一般只要 0.5～0.7MPa。皮骨胶常用于木材、家具、乐器和体育用品的胶接。

② 鱼胶：用鱼头、鱼骨、黄鱼肚等为原料，经加水蒸煮、浓缩制成。其成分及使用性能与皮骨胶接近，主要用于制造乐器和红木家具等。

③ 血胶：利用动物（如猪或牛）血液中的血清蛋白经低温浓缩和低温干燥制成。其常采用热压胶合。血胶价格低廉，但色深、有异臭、不耐腐、胶层硬，目前较少使用。

④ 豆胶：利用大豆为原料制得的非耐水性胶。其调制及使用方便、干状强度较高、无毒、无臭、适用期长、成本低廉，但固化后的胶层耐水性和耐腐性差。国内豆胶主要用于生产包装胶合板或包装盒。热压胶接时，要求木材含水率不大于 10％；冷压胶接时，要求含水率不大于 15％。

(11) 胶黏剂的选用原则

胶黏剂的种类不同、属性不同，使用条件也就不一样，各种既定的胶黏剂，只能适用一定的使用条件。因此，应根据各种胶黏剂的特性、被胶合材料的种类、胶接制品的使用条件、胶接工艺条件、经济成本等来合理选择和使用胶黏剂，才能最大限度地发挥每种胶黏剂的优良性能。

① 根据胶黏剂特性选择：如胶黏剂的种类、固体含量、黏度、胶液活性期、固化条件、固化时间等。

② 根据被胶合材料性能选择：如单板胶合、实木方材胶拼、饰面材料装饰贴面与封边胶接合等的被胶合材料的种类、材性、含水率、纤维方向、表面状态等。

③ 根据胶接制品使用要求选择：如胶合强度、耐水性、耐久性、耐热性、耐腐性、污染性及加工性等。

④ 根据胶接工艺条件选择：如生产规模、施工设备、工艺规程（涂胶量，陈化与陈放时间，固化压力、温度、时间）等。

⑤ 根据胶接经济成本选择：取决于生产规模、胶黏剂价格、胶接操作条件等。

2.1.7 五金配件

家具五金配件是家具产品不可缺少的部分，特别是板式家具和拆装家具，其重要性更为明显。它不仅起连接、紧固和装饰的作用，还能改善家具的造型与结构，直接影响产品的内在质量和外观质量。

国际标准（ISO）已将家具五金件分为九大类：锁、连接件、铰链、滑动装置（导轨）、位置保持装置、高度调整装置、支承件、拉手、脚轮及脚座。

家具五金配件按功能可分为活动件、紧固件、支承件、锁合件及装饰件等。按结构分有铰链、连接件、抽屉导轨、移门导轨、翻门吊撑（牵筋拉杆）、拉手、锁、插销、门吸、挂衣棍支承座、滚轮、脚套、支脚、嵌条、螺栓、木螺钉、圆钉等。其中，铰链、连接件和抽屉导轨是现代家具中最普遍使用的三类五金配件，因而常被称为"三大件"。

（1）铰链（hinge）

铰链主要是柜类家具上柜门与柜体的活动连接件，用于柜门的开启和关闭。其按构造的不同，又可分为普通铰链、暗铰链、门头铰链、玻璃门铰链等。

① 普通铰链（rolled hinge）：通常称为合页，如图 2-47 所示。安装时合页部分外露于家具表面，影响外观，主要有普通合页、轻型合页、长型合页、抽芯与脱卸合页、弯角合页、仿古合页等。

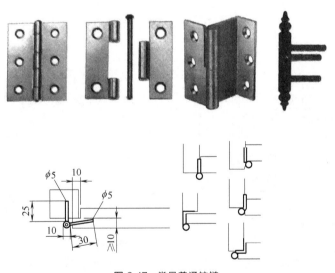

图 2-47　常见普通铰链

② 暗铰链（concealed hinge）：安装后暗藏于家具内部而不外露，使家具表面清晰美观和整洁。其主要有杯状暗铰链、百叶暗铰链、翻板门铰、折叠门铰等，如图 2-48～图 2-50 所示。

③ 门头铰链（pivot hinge）：安装在柜门的上、下两端与柜体的顶、底接合处，使用时也不外露，可保持家具正面的美观。其主要有片状门头铰、弯角片状门头铰、套管门头铰等，如图 2-51 所示。

④ 玻璃门铰链（glass door hinge）：可分为玻璃门暗铰链（安装在柜体旁

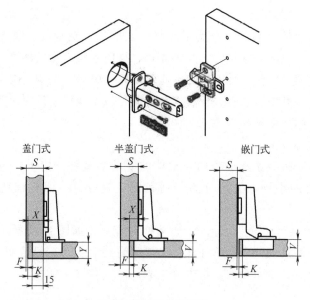

图 2-48　杯状暗铰链

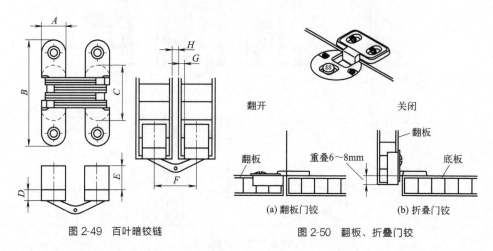

图 2-49　百叶暗铰链　　　　　图 2-50　翻板、折叠门铰

板内侧，玻璃门打孔）、玻璃门头铰链（安装在柜体旁板内侧底部或顶板与底板上，玻璃门不打孔）等两种形式，如图 2-52 和图 2-53 所示。

（2）连接件（connector/fitting）

连接件是拆装式家具上各种部件之间的紧固构件，具有能多次拆装的特点。其按作用和原理的不同，可分为倒刺式、偏心式、螺旋式、钩挂式等。

（3）抽屉导轨（drawer runners/drawer guide）

抽屉导轨主要用于使抽屉（含键盘搁板等）推拉灵活方便，不产生歪斜或倾翻。目前，抽屉导轨的种类很多，常用的可按以下方式分类。

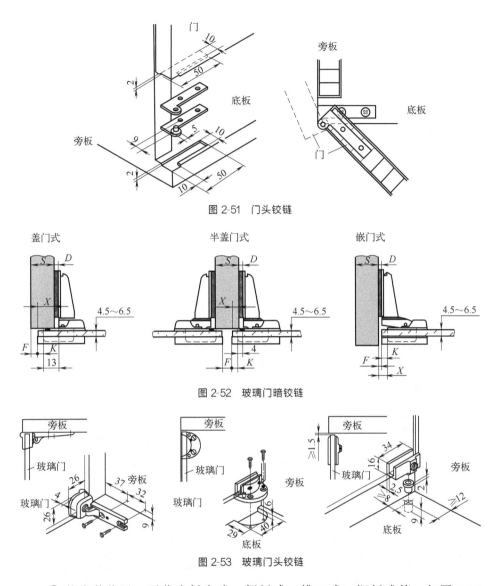

图 2-51　门头铰链

图 2-52　玻璃门暗铰链

图 2-53　玻璃门头铰链

① 按安装位置：可分为托底式、侧板式、槽口式、搁板式等，如图 2-54 所示。

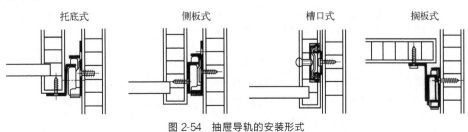

图 2-54　抽屉导轨的安装形式

② 按滑动形式：可分为滚轮式（尼龙或钢制滚轮）、球式、滚珠式、导轨式等，如图 2-55 所示。

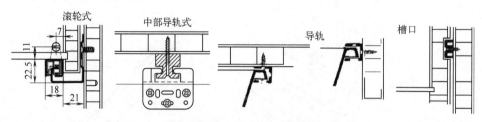

图 2-55 抽屉导轨的滑动形式（滚轮式和导轨式滑动）

③ 按滑轨长度：一般有 12 种以上（在 250～1000mm 内按 50mm 进级），如图 2-56 所示。

④ 按导轨拉伸形式：可分为部分拉出（单节拉伸，每边一轨或两轨配合）和全拉出（两节拉伸，每边三轨配合）。

⑤ 按安装形式：可分为推入式（只要把抽屉放在导轨上，往里推即可完成安装）、插入式（只要把抽屉放在拉出的导轨上，使导轨后端的钩子钩上，栓钉插入抽屉底部孔中即可完成安装）。

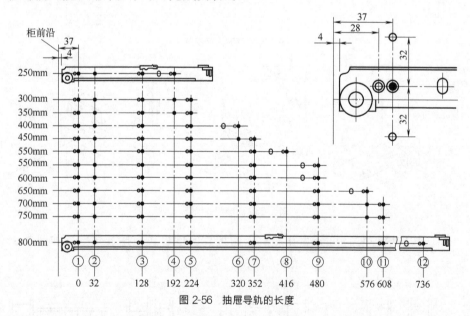

图 2-56 抽屉导轨的长度

⑥ 按抽屉关闭方式：可分为自闭式（自闭功能使得抽屉不受重量影响能安全平缓关闭）、非自闭式（不含自闭功能，需要外力推入才能关闭）。

⑦ 按承载重量：可分为 10、12、15、20、25、30、35、40、45、50、60、100、150、160（单位：kg/对）等。

（4）移门导轨（sliding door guide）

移门导轨及其配件主要用于各种移门（又称趟门）、折叠门等的滑动开启。它一般由滑动槽（running rail）、导向槽（guide rail）、滑动配件（常为滚轮，running roller）和导向配件（常为滚轮或销，guide）等组成。根据移门或折叠门的安装形式，移门导轨可分为嵌门（内置门）式和盖门（前置门）式；根据导轨的结构，移门导轨可分为重压式（下面滑动、上面导向）和悬挂式（上面滑动、下面导向）。导轨（滑动槽、导向槽）的材料有塑料和金属两种，使用时可根据需要来截取长度。移门导轨如图 2-57 所示。

图 2-57　移门导轨

（5）桌面拉伸导轨与转盘（extension table guide and revolving table bearing）

为适应桌台面的拉伸或转动要求，一般需要安装桌面拉伸导轨或桌面转盘等配件，如图 2-58 所示。

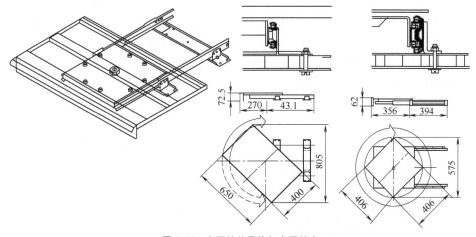

图 2-58　桌面拉伸导轨与桌面转盘

（6）翻门吊撑（flap stay）

吊撑（又称牵筋拉杆）主要用于翻门（或翻板），使翻门绕轴旋转，最后被控制或固定在水平位置，以作搁板或台面等使用，如图 2-59 所示。

（7）拉手（handle）

各种家具的柜门和抽屉，几乎都要配置拉手，除了直接完成启、闭、移、拉等功能要求之外，拉手还具有重要的装饰作用。拉手按材料可分为黄铜、不

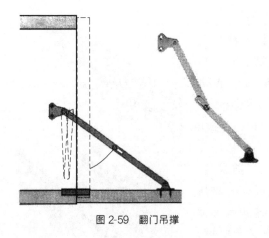

图 2-59　翻门吊撑

锈钢、锌合金、硬木、塑料、塑料镀金、橡胶、玻璃、有机玻璃、陶瓷等；按形式可分为外露（突出）式、嵌入（平面）式和吊挂式等；按造型可分为圆形、方形、菱形、长条形、曲线形及其他组合形等。

（8）锁和插销（lock and latching mechanism）

锁和插销主要用于门和抽屉等部件的固定，使门和抽屉能够关闭和锁住，不至于被随便碰开，保证存放物品的安全。

锁的种类很多，有普通锁、箱搭锁、拉手锁、写字台连锁、玻璃门锁、玻璃移门锁、移门锁等。家具上最常用的是普通锁，它又有抽屉锁和柜门锁之分，锁的接口是柜门与抽屉面上打上的圆孔。柜门锁又分为左开锁和右开锁。

办公家具（尤其是写字台）中的一组抽屉常用整套联锁（又称转杆锁），锁头的安装与普通锁无异，只是有一长的锁杆嵌在旁板上开好的专用槽口内（根据结构不同，锁头的位置又分安装在抽屉正面和侧面两种，如图 2-60 所示），或安装在抽屉的后部（如图 2-60 所示），与每个抽屉上相应的挂钩装置配合使用。

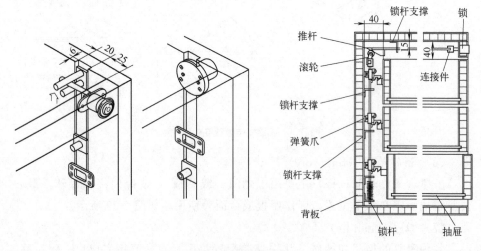

图 2-60　抽屉联锁

插销也有不少种类，常用的有明插销和暗插销等，如图 2-61 所示。

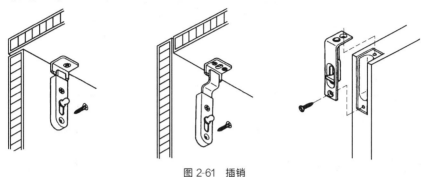

图 2-61 插销

（9）定位装置（catch device）

定位装置又称门吸、碰头，主要用于柜门的定位，使柜门关闭后不至于自开，但又能用手轻轻拉开。其常用的有磁性门吸、磁性弹簧门吸、钢珠弹簧门吸、滚子弹簧门吸、塑料弹簧门吸、弹簧片卡头门吸等，如图 2-62 所示。

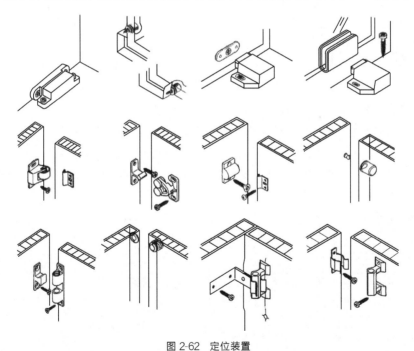

图 2-62 定位装置

（10）搁板撑（shelf supports）

搁板撑主要用于柜类轻型搁板的支承和固定。根据搁板固定形式，搁板撑主要有活动搁板销（套筒销）、固定搁板销（主要有杯形连接件和 T 形连接件等）、搁板销轨等种类，如图 2-63 所示。

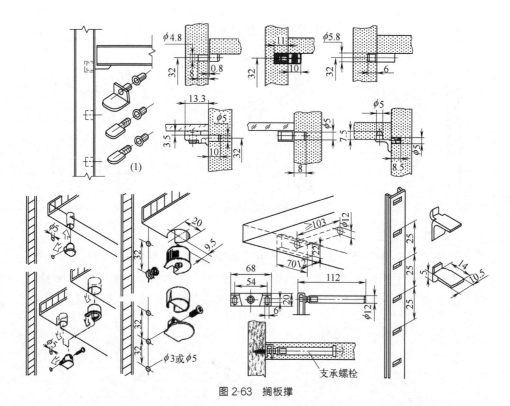

图 2-63　搁板撑

（11）挂衣棍承座（rail supports）

挂衣棍承座主要用于衣柜内挂衣棍（横管）的支承和固定。根据安装位置，支承座有侧向型（固定在衣柜的旁板上）和吊挂型（固定在衣柜顶板或搁板上），如图 2-67 所示；根据挂衣棍固定形式，支承座有固定式（按端面形状可分为圆形管支承、长圆形管支承和方形管支承）和提升架式等种类，如图 2-64 和图 2-65 所示。

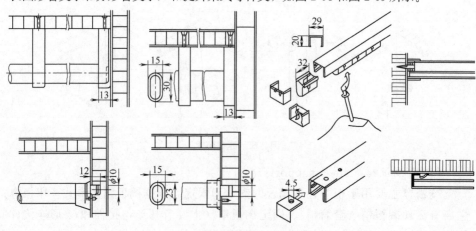

图 2-64　固定式挂衣棍承座

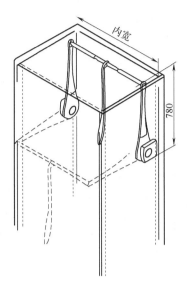

图 2-65　提升架式挂衣棍承座

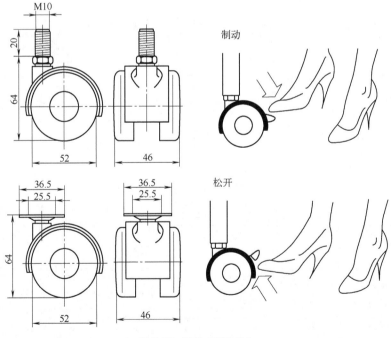

图 2-66　脚轮（万向轮）

（12）脚轮与脚座

脚轮包括滚轮和转脚，两者都装在家具的底部。滚轮可以使家具向各个方向移动；转脚则是使家具向各个方向转动。目前，常将两者结合在一起制成万

99

向轮（图 2-66），使家具（尤其是椅、凳、沙发等）的使用更为方便。脚座包括支脚和脚套（脚垫）。支脚是家具的结构支承构件，用于承受家具的重量，支脚通常含有高度调整装置，用于调整家具的高度与水平（图 2-67）；脚套或脚垫套于或安装于各种家具支脚的底部，减少其与地面的直接接触和磨损，同时还可对家具的外形起装饰作用（图 2-68）。

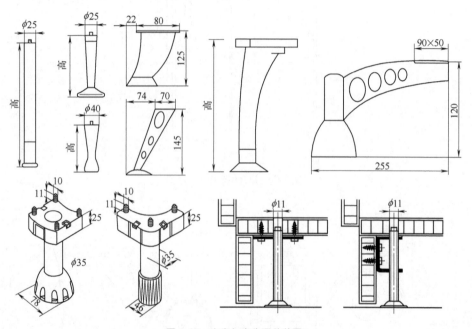

图 2-67　支脚与高度调节装置

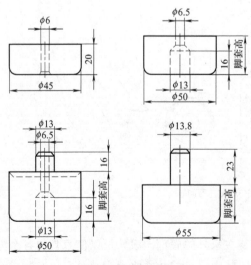

图 2-68　脚套与脚垫

（13）螺钉与圆钉（screws and nails）

螺钉、螺栓、螺柱一般用于五金件与木家具构件之间的拆装式连接。

木螺钉可分为普通木螺钉和空心木螺钉两种。普通木螺钉适用于非拆装零部件的固定连接，按其头部槽形不同，有一字槽和十字槽之分；按其头部形状不同，又有沉头、半沉头、圆头之分。空心木螺钉适用于拆装式零部件的紧固，用这种螺钉，经常拆装不会破坏木材和产生滑牙现象。木螺钉连接，可防止滑动，钉着力比圆钉强，尤其适用于经常受到振动部位的接合。

圆钉在木家具生产中主要起定位和紧固作用。圆钉可用锤子钉入木材内，也可用钳子等工具自木材中拔出，但木材将会受到损害。圆钉常与胶黏剂配合使用而成为不可拆接合。使用钉子的数量不宜过多，只要能达到要求的强度即可，过多地使用钉子或使几个钉子排列于同一木纹内，反而会破坏木材结构，降低接合强度。中高档家具应该少用或不用圆钉。

（14）玻璃与镜子（glass and mirror）

玻璃是柜门、搁板、茶几、餐台等常用的一种配件材料，也用于覆盖在桌台面上，保护桌面不被损坏，并增加装饰效果。玻璃的种类较多，其中主要有以下几种：

平板玻璃：又称净白玻璃，具有透光、透视性，但质地脆、易破碎。

钢化玻璃：平板玻璃经热处理后形成的产品，具有很高的抗弯、抗冲击性能。

压花玻璃：又称花纹或滚花玻璃，分无色、有色、彩色等几种，能使光线产生漫反射，造成透光但不透明（有模糊感），同时还有一定的艺术装饰效果。

碎花玻璃：具有破碎状花纹或夹芯，有装饰效果，能透光但不透明。

磨砂玻璃：以硅砂、金刚砂、石榴石粉等为研磨材料，对普通平板玻璃加水研磨而成，具有透光但不透明（有模糊感）的效果。

镀膜玻璃：在无色透明的平板玻璃上镀上一层金属、金属化合物或有机物薄膜，以降低玻璃的透光率和控制光的入射量，具有良好透光、单向透视、节能控光、多种颜色以及美化装饰等性能。

常用的玻璃厚度主要有 2mm、2.5mm、3mm、4mm、5mm、6mm、8mm、10mm 等规格。

将玻璃经镀银、镀铝等镀膜加工后制成的照面镜子（镜片），具有物像不失真、耐潮湿、耐腐蚀等特点，可作衣柜的穿衣镜、装饰柜的内衬以及家具镜面装饰用。其常用厚度有 3mm、4mm、5mm 等规格。

（15）装饰嵌条

装饰嵌条一般采用铝合金、薄板条、塑料等材料制成，主要用于镜框、家具表面、各种板件周边的镶嵌封边和装饰。

2.2　家具结构设计的表达

根据设计方案，结合家具材料，确定合理的家具结构形式。通常采用家具结构装配图确定产品结构，通过结构分析，确定简洁、实用和合理的家具结构。家具结构设计是衔接家具造型设计和工艺设计的桥梁，也是发现和解决家具造型和生产工艺之间矛盾的最佳途径。

2.2.1　家具结构装配图

家具结构装配图是表达家具内外详细结构的图样，要求在满足设计图中提出的尺寸、形状、结构条件下，考虑材料尺寸、性能，具体设计内部结构，这主要指零件间的接合装配方式、一般零件的选料、零件尺寸的决定等。总之，制造和检验家具所必需的技术条件，家具结构装配图都应具备。之所以称之为结构装配图是因为这种图样不仅仅在装配（成品）车间指导零件部件装配成家具，而且在目前许多工厂内还指导生产的全过程，如零件的配料、机械加工直至表面涂饰等。为了适应这些用途，结构装配图除了表达各零部件之间的装配位置外，还需要把零部件的形状、尺寸都清楚表达出来。图 2-69 所示为大衣柜结构装配图。

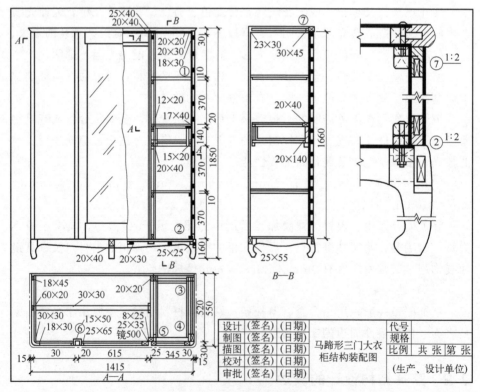

图 2-69　大衣柜结构装配图

结构装配图不仅用来指导已加工完成的零件、部件装配成整体家具，还指导一般零件部件的配料和加工制造，即常取代零件图和部件图，整个生产过程基本上就靠这一种图纸。

结构装配图的主要内容有视图、尺寸、零部件明细表、技术要求，当它还替代设计图时，还应画有透视图。

图 2-70 所示是挂裤架的结构装配图。图中画了基本视图、侧剖视图，为充分显示装配关系和结构，同时画了一个局部详图。可以说局部详图是家具结构装配图的必要图形。为便于看图，画局部详图要注意如下几点：一是比例一般取 1∶2 较多，也可取 1∶1 原值比例；二是各有关的局部详图要有联系地排在一起，以双折线断开即可；三是局部详图与基本视图画在一张图纸上时，局部详图要靠近基本视图被放大的部分。

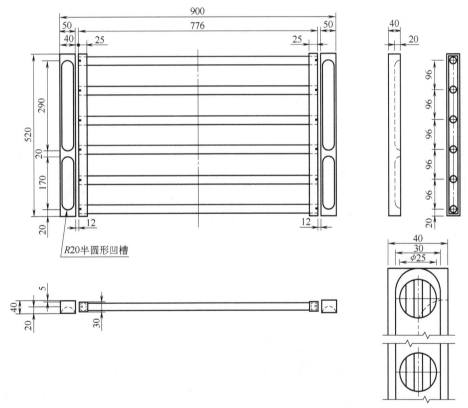

图 2-70　挂裤架结构装配图

结构装配图上的尺寸相对来说比较多。除了总体尺寸（宽、深、高）一定要注出外，凡配料、加工、装配需要的尺寸基本上都应注出，也可以根据已知尺寸推算得出。某些次要尺寸则不全注出，需要时直接在局部详图中量取，当然，这只是极少数情况。这也是局部详图的比例一般都取 1∶2 和 1∶1 的缘故。

（1）视图

家具结构装配图中的视图部分包括一组基本视图、一定数量的结构局部详图和某些零件的局部视图。其中基本视图是反映该家具整体的主要图形，基本视图数量的选择要根据家具内外结构的复杂程度而定，一般都不少于 2～3 个，且常常以剖视图形式出现。其中要注意主视图的选择，它反映了家具的形状、结构特征。图 2-71 中所示的视图部分有椅子的主视图、俯视图和左视图。

由于基本视图是表达家具整体的，基于比例关系在图上缩小较多，因此对于局部的结构就要单独用较大的比例画出，这就是局部详图。画局部详图的目的不仅是要画清楚基本视图由于太小而不清楚的部分，也可以补充基本视图的不足。局部详图（或称节点图）是在基本视图上无法清楚表达某局部装配关系时，将局部放大比例并移出这一点绘制的一种工程制图。如图 2-71 所示，视图部分就有 6 个局部详图，它们详细表达了主要结构，如零部件之间的接合方式、连接件及榫接合的类别与形状以及它们的相对位置和大小、某些装饰性镶边线脚的断面形状，还有基本视图中因太小而画不清楚更无法标注尺寸的局部结构，一般用 1：2 或 1：1 的比例画出。

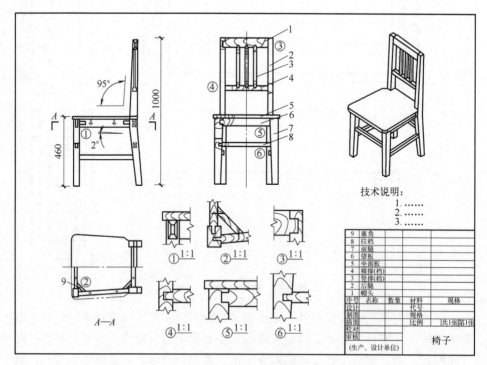

图 2-71　椅子的结构装配图

如图 2-72 所示，图（a）表示的是椅子的俯视图，属于半剖形式，前腿与前望板、侧望板之间的连接方式在图（a）中无法看清，所以采用节点图形式，在图（b）中加以表达，从图（b）中看出，望板与前腿之间采用的是直角榫接合，塞角与望板之间采用的是螺钉连接。

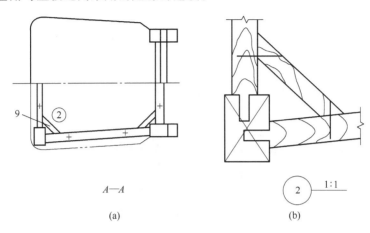

A—A

(a)

2　　1:1

(b)

图 2-72　节点图的识图之一

又如图 2-73 所示，图（a）表示的是衣柜的主视图，各零部件之间的连接方式无法看清，所以采用节点图形式，在图（b）中表达，从图（b）中看到：①表示旁板与顶板之间采用的是偏心连接件连接；②表示中搁板与隔板之间采用的是偏心连接件连接；③表示挂衣杆与旁板的连接；④表示抽屉导轨与旁板的连接及抽屉底板与抽屉旁板的连接。

对于某些对形状、结构有一定要求的零件，如自行设计的拉手、曲线形扶手、柜脚、桌脚、镜框等，就要用较大的比例以局部详图形式画在结构装配图上。同样，一些部件也会以单独视图的形式画出来表达内部结构，如抽屉等。

（2）尺寸

结构装配图是供制造家具用的，因此除了表示图形外还要详细标注尺寸，凡制造家具所需要的尺寸一般都应在图上找到，同时还要注意尽可能避免生产工人按图换算、计算尺寸。对于零件尺寸，一般应详细注出，图中各部分大小应以数据为准，而不是依靠图形的大小长短。标注尺寸包括 3 个方面。

① 总体轮廓尺寸：家具的规格尺寸，指总高、总宽和进深。如柜类家具，总体轮廓尺寸一般指柜体本身的宽度和深度，以及顶板或面板的离地高度，不包括局部因结构或装饰而凸出的尺寸。如图 2-72 所示，大衣柜的高度为 1850mm，宽度为 1415mm，深度为 550mm；图 2-74 所示椅子的总高度为 1000mm，座高为 460mm。

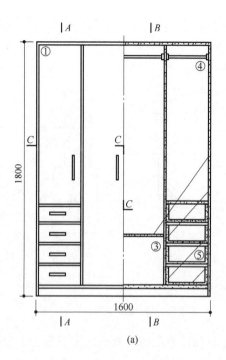

(a)

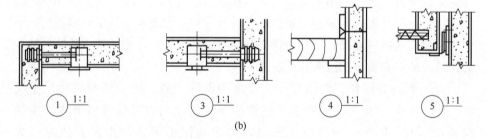

(b)

图 2-73　节点图的识图之二

② 部件尺寸，如抽屉、门等的尺寸。

③ 零件尺寸：方材常首先注出其断面尺寸，可用简化注法一次注出较多尺寸；板材则一般要分开注出其宽度和厚度。

（3）零部件编号和明细表

当工厂组织生产家具时，随着结构装配图等生产用图纸的下达，同时应有一个包括所有零件、部件、附件、耗用的其他材料的清单附上，这就是明细表。目前生产工厂大都有专用表格供填写，明细表的格式和内容由各工厂根据生产实际需要而定，无统一标准。明细表也可直接画在结构装配图中。明细表常见内容有零部件名称、数量、规格、尺寸，如用木材还可注明树种、材种、材积等，此外还有需用的附件、涂料、胶料的规格、数量等，见表 2-23 所列。

注意，明细表中列出的零件、部件规格尺寸均指净料尺寸，即零件加工完成的最后尺寸。

表 2-23　材料明细表

序号	部件名称	部件规格/ （mm×mm×mm）	物料编码	数量	备注
1	侧梆	2410×200×60		2	
2	横梆	1810×200×60		2	
3	床立板 1、2	2040×220×30		2	
4	床立板 3	1980×220×30		1	
5	床中立板	1710×220×30		1	
6	床立板 4	440×220×30		2	
7	屉前后板	1630×140×18		2	
8	屉旁板	960×140×18		4	
9	屉面板	1702×206×18		2	
10	屉底板	1639×938×12		2	
11	ϕ10mm×60mm 木榫			20	
12	台面连接件		0070000917	4	
13	床檩 U 形连接件		007000964	4	
14	ϕ8mm×35mm 木榫			24	

（4）技术条件

技术条件是指达到设计要求的各项质量指标，其内容有的可以在图中标出，有的则只能用文字说明，如家具尺寸精度要求、表面粗糙度要求、涂饰质量要求，以及在加工时需要提出的某些特殊要求。在结构装配图或装配图中，技术条件也常作为验收标准的重要方面。

2.2.2　家具零部件图

（1）家具零部件图概述

零件是不可再分的构件或产品的最小单元。常用的零件有立梃、帽头、竖档、横档、嵌板、脚、腿、望板、屉面板、屉旁板、屉后板、屉底板、塞角和挂衣棍等。

部件是由两个及以上零件组装成的装配件。常用的部件有顶板、旁板、面板、底板、背板、门、脚架、脚盘、抽屉、中隔板和搁板等。

（2）家具零件图

家具零件图是表示不可再分的家具构件的一种工程制图。家具零件图是生产加工中使用的一种图纸，因此家具零件图设计既要准确，又要便于看图下料，进行各道工序的加工。家具零件图是设计者和生产人员交流的语言，也是生产人员工作的主要依据。家具零件图一般情况下是附在工艺卡片上的，因此零件图也是工艺卡片的重要组成部分。

家具零件图的正确与否直接关系到零件的加工质量，因此在绘制零件图时，零件的形状、确定的尺寸、设计基准和零件图视图的摆放位置等都将影响到加工的准确性。复杂零件，根据需要会有一定的技术要求作为补充。

家具中除了部件外就是作为单件出现的零件了。零件可以分为两类：一类是直接构成家具的如腿、脚、望板、挂衣棍等，以及组成部件的如屉面板、屉旁板等；还有一类就是各种连接件，如圆钉、木螺钉和各种专用连接件等。后一类零件一般都是选用市场上有售的标准件，只需按设计要求注明的规格型号、数量、要求等选购即可。

图 2-74 是会议椅的帽头零件图。由于该帽头是由一块实木木材做成，没有其他附件装在上面，所以是零件。从图中可看到，该帽头形状结构并不复杂，主要是榫眼和孔眼，因而必然要有一系列孔眼的定形尺寸与定位尺寸。

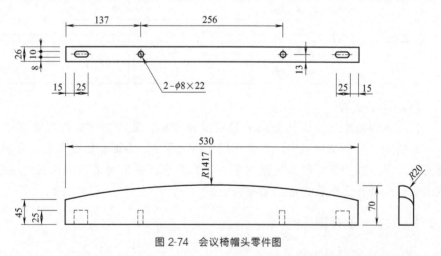

图 2-74　会议椅帽头零件图

图 2-75 是文件柜门板零件图，也有一系列孔眼的定形尺寸与定位尺寸。

当然，凡是对零件成品应该有的技术要求，在零件图上都必须注写清楚。零件图中画的零件即使图形简单、尺寸也不多，也应一个零件一个图框，选择标准图纸幅面，标题栏中应填写的栏目都应写全。避免出现一个图框内同时画几个零件的零件图。

（3）家具部件图

家具中经常见到的如抽屉、各种侧板、脚座等都是部件。有了部件图，组

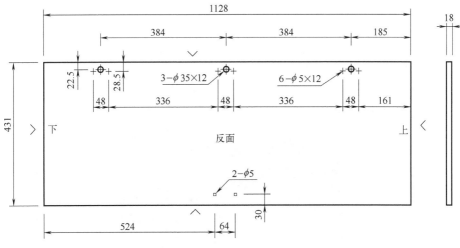

图 2-75　文件柜门板零件图

成该部件的零件一般就不再有零件图。图 2-76 是挂裤架部件图，图 2-77 是弧形柜桶部件图。从两个部件图中可看到，挂裤架由 8 个零件组成，弧形柜桶由 5 个零件组成，为了使部件能与其他有关零件或部件正确顺利地装配成家具，部件上各部分结构不仅要画清楚，更重要的是有关连接装配的尺寸要特别注意不能搞错、不能遗漏。

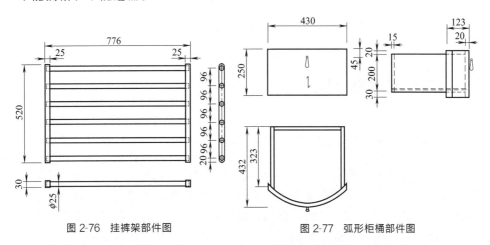

图 2-76　挂裤架部件图　　　　　　　　图 2-77　弧形柜桶部件图

尺寸一般可大致分为两类：一是大小尺寸，例如孔眼的直径、凹槽的宽/深、总体的宽/深/高等，很明显这类尺寸是决定形状的，所以也称定形尺寸；另一类就是定位尺寸，如孔的位置尺寸，包括孔眼距离零件边缘基准的尺寸、孔与孔之间的距离尺寸等。部件图不仅尺寸都要标注齐全，其他有关生产该部件的技术要求也都要在图样上注明。当然一个部件要有单独的一个图框和标题栏。

2.2.3 家具结构爆炸图

爆炸图，就是立体装配图（图 2-78），它是分解说明各构件的。可以说这个具有立体感的分解说明图就是个最为简单的爆炸图，具体点说应是轴测装配示意图。同时国家标准也做了相应规定，要求工业产品的使用说明书中的产品结构优先采用立体图表示。

图 2-78　家具结构爆炸图

2.3 常用家具的功能尺寸

2.3.1 人体生理机能与家具尺寸的关系

家具设计时必须符合人体的生理及身体特性。各种机械、设备、环境设施、家具尺寸、室内活动空间等都必须根据人体数据进行设计，这样才能使工作舒适，提高效率，减少事故，例如，桌、椅、门、过道等的尺寸必须与使用者人体尺寸相适应，否则会影响安全、健康、效率以及生活情趣等。

在确定空间范围时，必须明确使用这个空间的人数，每个人需要多大的活动空间，空间内有哪些家具和设备以及这些家具和设备需要占用多少面积等。首先要准确测定出不同性别的成年人与儿童在立、坐卧时的平均尺寸，还要测定出人们在使用各种家具、设备和从事各种活动时所需空间的面积与高度，一旦确定了空间内的总人数就能定出空间的合理面积与高度。为了使用这些家具，其周围必须留有活动和使用的最小空间。

　　家具产品本身是为人所使用的，所以，家具设计中的尺度、造型、色彩及其布置方式都必须符合人体生理、心理需求及人体各部分的活动规律，以便达到安全、实用、方便、舒适、美观的目的。无论是人体家具还是储存家具都要满足使用要求。属于人体家具的椅，要让人坐着舒适，使用方便；床要让人睡得香甜，安全可靠，减少疲劳感。属于储存家具的柜、橱、架等，要有适合储存各种物品的空间，并且便于人们存取。

　　利用人体测量学可以获得相应的家具尺寸。例如，座椅的高度应参照人体的小腿加足高，座椅的宽度要满足人体臀部的宽度，使人能够自如地调整坐姿，一般以女性臀宽尺寸第 95 百分位数（95％的女性小于等于这个尺寸，只有 5％的女性大于这个尺寸）为设计依据。座椅的深度应能保证臀部得到全部支承，人体坐深尺寸是确定座椅深度的关键尺寸。

　　设计的桌子太高、椅子太矮，会使人使用起来不舒适、不合理。在装修时，橱柜需要多高、写字台需要多高、床需要多长，这些数据都不是能随意确定的，而是通过大量的科学数据分析出来的，具有一定的通用性。

2.3.2　坐具类家具功能尺寸

　　坐具类家具与人体直接接触，起着支承人体的作用，如椅、凳、沙发等。它们的功能尺寸的设计对人们是否坐得舒服、睡得安宁、提高工作效率有直接关系，所以其设计要符合人的生理和心理特点，使骨骼肌肉结构保持合理状态，血液循环和神经组织不过分受压，尽量设法减少和消除产生疲劳的各种条件。

2.3.2.1　坐姿生理和生物力学分析

　　坐姿是人体较自然的姿势，它有许多优点：与立姿相比，坐姿肌肉施力停止，肌肉承受的体重负荷较立姿明显减小，能耗降低，减少下肢肌肉疲劳，故坐姿可以减轻劳动强度，提高作业效率；坐姿时腿部血管的静压力降低，对血液回流至心脏的阻力减少；坐姿更有利于保持身体的稳定，这对于精细作业更合适；坐姿将以足支承全身的状况转变为以臀部为主要支承部位，有利于发挥足的作用。在用脚操作的场合，坐姿更有利于作业。

　　按照座椅的使用目的不同，座椅基本分为三类：为了一定工作要求而设计的工作座椅，用于各类工作场所；专供休息用的休息座椅，如沙发、躺椅等；兼顾多种用途的多功能椅，例如，它可能与桌子配合，可以是工作、休息兼顾。

2.3.2.2　座椅设计的基本原则

座椅根据其用途可以分为休息用椅、工作椅和多用椅等，根据不同的用途应有不同的形式和尺度，但整体设计原则大体相同，概括如下：

① 材料。座椅的材料选择直接关系到座椅的舒适性和耐久性。座椅的座面和背面宜选择柔软舒适、透气性好的材料，如织物和皮革。同时，材料的质量也需要考虑，以确保座椅的使用寿命和安全性。

② 安全性。座椅要保证对人体有足够的支承，保持座面稳定且支承人体体压。支承包括臀部支承、腰背部支承以及其他部位支承（头部支承、肘部支承、膝部支承、足部支承等），对腰背部的支承可采用腰椎下部的腰靠来提供，同时应能方便地变换姿势，防止滑脱。

③ 舒适性。座椅的尺度必须参照人体测量学数据设计，例如，座面高度设计要考虑小腿加足高，还应与桌面相配合，尽量减少身体的不舒适感。座椅需要有舒适的体压分布，体压合理地分布到坐垫和靠背上。为减轻坐姿疲劳，应设计合理的靠背支承点，减少不必要的肌肉活动。座椅靠背设计不能限制脊柱和手臂的活动，否则影响正常的作业。

④ 风格性。座椅的风格设计应符合整体家居风格和个人审美需求。座椅的形状、线条和色彩应与所在空间的风格相协调。同时，座椅的设计也应注重细节处理，如缝线的精致度、装饰物的搭配等，以体现品质和美观性，满足人们的精神需求。

2.3.2.3　椅、凳类家具的功能要求

椅、凳类家具的使用范围非常广泛，但主要是以休息和工作两种用途为主，因此在设计时要根据不同用途进行相应的结构设计。

（1）休息类椅、凳的功能要求

对于休息类椅、凳的设计要根据不同的需要做出相应的调整：在公共场所中使用时，更多的是要考虑短暂休息使用；在家庭中使用时，除了要考虑休息外，更多的是考虑使用的舒适程度。休息类椅、凳的设计重点还要考虑椅、凳的合理结构、造型以及座板的软硬程度。

（2）工作类椅、凳的功能要求

对于工作类椅、凳的设计要根据不同的需要做出相应的调整：短时间工作中使用时，更多的是要考虑椅、凳的造型和软硬舒适程度；长时间工作使用时，除了要考虑座板的软硬舒适程度外，关键是椅类的靠背形状和角度，这样可以使人保持旺盛的工作精力。

人体坐姿主要分为平坐和倚坐两种形态。人的坐卧姿态中，工作姿态，一

般上肢在工作，臀部不能完全与座面靠实，有时还需要脚部的支承，因此不需要过于倾斜的座椅靠背；一般休息姿态，主要是头部活动，全身肌肉处在松弛状态，因此座椅靠背的倾斜角度也比工作姿态要大，有时还要增加扶手形成扶手椅；休息姿态，座椅靠背倾斜角度较大，座部压力平均，脚部比较自由，达到休息的目的；完全休息姿态，座椅靠背倾斜角度更大，全身处于仰卧状态，形成了躺椅。

根据椅、凳类的高度和形式确定不同的工作台、桌子等高度。

2.3.2.4　椅、凳类家具尺寸与人体关系

座高：座板前沿距地面的高度。这个高度决定了椅、凳类家具的舒适程度，确定方法主要是依据人体小腿的长短，一般是与小腿的长度接近或相等为宜。

座深：座板前沿到里部末端的实际长度。这个深度一般是根据大腿的水平长度确定的，一般略小于大腿的水平长度为宜。对于倾斜度较大的躺椅，座深可以增加一些。

座宽：座板前沿的宽度。座宽必须大于臀部的宽度，过宽则两臂不能很好地倚靠扶手，过窄则臀部没有挪动的余地，都会引起疲劳。

靠背高度：椅背上端到椅座之间的斜面距离。其高度的确定一般应小于人体肩胛骨的高度，但是根据不同的使用场合和用途，可以适当地增减高度。

扶手：增加座椅舒适度的辅助支承部件。其高度应该等于人体坐骨结点到自然垂下的肘部下端的垂直距离或相近。扶手过高则双臂不能自然垂下，扶手过低则双臂不能自然落到扶手上，这些都会造成肌肉疲劳。

（1）扶手椅

扶手椅的形式多种多样，根据使用场合的不同，其形式和尺寸差距较大。国标中给出了一般扶手椅的形式和尺寸标准。图 2-79 所示为扶手椅的基本形式，其主要尺寸如表 2-24 所示。

表 2-24　扶手椅尺寸

扶手内宽 B_2	座深 T_1	扶手高 H_2	背长 L_2	座倾角 α	背倾角 β
≥480mm	400～480mm	200～250mm	≥350mm	1°～4°	95°～100°

（2）靠背椅

靠背椅根据其使用功能的不同，其形式和尺寸差距较大。国标中给出了一般扶手椅的形式和尺寸标准。图 2-80 所示为靠背椅的基本形式，其主要尺寸如表 2-25 所示。

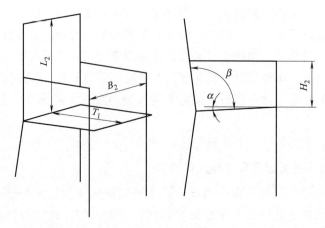

图 2-79 扶手椅

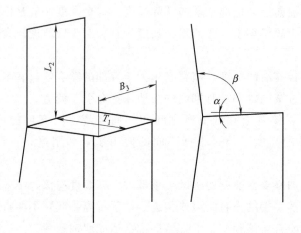

图 2-80 靠背椅

表 2-25 靠背椅尺寸

座面宽 B_3	座深 T_1	背长 L_2	座倾角 α	背倾角 β
≥400mm	340~460mm	≥350mm	1°~4°	95°~100°

（3）折椅

国标中给出了木制折椅的基本形式和尺寸标准。图 2-81 所示为折椅的基本形式，其主要尺寸如表 2-26 所示。

表 2-26 折椅尺寸

座面宽 B_3	座深 T_1	背长 L_2	座倾角 α	背倾角 β
340~420mm	340~440mm	≥350mm	3°~5°	100°~110°

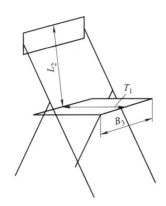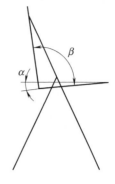

图 2-81　折椅

（4）长方凳

国标中给出了一般长方凳的形式和尺寸标准。图 2-82 所示为长方凳的基本形式，其主要尺寸如表 2-27 所示。

表 2-27　长方凳尺寸

凳面宽 B_1	凳面深 T_1
≥320mm	≥240mm

（5）方凳、圆凳

国标中给出了一般方凳和圆凳的形式和尺寸标准。图 2-83 所示为方凳的基本形式，其主要尺寸如表 2-28 所示。

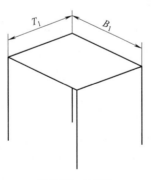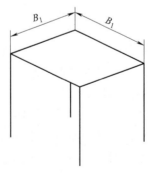

图 2-82　长方凳　　　　　　　　　图 2-83　方凳

表 2-28　方凳、圆凳尺寸

项目	凳面面宽（或凳面直径）B_1（或 D_1）
尺寸	≥300mm

（6）椅、凳类家具的尺寸标注

在家具结构设计中，上述标准中给出的尺寸，应体现在家具结构装配图的基本视图中。对于一般零件的尺寸可以不用标注出具体尺寸，以免图中尺寸过多，造成混乱。对于一些特殊的零件，如曲线形零件，应适当地标注尺寸。对于一些重要的结构装配尺寸在可能的情况下给予标注。

2.3.2.5　椅、凳类家具的基本结构

（1）椅、凳类家具的支架结构

由于椅、凳类家具结构和形式差别较大，现以基本的椅类支架结构为例说明其各个零部件的结构。图 2-84 所示为实木椅子支架的基本构成。

图 2-84　实木椅子支架

① 前腿。椅类家具的前腿一般采用直线形的结构形式，断面通常为方形、圆形等几何形状。有时为了增加美观，前腿也有做成曲线形状的，而且通常是向前面弯曲。凳类家具的前腿或后腿一般采用直线形的结构形式，断面为方形、圆形等几何形状。

② 后腿。椅类家具后腿的上下部分通常是采用向后倾斜的形式，以确保座椅舒服。后腿的曲线形零件通常由以下方法制造：一是采用整块木材（实木拼板、集成材）划线锯成曲线形；二是采用方材加压弯曲制成曲线形；三是采用胶合弯曲制成曲线形。

③ 望板。椅、凳类家具的望板是座面板底部用于连接座面板的零件，一个单件家具中，望板通常由四块组成。在现代家具结构中，椅、凳类家具的望板也有一些变化，如采用两块望板，或者是在家具的前后设置，或者是在家具的左右两侧设置。

④ 塞角。为了确保家具结构的强度，一般将塞角用于望板和望板的连接。塞角可以采用木制塞角，也可以采用金属连接件。采用金属连接件时，通常除了和望板连接外，还要和椅、凳的腿连接。

⑤ 拉档。为了增加椅、凳的强度和稳定性，在腿与腿之间设置拉档，一般前后拉档高，两侧拉档低，拉档的正面尺寸要小于椅、凳的望板，确保美观。

⑥ 脚垫。椅、凳类家具的腿一般不直接和地面接触，常在腿着地的部分安装脚垫，如橡胶垫、塑料垫和防滑垫。

以上六个基本零件构成了椅、凳类家具的支架结构。支架中各个零件的连接一般采用榫接合或连接件接合。常用的榫有直角榫、椭圆榫、圆榫等，塞角与望板的连接一般采用木螺钉连接。

（2）座面的结构

椅、凳类家具的形式不同，座面也不一致，但是通常把座面分为两种形式，一种是薄型座面，另一种是厚型座面。薄型座面采用方材、实木拼板、集成材、厚胶合板、绳面、布面、皮革面以及塑料板等制成。座面边部一般铣成一定的圆弧形，正面也有的进行镂铣加工，铣成一定的凹面形。厚型座面也称软垫，一般采用厚胶合板作为基板，并在上面包覆布面或皮革类面料等，中间充填塑料泡沫等材料。座面一般和支架中的望板连接，通常采用木螺钉从望板的底部向上连接座面。

（3）椅背面的结构

椅背面主要是由帽头（上望板）、横档、竖档等与椅子后腿的上部（或称立梃）组成，各个零件的连接一般采用榫接合。常用的榫接合有直角榫、椭圆榫、圆榫等，在现代家具结构中，椅背的结构多数采用圆榫连接，也有的采用连接件连接以便于拆卸。

（4）椅子家具结构装配图

以普通椅子为例进行整体的家具结构设计，如图 2-85 所示的椅子结构装配图。

2.3.3 床榻类家具功能尺寸

床榻类家具是指供人躺下来休息的家具。其中，日间短时间休息用的称为榻，主要用于晚上睡眠休息的称为床。床的功能与设计响应见图 2-86。

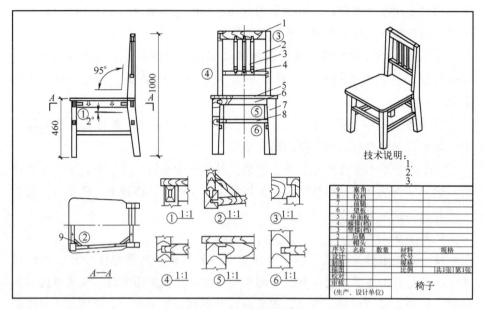

图 2-85　椅子结构装配图

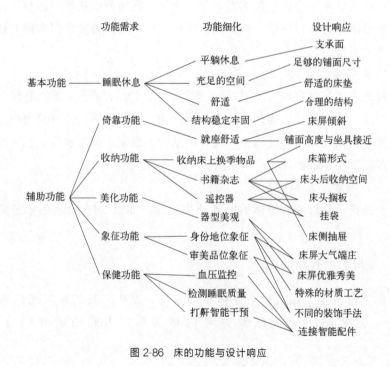

图 2-86　床的功能与设计响应

床榻类家具使人躺下后能尽快舒适入睡，帮助消除疲劳、恢复精力与体力。在此基础上，再考虑其他辅助功能（图 2-87～图 2-90）。

图 2-87　扫地机器人钻入空间

图 2-88　踢脚线空间

图 2-89　电源插座

图 2-90　红外感应灯带

人们偶尔在公园或车站的长凳上躺下休息时，起来会感到浑身不舒服，身上被木板压得生疼，因此床面需要加一层柔软的材料。这是因为正常人在站立时脊椎的形状是 S 形，后背及腰部的曲线也随之起伏，当人躺下后，重心位于腰部附近。从人体骨骼肌肉结构来看，人在仰卧时，腰椎的弓背高从站立时自然状态的 40～60mm 减小为 20～30mm（图 2-91），更接近伸直状态，所以不能把人的仰卧简单看作是站立的横倒，即使仰卧与站立的骨骼、脊椎状态相同，但由于各部分肌肉的受力情况不一样，仍然会使人感到不舒适而睡不着。舒适的仰卧姿势是顺应脊椎的自然形态，使腰部与臀部的压陷略有差异，差距以不大于 30mm 为宜。这样的仰卧姿势，人体受压部位较为合理，有利于睡眠姿势的调整，肌肉也得到放松，减少了翻身次数，有利于解乏，提高睡眠质量。床或床垫的软硬舒适度与体压分布直接有关，因此为了在睡眠时体压得到合理分布，必须精心挑选一款软硬合适的床垫。过软或过硬的床垫都会使人出现不同的不适感觉，进而影响睡眠质量。鉴于床垫的工业化生产，这里就不展开讨论了。

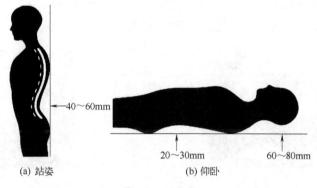

(a) 站姿　　　　　　　　　(b) 仰卧

图 2-91　弓背高

2.3.3.1　高度

　　床的高度包括三个尺寸：床铺高、床身高、床屏高（图 2-92）。床铺高指的是床铺面（床垫表面）与地面的垂直距离，而不是指床体整体高度。床身高指的是床侧高度。

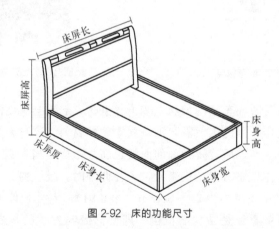

图 2-92　床的功能尺寸

　　（1）床铺高

　　考虑上下床时床面还要兼顾坐具的功能，并综合考虑上下床时穿衣、穿鞋、铺床等一系列动作，床铺高以略高于使用者的膝盖为宜。过高或过低只会给上下床带来不便，过高导致上下不便，过低又容易在睡眠时吸入地面灰尘，增加肺部的工作压力，同时易使人体受到地面潮气的影响。床的适宜高度一般在 480～560mm，实际床身高度要综合考虑配置床垫的厚度与方式，也可以在结构设计时通过床铺板或床体高低的调节或设计来获得合适的床铺高（图 2-93）。

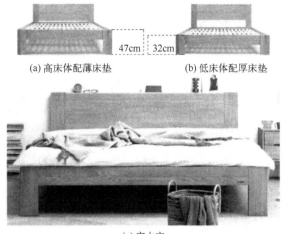

(a) 高床体配薄床垫　　47cm　32cm　　(b) 低床体配厚床垫

(c) 实木床

图 2-93　大板床

（2）床身高

对于床架，若选用常见 180～220mm 厚的床垫，床身高一般采用 280～350mm，床垫平放在床架上或嵌入床架 20～50mm。对于箱体床，床身高一般采用 380～450mm，建议选用厚度在 80～100mm 的薄床垫，床垫平放在床架上或嵌入床架 20～30mm。不管选用哪种规格的床垫，以合理的床铺面高度为第一准则（图 2-94 和图 2-95）。

（3）床屏高

床屏通常兼有床上倚靠作用，所以床屏的高度设计参考椅子靠背。常见床屏高为 850～1200mm。

对于双层床的间隔高，要考虑两层净高必须满足下铺使用者就寝和起床时有足够的工作空间，以及坐在床上能完成有关睡眠前或床上动作的距离，但又不能过高，过高会造成上下床的不便及上层空间的不足，同时由于离地较高可能产生恐惧的心理。

建议双层床下床铺面离地高度不超过 440mm，层间净高不小于 950mm。双层相交叉的床，不但要考虑下层人的动作幅度，还要处理好上层的梯子、扶手、栏板等，安全栏板应超过床铺表面不少于 200mm（图 2-96）。

2.3.3.2　床铺面尺寸

床铺面的尺寸需要先确定选配的床垫尺寸，而弹簧床垫尺寸根据工业化标准，基本形成几种常见规格（表 2-29）。其中最常用的厚度为 200mm 与 220mm，薄床垫厚度为 50～180mm 不等。

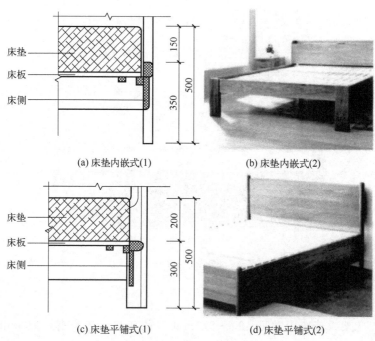

(a) 床垫内嵌式(1)   (b) 床垫内嵌式(2)

(c) 床垫平铺式(1)   (d) 床垫平铺式(2)

图 2-94 床垫铺放方式

(a) 箱体床   (b) 床箱

图 2-95 箱体床

表 2-29 弹簧床垫的常见规格

床垫种类	长度 L/mm	宽度 B/mm	厚度 H/mm
单人床垫	1900/1950/2000/2100	800/900/1000/1100/1200	≥140
双人床垫		1350/1500/1800/2000	200~300(间差 10),常用 200 或 220

当床垫嵌入床内时：床身宽＝床垫宽＋两侧床侧厚度＋间隙（约 20mm）。

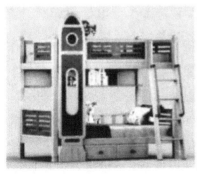

(a)　　　　　　　　　　　　　　(b)

图 2-96　儿童双层床

当床垫平铺在床板上时：床身宽＝床垫宽＋两侧余量之和。在长度方向，为防止床垫的滑动，床垫一般嵌入前后床屏之间。床身长＝床屏厚度＋床垫长度＋床尾厚度与间隙（约 20mm）。

2.3.3.3　床屏的倾斜度

床屏根据倾斜程度可分为直屏与斜屏两种形式。直屏结构工艺相对简单，并节约空间，但缺点是倚靠时不如斜屏舒适（图 2-97）。斜屏制作相对复杂，但倚靠时舒适，床屏建议向后倾斜角度为 7°～10°（图 2-98）。

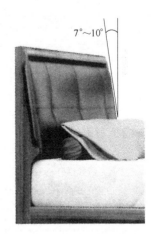

图 2-97　直屏　　　　　　　　　　　图 2-98　斜屏

2.3.4　桌类家具功能尺寸

由于桌类家具与人体活动关系密切，因此桌类家具的功能要求是家具设计中的第一要素，以舒适、方便以及节约空间为最高原则。在满足桌类家具功能要求的前提下，桌和椅、凳之间的关系也必须同时考虑，同时还要考虑桌子与其他家具或室内陈设物品等方面的协调关系。

2.3.4.1　桌类家具的人体要求

桌类家具是与人们日常生活密切相关的一类家具，因此除了满足高效的工作和学习外，重要的还要考虑使用时不产生过度疲劳的高度和容纳下肢活动的桌下空间，同时做到桌面上存放的物品必须可以方便地取用。图 2-99 所示为基本办公桌类家具的人体要求关系尺寸。

桌类家具的种类较多，从造型上分为圆桌、椭圆桌、方桌、长方形桌等；从构成上分为单体式、组合式、折叠式和重合式等。但是常见的桌类以及功能尺寸主要有以下几种。

（1）双柜桌

双柜桌基本形式差距不大，但是功能尺寸差距较大，国标中仅仅给出了一般双柜桌的形式和尺寸标准。图 2-100 所示为双柜桌的基本形式，其主要尺寸如表 2-30 所示。

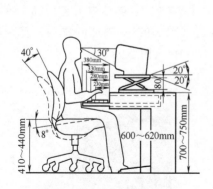

图 2-99　基本办公桌类家具的
人体要求关系尺寸

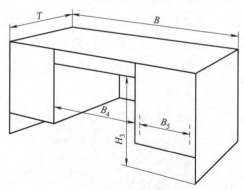

图 2-100　双柜桌

表 2-30　双柜桌尺寸

桌面宽 B	桌面深 T	中间净空高 H_3	中间净空宽 B_4	侧柜抽屉内宽 B_5
1200～2400mm	600～1200mm	≥580mm	≥520mm	≥230mm

（2）单柜桌

单柜桌功能尺寸变化较大，目前微机桌功能以及结构形式与单柜桌基本相似，只有一些尺寸的差别。国标中仅仅给出了一般单柜桌的形式和尺寸标准，如图 2-101 所示的单柜桌的基本形式，其主要尺寸如表 2-31 所示。

表 2-31　单柜桌尺寸

桌面宽 B	桌面深 T	中间净空高 H_3	中间净空宽 B_4	侧柜抽屉内宽 B_5
900～1500mm	500～700mm	≥580mm	≥520mm	≥230mm

（3）单层桌

国标中给出了一般单层桌的形式和尺寸标准，如图 2-102 所示的单层桌的基本形式，其主要尺寸如表 2-32 所示。

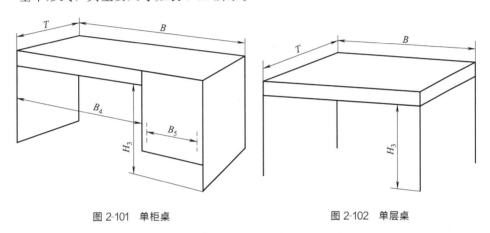

图 2-101　单柜桌　　　　　　　　　　　　图 2-102　单层桌

表 2-32　单层桌尺寸

宽 B	深 T	宽度极差 ΔB	深度极差 ΔT	中间净空高 H_3
900～1200mm	450～600mm	100mm	50mm	≥580mm

（4）梳妆桌

国标中给出了一般梳妆桌的形式和尺寸标准，如图 2-103 所示的梳妆桌的基本形式，其主要尺寸如表 2-33 所示。

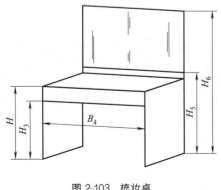

图 2-103　梳妆桌

125

表 2-33 梳妆桌尺寸

桌面高 H	中间净空高 H_3	中间净空宽 B_4	镜子上沿离地面高 H_6	镜子下沿离地面高 H_5
≤740mm	≥580mm	≥500mm	≥1600mm	≤1000mm

（5）餐桌（长方桌）

餐桌的基本形式与前面探讨的单层桌相似，只是桌面的功能尺寸略有变化。国标中给出了一般餐桌的形式和尺寸标准，如图 2-104 所示的餐桌的基本形式，其主要尺寸如表 2-34 所示。

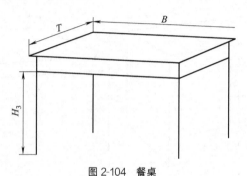

图 2-104 餐桌

表 2-34 餐桌尺寸

宽 B	深 T	宽度极差 ΔB	深度极差 ΔT	中间净空高 H_3
900～1800mm	450～1200mm	50mm	50mm	≥580mm

（6）方桌、圆桌

方桌、圆桌也是目前功能尺寸变化较大的一类家具，国标中给出了一般的方桌、圆桌形式和尺寸标准。如图 2-105 所示的方桌、圆桌的基本形式，其主要尺寸如表 2-35 所示。

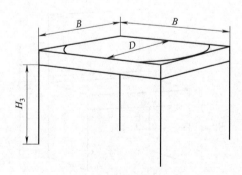

图 2-105 方桌、圆桌

表 2-35　方桌、圆桌尺寸

桌面宽(或直径)B(或 D)/mm	中间净空高 H_3/mm
600、700、750、800、850、900、1000、1200、1350、1500、1800(其中方桌长≤1000)	≥580

2.3.4.2　桌类家具的尺寸标注

在家具结构设计中，上述标准中给出的尺寸应体现在家具结构装配图的基本视图中。对于一般零件的尺寸可以不标注出具体尺寸，以免图中尺寸过多，造成混乱。对于一些特殊的零件，应适当地标注尺寸。对于一些重要的结构装配尺寸在可能的情况下给予标注。

2.3.4.3　桌类家具的基本结构

由于桌类家具种类繁多，结构差距较大，现以单柜桌为例说明其基本结构。单柜桌是由面板、支架、附加柜体和抽屉等组成。

（1）单柜桌面板的作用和结构

单柜桌面板的作用主要是书写、陈放、封闭等作用，因此要求单柜桌面板表面平整，在受力下不产生变形，同时具有耐水、耐热和耐腐蚀等性能。常用的单柜桌面板材料主要以集成材、实木拼板、细木工板、覆面刨花板、覆面纤维板、空心板等构成。桌面的边部处理常常是耐磨、强度高的异形封边或镶嵌实木条等形式。

（2）单柜桌支架结构

单柜桌支架的主要作用是支承、稳定和确保家具强度。常用的支架结构主要有框架和板架两种。框架式结构主要是由支承腿、望板、拉档等组成。板架式结构是由桌类旁板直接支承桌面的一种形式。桌面和支架的连接方式根据采用的基材不同而有所不同，但是目前主要以各种连接件接合为主。

（3）附加柜体

附加柜体主要指抽屉、柜门或其他结构。在附加柜体中，抽屉的结构是相对比较复杂的结构，现以抽屉为例介绍其基本结构。

抽屉的作用主要是储存和装饰。对于抽屉，要求必须坚固耐用、推拉自如、拉至最大时不至于掉下和倾倒。抽屉在附加柜体的接合中分为内藏式（内嵌式）、半遮式（半搭式）和全遮式（全搭式）三种形式。

抽屉的基本结构主要是由屉面板、屉旁板、屉背板和屉底板等构成。屉面板的厚度一般是屉旁板、屉背板厚度的 1.5 倍；屉旁板、屉背板的厚度一般是 12～14mm，装饰性要求的厚度是 8～10mm，承重性要求的厚度大于或等于 15mm；屉底板厚度一般为 3～8mm，屉底板过大时要采用木条等其他材料作为辅助加强筋，加强筋宽度一般为 60mm 左右。

现代家具抽屉结构中，屉面板、屉旁板和屉背板的连接主要采用连接件连接和圆榫定位，屉底板一般采用落槽式连接。抽屉的推拉主要是采用直接推拉、木制导轨或金属导轨推拉形式。图 2-106 所示为抽屉常用的结构和连接形式。

燕尾榫结构抽屉

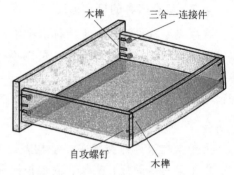

三合一连接件+木榫+自攻螺钉

图 2-106　抽屉结构和连接形式

2.3.5　收纳类家具功能尺寸

2.3.5.1　柜类家具的功能要求

柜类家具主要是用于储藏和存放物品。由于储藏和存放物品的种类繁多，根据需要柜类家具主要分为封闭式、开放式和综合式三种形式，同时人们根据不同用途又将柜类的功能分为多种，如：衣柜、屉柜、杂用柜、餐具柜、床头柜、陈列柜、书柜、壁柜和文件柜等。因此对于不同功能的柜类家具，设计就必须适应其功能需要。

2.3.5.2　柜类家具的人体要求

虽然柜类家具不与人体发生直接关系，但是必须在人体活动范围内制定尺寸标准，即以手所能达到的最大限度来考虑柜类各部分尺寸。除非特殊要求采用爬梯取用外，一般柜类高度不应高于 2100mm，以 1800mm 较为方便。柜类家具的宽度一般也不宜过宽，通常取小于 1800mm 为宜。柜类家具的深度一般应采用小于 600mm 较为方便，但是针对不同的储藏和存放物品，柜类家具设计首先应满足使用功能的要求。

2.3.5.3　柜类家具的基本类型及尺寸

常用的柜类家具主要有衣柜、床头柜、书柜和文件柜。柜类家具中底板距地面的尺寸应根据脚部的形式而定，如果脚部采用亮脚，其家具的底板距地面的净高（H_3）不小于 100mm；如果采用底脚（包脚），即使采用带有底望板的结构，家具的底板距地面的净高（H_3）也不小于 50mm。

（1）衣柜

衣柜是主要储存各类衣物等物品的家具，因此这类家具对空间的大小、储存深度、储存高度等要求较高，虽然衣柜的种类较多，如双门衣柜、三门衣柜和四门衣柜等，但是一些尺寸必须符合国标规定。如图 2-107 所示的基本衣柜形式，其主要空间尺寸如表 2-36 所示。

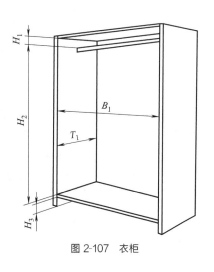

图 2-107　衣柜

表 2-36　衣柜尺寸

柜体空间深		挂衣棍上沿至顶板内表面间距离 H_1	挂衣棍上沿至底板内表面间距离 H_2	
挂衣空间深（T_1）或宽（B_1）	折叠衣物放置空间深 T_1		适合挂长外衣	适合挂短外衣
≥530mm	≥450mm	≥40mm	≥1400mm	≥900mm

（2）床头柜

床头柜是柜类家具中比较简单的一种家具。在现代家具设计中，其造型变化较大，因此带来的形状、尺寸等差距较大，国标中给出了一般床头柜的形式和尺寸标准。如图 2-108 所示床头柜的基本形式，其主要尺寸如表 2-37 所示。

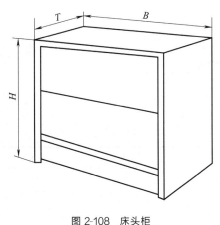

图 2-108　床头柜

表 2-37　床头柜尺寸

宽 B	深 T	高 H
400～600mm	300～450mm	500～700mm

（3）书柜

书柜是主要用来存放书籍的一类家具，因此书柜的空间尺寸要根据各类书籍的尺寸确定，同时还要便于取放书籍。国标中给出了一般书柜的形式和尺寸标准。如图 2-109 所示书柜的基本形式，其主要尺寸如表 2-38 所示。

表 2-38　书柜尺寸

项目	宽 B/mm	深 T/mm	高 H/mm	层间净高 H_5/mm
尺寸	600～800	300～400	1200～2200	①≥330 ②≥310
尺寸极差 ΔS	50	20	第一极差200 第二极差50	—

（4）文件柜

文件柜是主要用来储存各类文件的家具，由于文件类型较多，因此这类家具对空间的大小和尺寸的要求变化范围较大，但是一些基本尺寸必须符合国标规定。如图 2-110 所示的文件柜的基本形式，其主要空间尺寸如表 2-39 所示。

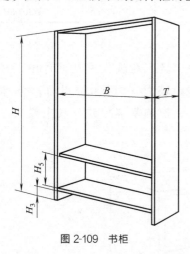

图 2-109　书柜

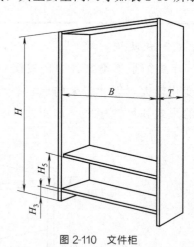

图 2-110　文件柜

表 2-39　文件柜尺寸

项目	宽 B/mm	深 T/mm	高 H/mm	层间净高 H_5/mm
尺寸	450～1050	400～450	①370～400 ②700～1200 ③1800～2200	≥330
尺寸极差 ΔS	50	10	—	—

在柜类家具的结构设计中，上述标准中给出的尺寸，应体现在家具结构装配图的基本视图中。对于一些重要的结构装配尺寸在可能的情况下给予标注。

2.3.5.4　柜类家具中柜体的结构

柜类家具的柜体是由顶（面）板、底板、旁板、背板、搁板和中隔板构成，现以板式拆装的衣柜为例说明其结构形式。

（1）顶板及旁板的结构形式

如图 2-111 所示，顶板与旁板的结构形式主要有两种：一种是顶板置于旁板之间，这种结构形式要求顶板的加工尺寸精确，否则装配的家具部件不能形成矩形；另一种是顶板置于旁板之上，这种结构形式一般要求顶板悬挂在旁板之上，这样便于在顶板的边部装饰各种线型，家具部件形成矩形是靠顶板与旁板的圆榫和连接件来确定的。

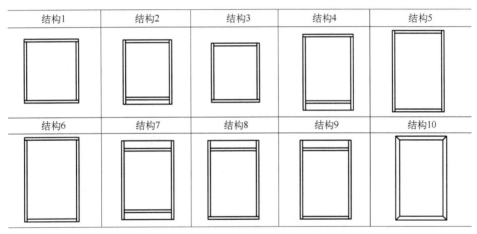

图 2-111　顶板与旁板的结构

（2）顶板（底板）与旁板的连接

板式拆装的柜类家具中，顶板（底板）与旁板的连接一般采用圆榫定位、连接件连接。常用的连接件种类及特点见表 2-40 所示。

表 2-40　顶板与旁板的连接件　　　　　　　　　　　　单位：mm

示意图	名称	连接特点及说明				连接示意图
	快装螺杆	无须工具,快捷安装,只需要用手压入侧板孔中即可				
		A	B	M	ϕ	
		24	10.5	8	8	
		24	10.5	10	8	
		34	10.5	8	8	
		34	10.5	10	8	

示意图	名称	连接特点及说明	连接示意图
	拧入式带直接固定螺纹螺杆	带自攻螺纹，可以直接拧在侧板孔中 | A	B	M	φ | |---|---|---|---| | 24 | 11 | ST6 | 7 | | 34 | 11 | ST6 | 7 |	
	拧入式带螺纹螺杆	带普通螺纹，侧板中需要安装预埋螺母配合 | A	B	M	φ | |---|---|---|---| | 24 | 8 | M6 | 87 | | 24 | 8 | M4 | 7 | | 34 | 8 | M6 | 7 | | 34 | 8 | M4 | 7 |	
	双头螺杆	用于中隔板，连接两块层板 | A	L	φ | |---|---|---| | 24 | 64 | 8 | | 34 | 67 | 8 | | 24 | 84 | 8 | | 34 | 87 | 8 |	
	双头角度连接杆	可用在切角结构的两块板上，角度范围90°～180° 	A	φ	 |---|---| | 24 | 7 | | 40 | 7 |	
	角度连接杆	用于T形的角度连接 | A	B	M	φ | |---|---|---|---| | 40 | 7 | M6 | 8 |	

（3）背板的结构形式

柜类家具的背板主要用于封闭柜体，增加柜体的强度以确保柜体不变形。背板一般采用胶合板（厚度为 4～8mm）、纤维板（厚度为 3.5～6mm）和刨花板（厚度为 6～10mm）等薄型材料。背板的宽度不宜过大，过大会降低背板的强度，同时也不利于零部件的包装。一般来说，当背板宽度大于 500mm 时，采用两张背板连接的形式，其连接的方式有背板连接件或加一木质竖档，木质竖档的截面尺寸一般为 45mm×20mm。背板的连接主要有以下几种形式。

① 背板连接件。背板连接件的主要形式有背板扣件、背板拼接嵌条和带倒刺背板嵌条（单双口）等，其结构如图 2-112 所示。

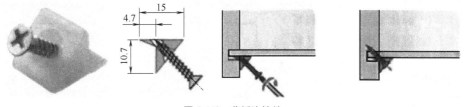

图 2-112　背板连接件

② 裁口接合。裁口接合是一种比较简单的背板连接形式，是在面板（顶板）、旁板和底板上裁口后，将背板镶嵌在裁口中，采用木螺钉固定。裁口接合的形式如图 2-113 所示。

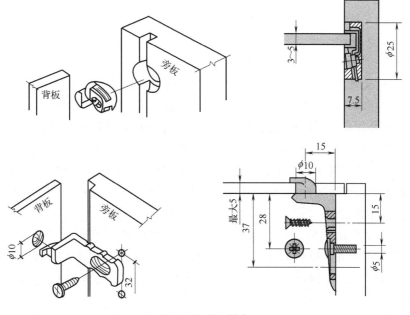

图 2-113　裁口接合

③ 辅助木条。辅助木条安装背板是一种比较传统的结构形式。

④ 落槽式接合。落槽式接合也是一种比较简单的连接形式，是在面板（顶板）、旁板和底板上开出槽后，将背板插入槽中，其结构形式如表 2-41 所示。

表 2-41　背板（嵌板）连接形式

结构名称	结构形式	说　　明
裁口嵌板结构		在木框内侧开出搭口，用木螺钉或圆钉通过成型木条固定嵌板，使嵌板跟木框紧密接合
槽榫嵌板结构		在木框立边与帽头的内侧开出沟槽，在装配框架的同时将嵌板放入，一次性装配好。装配时需预留背板在槽中的伸缩缝，以免背板膨胀时变形，破坏柜体的结构
双裁口嵌板结构		在木框内侧和嵌板内侧分别开出搭口，用木螺钉或圆钉将嵌板和木框固定，适用于较厚的背板

（4）搁板和中隔板的结构形式

① 搁板的结构。搁板是分隔柜体空间的水平板件，主要用于摆放物品，常常采用实木拼板、覆面人造板及玻璃等。搁板是与柜体的旁板接合的，其连接形式分为固定式和活动式两种。固定式结构一般采用各种偏心连接件连接、圆榫定位，在一些传统家具结构中，在旁板上采用木条接合，然后用于放置搁板；活动式结构采用搁板销、金属套筒、塑料销钉及玻璃搁板架等配件连接，通过调整搁板销等配件的上下位置改变搁板之间的高度，便于随时将搁板设置在不同高度的位置。

② 中隔板的结构。中隔板是用于分隔柜体空间的垂直板件，在一定的情况下，可以增加柜体的强度和稳定性。中隔板一般是与家具的顶（面）板和底板接合，在现代家具结构中一般采用各种偏心连接件连接、圆榫定位。

2.3.5.5　柜门的类型及结构

（1）柜门的类型

柜门的类型按结构分为：

① 实木门：家具的柜门采用各种类型的实木拼板、集成材等材料制成，表面或边部镂铣成各类线型；

② 嵌板门：家具的柜门采用实木框架，内嵌门芯板构成，门芯板使用的材料主要有实木拼板、集成材、胶合板、覆面的中密度纤维板和刨花板等；

③ 平板门：采用各种覆面人造板，真空模压的人造板以及进行表面涂饰、印刷的人造板等制成的一类家具的柜门；

④ 卷门：采用长度相等、宽度相等的窄木条，通过穿绳或粘贴麻丝布将窄木条连接在一起而构成的家具门；

⑤ 玻璃门：采用平板玻璃等材料加工成的柜门。

按功能分为：

① 开门：沿着垂直轴线启闭的门；

② 移门：横向移动的门；

③ 卷门：能沿着弧形轨道置于柜体的帘状移门；

④ 翻门：沿着水平轴线启闭的门。

（2）对开门的结构与装配

① 对开门的类型。对开门在安装后，门边与旁板的搭接形式主要分为全遮式（全盖式）、半遮式（半盖式）和内掩式（内嵌式）三种形式。在家具制品中，半遮式的接合形式比较常见。图 2-114 所示为门边与旁板的搭接形式。

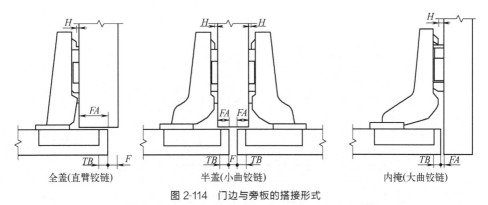

全盖(直臂铰链)　　半盖(小曲铰链)　　内掩(大曲铰链)

图 2-114　门边与旁板的搭接形式

② 对开门的接缝。对开门关闭时，两门之间缝隙处一般要安装门掩线，以遮盖柜内的物品，增加美观。门掩线可以采用专用门掩线配件、胶合板条以及装成型的门边等方法，如表 2-42 所示的对开门接缝形式。

③ 对开门的装配。对开门的装配是将门与旁板或门与底板和顶板采用铰链连接在一起的接合方法，适合用于对开门的铰链主要有普通铰链、暗铰链、门头铰链和玻璃门铰链等。门铰链的安装数量如表 2-43 所示。

表 2-42　对开门接缝形式

类型	间隙位置	缝隙(F)/mm
内掩门	左右间隙	2
	上下间隙	2
半盖门	左右间隙	2
	共用侧板,背开	2
	上下间隙	2
	左右两侧盖板间隙	盖侧板厚度一半
全盖门	左右间隙	2
	上下间隙	2
	左右两侧门覆盖距离	板厚－2(18mm 板)
		18(25mm 板)

表 2-43　门铰链安装数量

铰链数量	示意图	孔位说明
2个		$L=300\sim800\text{mm}$ $a=100\text{mm}$ $b=L-2a$
3个		$L=800\sim1500\text{mm}$ $a=100\text{mm}$ $b=(L-2a)/2$
4个		$L=1500\sim2100\text{mm}$ $a=100\text{mm}$ $c=L-2a-2b$ $b=32$ 的偶数倍
5个		$L=2100\text{mm}$ 以上 $a=100\text{mm}$ $c=(L-2a-2b)/2$ $b=32$ 的偶数倍

门高度 H/mm	铰链数量/个	门高度 H/mm	铰链数量/个
$H \leqslant 900$	2	$1600 \leqslant H \leqslant 2000$	4
$900 \leqslant H \leqslant 1600$	3	$2000 \leqslant H \leqslant 2400$	5

（3）移门的结构及装配

移门是横向（左右）移动的门，采用移门不占用空间，但是在开启时只能将左右移门打开一半。移门可以设置两扇、三扇或多扇，但是都不可能同时打开所有的门。移门一般采用玻璃或木质材料制作。移门的导轨可以采用木质槽、金属槽和滚轮等，用于移门的开启和关闭。移门的装配是通过安装在家具顶（面）板和底板上的滑道实现的，其移门滑道的形式如图 2-115 所示。

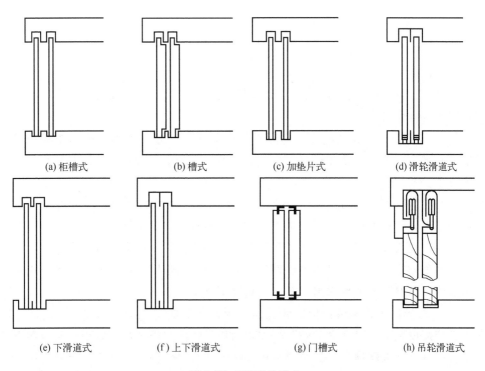

(a) 柜槽式　　(b) 槽式　　(c) 加垫片式　　(d) 滑轮滑道式

(e) 下滑道式　　(f) 上下滑道式　　(g) 门槽式　　(h) 吊轮滑道式

图 2-115　移门导轨形式

（4）翻门的结构及装配

翻门是绕水平轴线开启的门，常用木质材料制作，常常与家具的面板、固定式搁板连接，主要采用普通铰链、门头铰链、专用翻门铰链或筋牵连接。

（5）卷门的结构及装配

卷门是能沿着弧形轨道置于柜体的帘状移门。卷门风格别致，但制造较费工，宜用于高级家具，尤其适合构成柱面门扇。图 2-116 所示为卷门开启形式。

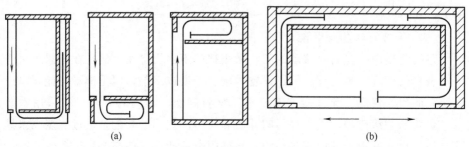

（a）　　　　　　　　　　　　　　（b）

图 2-116　卷门开启形式

2.3.5.6　脚架的结构与安装

（1）脚架的结构

各种柜体（包括桌子）的下部均有底脚支承。柜体底脚一般分为三种形式：亮脚、包脚和旁板落地式柜脚。脚架的结构主要有暗榫接合、直角榫接合和框架接合形式。

① 亮脚：由四条腿构成，脚间常加望板连接，通常先将四腿加望板构成单独的脚架，然后与柜体连接。亮脚的脚型有直脚型、弯脚型、图案脚型和变体脚型。

② 包脚：需先构成脚架，然后与柜体连接。包脚的宽深尺寸需与柜体的宽深不同，可略大或略小，以构成层次感。包脚结构有圆榫接合、小夹角钉接合和闭口直角多榫接合。包脚的两个前角需用箱框斜角接合，以保证美观，包脚的后角如果不外露，可用箱框直角接合，以提高强度。包脚的四内角可用塞角加固，一般底架上要挖出凹槽，其高度不能小于 5mm。

③ 旁板落地式柜脚：柜体旁板向下延伸而形成的柜脚。两"脚"之间加望板连接或装饰，可在靠"脚"处加塞角提高强度与美观性。望板、塞角都需略为凹进，旁板落地处需加垫或底边中部上凹，以便稳放于地面。望板宽度一般为 50～100mm。

（2）脚架的安装

除了旁板落地式柜脚的安装外，其他类型的脚架安装通常是与柜体的底板相连构成底盘，然后再通过底板与旁板连接构成脚架的整体。脚架与底板间通常采用螺钉连接，螺钉由望板处向上拧入，拧入方式因结构与望板尺寸而异，如图 2-117 所示。望板宽度超过 50mm 时，由望板内侧打沉头斜孔，供螺钉拧入固定；望板宽度小于 50mm 时，由望板下面向上打沉头直孔，供螺钉拧入固定。脚架上方有线条时，先用螺钉将线条固定于望板上，然后由线条向上拧螺钉将脚架固定于底板上。

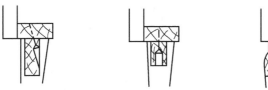

图 2-117　脚架与柜体的固定形式

2.3.5.7　柜类家具结构装配图

以普通衣柜为例进行整体柜类家具结构设计，如图 2-118 所示的衣柜结构装配图。

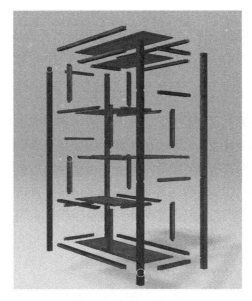

图 2-118　衣柜结构装配图

第 3 章

家具的接合方式

————

3.1 家具基本结构

木家具主要有框式结构和板式结构两种。目前市场上的木家具，虽然有采用纯板式结构或纯框式结构的，但更多的则是将两种结构结合起来。

3.1.1 板式结构

板式结构是随着家具制造工业化而产生的一种新型结构形式，是以各种人造板为基材，经过机械加工而制成板式部件，再以专门的连接件将板式部件通过榫卯、五金件等方式接合装配的结构形式。板件既是承重构件又起分隔及封闭空间的作用。特别注意，传统意义认为板式结构家具的材料一定是纤维板、刨花板、胶合板、细木工板、层积材等人造板。其实不然，现代很多实木家具都开始板式化生产，采用五金件接合以获得更快的加工速度。因此板式结构是木结构家具的发展方向，也是目前最为常用的家具结构形式，具有以下几个特点。

（1）资源利用率高

生产板式结构家具的主要原材料为各种木质人造板（常用的有胶合板、纤维板、刨花板、细木工板等），而这些人造板都是木材资源综合利用的产物。这样家具生产就可以大量减少实木材的消耗，节约森林资源。

（2）材性稳定、便于应用

人造板是一类经工业化专门生产的大幅面木质板材，它克服了实木材的诸多天然缺陷，如各向异性、不均匀性、节疤、腐朽、虫害等；另外，由于其幅面大、板面平整光洁，给家具设计与生产带来了许多便利。

（3）生产工艺简单，便于实现机械化

由于板式结构家具是以平整的大幅面人造板为基材制成的，因此其生产工艺简单，便于实现机械化、自动化和标准化生产，这样可大大缩短生产周期，降低劳动强度和劳动消耗，提高生产效率。

（4）易于实现木家具拆装化

板式结构是由板式部件经专门的连接件接合而成的，而绝大多数连接件都可以进行多次拆装，这给家具的储存、运输、异地销售都带来了极大的便利。

3.1.1.1　板式构件

板式构件有实心板件和空心板件两大类，常用的是实心板件。

（1）实心板件

实心板件有实木拼板、人造板板件等，目前常用的为后一种。人造板板件是使用各种较厚的人造板直接加工成一定规格，经饰面处理后制造而成的。这类板件易于加工，便于机械化生产，很适合板式结构，但重量较重。常用于制造板件的人造板品种及规格有：15mm、18mm 厚中密度纤维板，16mm 厚刨花板，16mm、18mm 厚细木工板，以及三聚氰胺浸渍纸饰面刨花板（中密度纤维板）等。其饰面处理的方法主要有涂料饰面、薄木饰面、装饰纸饰面、防火板饰面、塑料薄膜饰面等。

（2）空心板件

空心板内部为框架结构，框架中间可为空心结构也可填充各种材料，两面包镶薄板材。这类板件重量轻、形状稳定，但加工工艺较复杂。其常见结构如图 3-1 所示。

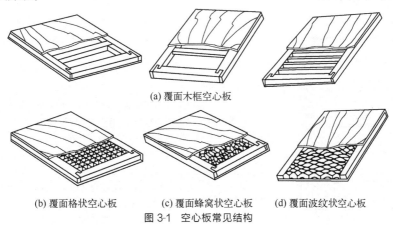

(a) 覆面木框空心板

(b) 覆面格状空心板　　(c) 覆面蜂窝状空心板　　(d) 覆面波纹状空心板

图 3-1　空心板常见结构

3.1.1.2　板式家具的封边结构

板件侧面封边处理是防止边缘剥落并美化外观的重要措施，特别是刨花板等人造板更应做封边处理，以掩盖内芯料。封边处理一般用于门板、面板、旁板、顶板、底板及抽屉面板等。封边多用薄木、薄板，也有用塑料和金属作为封边材料的。封边处理是现代板式家具不可缺少的工序，过去的手工操作将逐渐被高效的封边机所替代。表 3-1 为常见的封边结构形式。

表 3-1 常见的封边结构形式

简图	名称	说明
	薄木封边	用于柜类面板、旁板、门板,抽屉面板等的侧面直线和曲线封边。可手工操作,也可用封边机操作
	塑料木纹薄膜封边	封边性能与薄木封边相似,其优点是可用封边机连续操作
	薄板平封边	用于面板、旁板等部件的封边
	薄板斜角封边	用于高级家具的门板、面板等的直线封边
	夹角薄板封边	用于高级家具的门板、面板等的直线与曲线封边。加工要求较高
	薄板斜线封边	用于面板、旁板等的直线封边
	三角条封边	此封边法由于胶着面较大,因此强度高,但工艺复杂,用于面板、旁板等的直线封边
	企口槽封边	用于面板、旁板的直线封边。宽封边条主要是铣切条,有各种线形。此封边法,有榫槽接合结构,因此强度较高
	槽条接合封边	用薄板条或胶合板条作串槽条,用胶料拼合,用于旁板、面板的直线拼接
	圆榫销封边	用圆榫销封边,用于旁板、面板的直线拼接

续表

简图	名称	说明
	镶角封边	用于镜框封边
	塑料和铝封边条封边	用于底板、顶板、旁板、面板、门板等的直线或曲线封边
	铝合金封边条封边	用于门、玻璃镜子框封边

3.1.1.3　板式家具的贴面形式

在贴面的部分，可选择的材料有很多种。板式家具常见的饰面材料有薄木（俗称贴木皮）、三聚氰胺饰面、木纹纸（俗称贴纸）、聚酯漆面（俗称烤漆）等。后两种饰面通常用于中低档家具，而天然木皮饰面用于高档产品。

贴纸家具：易磨损、怕水，不堪碰撞，但价格低廉，属于大众化产品。比较而言，贴纸家具木纹显得比较假、无色差、无节疤，手感光滑平整、无纹路感，在边角处容易露出破绽。另外，木纹纸因厚度很小（0.08mm），在两个平面交界处会直接包过去，造成两个界面的木纹是相接的（通常都是纵切面）。

三聚氰胺饰面：将装饰纸表面印刷花纹后，放入三聚氰胺树脂中浸渍，制作成三聚氰胺饰面纸，再经高温热压在板材基材上。其表面纹理真实感强，耐磨、耐划，防水性较好，宜于生产，主要用于板式家具的制造。市场上常见的还有进口的三聚氰胺板，如奥地利爱家板、德国菲德莱板等，其表面经过了特殊处理，与普通三聚氰胺板相比，更适合厨房环境使用。

防火板贴面：耐磨且不怕烫，有木纹、素面、石纹或其他花饰，多用于板式家具等。它一般是由表层纸、色纸、基纸（多层牛皮纸）三层构成的。表层纸与色纸经过三聚氰胺树脂成分浸染，使防火板具有耐磨、耐划等物理性能。多层牛皮纸使防火板具有良好的抗冲击性、柔韧性。防火板的厚度一般为0.8mm、1mm 和1.2mm。防火板的耐磨、耐划等性能要好于三聚氰胺板，而三聚氰胺板价格上低于防火板。

实木皮饰面：将实木皮经高温热压贴于中密度纤维板、刨花板、多层实木板等基板上，成为实木贴皮饰面板。因为木皮有进口和国产之分、名贵木材与普通木材之分，可选择范围较大，所以实木皮的材质种类及厚度决定了实木贴皮饰面板档次的高低。目前标准贴面木皮厚度是 0.6mm。木皮家具有自然的节疤，有色差及纹路变化，用手触摸有木纹感，在制作时遇到两个相邻交界面时，通常不转弯，而是各贴一块，因此两个交界面的木纹通常不会衔接。常见木皮有樱桃木、枫木、白桦、红桦、水曲柳、白橡、红橡、柚木、黄花梨、红花梨、胡桃木、白影木、红影木、紫檀、黑檀等几种。

实木贴皮板表面须做油漆处理，因贴皮与油漆工艺不同，同一种木皮易做出不同的效果，所以实木贴皮对贴皮及油漆工艺要求较高。实木贴皮板因其手感真实、自然，档次较高，是目前国内外高档家具采用的主要饰面方式，但材料及制造成本相对较高。

目前国内又流行一种科技木皮，以其纹理真实自然、花纹繁多、没有色差、幅面尺寸较大的特性而受消费者青睐。科技木皮指的是再生木皮，是天然木材的"升级版"。其选用的原材料为原木，经过一系列的设计、染色、再构造、除虫处理、高温高压处理之后成为科技木皮。

板式家具受欢迎的主要因素在于它具有多种贴面，可给人以各种光彩和不同质地的感受。在以往审美中，逼真的实木木纹尤其是名贵实木皮贴面，成为衡量板式家具的价格点所在，但近年来由于喷漆工艺的进步，以喷漆处理代替贴面的板式家具异军突起，成为板式家具的新亮点。其由于工艺完美，家具表面效果好似橱柜中烤漆处理一般，使家具有着绸缎一样的手感、实木一样的质地，展示出大气和超前的气质，改变了一般板式家具靠贴皮材质定价的规律。

3.1.2　框式结构

框式结构是家具的基本结构之一，在传统的家具结构中占有重要的地位。框式结构是以榫接合为主要特征，方材通过榫接合构成框架支承全部荷重。最简单的框架是由纵横各两根方材采用榫接合构成的，一些复杂的框架中间有横档、竖档或嵌板，如图 3-2 所示。框架的使用要求差异很大，所以框架的结构

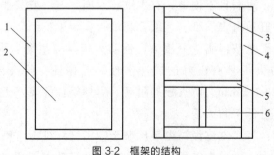

图 3-2　框架的结构

1—木框；2—嵌板；3—帽头；4—立梃；5—横档；6—竖档

形式也多种多样。

　　框式结构是中国传统家具的典型结构类型，它有如下特征：零部件大多采用榫接合，辅以胶、钉等其他接合方式；框架是主要承重和受力部件，形成框架的零件及其他受力零件一般采用实木制造；结构牢固可靠，形式固定，大都不可拆装；生产工艺复杂，难以实现先装饰再装配的生产工艺，也不便于实现自动化生产。

　　框式结构不仅用于家具（图 3-3），还运用于建筑（图 3-4）。

图 3-3　框式结构家具　　　　　　　　　　图 3-4　框式结构建筑

3.1.2.1　框架的角部接合

　　框架接合方式有两种：直角接合和斜角接合。

　　直角接合形式多种多样，一般采用半搭接直角榫、贯通直角榫、非贯通直角榫、燕尾榫、圆榫以及多榫接合，如图 3-3 所示的框架直角接合的结构形式。斜角接合时，方材的接合处需加工成斜角或单肩加工成斜面。斜角接合的强度较小，加工复杂，常用在接合精度较高的零部件上，如图 3-4 所示的框架斜角接合的结构形式。

3.1.2.2　框架的中部接合

　　框架中部接合是指框架中的竖档或横档与立梃或帽头的接合，其种类较多，如图 3-5 和图 3-6 所示的框架中部接合的结构形式。

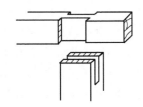
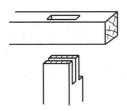
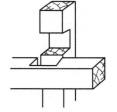

图 3-5　T 形和十字搭接结构

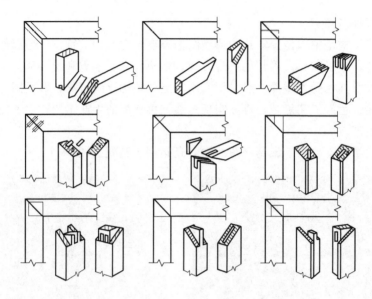

图 3-6　角接部位结构

3.1.2.3　木框嵌板结构

框架内嵌入的人造板、实木板、玻璃、镜子等，统称为木框嵌板。嵌板的基本安装方法有两种，即槽榫法嵌板和裁口法嵌板。

（1）槽榫法嵌板

槽榫法嵌板是在木框内侧开出槽沟，在装配框架的同时放入嵌板一次性装配好。这种结构嵌装牢固，外观平整，但不能更换嵌板。图 3-7（a）、（b）、（c）所示为槽榫法嵌板，三种形式的不同之处在于木框内侧及嵌板周边所铣型面不同，这三种结构在更换嵌板时都需将木框拆散。图 3-7（a）所示结构能使嵌板盖住嵌槽，防止灰尘进入嵌槽内。

（2）裁口法嵌板

如图 3-7（d）、（e）、（f）所示，在木框内侧铣出阶梯槽，用压条与木螺钉或圆钉将嵌板固定于框架上。这种结构装配简单，易于更换嵌板，常用于玻璃、镜子的安装。

木框内嵌装玻璃或镜子时，需利用断面呈各种形状的压条，压在玻璃或镜子的周边，然后用螺钉固定即可，如图 3-7（g）所示。设计时压条与木框表面不要求齐平，这样可消除装配误差，以节省装配工时。当玻璃或镜子装在木框里面时，前面最好用三角形断面的压条与木螺钉将镜子固定在木框上，在镜子的后面还需安装薄胶合板或纤维板封住，从而使镜子嵌入木框槽内不易损坏；当玻璃和镜子不嵌在木框内而是装在板件上时，则需要加盖金属边框或木

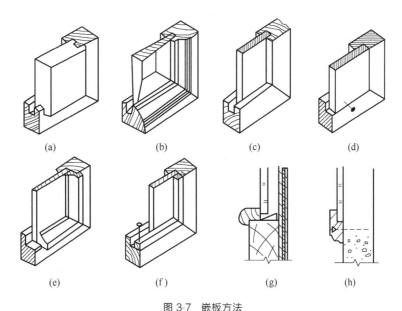

图 3-7　嵌板方法

(a)，(b)，(c)—槽榫法嵌板；(d)，(e)，(f)—裁口法嵌板；(g)—嵌装镜子；

(h)—在板面上装镜子

边框，用螺钉使之与板件相接合，如图 3-7 (h) 所示。

(3) 嵌板的技术要求

槽深度一般应大于 5mm，槽的边厚一般应大于 6mm，一般框架的厚度不能过厚，故槽的宽度受到限制。若嵌板为实木板，应将其周边削薄一点与槽宽相适应。

嵌槽深不能破坏框架嵌槽的榫结构。嵌槽的长度应比嵌板宽度大 2～5mm，使嵌板膨胀时不至于破坏框架结构。嵌槽高度方向留有 1～2mm 间隙，嵌槽宽需大于嵌板周边厚 0.1～0.3mm，即嵌板厚度与嵌槽接合后应留有 0.1～0.3mm 间隙。嵌板、嵌槽均不能涂胶，以使其自由伸缩不受影响。

(4) 木框嵌板结构设计要点

嵌板槽深一般不小于 8mm，槽边距框面不小于 6mm，嵌板槽宽常用 10mm 左右。木框的榫头应尽量与沟槽错位，以免榫头被削弱。

框内侧要求有凸出于框面的线条时，应用木条加工，并把它装设于板件前面；要求线条低于框面时，则用边框直接加工，利于平整，这时木条则装设于板件背面。木框、木条、拼板起线构成的型面按造型需要设置。

嵌板外表面低于框架外表面为常用形式，常用于门扇、旁板等立面部件；嵌板外表面与框架外表面相平，多用于桌面、凳面、椅面；嵌板外表面高于框架外表面，适用于较厚的嵌板，但较费料、费工，应用较少。

板式部件中的镜子可收嵌在板件围合的方框内，在方框前面的周边需先胶/钉好金属或木制的装饰条，嵌入镜子后，在镜子的背面同样需要衬垫一张薄胶合板或纤维板，然后用木螺钉与三角形断面木条予以固定，亦可用金属或木制的成形条直接将镜子安装在板式部件的表面上，如图 3-7（h）所示。

3.1.2.4　箱框结构

箱框是指由板材构成的框架或箱体，常见的有实木拼板构成的箱框和人造板箱框两类。用实木拼板构成箱框时，拼板木纹必须与箱框线垂直，只有这样箱体才牢固。其接合常用直角榫或燕尾榫，而燕尾榫又包括全隐、半隐及明燕尾榫三种。人造板构成箱框时，板材纹理方向与箱框强度关系不大，可根据其他要求任意确定。

箱框类家具部件之间的接合多为板件之间的成角接合，如抽屉、包脚、箱类家具等，一般都与胶黏剂配合使用。但对于各种不同结构形式的外观效果，必须结合家具造型和结构的强度要求来考虑。

3.1.3　零件与部件

零件是不可再分的构件或产品的最小单元。常用的零件有立梃、帽头、竖档、横档、嵌板、脚、腿、望板、屉面板、屉旁板、屉后板、屉底板、塞角和挂衣棍等。

部件是由两个及以上零件组装成的装配件。常用的部件有顶板、旁板、面板、底板、背板、门、脚架、脚盘、抽屉、中隔板和搁板等。

无论家具的造型、结构多么复杂，它们都是由方材、实木拼板、覆面板、木框和箱框等接合构成的。因此掌握这些部件的基本接合形式是十分必要的。

3.1.3.1　方材和规格料

（1）方材概述

方材是组成实木部件或实木家具的基本零件，因此方材是家具制品中最简单、最基本的零件，具有各种不同的断面形状和尺寸，主要特征是断面尺寸宽厚比小于 2∶1，长度是断面宽度的许多倍，含水率符合加工和使用的要求。

（2）规格料概述

方材毛料实际上也是加工零件最小尺寸的规格料。规格料的尺寸和规格理应与方材毛料一致，但是如果按企业的所有方材毛料的规格来订购或生产这样的规格料的话，势必造成规格过多的问题，给运输、储存及挑选带来不利，因此规格料的规格应满足大多数方材毛料的规格。规格料的规格应是方材毛料的倍数为宜，这些倍数的规格料只需在配料工段经过纵剖或横截即可满足方材毛料的加工要求。

3.1.3.2　实木拼板

实木拼板是采用不同的结构形式，将实木窄板拼合成所需宽度的板材，如实木台面、实木椅座板等。

实木拼板的常规厚度：桌面、屉面板为 16～25mm，厚桌面为 30～50mm，嵌板为 6～12mm，屉旁板、屉背板为 10～15mm。为了尽量减少拼板的收缩和翘曲，实木窄板的宽度应有所限制。在现代家具生产中，一般实木窄板的宽度不超过 60mm，采用拼板结构，除了限制实木窄板的宽度外，同一拼板部件中的树种应一致或材性相近，相邻的实木窄板的含水率偏差不应大于 1%。实木拼板的结构形式多种多样，因此实际生产中应根据不同用途选择合适的拼板形式。

（1）拼板形式

① 平拼。图 3-8 所示为实木拼板类型中的平拼形式。平拼的实木窄板的接合面应刨平直，相邻窄板的接合处要紧密无缝，采用胶黏剂胶压接合，在胶合时接合面应对齐，避免出现板面凹凸不平的现象。实木平拼结构加工简单、生产效率高、实木窄板的损失率低。

② 斜面拼。斜面拼是把平拼接合处的平面改为斜面，采用胶黏剂胶压接合的一种实木拼板形式。斜面拼结构加工比较简单、生产效率高，由于胶接面加大，拼板的强度较高，但在胶合时接合面不易对齐，容易产生表面不平的现象。

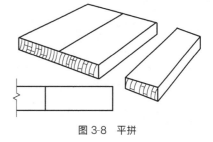

图 3-8　平拼

③ 裁口拼。图 3-9 所示为实木拼板类型中的裁口拼形式。裁口拼又称高低缝拼，是在拼板前将实木窄板接合处加工出裁口，采用胶黏剂胶压接合的一种实木拼板形式。裁口拼接合的优点是拼板容易对齐，可以防止凹凸不平，且由于胶接面加大，拼板的接合强度较高，但是实木窄板的损失率也随之加大。

④ 凹凸拼。图 3-10 所示为实木拼板类型中的凹凸拼形式。凹凸拼又称槽簧拼，是在拼板前将实木窄板接合处加工出槽簧口，采用胶黏剂胶压接合的一种实木拼板形式。这种结构的拼板容易对齐，当胶缝开裂时，拼板的凹凸结构仍可以掩盖胶缝，同时由于胶接面加大，拼板的强度较高，常用于密封要求较高的部件，但实木窄板的损失率增加。

⑤ 齿形拼。图 3-11 所示为实木拼板类型中的齿形拼形式。齿形拼又称指形拼，是在拼板前将实木窄板接合处加工出两个以上的齿形，采用胶黏剂胶压

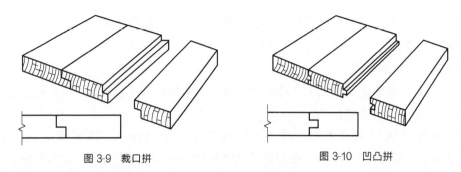

图 3-9　裁口拼　　　　　　　　　　　　图 3-10　凹凸拼

接合的一种实木拼板形式。齿形拼的拼板表面平整，由于胶接面加大，拼板的接合强度较高，但是齿形拼接的加工比较复杂。

⑥ 插入榫拼。图 3-12 所示为实木拼板类型中的插入榫拼形式。插入榫拼又称圆榫拼或方榫拼，是在拼板前将实木窄板接合处加工成平直面并开出榫眼，采用胶黏剂将平直面和圆榫或方榫胶压接合的一种实木拼板形式。这种接合形式是平拼的延伸，其拼板的强度高于平拼拼板。插入榫拼的孔位加工精度要求高，特别是采用方榫拼板时，方形孔的加工复杂，加工精度低，很难保证拼板的质量。

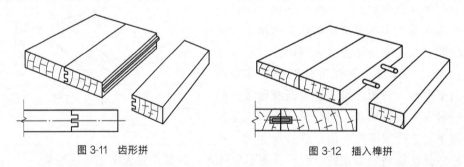

图 3-11　齿形拼　　　　　　　　　　　图 3-12　插入榫拼

⑦ 穿条拼。图 3-13 所示为实木拼板类型中的穿条拼形式。穿条拼是在实木窄板接合处加工出榫槽，一般采用胶合板条作为拼接板条，接合面采用胶黏剂胶压接合的一种实木拼板形式。采用穿条拼结构，拼板的接合强度高，加工简单，拼板容易对齐，可以防止凹凸不平。但是由于生产效率较低，其广泛使用受到限制。

⑧ 穿带拼。图 3-14 所示为实木拼板类型中的穿带拼形式。穿带拼是将实木窄板上面加工出燕尾形断面的楔形槽，然后插入相应的楔形条，实木窄板的拼接采用平拼或其他形式，各个接合处采用胶黏剂胶压接合。穿带拼结构接合强度高，同时还起到了防止拼板翘曲的作用。

⑨ 暗螺钉拼。图 3-15 所示为实木拼板类型中的暗螺钉拼形式。暗螺钉拼是在实木窄板接合处的一侧开出匙形孔槽，而在另一侧拧上螺钉，将螺钉头插

入圆孔中并推入窄槽内，其他接合面采用胶黏剂胶压接合的一种实木拼板形式。暗螺钉拼的拼板表面不留痕迹，接合强度大，但是加工十分复杂，在现代家具生产中使用得不多。

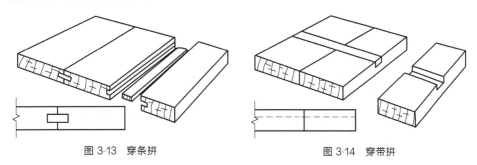

图 3-13　穿条拼　　　　　　　　　　　　图 3-14　穿带拼

⑩ 明螺钉拼。图 3-16 所示为实木拼板类型中的明螺钉拼形式。明螺钉拼是在拼板的背面钻出圆锥形凹孔，将木螺钉拧入并与邻板相拼接，其他接合面采用胶黏剂胶压接合的一种实木拼板形式。明螺钉拼结构加工简单，接合强度高，但是拼板表面留有圆锥形凹孔和螺钉痕迹，影响美观，因此在现代家具生产中使用得不多。

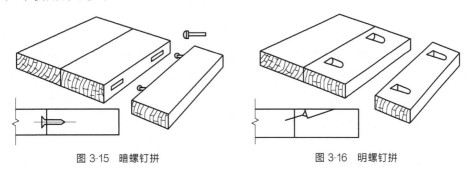

图 3-15　暗螺钉拼　　　　　　　　　　　图 3-16　明螺钉拼

（2）拼板的镶端

实木经过拼板加工后，由于木材干燥得不好或使用条件变化，木材的含水率会发生变化，常常出现板面变形，同时也为了避免板端外露，通常采用镶端接合形式。

（3）方材的接长

方材或小料可以采用不同的接合方式接长，以实现短材长用，节约木材的目的。方材的接长一般分为直线形方材毛料的接长和曲线形方材毛料的接长。

① 直线形方材毛料接长。图 3-17 所示为直线形方材毛料的接长形式。直线形方材毛料接长形式较多，但是由于加工时的难易程度差距较大，在实际生产中，多以对接、斜接和指接为主。

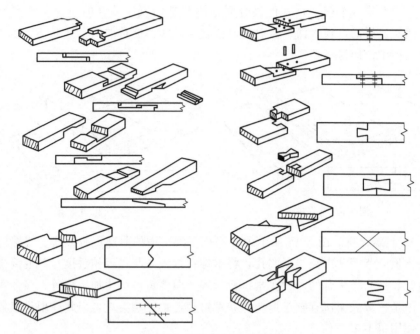

图 3-17 直线形方材毛料接长

② 曲线形方材毛料接长。图 3-18 所示为曲线形方材毛料的接长形式。弯曲件接长形式较多，在实际生产中常常采用指接和斜接两种形式。指接接合的强度较高，接合处自然、美观，但需用专用刀具；斜接接合的强度及美观性略差，同时接合处的木材损失较大；其他各种方法在接合强度、美观性上各有特点，应注意恰当安排接合面的朝向以求美观。整体弯曲件除用实木锯制外，还可采用实木弯曲和弯曲胶合等，这两种弯曲件强度高而且美观，应用效果比实木锯制和短料接长弯曲件都好。

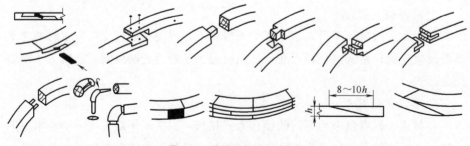

图 3-18 曲线形方材毛料接长

3.1.3.3 木竹家具零部件命名

图 3-19、图 3-20 所示为家具零部件名称。

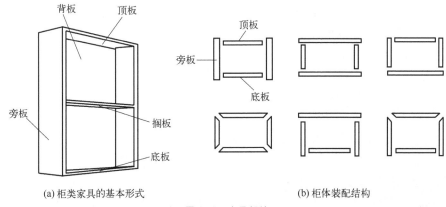

(a) 柜类家具的基本形式　　　　　　　(b) 柜体装配结构

图 3-19　家具部件

（1）家具部件

面板：低于视平线（1500mm）的顶部零件。

顶板：高于视平线（1500mm）的顶部零件。

旁板：柜体家具两侧的板件。

背板：封闭柜体背部的板件。

底板：柜体底部的板件。

中隔板：分隔柜体空间的垂直板件。

搁板：分隔柜体空间的水平板件。

脚架：由脚和望板（或由板件）构成的用于支承家具主体的部件。

脚盘：由脚架与底板构成的部件。

抽屉：柜体内可灵活抽出推入的盛放东西的匣形部件。

（2）家具零件

望板：连接脚（腿）（底板）或面板的水平板件。

腿：直接支承面板或顶板的着地零件。

脚：家具底部支承主体的落地零件。

拉档：连接腿与腿、脚与脚、旁板与旁板的横档。

塞角：用于加固角部强度的零件。

立梃：框架两边的直立零件。

帽头：框架上、下两端水平零件。

竖档：框架中间的直立零件。

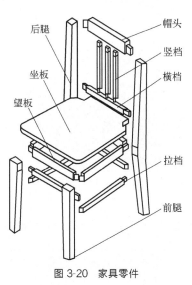

图 3-20　家具零件

横档：框架中间的水平零件。

嵌（装）板：装嵌在框架槽中的板件。

屉面板：抽屉的面板。

屉旁板：抽屉的侧板。

屉底板：抽屉的底面零件。

屉后板：抽屉的背板。

挂衣棍：柜内用于挂衣架的杆状零件。

3.1.4　竹藤家具

图 3-21　竹藤家具的框式结构

竹藤家具的外部结构形态是指充分暴露在人视线下的外观结构，它除了迎合使用功能外，还具有独特的审美特征。

竹藤家具的内部结构形态是指竹藤家具形体中零部件的接合方式以及由内部结构所产生的竹藤家具的形体变化。

竹藤家具接合方式的不同，赋予了竹藤家具不同的结构形态。例如，传统原竹藤家具中的接合方式，造就了独特的以线为主要构成元素的框式结构形态，如图 3-21 所示。又如竹集成材家具以及各种连接件的使用，形成了有别于传统原竹藤家具的现代板式结构形态，如图 3-22 所示。

图 3-22　竹藤家具的现代板式结构

3.2　家具的榫接合

榫接合是实木家具以及传统框式家具常见的接合方式。在现代家具生产中，榫的类型发生了一定的变化，但是基本接合原理是相同的。

　　榫接合是将榫头压入榫眼或榫槽内，把两个零部件连接起来的一种接合方法。一般的榫接合还需配有胶黏剂以增加其强度。图 3-23 所示为榫接合各部分名称。

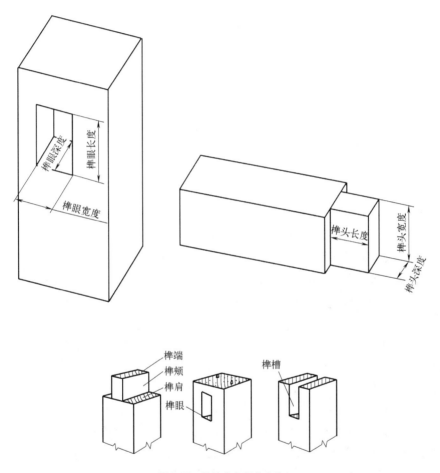

图 3-23　榫接合各部分名称

　　榫头的基本形式主要有直角榫、燕尾榫和圆榫，其他类型的榫头都是根据这三种榫头的形式演变而来。如今实木家具结构中常用的椭圆榫接合就是由直角榫演变而来的。

　　榫接合类型如图 3-24 所示。

　　榫接合的家具损坏常常出现在接合部位。如果采用榫接合，就必须了解基本类型榫接合的技术要求，以确保榫接合的强度。

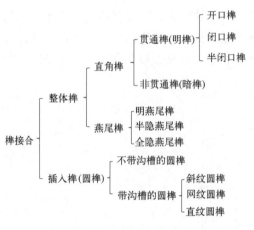

图 3-24　榫接合分类

3.2.1　直角榫接合的技术要求

（1）榫头的长度

榫头长度是根据榫接合的形式而确定的：当采用贯通榫连接时，一般的榫头长度要大于榫眼深度 2~3mm，这样装配后，可进行铣、刨加工，使接合处表面平整；当采用非贯通榫连接时，一般的榫头长度要小于榫眼深度 1~2mm，这样装配时，可以防止加工时的误差使榫头顶靠到榫眼底部，形成装配的间隙误差。

当榫头的长度在 15~35mm 之间时，其抗拉、抗剪强度随着长度的加长而提高；当榫头的长度大于 35mm 时，其抗拉、抗剪强度随着长度的增加反而降低。因此，榫头的长度一般取 25~30mm 为宜。

（2）榫头的厚度

榫头的厚度常按照方材的断面尺寸而定。为了确保接合强度，单榫榫头的厚度一般为方材厚度（或宽度）的二分之一。当方材的断面尺寸大于 40mm×40mm 时，应采用双榫或多榫接合，榫头的总厚度应大于方材断面尺寸的三分之一或二分之一。

榫头的厚度一般要小于榫眼宽度 0.1~0.2mm，这样的榫接合，其抗拉强度最大。如果榫头厚度大于榫眼宽度，装配时容易胀破榫眼，同时接合处不能进行涂胶或形成很好的胶层，降低胶合强度；如果榫头的厚度小于榫眼的宽度过多，装配间隙加大，胶层加厚，接合强度也会降低。

为了方便榫头和榫眼的装配，榫端的两边或四边应加工出一定的倒角，其倒角角度一般取 20°~30°。

（3）榫头的宽度

当采用开口榫接合时，榫头的宽度应与连接的榫槽同宽；当采用闭口榫接合时，榫头的宽度一般要比榫眼的长度大 0.5～1mm（普通规格的硬材取 0.5mm，而软材取 1mm），这样接合的强度最大，榫眼也不会被胀破；当采用截肩榫时，其截肩部分一般为方材宽度的三分之一或取10～15mm。

3.2.2　燕尾榫接合的技术要求

燕尾榫的接合按榫头暴露形式分为全隐燕尾榫、半隐燕尾榫和明燕尾榫。燕尾榫接合由于燕尾榫的榫端大、根部小，装配后不宜拔出的特点，在一些框架式的家具中被广泛采用。燕尾榫接合的技术要求如表 3-2 所示。

表 3-2　燕尾榫接合的技术要求

种类	图形	尺寸
燕尾单榫	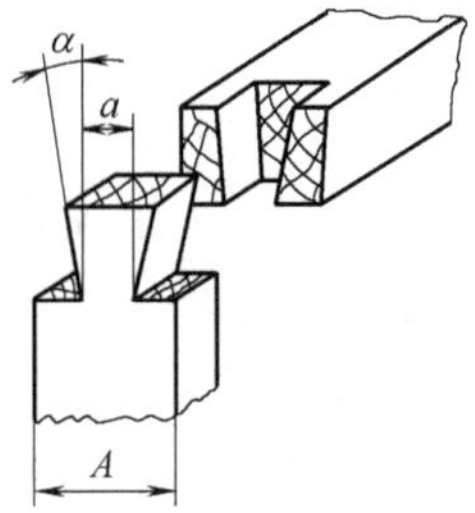	斜角 $\alpha=8°\sim12°$ 零件尺寸 A 榫根尺寸 $a=\dfrac{1}{3}A$
马牙单榫	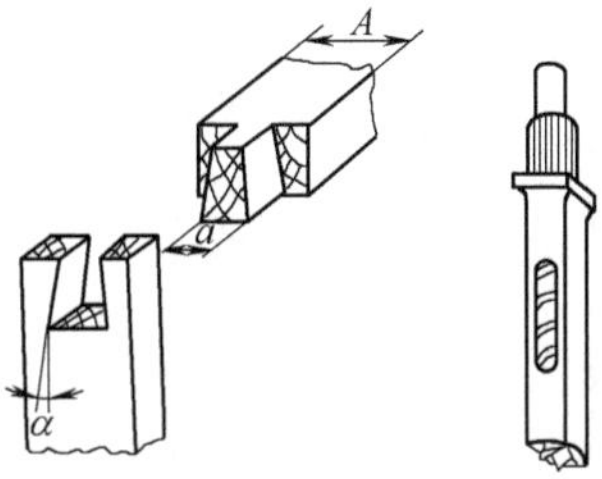	斜角 $\alpha=8°\sim12°$ 零件尺寸 A 榫根尺寸 $a=\dfrac{1}{2}A$
燕尾多榫	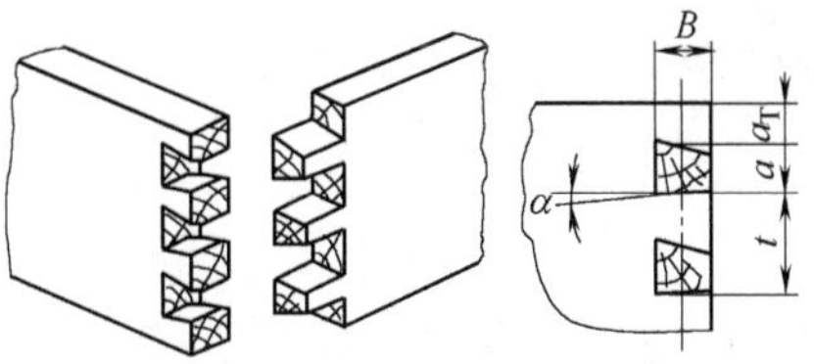	斜角 $\alpha=8°\sim12°$ 板厚 B 榫中腰宽 $a\approx B$ 边榫中腰宽 $a_T=\dfrac{2}{3}a$ 榫距 $t=(2\sim2.5)a$

续表

种类	图形	尺寸
半全隐隐燕燕尾尾多多榫榫	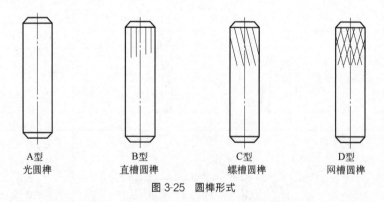	斜角 $\alpha = 8° \sim 12°$ 板厚 B 溜皮厚 $b = \dfrac{1}{4}B$ 榫中腰宽 $a \approx \dfrac{3}{4}B$ 边榫中腰宽 $a_T = \dfrac{2}{3}a$ 榫距 $t = (2 \sim 2.5)a$

3.2.3　圆榫接合的技术要求

圆榫的应用较广，常常在家具的装配中，起到接合和定位作用。采用圆榫接合时，可以大大节约木材，而且圆榫的加工简单，生产效率高，只是在接合强度上，圆榫是直角榫接合强度的 70% 左右。

（1）树种要求

制造圆榫的材料一般选用硬阔叶树材，而且要求材料的密度较大，无疤节、腐朽，纹理通直。常用的树种有桦木、柞木和水曲柳等。圆榫表面一般设有沟槽，以便装配时圆榫沟槽带胶入孔，增加接合强度，如图 3-25 所示的常见光面和带有沟槽的圆榫形式。在几种沟槽形式中，以网纹圆榫的沟槽形式最好，因为网纹圆榫的沟槽在施胶装配后很快胀平，使整个榫面与榫眼之间紧密配合。

A型　　　　B型　　　　C型　　　　D型
光圆榫　　　直槽圆榫　　螺槽圆榫　　网槽圆榫

图 3-25　圆榫形式

（2）含水率要求

圆榫的含水率一般要低于被连接的零部件的含水率 2%～3%，这样当圆榫接合时，由于胶黏剂中的水分被圆榫吸收，圆榫的含水率提高，其体积略有膨胀，可确保接合处密实和提高接合强度。

（3）尺寸要求

圆榫的生产是在专门的设备上完成的，圆榫的加工精度直接影响着接合强度。圆榫的规格是根据被接合的零部件的厚度确定的。

圆榫的直径计算公式：

$$D=(0.4\sim0.5)S$$

式中，D 为圆榫直径，mm；S 为接合处材料的厚度，mm。

圆榫的长度计算公式：

$$L=(3\sim4)D$$

式中，L 为圆榫长度，mm。

圆榫的规格尺寸如表 3-3 所示。

在生产中，为了便于管理和使用圆榫，常常采用圆榫的直径为 6mm、8mm 和 10mm，而圆榫的长度均采用 32mm。

表 3-3　圆榫尺寸推荐值

被连接零件的厚度/mm	圆榫直径/mm	圆榫长度/mm
10～12	4	16
12～15	6	24
15～20	8	32
20～24	10	30～40
24～30	12	36～48
30～36	14	42～56
36～45	16	48～64

（4）圆榫的配合公差

径向配合：当采用光面圆榫用于定位时，可以采用间隙配合，其间隙量为 0.1～0.2mm；当采用沟纹圆榫用于连接时，可以采用过盈配合，其过盈量为 0～0.2mm。

轴向配合：为了保证零部件间的接合严密，并有足够的接合强度，轴向应留有一定的间隙，其间隙量一般为 3mm；为方便安装，圆榫两端应加工出一定的倒角，倒角一般为 30°～45°。

（5）圆榫的数量

圆榫除定位外，一般必须同时使用两个或两个以上圆榫来防止转动。较长接合面或边可采用多个圆榫连接，圆榫之间的距离一般控制在 100～150mm，建议间距的确定应采用 32mm 的倍数。

3.2.4　影响榫接合质量的因素

（1）木材的干缩湿胀

木材的干缩湿胀是指木材因含水率变化而导致尺寸产生变化的现象，并且横纹的干缩湿胀程度大于顺纹的干缩湿胀程度，因此在加工榫眼时要预留干缩缝，如图 3-26 所示。

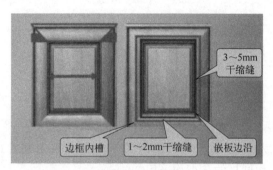

图 3-26　干缩缝

（2）木材的纤维方向

木材的顺纹强度大于横纹强度，因此为了获得更大的力学强度，榫头方向应与纤维方向夹角越小越好，同时还可省木材资源。

（3）榫接合面积

榫接合的面积越大，榫接合的质量越好，因此可采用双榫、格肩榫、指接（图 3-27）。

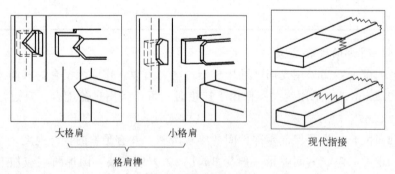

图 3-27　格肩榫及指接

（4）材料特性

材料特性与树种、密度和生长缺陷有关。阔叶树材树种比针叶树材强度高；高密度木材比低密度木材材性好；生长缺陷主要考虑节子的影响。

榫卯结构增强新技术有嵌木增强、木材焊接技术等。嵌木增强是用硬木制作节点，增强速生材家具节点刚度，如图 3-28 所示。木材焊接技术是木材在外力的作用下，通过摩擦生热，使半纤维素和木质素受热软化、融合，在交界层形成交联网状结构，冷却固化实现无胶接合的方法，如图 3-29 所示。圆榫胶接、焊接与钉接合抗剪切力比较见表 3-4。

表 3-4　桦木圆榫焊接、胶接与钉接合抗剪切力效果比较（2020）

插入角度	数量	钉接合抗剪切力 /kN	圆榫焊接抗剪切力 /kN	圆榫胶接抗剪切力 /kN
角接 45°	1	0.85±0.10	2.70±0.48	3.21±0.27
	2	1.87±1.04	5.26±0.45	5.76±0.21
角接 90°	1	0.68±0.25	1.12±0.07	1.13±0.14
	2	1.32±0.27	2.21±0.17	2.31±0.17
搭接 45°	1	0.52±0.09	3.08±1.08	6.65±0.68
	2	0.95±0.12	7.09±0.40	10.15±2.08
搭接 90°	1	1.06±0.17	2.89±0.26	3.06±0.98
	2	1.98±0.31	5.49±0.36	5.22±1.98

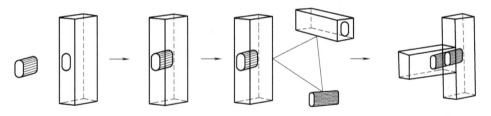

榫木嵌入杨木，力学性能提高30%～35%

图 3-28　嵌木增强

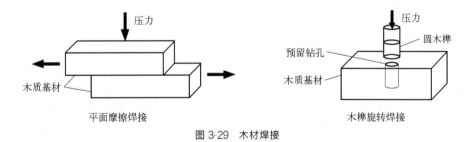

图 3-29　木材焊接

3.3　家具的五金接合

家具五金的定义包含两个方面，分别是家具和五金两个概念。传统的五金

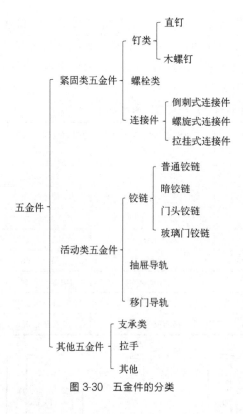

图 3-30　五金件的分类

为"小五金"，是指金、银、铜、铁、铝五种金属，如今泛指各种金属，以及与之相接合的其他材料。家具五金指的是能满足家具的造型与结构需求，在家具中起连接、活动、紧固、支承和装饰等功能作用的金属制件（GB/T 28202—2020《家具工业术语》）。

配件是指那些不经过加工直接使用的制成品。配件的种类多达数万种，使用的材料也不同，通常是由金属或塑料等材料制成。配件的特点是安装简单、装饰性强、不用工具或少用工具既可安装，而且不需要专业技术人员既可安装到位。配件由于这些特点，在现代家具中得到了广泛应用。

五金件的分类如图 3-30 所示。

3.3.1　紧固类五金件

3.3.1.1　钉接合

钉接合是一种借助钉与木质材料之间的摩擦力将材料连接在一起的接合方法，通常与胶黏剂配合使用，起到一定的增加强度的辅助作用。钉接合是各种接合中操作最方便的一种接合方法，多用于家具的内部以及外部要求不高的接合点上。

钉的类型有竹钉、木钉和金属钉。竹钉是使用竹子制成的钉子，常用在传统的手工家具生产中，在现代家具生产中已被逐渐淘汰；木钉是多使用硬杂木制成的钉子，木钉由于自身强度低，不能用于强度要求较高的接合，而且仅在传统的手工家具生产中被采用；金属钉的种类较多，家具生产中常采用的金属钉有家具钉、无头钉、扁头钉、半圆头钉、鞋钉、U 形钉、泡钉和圆钢钉等。

钉接合在一定程度上破坏了接合点处的木质材料，接合强度小，美观性差。当钉子顺木纹方向钉入木材时，其握钉力要比垂直木纹钉入时握钉力低三分之一，因此在实际应用时应尽可能地垂直木材纹理钉入。刨花板、中密度纤维板采用钉接合时，其握钉力随着密度的增加而提高，当垂直板面钉入时，刨花或纤维被压缩分开，具有较好的握钉力；当从端部钉入时，由于刨花板、中密度纤维板平面抗拉强度较低，其握钉力也会很差或不能使用钉接合。当接合材料一定时，钉子越长、直径越大，则握钉力也就越大。

3.3.1.2　螺钉接合

螺钉接合是一种借助钉体表面的螺纹与木质材料之间的摩擦力将材料连接在一起的一种接合方法。螺钉接合是家具生产中比较简单、方便的接合方法，常被用在不宜多次拆装的家具零部件上或家具的里面、背面，如家具的背板、椅座板、餐桌面以及配件的安装等。

螺钉的类型包括木螺钉、自攻螺钉和机制螺钉。木螺钉主要用于连接木质材料，由于拧入时费力，逐渐被自攻螺钉取代。自攻螺钉钉体的螺纹斜度大，类似于钻头，因此拧入木质材料时省力，常常被用于连接木质材料。机制螺钉钉体无尖，因此使用时，被拧入的材料需事先打孔或嵌入螺母，而且可以多次拆卸。

螺钉接合在一定程度上破坏了接合点处的木质材料，由于钉头外露，螺钉接合的美观性差。螺钉的接合强度取决于握钉力，其大小与螺钉的直径、长度，持钉材料的密度等有关，螺钉的直径越大、长度越长，持钉材料的密度越高，其握钉力越大。当螺钉顺木纹方向拧入木材时，其握钉力要比垂直木纹拧入时握钉力低，因此在实际应用时应尽可能地垂直木材纹理拧入。刨花板、中密度纤维板采用螺钉接合时，其握钉力随着密度的增加而提高，当垂直板面拧入时，刨花或纤维被压缩分开，具有较好的握钉力；当从端部拧入时，由于刨花板、中密度纤维板平面抗拉强度较低，其握钉力较差，一般只有垂直板面拧入时的二分之一左右。

3.3.1.3　螺栓类配件的接合

螺栓类配件的接合是家具生产中比较简单、方便的接合方法，也是一种接合强度较高的方法，如沙发、扶手等零部件的接合。螺栓类配件一般是由螺母和螺杆构成。由于螺母和螺杆的类型较多，因此需要根据不同的接合形式选择不同的螺栓类配件。

3.3.1.4　连接件接合

连接件是紧固类配件的主要组成部分，也是现代拆装家具中零部件结构的主要接合形式。它是指板式部件之间、板式部件与功能部件之间、板式部件与建筑构件等之间紧固连接的五金配件。常用的有倒刺式、偏心式、螺旋式和钩挂式等。

（1）倒刺式连接件

倒刺式连接件是将外圈有倒刺、内圈有螺纹的倒刺件预埋在零部件内，采用机制螺钉将另一个零部件与其连接在一起的接合方法。倒刺式连接件主要用于垂直零部件的连接，种类较多。现代家具结构中常用的倒刺式连接件如表 3-5 所示。

表 3-5　倒刺式连接件

连接件名称	形状	用途与特点
普通倒刺式连接件		主要用于柜类家具零部件角部的连接。该连接件连接的特点是接合强度较高、定位性能好，但是机制螺钉的钉头外露，美观性差
角尺倒刺式连接件		主要用于柜类家具零部件角部的连接。该连接件连接的特点是接合强度较低、定位性能好，但连接件暴露在外，美观性差。由于强度较低，其常用于家具望板等装饰性零部件的连接，俗称望板连接件
直角倒刺式连接件		主要用于柜类家具零部件角部的连接。该连接件的特点和用途与角尺倒刺式连接件基本相同，主要用于家具望板零部件的连接

（2）偏心连接件

偏心连接件的接合是将倒刺件（螺母）预埋在零部件内，连接拉杆的一端拧入倒刺件内，安装在另一个零部件上的偏心体将连接拉杆拉紧，使零部件紧密接合在一起。主要用于板式家具中相互垂直板件的接合以及其他角度板件之间的接合。偏心连接件的种类、规格较多，常见的有一字偏心连接件、异角度偏心连接件等，如表 3-6 所示。

（3）螺旋式连接件

由各种螺栓或螺钉与各种形式的螺母配合连接。按构造形式的不同主要有：圆柱螺母式、空心圆柱螺母式（又称四合一连接件）、倒刺螺母式、直角倒刺螺母式、胀管螺母式、平板螺母式、套管螺栓式、空心螺钉式、单个螺钉式等。

表 3-6　偏心连接件

连接件名称		形状	用途与性能
一字偏心连接件	三合一偏心连接件		由偏心体、锁紧螺钉及预埋螺母组成。抗拔力主要取决于预埋螺母与板件的接合强度。可进行多次拆装
	二合一偏心连接件		分两种：一种是隐蔽式，由偏心体、锁紧螺钉组成；另一种是显露式，由偏心体、锁紧杆组成。显露式接合强度高，但影响装饰效果；隐蔽式的锁紧螺钉直接与板件接合，强度与板件的物理力学性能相关
	快装式偏心连接件		由偏心体、膨胀式锁紧螺钉组成，借助偏心体来拉动锁紧螺钉，从而实现板件的紧密接合。安装锁紧螺钉孔的直径精度、偏心体偏心量的大小直接影响接合强度
异角度偏心连接件	Y 形偏心连接件		由偏心体、铰链式锁紧螺钉及预埋螺母组成，或是由偏心体与铰链式锁紧螺钉组成。适合两个板件夹角为 30°~160° 的结构
	V 形偏心连接件	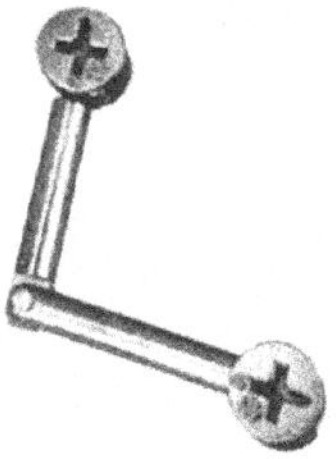	主要由偏心体与铰链式锁紧杆组成，多用于两个板件角度为 90°~160° 的结构

螺旋式连接件（图 3-31）的接合原理同倒刺式连接件基本相同，只是倒刺件换成了螺母、外螺纹式的空心螺母和刺爪螺纹板等。螺旋式连接件主要用于垂直零部件的连接，例如实木椅类、桌类等家具零部件的角部连接，也常用于柜类家具零部件的角部连接。该连接件连接的特点是接合强度高。

（4）钩挂式连接件

由钩挂螺钉与连接片之间或两块连接片之间相互挂扣、钩拉或插扎形成连接，如图 3-32 所示。

165

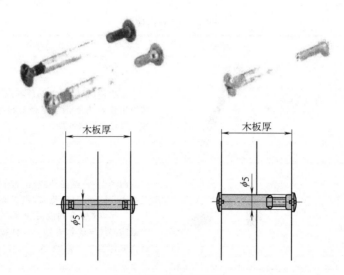

图 3-31 螺旋式连接件

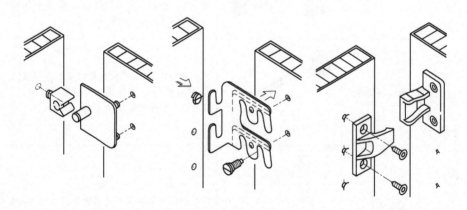

图 3-32 钩挂式连接件

3.3.2 活动类五金件

活动连接是指两连接部件之间有相对转动或滑动的结构，它依赖于一些专门的活动连接件实现接合。活动连接件主要有各种铰链、抽屉导轨、移门导轨等。

（1）铰链

铰链用于窗扇、柜门、箱盖等零件的转动开合，其种类很多，常见的铰链见表 3-7。

表 3-7　常见铰链

名称	形状	应用及特点
普通铰链	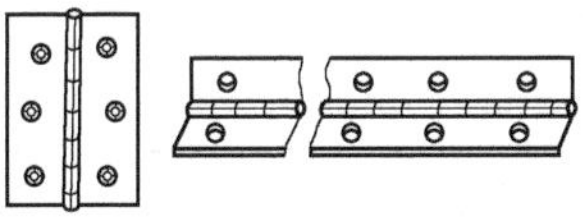	①用于室内装修中的木门窗及家具门 ②铰链外露，无自闭功能 ③使用方便，价格低廉
活铰链		①用于需经常拆卸的门窗，如纱门、纱窗等 ②铰链外露，无自闭功能
杯状暗铰链	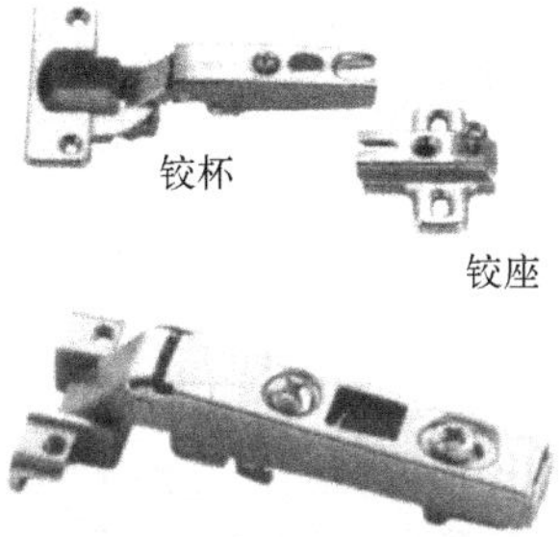 铰杯 铰座	①用于各种中、高档家具的木质门及铝制边框门 ②隐蔽性好，具有自闭功能 ③便于拆装、调整 ④加工精度要求高
翻板铰链		①用于各类木家具的翻门 ②结构简单，打开后铰链平面与门板面平齐 ③无自闭功能

（2）抽屉导轨

目前较为常用的抽屉导轨有悬挂式和托底式两类，见表 3-8。

表 3-8　抽屉导轨

名称	形状及安装方式	应用及特点
悬挂式		①用于各类木质抽屉，有两节式和三节式两种 ②整个导轨装于抽屉旁边中部 ③抽屉不能完全打开
托底式	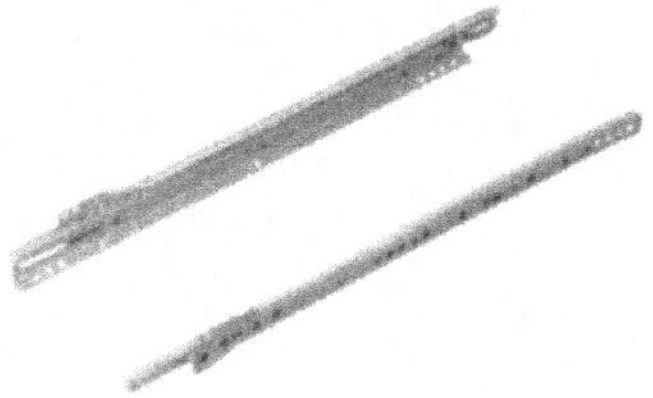	①用于各类木质抽屉 ②导轨装于抽屉旁边底部，导轨装于柜体旁边相应位置 ③抽屉可以完全打开，并可随意卸下

（3）移门导轨

用于移门的左右滑动，一般有槽式和滚轮式等。其配件形式较多，工作原理也各有不同，常用配件的结构形式见表3-9。

表 3-9　移门导轨

名　称	形　状	应　用
槽式门轨	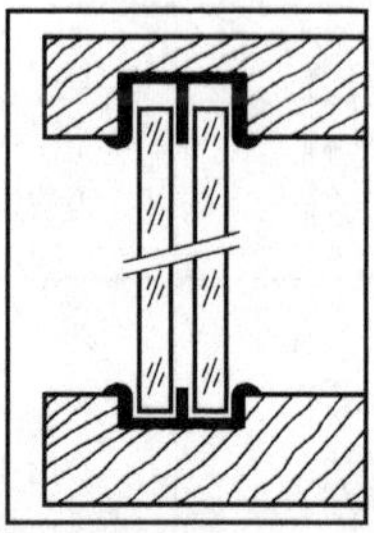	用于小型玻璃移门、木质轻便移门等
垂直升降门铰		用于垂直升降门的开启

3.3.3　其他五金件

板式家具中，还要使用一些其他的五金件，这些五金件主要用于家具部件的位置保持与固定、锁紧与闭合等，见表3-10。

表 3-10　其他五金件

名　称	形　状	用　途
牵筋	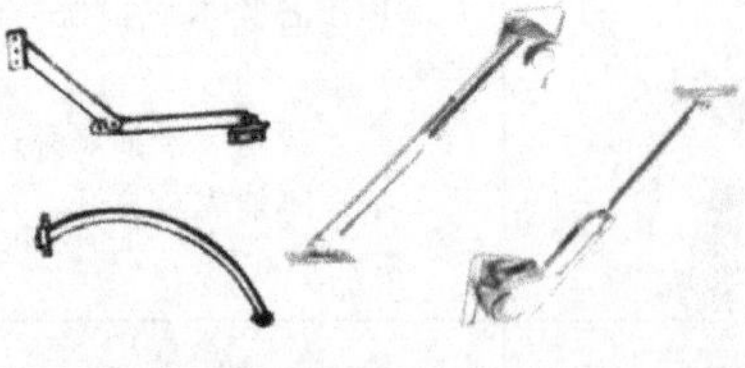	用于翻门的位置固定
拉手		用于帮助柜门打开及装饰

名　称	形　状	用　途
挂衣杆承座		用于支承挂衣杆
抽屉锁		用于木质抽屉
木门锁		用于木质开门,有左、右之分
玻璃移门锁		用于玻璃移门

3.4　家具的胶接合

3.4.1　胶接合概述

　　胶接合是家具零部件之间借助胶层对其相互作用而产生的胶着力,使两个或多个零部件胶合在一起的接合方法。胶接合主要是指单独用胶来接合零部件。由于新型胶黏剂的出现,胶接合也得到了广泛应用,如常见的指接材、实木拼板、集成材以及覆面板的胶合等。

　　① 胶黏剂按化学组成可分为:蛋白胶、合成树脂型胶黏剂、合成橡胶型胶黏剂和复合型胶黏剂。

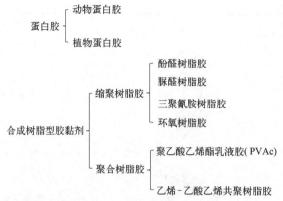

合成橡胶型胶黏剂有氯丁橡胶、丁腈橡胶等。

复合型胶黏剂有酚醛-聚乙烯醇缩醛胶、酚醛-氯丁橡胶、酚醛-丁腈橡胶、环氧-丁腈橡胶、环氧-聚酰胺胶、环氧-酚醛树脂胶、环氧-聚氨酯胶等。

② 胶黏剂按胶液受热后的状态分为热固性胶、热塑性胶和热熔性胶。

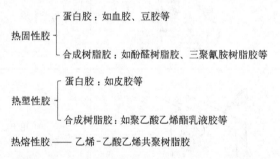

③ 胶黏剂按耐水性分为高耐水性胶，如酚醛树脂胶等；耐水性胶，如脲醛树脂胶等；非耐水性胶，如聚乙酸乙烯酯乳液胶等。

3.4.2　传统家具用胶

胶黏剂在古代即作为硬木家具上加固接合的辅助手段。古代家具用胶黏剂是用黄鱼的鱼鳔，经蒸煮、碾碎、敲打而成，其特点是便于使用也容易维修，如果材料需拆换，只要在火上烘烤，经过加热即可熔开。其缺点是容易变质，在雨季易霉变发臭（不卫生）且黏度降低。如果用变质的鳔胶黏合榫卯，可以看到一条明显的黑线，影响美观。现在发明了专供硬木家具使用的化学胶黏剂，其优点是使用方便、黏性强、卫生美观，但却难以拆开修理。

3.4.3　现代家具节点用胶

实木家具的榫接合，主要有方榫接合、圆榫接合、圆棒榫接合三种形式。

在方榫和圆榫接合中，胶液涂于榫头的四周，同时在榫孔中也注入胶液，然后将榫头插入榫孔，在榫头和榫孔间形成一层胶接膜，从而达到良好的接合效果。因此，在榫头和榫孔间要留有 0.2～0.5mm 的空隙，如果空隙太小，装配时会将胶液挤出从而降低胶合强度。因为圆榫的胶合面积要大于方榫，相同截面积的方榫和圆榫相比，圆榫的胶合强度要比方榫大。

圆棒榫的表面如果有密致的纹理，则可以容纳更多的胶水，从而形成更强的胶合，纹理还有类似螺纹的效果，具有锁紧作用。不过，致密的纹理也可能会破坏圆棒榫本身的木质结构。

3.4.4 现代家具结构材料用胶

目前生产上的贴面用胶主要采用热压和冷压两种形式。

$$
\text{热压} \begin{cases} \text{酚醛树脂胶} \\ \text{脲醛树脂胶} \\ \text{改性聚乙酸乙烯酯乳液胶} \\ \text{脲醛树脂胶与改性聚乙酸乙烯酯乳液胶的混合胶} \end{cases}
$$

$$
\text{冷压} \begin{cases} \text{聚乙酸乙烯酯乳液胶} \\ \text{改性聚乙酸乙烯酯乳液胶} \end{cases}
$$

$$
\text{直线、曲线及软成型封边用热熔胶} \begin{cases} \text{高温}(160\sim210℃)\text{热熔胶} \\ \text{高温}(120\sim160℃)\text{热熔胶} \end{cases}
$$

后成型包边用改性聚乙酸乙烯酯乳液胶（热压温度 160～210℃）。

$$
\text{连续式后成型包边用热熔胶} \begin{cases} \text{高温}(160\sim210℃)\text{热熔胶} \\ \text{高温}(120\sim160℃)\text{热熔胶} \end{cases}
$$

真空模压用胶主要采用乙烯-乙酸乙烯共聚树脂胶或热熔胶。

指接材、实木拼板常采用聚乙酸乙烯酯乳液胶、改性聚乙酸乙烯酯乳液胶、异氰酸酯胶黏剂、脲醛树脂胶与改性的三聚氰胺树脂胶的混合胶黏剂等。

胶合弯曲件主要采用聚乙酸乙烯酯乳液胶、改性聚乙酸乙烯酯乳液胶、脲醛树脂胶、脲醛树脂胶与改性的三聚氰胺树脂胶的混合胶黏剂。

| 第 2 篇 |

工艺篇

第4章

典型家具的结构形式

4.1 传统框式家具结构形式

传统木家具采用手工加工榫接合结构。以明式家具为代表的传统木家具的榫接合有出头榫、明榫、暗榫三种。传统木家具榫接合一般不用或很少用黏合剂，即便是使用黏合剂，也因胶合力与耐久性不足而无法过度依赖黏合剂，必须根据零件的构造与力学特征，采用合理的榫头、榫眼配合。

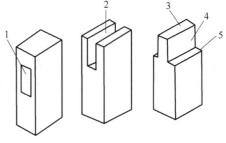

图 4-1 榫接合各部位名称
1—榫眼； 2—榫槽； 3—榫端；
4—榫颊； 5—榫肩

榫接合是指榫头压入榫眼或榫槽的接合，其各部位的名称如图 4-1 所示。

常见榫的一般接合方式如图 4-2、图 4-3 所示。

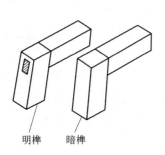

明榫   暗榫

图 4-2 明榫与暗榫

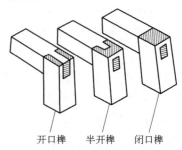

开口榫   半开榫   闭口榫

图 4-3 不同开口形式的榫接合

传统木家具的宽幅板件是由多块窄幅实木板拼接而成的。常用的拼接方法有普通平拼、斜面拼、裁口拼等，详见 3.1.3.2 节。

4.1.1　中国传统家具

中国是四大文明古国之一，灿烂的文明塑造了东方文化不朽的魅力，我们的先民以智慧、勤劳和高度的艺术创造力，在数千年的历史中建立了一座座宏丽的丰碑。中国又是一个民族众多、幅员辽阔的国家，各民族、各区域的人们在风俗、文化形态上有着不同于其他地域的特点，因而，在审美观念和审美风尚方面相互间也有差异，这样就导致了文学、艺术，当然也包括家具风格在内的不同的特征和风貌。这些不同民族、不同风貌的家具艺术使人们的生活丰富多彩，就犹如千溪万流，汇聚成一条奔腾不息的艺术长河，点点滴滴都是人类智慧的凝聚。

4.1.2　明代时期家具

明初，随着全国的统一，国内逐步稳定，经济逐步恢复。这一时期的家具在不断发展的基础上，进入了完备、成熟的时期，形成了一种独特的风格。明式家具以其高超的家具制作工艺和精美的艺术造型，征服了世界，代表着中国最高的家具制造水平，充分显现了我国劳动人民的勤劳智慧。

明代优质家具均采用花梨木、紫檀木等名贵木材精心制造，造型简洁素雅，挺拔舒展，并继续沿用建筑上的梁柱结构，常用圆腿、霸王枨、罗锅枨、格角、牙子、S 形背板和木框嵌板等结构，用大漆、蜡涂饰。

（1）明代家具的类型

明代家具大体可分为六种类型：

① 杌椅类：主要用于宴坐休息，造型优美，有杌凳、长凳、坐墩、交杌和椅子等类型。其中凳、杌、墩都是没有靠背的坐具。

a. 明代墩、凳类家具造型优美，种类多样（图 4-4）。

b. 座椅在明代这一时期取得了辉煌的成就，式样变化丰富，造型新颖别致（图 4-5）。

② 几案类：主要用于工作和陈列。明代初期就有了平头案，到了中期又出现了翘头案，在明末又有了架几案。它们的特点是支承面大都是独板。除此之外还有长而窄的条案，其长度往往超过宽度的三四倍。另外还有尺寸较大的用于写字或作画的书案和画案等（图 4-6）。

③ 箱柜类：用于储藏衣物、用品，有门户橱、连二橱、连三橱、书橱、四件橱、药箱、百宝箱等（图 4-7）。

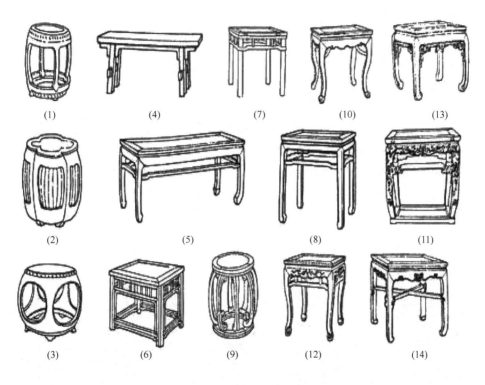

(1)　　　　(4)　　　　(7)　　　　(10)　　　　(13)

(2)　　　　(5)　　　　(8)　　　　(11)

(3)　　　　(6)　　　　(9)　　　　(12)　　　　(14)

图 4-4　明代墩、凳类家具

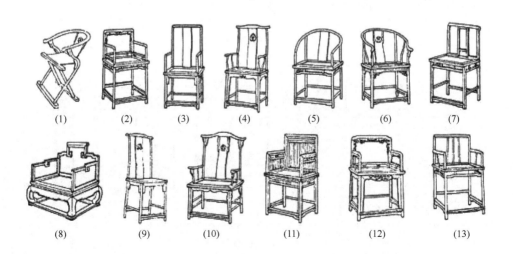

(1)　　(2)　　(3)　　(4)　　(5)　　(6)　　(7)

(8)　　(9)　　(10)　　(11)　　(12)　　(13)

图 4-5　明代时期的座椅

175

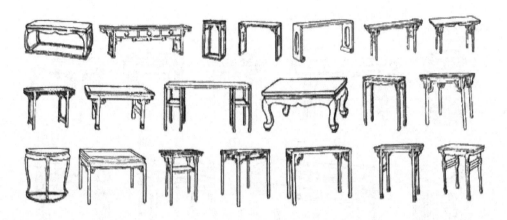

图4-6 明代时期的几、案、桌

图4-7 明代时期的箱、柜橱

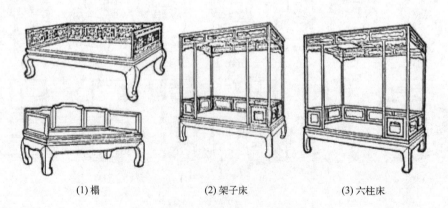

(1) 榻   (2) 架子床   (3) 六柱床

图4-8 明代时期的床、榻

④ 床榻类：主要用于躺卧和睡眠，主要有榻和架子床（图 4-8）。

⑤ 台架类：主要为承托衣物之用，有烛台、花台、衣架、镜架等（图 4-9）。

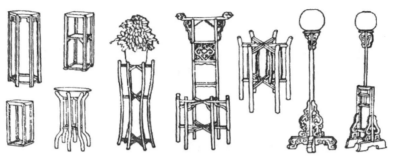

图 4-9　明代时期的台、架

⑥ 屏坐类：作屏障和装饰用，主要有坐屏和插屏两大类，并且在布置方面灵活多样，是官宦和文人之家常备之物（图 4-10）。

（2）明代家具的特征

明代家具造型简练，以线为主，具有严格的比例关系，主要有以下几个特征。

① 用材讲究，质地精美。利用木材天然的纹理和色泽，表现出一种内在的含蓄的美感，并根据不同的结构部位，依照木材的色泽和纹理分出表里和进行粗细

图 4-10　明代时期的屏

随形的处理，使木材的本身色泽和肌理得以充分显现，利用自然之美塑造艺术之美，令人叹为观止。

② 造型简洁，比例适度。主要表现在尺度适宜和以线为主的造型特征上。外形轮廓舒畅、朴实，内在结构符合力学原则，在造型上大量采用直线和曲线的结合，使家具风格既稳重挺拔，又不失活泼典雅的韵味，特别是它在设计上考虑产品和人的关系，利用人体尺寸进行设计，创造出舒适、美观的家具风格（图 4-11）。

③ 结构科学，榫卯精密。虽然经过了几百年的变迁，但是大批明式家具流传至今仍很坚固，除木材的特定条件外，主要原因是榫卯结构的科学性。不用一根铁钉和鱼胶加固，也能够抵御南方的潮湿和北方的干燥，由此可见榫卯结构设计的合理巧妙、技巧的高超精湛。

④ 明代家具装饰手法丰富多彩，并且装饰多集中在辅助构件上，这样既

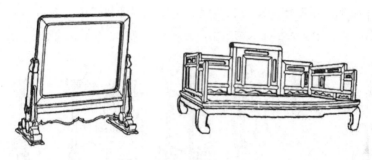

图 4-11　明代家具

不影响坚固性，又可取得重点装饰的效果（图 4-12）。

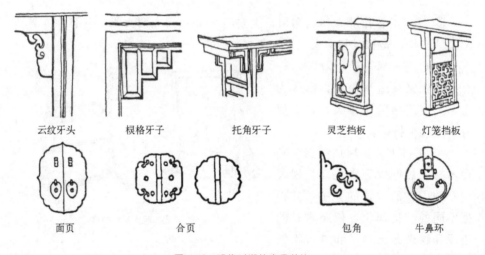

| 云纹牙头 | 梮格牙子 | 托角牙子 | 灵芝挡板 | 灯笼挡板 |

| 面页 | 合页 | | 包角 | 牛鼻环 |

图 4-12　明代时期的家具装饰

　　总之，明代家具代表着我国古典家具的最高成就，它以浓厚的时代特征和文化底蕴，显现出中国劳动人民的聪明才智与中国文化的博大精深。

4.2　现代实木拆装家具结构形式

4.2.1　实木家具的接合方式

　　家具通过木质零件之间或其他材料的零件之间的相互接合构成制品，零件之间的接合设计是家具结构设计的重要内容。实木家具接合的种类、特点和应用见表 4-1。

表 4-1　实木家具零件接合的种类、特点和应用

种类		特　点	应　用
榫接合	直角榫接合	零件间靠榫头和榫眼的配合挤紧，并辅以胶合获得接合强度	榫头、榫眼呈方形，加工容易，接合强度高	方材在纵向或横向的主要接合方式
	圆榫接合		另加插入圆榫。与直角榫相比，接合强度约低 30%，但较节省材料，易加工	主要用于板式部件的连接和接合强度要求不是很高的方材连接
	燕尾榫接合		顺燕尾方向抗拉强度高，榫有不外露与外露之分	主要用于箱框的角部连接
	指接		靠指榫的斜面胶接，接合强度为整体木材的 70%～80%	适用于木材纵向接长
圆钉接合		接合简便，但接合强度较低，常在接合面加胶以提高接合强度	常用于背板、抽屉导轨等不外露处和强度要求较低处的连接
木螺钉接合		接合简便，接合强度较榫接合低而较圆钉接合高，常在接合面加胶以提高接合强度	应用同圆钉，还适用于面板、脚架固定与多次拆装
胶接合		依靠接触面的胶合力将零件连接起来，两零件胶接面的纤维夹角越小接合强度越高	用于板式部件的接合以及实木零件的接长、拼宽和加厚
连接件接合		零件之间利用各种专用连接件连接，一般需要圆榫定位	专用于可拆装零部件的接合，尤其用于柜体板式部件间的接合

榫接合技术要求详见第 3.2 节。

4.2.2　实木家具基本零部件

实木家具是由方材、板材、拼板、木框和箱框等材料和基本零部件组成。其结构不同，组成的基本部件也不同。基本部件本身有一定的构成方式，部件之间也需要适当的连接。

4.2.2.1　方材

矩形断面的宽度与厚度尺寸比小于 2∶1 的实木原料称为方材。方材分为直形方材与弯曲方材两种。

家具结构设计中使用方材的设计要点：

① 尽量采用整块实木加工。

② 在原料尺寸比部件尺寸小或弯曲件的纤维被割断得严重时，应改用短料接长。

③ 需加大方材断面时，可在厚度、宽度上采用平面胶合方式拼接。

④ 弯曲件接长方法见图 3-18。

⑤ 直形方材的接长可采用与弯曲件同样的接长方法，通常直形件受力较大，优先采用指接、斜接和多层对接。

⑥ 整体弯曲件除用实木锯制外，还可采用实木弯曲和弯曲胶合，这两种弯曲件强度高而美观，应用效果比实木锯制和短料接长弯曲件都好。

⑦ 弯曲胶合件承受内收弯矩能力比承受外展弯矩能力高（图 4-13），承受外展弯矩时较易产生层裂。

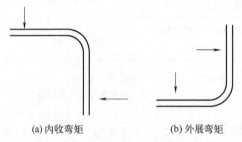

(a) 内收弯矩　　　　(b) 外展弯矩

图 4-13　弯曲胶合件的弯矩

4.2.2.2　拼板

由数块实木板侧边拼接构成的板件称为拼板。家具结构设计中使用拼板的设计要点详见 3.1.3.2 节。

拼板的接合方法有多种（表 4-2），其中，平拼法是靠与板面垂直的平直侧边胶接而成，这种方法加工简便且接缝严密，是构成家具用拼板最常用的方法。

企口拼、搭口拼、穿条拼、插入榫拼和明螺钉拼多用于厚板、长板的拼接，这些接合方式可附以胶黏剂胶合以提高接合强度。

实木拼板在家具中作为自由件时（如作门扇），容易产生翘曲，应加防翘结构。方法是在拼板的两端设置横贯的木条，表 4-3 所示为几种常用的防翘结构，其中以穿带结构的防翘效果最好，防翘结构中，穿带、嵌端木条、嵌条与拼板之间不要加胶，以允许拼板在湿度变化时能沿横纤维方向自由胀缩。

表 4-2　拼板方式及接合尺寸

方式	结构简图　接合方式		备注
平拼			
企口拼			$b=0.3B$ $a=1.5b$ $A=a+2\text{mm}$

方式	结构简图　接合方式		备注
搭口拼			$b=0.5B$ $a=1.5b$
穿条拼			$b=0.3B$ （用胶合板条时可更薄） $a=B$ $A=a+3\text{mm}$
插入榫拼			$d=(0.4\sim0.5)B$ $l=(3\sim4)d$ $L=l+3\text{mm}$ $t=150\sim250\text{mm}$
明螺钉拼			$l=32\sim38\text{mm}$ $l_t=15\text{mm}$ $\alpha=15°$ $t=150\sim250\text{mm}$
暗螺钉拼			$D=d_1+2\text{mm}$ $b=d_2+1\text{mm}$ $l=15\text{mm}$ $t=150\sim250\text{mm}$ d_1—螺钉头直径 d_2—螺钉杆直径

表 4-3　拼板防翘结构

方法与结构简图	接合尺寸	备注
穿带		$c=0.25A$ $a=A$ $b=1.5A$ $l=0.167L$ $L=$板长

续表

方法与结构简图	接合尺寸	备注
嵌端		$a=0.3A$ $b=2A$ $b_1=A$
嵌条		$a=0.3A$ $b=1.5A$
吊带		$a=A$ $b=1.5A$

拼板的板面排列除考虑纹理美观外，还需有利于减少干缩湿胀变形。为此，材面有两种匹配法（图 4-14）：一是各拼条同名材面朝向一致，湿度变化时，各拼条弯向一致，整块拼板形成一个大弯，适用于桌面等有依托的拼板，拼板固定防止了这个大弯的产生；二是相邻拼条的同名材面朝向相反，板面虽有多个小弯，但整板平整，适用于门扇等无依托结构。

图 4-14　板面匹配与变形趋势

a—匹配方式；b—干缩变形趋势

拼板在使用过程中，板的宽度、厚度会随周围空气湿度的变化而变化，结构设计应给予考虑。在正常使用条件下，干缩湿胀周期为 1 年，其尺寸变化幅度的经验值 $\Delta B=0.0125B$，其中 ΔB 是拼板宽度（或厚度）的尺寸变化幅度（mm），B 是拼板宽度（或厚度）尺寸（mm）。

4.2.2.3　板式部件

（1）家具中的板式部件分类

① 薄型人造板，主要有胶合板、纤维板及其饰面制品，这类板式部件直接外购即可。

② 厚型人造板，主要有细木工板、覆面刨花板、覆面中密度纤维板和空心板。

③ 膜压板，由单板或碎料进行模压成型制成，可直接压成各种成型表面板件。

后两类板式部件常需在家具制造厂进行全部或部分的设计和加工。

（2）家具设计中板式部件的设计要点

① 薄型人造板在家具中常用作背板，直立隔板与承重小的底板、顶板。胶合板美观而强度高、性能好，适用于中高档家具与普通家具的可见部件，纤维板经饰面后用作普通家具的不可见部件。

② 覆面板的常用厚度为 16～25mm，厚覆面板为 30～50mm。

③ 细木工板、饰面刨花板、饰面中密度纤维板属实心覆面板。实心覆面板耐碰压，不但可用于制作立面部件，也可用于制作支持平面部件。细木工板质轻而尺寸稳定性、握钉力与加工性能较好，但成本高。覆面中密度纤维板性能优于覆面刨花板。

④ 空心板芯材有空腔，比实心覆面板轻，加工性与尺寸稳定性接近于细木工板，但板面平整度与抗碰压性能较差，不宜用于制作承重平面部件。

⑤ 空心板由芯材、边框与覆面材料构成。空心板中，纸质蜂窝板的板面平整度和力学性能较高，格状空心板次之，木条空心板和刨花板条空心板再次之。

⑥ 模压板中单板模压件常用厚度为 9～15mm，碎料模压件常用厚度为 16～25mm。

⑦ 板式部件的外露侧边需进行封边处理，以达到美观与保护板件的目的。

（3）板式部件的构造

① 细木工板：以拼接木条作为芯板的多层结构板材。其相邻层纹理互相垂直，相对于细木工板中心平面，其上下对应层在树种、厚度、纤维方向、层板制作方法等方面完全一致（图 4-15）。细木工板有三层、五层或七层，其中五层细木工板使用最广泛。

② 饰面板：以刨花板或中密度纤维板作为基材（或称芯板），上下两面各贴一层饰面材料的板材（图 4-16）。饰面材料可用薄木、单板、塑料贴面板、PVC 薄膜、浸渍纸或直接在基材上印刷木纹。

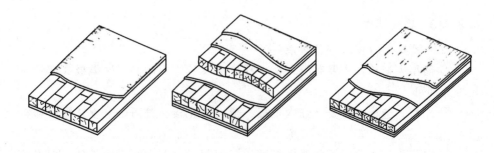

图 4-15　细木工板构造

③ 空心板：用空心芯板覆面而成的板件。最常用的空心板有纸质蜂窝空心板、格状空心板、木条空心板和刨花板条空心板。

纸质蜂窝芯材是用厚纸板制作成蜂窝状（图 4-17）。优质板的芯材要选用优质纸制作，蜂窝孔径小，并配以优质覆面材。

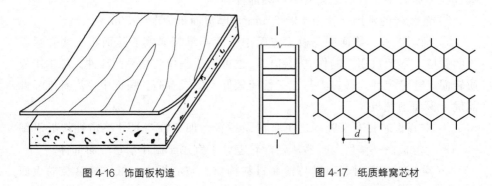

图 4-16　饰面板构造　　　　　　　　　　图 4-17　纸质蜂窝芯材

格状芯材是用板条（木板条、胶合板条、纤维板条等）作材料，板条侧面开槽，立起纵横排列，相互嵌卡构成格状（图 4-18）。

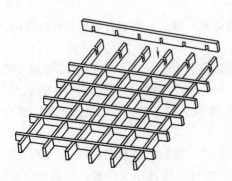

图 4-18　格状芯材

木条芯材是一个中部含有栅状排列衬条的木框（图 4-19）。木框两面包覆的木条空心板称为双包镶，只有一面包覆的称为单包镶。如果要求板边带有较复杂的成型装饰，则宜采用嵌入包镶，以利用边框的外露部分加工型面（图 4-20）。

刨花板条芯材由刨花板条排成格状，用骑马钉接合（图 4-21）。

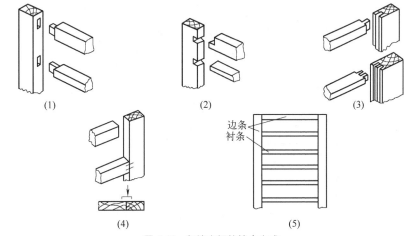

图 4-19　包镶木框的接合方式

（1）直角榫；（2）直角开口榫；（3）槽榫；（4）骑马钉；（5）木框

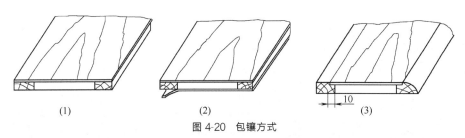

图 4-20　包镶方式

（1）单包镶；（2）双包镶；（3）嵌入包镶

空心板的边框接合强度不必很高，宜用简便的接合方式，但应框面平整，边框宽度为 40 ～ 50mm（图 4-22）。家具用空心板适合使用美观且尺寸稳定的薄型人造板作为覆面材料，其中以胶合板（三层为宜）或胶合板的饰面制品最适宜。覆面如果用热压胶合，空心板的芯材和边框都需

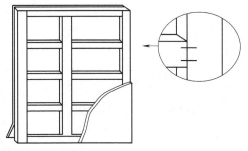

图 4-21　刨花板条芯板

留有透气孔，以使板内空腔中的气压在任何时候（包括热压过程）都与外界保持平衡，失衡则产生板面凹陷。边框与衬条的透气孔可用钻孔、锯口、降低中部榫肩等方法设置（图 4-23）。

（4）板式部件的边部处理

板式部件的边部处理有多种方法，各种方法的结构特点与适用范围见图 4-24 和表 4-4。

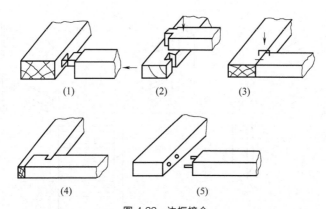

图 4-22　边框接合

（1）直角榫；（2）开口燕尾榫；（3）骑马钉；（4）槽榫；（5）圆榫

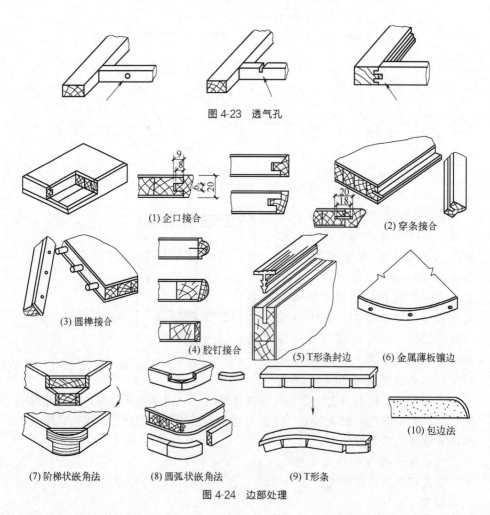

图 4-23　透气孔

(1) 企口接合　　(2) 穿条接合
(3) 圆榫接合　　(4) 胶钉接合　　(5) T形条封边　　(6) 金属薄板镶边
(7) 阶梯状嵌角法　　(8) 圆弧状嵌角法　　(9) T形条　　(10) 包边法

图 4-24　边部处理

表 4-4 封边法的特点

方法		结构特点	应用范围
胶合封边法		完全靠胶将薄片材料贴于板边,薄片材料有薄木、单板、塑料贴面板、软质塑料封边条、装饰纸条等。加工简便、快捷	非型面的曲面、直边封边,型面封边需在专用机床上进行
实木封边法	企口接合	在板边开槽,木条开簧,并使木条在板面露出宽度尽量小。接合牢固紧密	复杂型面的直边与曲率不大的曲边封边
	穿条接合	用插入板条加胶接合,比较省料	较宽型面的直边封边
	圆榫接合	用插入圆榫加胶接合,接合强度高	特宽型面的直边封边
	胶钉接合	以 5mm 左右的薄板胶合于板边,再用沉头圆钉加固	非型面或浅薄型面的直边封边
T 形条镶边法		T 形条有型面,常用硬塑料或铝合金制造,加胶嵌入板边槽中,方法简单	直边与曲率不大的曲边封边
金属薄板镶边法		常用铝合金薄板,用木螺钉固定,保护性强	曲边的公用桌面封边
ABS 塑料封边法		用溶剂溶解 ABS 塑料作涂料,涂刷于板边完成封边	复杂型面而又为曲边的板边封边
嵌角法	阶梯状	板角设台阶支承嵌角实木,用胶(或再加钉)紧固,抗压抗碰	易碰角部,如桌面
	圆弧状	用圆弧状实木加胶(或再加钉)紧固于板角,衔接圆润美观	碰撞较小处
包边法		覆面与封边用同一整幅材料胶黏	板面与板边间采用曲面过渡

4.2.2.4 木框

木框至少由 4 根方材纵横围合而成,可以有中档。框内嵌入拼板、覆面装饰板、镜子或玻璃,构成木框嵌板结构。构成木框的方材尺寸因结构不同而各不相同。典型木框的边框宽度为 29~52mm,厚度为 13~34mm,中档尺寸与边框相同或略窄。

(1)木框角部接合

木框角部相接可分两种,直角接合与斜角接合。直角接合牢固大方,加工简便,较常用。斜角接合较美观,但强度略低,用于外观要求较高的家具。

家具中的木框有垂直用木框(竖放木框)和水平用木框(平放木框)两种(图 4-25)。通常情况下,竖放木框应使立梃夹帽头,给人以支承有力感;水平的木框应使长边夹短边，因为从视觉上，矩形木框结构中的主要形线多与长轴平行，有利于获得协调美感。但是，家具中木框的基本构成主要取决于美观。

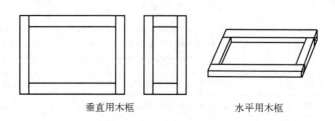

垂直用木框　　　　　　　　水平用木框

图 4-25　家居中木框的基本构成

　　直角接合主要采用各种直角榫、燕尾榫、圆榫或连接件（表 4-5），结构设计时按需选用。图 4-26 为木框角部直角接合的部分典型形式。

　　木框斜角接合常用方式的特点与应用见表 4-6。

表 4-5　木框直角接合方式的选择

接合形式			特点与应用
直角榫	依据榫头个数分	单榫	易加工，是常用形式
		双榫	需要提高接合强度，在零件的榫头厚度方向上尺寸过大时采用
		纵向双榫	零件在榫宽方向上尺寸过大时采用，可减小榫眼材的损伤，提高接合强度
	依据榫端是否贯通分	不贯通（暗）榫	较美观，是常用形式
		贯通（明）榫	强度较暗榫高，宜用于榫孔件较薄，尺寸不足榫厚的 3 倍，而外露榫端又不影响美观之处
	依据榫侧外露程度分	半闭口榫	兼有闭口榫、开口榫的长处，是常用形式
		闭口榫	构成木框尺寸准确，接合较牢，榫宽足够时采用
		开口榫	装配时方材不易扭动，榫宽较窄时采用
燕尾榫			能保证一个方向有较强的抗拔力
圆榫			接合强度比直角榫低 30%，但省料、易加工。圆榫至少用两个，以防方材扭转
连接件			可拆卸，需同时加圆榫定位

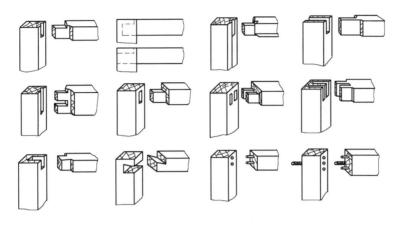

图 4-26 木框角部直角接合的部分典型形式

表 4-6 木框斜角接合的接合方式

接合方式	简图	特点与应用
单肩斜角榫		强度较高,适用于门扇边框等仅一面外露的木框角接合,暗榫适用于腿与望板间的接合
双肩斜角明榫		强度较高,适用于柜子的小门、旁板等一侧边有透盖的木框接合
双肩斜角暗榫		外表衔接优美,但强度较低,适用于床屏、屏风、沙发扶手等四面都外露的部件角部接合
插入圆榫		装配精度比整体榫低,适用于沙发扶手等角部接合

续表

接合方式	简图	特点与应用
插入板条	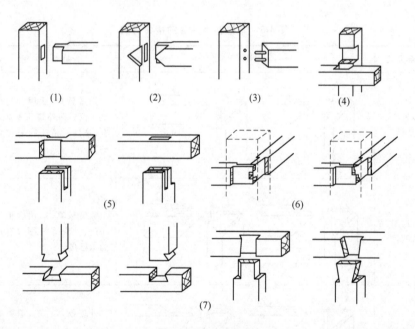	加工简便，但强度低，宜用于小镜框等角部接合

（2）丁字形结构

家具中，木框中档与边框相接、中档间的连接都是丁字形结构。丁字形结构常用接合方式见图 4-27，各种接合方式的特点与应用见表 4-7。

图 4-27　丁字形结构

表 4-7　丁字形接合的特点

图 4-27 图号	接合方式	特点与应用
（1）	直角榫	接合最牢固，依据方材的尺寸、强度与美观要求设计，有单榫、双榫和多榫，分暗榫和明榫
（2）	插肩榫	较美观，在线型要求比较细腻的家具中与木框斜角配合使用

图 4-27 图号	接合方式	特点与应用
（3）	圆榫	省料，加工简便，但强度与装配精度略低
（4）	十字搭接	中档纵横交叉使用
（5）	夹皮榫	构成中档一贯到底的外观，如用于柜体的中档
（6）	交插榫	两榫汇交于榫眼方材内时采用，如四腿用望板、横档连接的脚架接合，交插榫避免两榫干扰，保证榫长，还相互卡接提高接合强度
（7）	燕尾榫	单面卡接牢固，加工简便，主要用于覆面板内接合

（3）木框嵌板结构

在木框内侧四周的沟槽内嵌入板件就构成木框嵌板结构。木框嵌板结构可镶嵌木质拼板、饰面人造板、玻璃或镜子。木框嵌板结构形式见图 4-28。

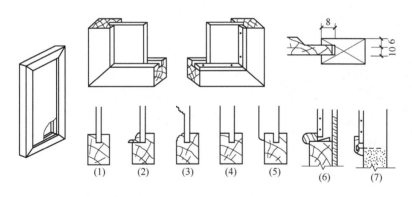

图 4-28　木框嵌板结构

家具设计中使用木框嵌板结构的设计要点：

① 在木框中固定嵌板的方法有两种：一是在木框内侧直接开槽，该方法外观平整，常用于嵌装木质拼板；二是在木框内侧裁口，嵌板用木条靠挡，木条用木螺钉或圆钉固定，该方法便于板件嵌装，板件损伤后也易于更换，还可利用木条构成凸出于框面的线条，常用于玻璃、镜子的嵌装。

② 嵌板槽深一般不小于 8mm，槽边距框面不小于 6mm，嵌板槽宽常用 10mm 左右。

③ 木框内侧要求有凸出于框面的线条时，应另用木条加工并将其装设于板件前面；若要求线条低于框面，则用边框直接加工。

④ 木框、木条、拼板起线构成的型面按造型需要设置。

⑤ 拼板的板面低于表面为常用形式，用于门扇、旁板等立面部件；板面与框面相平时用于桌面，较少用于立面部件；板面凸出于框面适用于厚拼板，胀缩不露缝，较美观，但费料费工，较少用。

⑥ 镜子的背面需用胶合板或纤维板封闭。

4.2.2.5　三方汇交榫结构

三根方材相互垂直相交于一处，以榫相接，构成三方汇交榫结构。其结构形式因使用场合不同而异，典型形式见表 4-8。

表 4-8　三方汇交榫结构的形式与应用

结构名称	简图	应用举例	应用条件	结构特点
普通直角榫	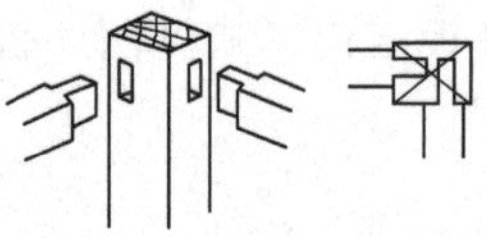	椅、柜框架连接	①直角接合 ②竖方断面足够大	用完整的直角榫
插配直角榫	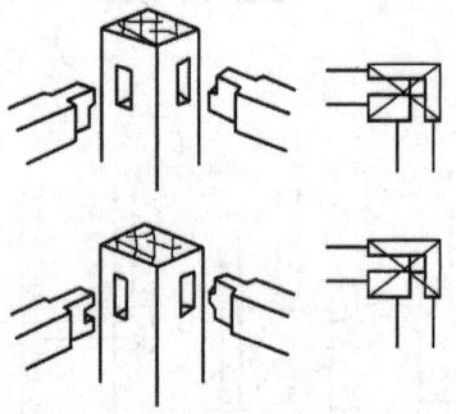	椅、柜框架连接	①直角接合 ②竖方断面不够大	纵横方材榫端相互减配、插配
错位直角榫	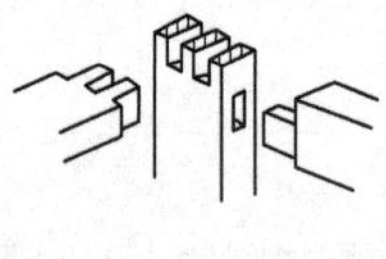	柜体框架上角连接	①直角接合 ②竖方断面不够大 ③接合强度可略低	用开口榫、减榫等方法使榫头上下相错
横竖直角榫	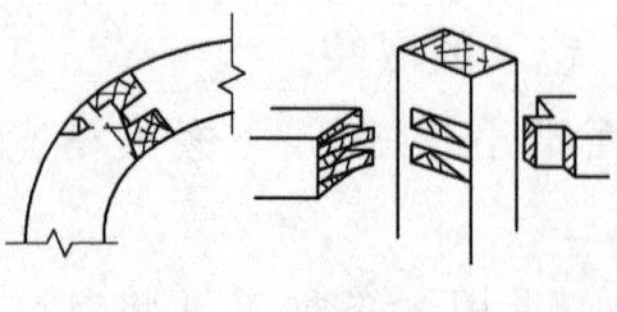	扶手椅后腿与望板的连接	①直角接合 ②弯曲的侧望板、后望板相对装入腿中	相对二榫头的颊面一横一竖，保证后望板榫长，侧望板榫接用螺钉加固

192

结构名称	简图	应用举例	应用条件	结构特点
综角榫（三碰肩）	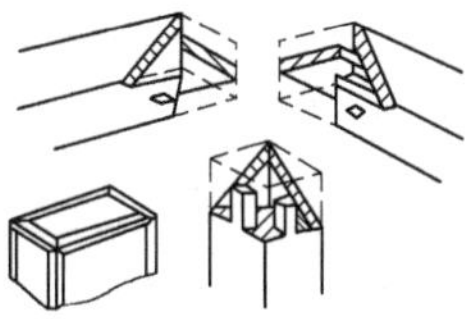	传统风格的几、柜、椅的顶角连接	顶、侧朝外三面都需有美观的斜角接合	纵横方材交叉榫数量按方材厚度决定，小榫贯通或不贯通

注：摘自《木材工业实用大全·家具卷》。

4.2.2.6 箱框

箱框是用至少 4 个板件围合而成。箱框结构构成柜体，中部可设中板。设计要点是确定角部与中板的接合。连接件接合适用于板式部件构成的箱框中。常用接合方式见图 4-29 和图 4-30。

家具结构设计中使用箱框结构的设计要点：

① 承重较大的箱框（如衣箱、抽屉、仪器盒等），可采用拼板整体多榫接合，拼板与整体多榫接合都有较高的强度。围护用的箱框（如柜体），适合用板式部件，不易变形，也可采用其他接合方式。

② 箱框角部接合中，接合强度以整体多榫为最高。在整体多榫中，又以明燕尾榫强度最高，斜形榫次之，直角榫再次。在燕尾榫中，全隐榫的两个端头都不外露，最美观；半隐榫有一个端头不外露，能保证一面美观，但它们的强度都略低于明榫。全隐燕尾榫用于包脚前角的接合，半隐燕尾榫用于抽屉前角、包脚后角的接合；明燕尾榫、斜形榫用于箱盒四角接合；直角多榫用于抽屉后角接合。

③ 各种斜角接合都有使板端不外露、外表美观的优点，但接合强度较低，可再加塞角加强，即与图 4-29 中的木条接合法联用。木条断面可为三角形、方形，用胶和木螺钉与板件连接。

④ 箱框中板接合中，直角多榫对旁板削弱较小，也较牢固，但仅适用于拼板制成的中板。板式部件的箱框适合用圆榫。槽榫接合可以在箱框构成后才插入中板，装配较方便，但对旁边有较大削弱。

⑤ 用板式部件构成柜体箱框，其角部及中板均宜采用连接件接合。接合方式详见柜体旁板、顶板连接。

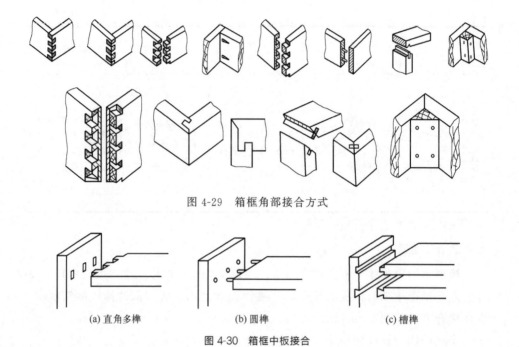

图 4-29　箱框角部接合方式

(a) 直角多榫　　　　　　(b) 圆榫　　　　　　(c) 槽榫

图 4-30　箱框中板接合

4.3　现代板式家具结构形式

传统实木家具都为框架式结构，而现代实木家具有框架式结构和板式结构。传统的实木家具结构几乎都不能拆装，而现代实木家具考虑到库存到流通成本等因素，往往要求家具的结构能拆装、待装或自装配。即便家具的造型与材料相同，只要装配要求不同，其结构也就不同。家具的构成受功能与材料的影响很大，不同用途的家具，各有自身的基本构成规律。下面对椅类、桌类、柜类家具的典型结构进行实例分析。

4.3.1　椅类家具结构

通过同一把椅子来说明不同装配要求下的椅子结构。

非拆装式椅子的典型结构：椅子的框架零件间采用直角榫接合，坐面板用木螺钉与椅子的前后、左右望板连接（图 4-31）。

采用拆装、待装或自装配结构是缩小椅子包装体积的惯用方法。椅子拆分应遵循包装体积小、装配简单、节约成本等基本原则。常用的椅子拆分方法有左右拆分法、前后拆分法、上下拆分法。前后拆分法适用于靠背部分零件多、

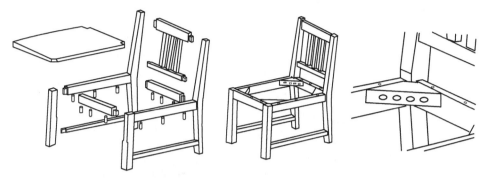

图 4-31　非拆装式椅子的结构

结构复杂的椅子。上下拆分法适用于脚架部件或底座部件、坐面连靠背的部件整体度较高、难以拆分的椅子。左右拆分法适用于上述两种情况以外，特别是针对强度要求高的椅子。图 4-32 所示是一个拆装结构实例。

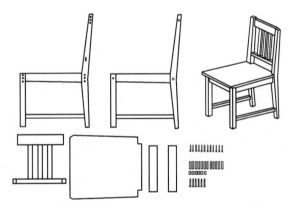

图 4-32　拆装式椅子的零部件与连接件

采用左右拆分法将椅子分解成几个部件或零件，见图 4-33。

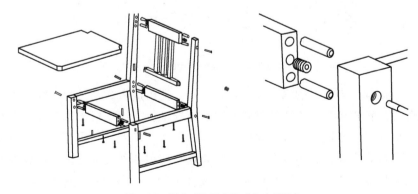

图 4-33　拆装式椅子结构（左右拆装）

采用前后拆分法将椅子分解成几个部件或零件，见图 4-34。

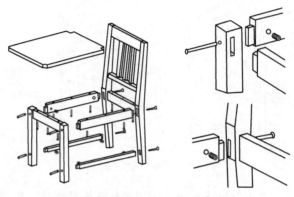

图 4-34　拆装式椅子结构（前后拆装）

4.3.2　柜类家具结构

传统实木柜通常由旁板部件、背板部件、门板部件、顶板部件、底板部件、底座部件、隔板等零件及抽屉等功能部件组成（图 4-35）。

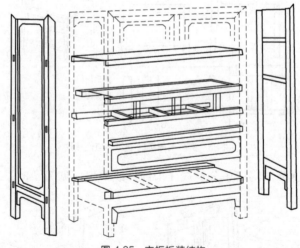

图 4-35　衣柜拆装结构

主体结构件为板件的家具称为板式家具，把组成板式家具的结构板件称为板式部件。板式部件的主要原材料有中密度纤维板、刨花板、胶合板、细木工板、集成板、空心覆面板等，这些原材料的形状、尺寸、结构及力学性能等特性决定了板式家具特有的接合方式。板式家具应用各种五金连接件将板式部件有序地连接成一体，形成了结构简洁、接合牢固、拆装自由、包装运输方便、互换性与扩展性强、利于实现标准化设计、便于木材资源有效利用和高效生产的结构特点。

板式家具五金件的品种繁多，据不完全统计，品种多达上万种，但归纳起来大致有装饰五金件、结构五金件、特殊功能五金件三大类。

装饰五金件一般安装在板式家具的外表面，主要起装饰与点缀作用。典型的品种有拉手与扣手、表面装饰贴件、装饰镶边条、装饰盖帽与盖板等。

结构五金件是指连接板式家具骨架结构板件、功能部件的五金件，是板式家具中最关键的五金件。结构五金件根据作用又可分为紧固连接五金件、位置调节五金件、活动连接五金件、吊挂支承五金件四大类，如图 4-36～图 4-39 所示。

特殊功能五金件指的是具有除装饰与接合以外作用的其他五金件。典型的有锁具、托盘、挂物架等。

图 4-36　偏心连接件——紧固连接类五金件

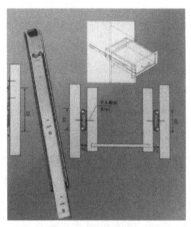

图 4-37　导轨——位置调节类五金件

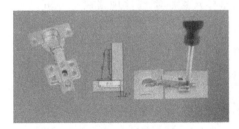

图 4-38　铰链——活动连接类五金件

图 4-39　滚轮——吊挂支承类五金件

4.3.3　现代板式家具中 32mm 系统及应用

4.3.3.1　32mm 系统的特点

32mm 系统是以 32mm 为模数的、制有标准"接口"的家具结构与制造体系。这个制造体系的标准化部件为基本单元，可以组装为采用圆榫胶接的固定式家具，或使用各类现代五金件连接的拆装式家具。

32mm 系统需要零部件上的孔间距为 32mm 的整数倍，即应使其"接口"都为 32mm 的整数倍，"接口"处都在 32mm 方格网点上，至少应保持平面坐标系中方向一致的孔位满足以上要求，从而保证实现模块化并可用排钻一次钻出，这样可提高效率并确保打眼儿的精度。

4.3.3.2　32mm 系统的规范

① 板式部件是板式家具的基本单元。

② 旁板是板式家具的核心部件，门、抽屉、顶板、面板、底板及隔板等能通过拆装式五金件连接到旁板上。

③ 旁板上开有结构孔和系统孔。结构孔主要用于连接水平结构板件，系统孔用于安装铰链、抽屉导轨、隔板等。

④ 旁板上系统孔、结构孔间的距离为 32mm 或是 32mm 的整数倍。

⑤ 系统孔的直径为 5mm，孔深约为 13mm；结构孔的孔径根据五金连接件的要求而定，一般常用的孔径为 5mm、8mm、10mm、15mm、25mm 等。

⑥ 旁板上第一列竖排系统孔中心到旁板前边缘之间的距离，盖门式结构时为 37mm，嵌门式结构时为门的嵌入量＋37mm。

4.3.3.3　32mm 系统的设计原则

板式家具的结构设计应遵循标准化、模块化、牢固性、工艺性、装配性、经济性、包装性等"二化五性"原则，具体内容简要说明如下。

（1）标准化原则

标准化原则是指设计时应考虑家具的整体尺度、零部件规格尺寸、五金连接件、产品构成形式、接合方式与接合参数的标准化与系列化问题。尽可能让家具的整体尺度、零部件形成一定的规格系列或是通用，最大限度地减少家具零部件的规格数量，给简化生产管理、提高生产效率、降低成本等提供条件。

（2）模块化原则

模块化的基础是标准化但又高于标准化。标准化注重对指定的某一类家具的零部件进行规范化、系列化处理，而模块化除了要做标准化的工作外，还要跳出指定的某一类家具这一圈子，在更大的范围内甚至是在模糊的范围内去寻求家具零部件的规范化、系列化。模块化原则就是先淡化产品的界线，以企业现在开发的所有家具产品及可预计到的未来开发的家具产品中的零部件作为考察对象，按零部件物理特征（材料、规格尺寸、构造参数）来进行归类、提炼与典型化，通过反复优化后形成零部件模块库，设计产品时在模块库中选取 N 个模块组合成家具产品。考虑到仅依赖标准的零部件模块库，可能难以完成在外形与功能上要求多变的家具产品设计，一般可以采用以标准模块库的零部件为主配上非标准模块库的零部件的方法完成家具产品开发。标准模块库是动态的，其中的少数模块可能要被修改、扩充甚至淘汰，而非标准模块库的少数模块也有可能被升级为标准模块。

（3）牢固性原则

牢固性原则即力学性能原则，就是要求家具产品的整体力学性能满足使用要求。家具的整体力学性能受基材与连接件本身的力学性能、接合参数、结构形式、加工精度、装配精度与次数等诸多因素的影响，但在设计阶段应注意原材料与连接件的选用、结构形式的确定、接合参数的选取三个问题。显然，原材料与连接件的品质直接决定家具的整体力学性能。在着手设计时，首先必须根据家具产品的品质定位、使用功能与要求、受力状况等合理选取原材料与连接件的品质与规格。家具的结构形式与接合参数的合理性，同样会对家具的整体设计产生较大影响，必须谨慎对待。

（4）工艺性原则

除极少部分的艺术家具外，绝大部分的家具产品属工业产品范畴，设计必须遵循工艺性原则。所谓工艺性原则就是要求在设计时充分考虑材料特点、设备能力、加工技术等因素，让设计出的家具便于低成本、低劳动、低能耗、省材料、高效率地制造。

（5）装配性原则

为了便于家具产品的库存流通等，板式家具一般为拆装式或待装式结构。装配性原则就是要在确保家具产品的功能和力学性能等的前提下，科学简化结构，让家具的装配工作简便快捷，实现少工具化、非专业化。如果一件家具各方面都不错，但需要带上一大堆的专用装配工具，再在客户处花费几个小时甚至一整天的时间装配，那么，不但装配成本很高，恐怕再也没有客户敢第二次买这类家具了。目前市面上的拆装家具几乎都要依赖专业安装人员安装，真正的自装配家具很少见，如果结构能简化到非专业人员也能正确安装，就可将家具的安装成本降到最低。

（6）经济性原则

经济性原则是指在保证家具产品品质的前提下，以最低的成本换取最大的经济利益。具体地说，可以从提高材料利用率，简化结构与工艺，贯彻标准化、系列化、模块化设计思想等方面着手降低设计阶段能决定的产品成本。另外，对经济性的理解还不能仅仅停留在企业的直接经济性上，还要放眼于整个社会，注重企业与社会的综合经济效益。要做到这一点有不小的难度，但还是要大力提倡。

（7）包装性原则

由于家具的品种、材料、形态、结构以及配送方式的差异，家具对包装的要求也不尽相同。在结构设计时除了要考虑上述几个原则，还要考虑包装这一因素，使最终产品的包装既经济、绿色又符合库存与物流要求，这就是包装性原则。

4.3.3.4　以单体柜类家具旁板设计为例说明 32mm 系统

旁板是设计核心，应该首先考虑，如图 4-40～图 4-42 所示。

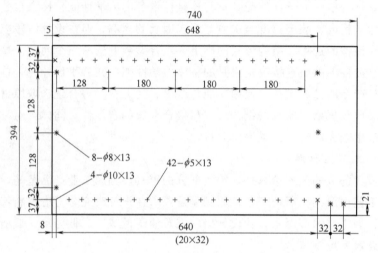

图 4-40　旁板零件图

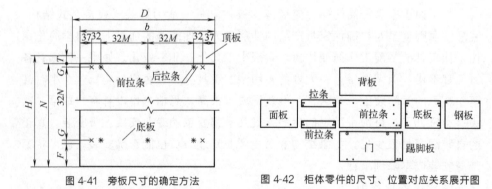

图 4-41　旁板尺寸的确定方法

图 4-42　柜体零件的尺寸、位置对应关系展开图

4.4　竹藤家具常见结构形式

4.4.1　竹家具及其结构

目前，常用于制作家具的原竹竹种有毛竹、刚竹、慈竹、桂竹、青皮竹和

茶杆竹等；在家具制作中常用的竹材主要有圆竹、竹篾、竹片、竹集成材、竹重组材等。

竹材具有良好的强度、韧性、弹性和弯曲性能，因此，可以充分利用竹材的这些特性，采用剖、冲、刨等工艺，辅以编织等技术来制作家具。

（1）原竹

原竹是指竹子经采伐、截根和除枝梢后保留圆形而中空有节的竹材竿茎。原竹不仅是实用的商品，还具有相当的观赏性，让人有回归自然的惬意，还能感受到扑面而来的中国传统文化气息。常见的原竹家具有竹椅、竹桌、竹床、竹花架、竹衣架、竹屏风等。

（2）竹集成材

竹集成材是一种可用于制造家具的新型竹基材料，是将圆竹加工成一定规格尺寸的矩形条状板片，再进行防腐、防霉、防蛀、干燥、涂胶等工艺处理后组坯、胶压而成的竹质板材或方材。竹集成材具有幅面大、变形小、尺寸稳定、强度大、刚度好、耐磨损等优点，且保留了竹材力学性能优良、收缩率低的特性。在制作家具时，可以采用实木与人造板家具的加工工艺。

（3）竹重组材

竹重组材是将竹材疏解成通长的、相互交联并保持纤维原有排列方向的疏松网状纤维束，经防腐、防蛀、干燥、施胶、组坯，并通过具有一定断面形状和尺寸的模具成型胶压而成的板材或方材。竹重组材的表面纹理富于变化，外观美丽。通过碳化处理和混色搭配制成的竹重组材，在色泽、纹理、材性等方面与红木类似。竹重组材家具结构既可以采用传统的榫卯结构，也可以采用现代的连接件，并具有良好的接合性能和表面涂饰性能。

竹基复合材料是以竹材为原料，利用现代材料制造技术制成的高性能竹基材料。目前常见的竹基复合材料有竹集成材、竹重组材等。利用竹基复合材料制造家具时要熟悉材料本身的特点，如竹重组材在尺寸上有高档实木的特点，故可以采用榫卯结构。而对于类似人造板的竹集成材则可以采用木质人造板的结构，如使用五金件来连接与支承家具制品。竹基复合材料家具结构在此不再详述。

4.4.1.1　原竹家具结构

原竹家具主要是指以原竹为基材制成的家具产品，其最大的特点在于能够较好地保存竹子最原始的天然特征。原竹家具的结构要基于竹子的基本特性来实现，如柔韧、中空等。因此，原竹家具的结构在很大程度上有别于其他基材家具的结构。中空的弯曲构件以及这些构件之间的接合技术就是实现原竹家具功能的重要因素。

（1）弯曲结构

竹材的弯曲构件是组成原竹家具框架结构的主要部件之一，是采用一定的加工工艺将竹段弯曲成竹家具的骨架。常见的方法有加热弯曲法和开凹槽弯曲法。

① 加热弯曲法。

原竹的加热弯曲法是指在一定温度下对竹材施加一定的外力将其弯曲成符合设计曲度的方法。加热的方法有火烤热弯、油浴热弯、蒸汽热弯和灌砂热弯等，其中火烤热弯法最为常见，如图 4-43 所示。加热弯曲法加工便捷、生产效率高、生产周期短，既可保持竹材的天然美，又能使竹材的强度基本不变，特别适用于小径竹材的加工制作。

图 4-43　火烤热弯法

② 开凹槽弯曲法。

开凹槽弯曲法是根据不同的弯曲要求，在竹段上计算出待开凹槽的尺寸，画线定位，铣出凹槽，并将凹槽部位加热弯曲，再把预制竹段或圆木棒填入凹槽，夹紧，冷却成型。由于原竹是中空的，因此其结构也独具特色。原竹常见的开凹槽弯曲方式有并竹弯曲、方折弯曲、锯三角槽口弯曲等。

a. 并竹弯曲结构：如图 4-44 所示，弯曲部件称为"箍"，被包部件称为"头"。制作并竹弯曲构件时，被弯曲部件构件的直径 $D \geqslant 4/3 R_头$。同时，并竹弯曲构件还有单头、双头和多头之分。开料尺寸为：

凹槽深度：$D/2 \leqslant h \leqslant 3D/4$

凹槽弧段半径：$R = r = h$

凹槽长度：$L = 2\pi r + 4 \times (n-1)r$，$n$ 为"头"数

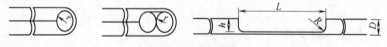

图 4-44　并竹弯曲

b. 方折弯曲结构：方折弯曲结构的类型很多，若成品为正三角形则为"三方折"，若成品为正六边形则为"六方折"，若折成某一角度 α，则称为"α角折"，如图 4-45 所示。开料尺寸为：

凹槽深度：$h \leqslant r + r\sin(\alpha/2)$

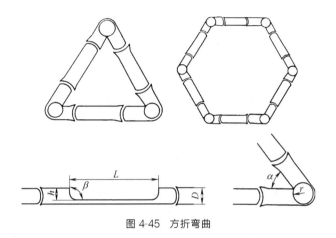

图 4-45　方折弯曲

凹槽弧段半径：$R=r$

凹槽长度：$L=2\pi r-\alpha\pi r/180°$

折角：$\beta=90°+\alpha/2$

　　c. 角圆弯曲结构：在原竹段弯曲部位的内侧，均匀锯切三角形槽口，然后用火烤加热弯曲部位后将竹段向内弯曲，冷却定型后即可得到弯曲构件。此法多用于弯曲大径原竹，其不足在于竹段强度在弯曲后会受到一定的影响，且加工工艺要求高。角圆弯曲结构如图 4-46 所示，常见于沙发扶手、圆角茶几面外框框架等部位。开料尺寸为：

弯曲部位长：$P=\alpha\pi R/180°$

开口深：$D/2\leqslant h\leqslant 3D/4$

开口宽：$L=2\pi h/180°n$

开口间距：$l=\alpha\pi r/180°n$，其中 n 为开槽数

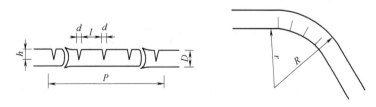

图 4-46　角圆弯曲

（2）直材的接合

　　在原竹家具构件中，除了原竹弯曲构件外，还需要一些由圆竹或竹片所构成的直型构件一起接合构成原竹家具的骨架。在直型构件中，一般常用的有圆棒连接、丁字形连接、十字形连接、L 形连接、并接、嵌接、缠接等接合方法。

① 圆棒连接。圆棒连接是把预制好的圆木芯涂胶后塞入两个需要被连接的等粗竹段空腔中，若端头有节隔，需要打通竹节后再接合，如图 4-47 所示。这种方法适用于延长等粗的竹段或闭合框架的两端。

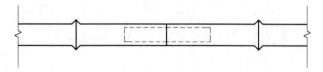

图 4-47　圆棒连接

② 丁字、十字形连接。该方法可实现同直径和不同直径竹段之间的相接。具体方法为，在一根竹段上打孔，将另一根竹段的端头做成企口形，把预制好的木芯涂上胶黏剂后插入连接。对于不同直径竹段的连接，一般是在较粗的竹段上打孔，孔径的大小与插入的竹段直径相同，涂胶后插入连接。丁字形、十字形连接如图 4-48 所示。

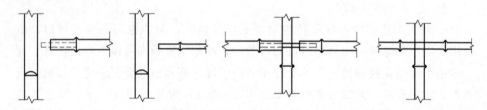

图 4-48　丁字形、十字形连接

③ L 形连接。该方法是将两根直径基本一致的竹材削成需要的角度，并保持端面的平滑完整，再将事先按照需要角度准备好的圆木芯涂上胶黏剂后塞在两根竹竿的连接端，如图 4-49 所示。L 形连接不仅可以进行 90°直角连接，还可实现其他角度的连接。

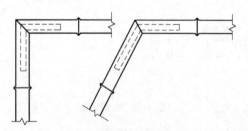

图 4-49　L 形连接

④ 并接。选择直径较小的原竹竿，将竹竿接触面的竹节加工平整，以此来减少缝隙。将处理好的竹材紧密平行摆放在一起，在合适的位置打孔，再将木螺钉、螺栓、钢丝、纤维绳等穿入孔中使其连接在一起，如图 4-50 所示。

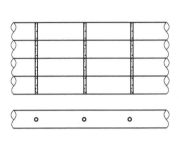

图 4-50　并接示意图及应用

⑤ 嵌接。嵌接是竹家具面层骨架和水平框架常用的接合方式，具体为一根竹段弯曲环绕另一竹段一周之后将两个端头接合在一起。操作时选用直径基本相同的竹段，取弯曲竹段的两个端头纵向削去一半，围绕另一竹段弯曲一周之后，再与保留的另一半对接而成，如图 4-51 所示。

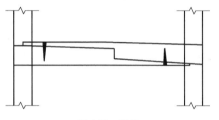

图 4-51　嵌接

⑥ 缠接。在竹材的接合处利用藤皮、塑料带、竹篾等进行缠绕，目的是增加竹材接合的牢固程度，如图 4-52 所示。这是竹、藤家具中最常见的一种连接方法。

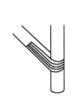
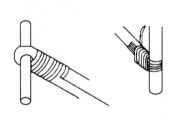
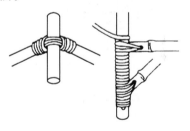

图 4-52　缠接

4.4.1.2　竹片家具结构

竹片家具是指主体由竹片所构成的嵌接家具（图 4-53）。竹片家具不仅能

图 4-53　竹片家具

够保留竹材的基本特征，同时能充分发挥竹片弹性与柔韧性好的特点。如图4-53 所示，竹片制成的椅子不仅造型新颖，也方便实用。

（1）常见竹片家具构件与结构

① 竹条拼面与竹排拼面。竹条拼面是在竹质框架相对应的两边打上相应的孔洞，在竹条上制作榫头，涂胶后将竹片一根根平行插入而成，同时，两端需要采用竹销钉加固，如图4-54 所示。常见的榫接合方式有圆榫接合、方榫接合、双圆榫接合、半圆榫接合、尖头榫接合等。如果竹条过长，还需要在竹条下增加横档，并在横档和竹条上打孔，再使用绳索或是竹钉将竹条固定于横档上。这一类构件主要用于竹质坐具和柜体的侧板等地方。

竹排拼面是将大直径的竹材劈成所需尺寸，除节后对两端进行细劈，被细劈后的竹条在端部处于不完全分离的相连状态；再由竹条排列成竹排，然后在竹排的背面避开节子横向锯口，锯口深度为竹条厚度的 2/3，并向一个方向纵劈50mm 左右，在锯口处嵌入竹篾进行连接，如图4-55 所示。竹排拼面多用于大型竹桌、竹床等板件。

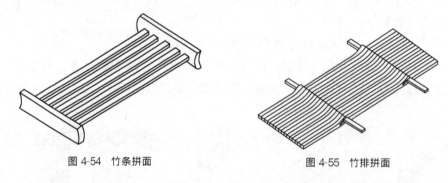

图 4-54　竹条拼面　　　　　　　　　　图 4-55　竹排拼面

② 竹帘板和麻将块。竹帘板是将竹材加工成断面为矩形的竹条，并将接合面竹节削平，用直尺在其背面画上"W"形线，在竹片上按照画线方向钻孔，再用铁丝或尼龙绳固定，如图4-56 所示。竹帘板一般选用直径在 80mm以上、厚度在 5mm 以上的厚壁大直径竹材。除了用竹片之外，竹帘板还可以使用直径为 6mm 左右的圆竹。竹帘板常用作一般的层板和椅类的座板、靠背板与竹条席子等。麻将块是选用大径厚壁竹材加工成宽约 20mm、长 35mm 的竹块，砂光四边棱角，竹块中心线部位打"十"形或"＝"形孔，再用弹性和韧性好的绳子穿结而成，如图4-57 所示。麻将块常用于制作麻将块沙发垫、麻将块席子等。

（2）竹片家具的装配

竹片家具的装配是将加工好的零部件按照要求组装成一个完整的家具。常见的装配结构有销钉、压条等。

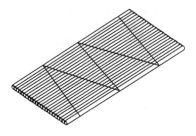

图 4-56　圆竹片竹帘板

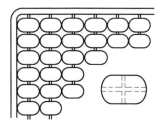

图 4-57　麻将块

① 销钉接合。

a. 圆钉与螺钉接合。主要是用圆钉与螺钉将竹制构件连接在一起的方法。为了方便圆钉和螺钉钉入而防止竹材破裂，需在竹材上钻孔，然后再钉合，如图 4-58 所示。

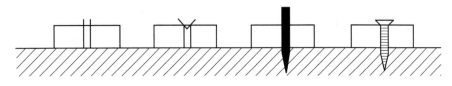

图 4-58　钻孔与钉接合

b. 竹销钉接合。在销钉接合中，除了使用机制圆钉与螺钉外，还可以就地取材，直接利用竹子制成的竹销钉来连接与锁紧。竹销钉的用法是将老竹子的竹青部分削成前端尖细后部稍粗的长形圆锥状竹销钉，把竹销钉打入孔洞中，再把多余部分削平即可。也可用铁钉或木螺钉代替，但方形竹销钉可以更有效地防止松动，如图 4-59 所示。

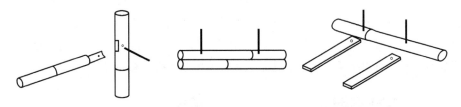

图 4-59　竹销钉接合

② 压条接合。压条是用于固定板面竹条端头的宽竹片，常用毛竹竹片削制而成。竹质家具的板面通常是安放在框架上的，中间有托撑支承。压条则用于夹住板面竹条端部使之平齐而不翘起，如图 4-60 所示。它不仅具有固定作用，还具有增强结构的功能。

③ 缠接接合。缠接接合是在竹制构件的接合处利用藤皮、竹篾等进行缠绕以此来增加竹材接合的牢固程度，如图 4-61 所示。此法多用于框架与框架

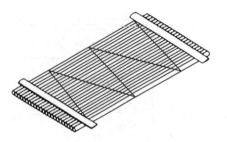

图 4-60　压条接合

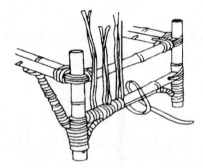

图 4-61　缠接接合

的部件装配中，能增加竹家具的稳定性和强度。

④ 胶黏剂接合。竹家具的框架、面层或竹编织的缘口在装配时，有关部位需涂胶黏剂进行加固。常用的胶黏剂有：蛋白胶、聚乙酸乙烯树脂胶（乳白胶）、脲醛树脂胶等。

⑤ 活动结构。活动结构用于竹家具中需要转动或滑动部位的装配。转动的部件在转动交叉部位打孔，用金属件连接作为轴，即在竹子上打孔或者在竹子端头开槽，把预制好的金属杆、竹段或木条穿过孔洞或者嵌入端头槽中，形成滑动部件，常见的有竹子折叠床、竹子躺椅、竹框架滑动门等。如图 4-62 所示的活动结构竹质家具，虽然可以折叠，但主要还是依靠金属折叠连接件来完成的。

图 4-62　活动结构竹质家具

⑥ 板式部件结构。板式结构的竹家具主要是指用竹集成材制成的家具，其结构与木质人造板板式家具结构类似，请参见板式家具结构部分，在此不再赘述。

实际上，对于任何一件家具产品来说，一般都是集几种不同的结构于一体。如图 4-63 所示的原竹椅，其造型简洁、质朴，但在结构上也有方折弯曲、锯三角槽口弯曲、丁字和十字形连接、竹条拼面、竹销钉接合、压条接合等多种结构。

图 4-63 使用多种结构与工艺的原竹椅子

4.4.2 藤家具及其结构

藤家具是以藤材为主要基材制作而成的一类家具，也是历史上古老的家具之一。藤条质地牢固、韧性很强，加之热传导性能差、冬暖夏凉等优势，因而适合制作家具。藤材可分为藤皮、藤芯、原藤条、磨皮藤条等。图 4-64 所示为不同类型与风格的藤家具。

图 4-64 不同类型与风格的藤家具

　　藤材作为一种轻质的天然材料在家具制作中应用很广，它不仅可单独用于制造家具，而且还可以与木材、竹材、金属配合使用。其在竹家具中又可以作为辅助材料，用于骨架着力部件的缠接及板面竹条的串连。同时，藤材柔韧，因此可利用藤条、藤芯、藤皮等来编织各种式样的图案，用于靠背、座面等部位。常见的藤家具有藤椅、藤床、藤箱、藤屏风等。藤家具常用的藤材种类主要有棕榈藤、青藤等。

　　（1）棕榈藤

　　棕榈藤属于木质藤本植物，性能优良，是藤家具最主要的用材。棕榈藤柔韧、耐水、抗拉强度大，且具有一定的弹性，主要用于编织品。棕榈藤比较柔软，在制作家具时一般结合支承结构起增强作用；也可作为辅助材料用于家具骨架受力部件的缠接及板条的串连。

　　（2）青藤

　　青藤是我国特有的野生植物资源，也是我国藤家具的主要生产原料之一。青藤的茎为实心，干后表皮为米黄色，制成的家具光滑悦目。

　　（3）其他藤类

　　其他藤类包括葛藤、紫藤、鸡血藤等。其弯曲性能和编织性能都与棕榈藤相似，但品质较棕榈藤差，多用于藤家具的编织。

4.4.2.1　藤家具骨架

　　藤家具多采用框架作为支承，在框架的基础上附设其他装配结构。框架根据材料不同，可以分为藤框架、竹框架、木框架、金属框架以及几种材料的组合框架等，其中竹框架和藤框架使用较多。藤家具的框架结构不仅决定家具的外观造型，而且还是家具主要受力部分。因此，框架结构的合理性直接影响藤家具的强度、稳定性和外观造型。图 4-65 所示的金属框架则多用于户外藤家具。

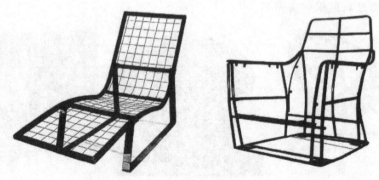

图 4-65　户外藤家具的金属框架

4.4.2.2　藤家具框架连接方式

制作藤家具框架的材料有多种，不同材料的框架在结构方面也不一样。金属框架多为焊接，实木框架采用榫卯结构和胶接合居多，而以竹和藤材料为框架的藤家具框架又有其自身的特点，常见的连接方法有：钉接合、木螺钉接合、榫接合、胶接合、连接件接合、包接、缠接等。目前，钉接合和木螺钉接合是应用最广泛的结构连接方法。由于木材、金属等材料的连接方式在其他章节中有详细介绍，在此主要介绍以藤材为主的藤家具框架结构及连接方法。

（1）钉接合

钉接合主要用于藤条的拼宽、接长，横材与竖材的角部接合（如 T 字接、L 形接、十字接、斜撑接、U 字接和 V 字接）等，如图 4-66 所示。常见的金属钉包括圆钉、射钉和 U 形钉等，钉接合时常用胶黏剂加固。钉接合方法简单易行，但加工过程中尽量在藤条收尾处留出一定长度，防止钉接合时藤条发生劈裂而影响美观与牢固性。

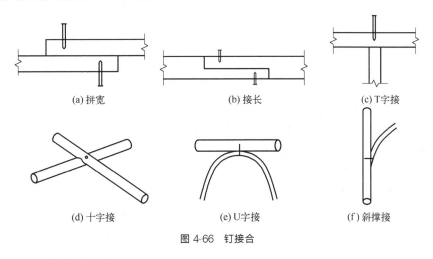

(a) 拼宽　　　　　　　(b) 接长　　　　　　　(c) T 字接

(d) 十字接　　　　　　(e) U 字接　　　　　　(f) 斜撑接

图 4-66　钉接合

（2）木螺钉接合

木螺钉接合用于横、竖材的角部接合，连接时需要预钻孔，如图 4-67 所示。常用的木螺钉有盘头木螺钉、沉头木螺钉。木螺钉连接方便、强度较高，是现代藤家具制造应用较多的连接方式。用木螺钉连接的藤家具构件具有一定的拆装性，但拆装次数有限。

（3）榫接合

榫接合主要用于藤条的接长（端向对接）、两肩的 T 字接或 L 形接、横材与竖材的接合、十字接、交叉接、构件弯曲对接等，如图 4-68 所示。榫接合的方式主要有企口榫和圆棒榫，接合时需与胶接合或钉接合配合使用。榫接合

211

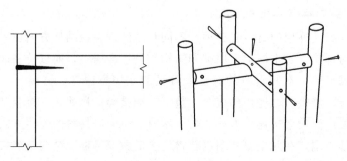

图 4-67　木螺钉接合

的强度较高，外观效果好，但工艺过程较复杂。用圆棒榫接长和弯曲对接是现代藤家具制作中广泛应用的方法。

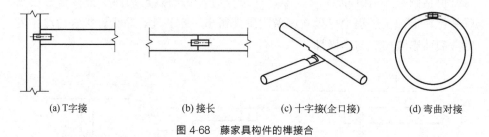

(a) T字接　　　　　(b) 接长　　　　　(c) 十字接(企口接)　　　　(d) 弯曲对接

图 4-68　藤家具构件的榫接合

（4）胶接合

胶接合一般是与其他方法配合使用，是一种辅助连接方法。通常使用胶合性能好、符合环保要求的乳白胶。

（5）包接接合

包接接合是将一段藤材（横材）弯曲环绕另一段藤材（竖材）一周后再将

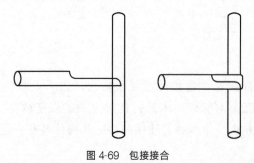

图 4-69　包接接合

其端头与主体藤材（横材）连接（可用胶和圆钉或竹销钉固定）的方法，常用于 T 字连接部位，如图 4-69 所示。这种方法在连接之前需将藤材（横材）一端锯去或削去一半，以便将弯曲环绕后的端头连接部位固定平整。

（6）缠接或包角接合

缠接法主要用于连接与固定藤家具的框架及构件，主要是在其他连接方法的基础上对结构起加固作用。缠接材料有藤皮、牛皮及纤维材料等。缠接结构常用于框架的 T 字接、十字接、斜撑接、L 形接等。

① T 字接。T 字接一般有两种结构，一种是在横材上钻孔，藤皮通过小孔将接合处缠牢，如图 4-70（a）所示；另一种是不在横材上钻孔，用钉子（多用射钉）先把包裹在接合处的藤皮（或细藤芯）端头固定，再用藤皮将钉和藤皮端缠住，如图 4-70（b）所示。

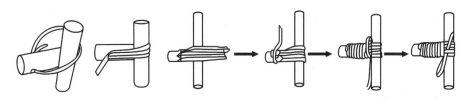

(a) T 字钻孔缠接法　　　　　　　　　　(b) T 字钉子固定缠接法

图 4-70　藤家具的 T 字缠接法

② 立体 T 字角接合。立体 T 字角接合与 T 字接基本相同，先用钉固定藤皮（或细藤芯）端部与水平材，再用藤皮（或细藤芯）将水平材上的钉和端头固定，如图 4-71 所示。

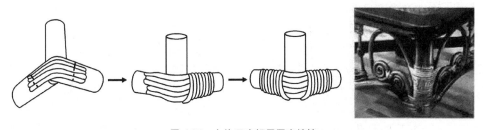

图 4-71　立体 T 字钉子固定缠接

③ 十字接。十字接的连接结构由于缠接方法的不同，可分为沿对角线方向缠接、沿对角和平行方向混合缠接两种，后者可获得更大的接合强度与稳定性，如图 4-72 和图 4-73 所示。

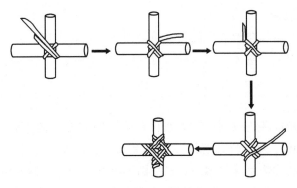

图 4-72　十字对角缠接

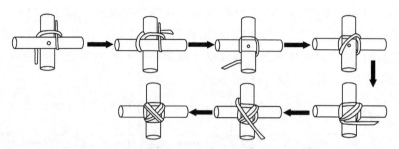

图 4-73　十字对角和平行混合缠接

除上述缠接方法外，还有斜撑接缠绕（图 4-74）、U 形接合缠绕（图 4-75）、L 形接合缠绕（图 4-76）等。

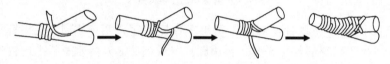

图 4-74　斜撑接缠绕法

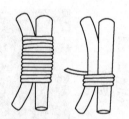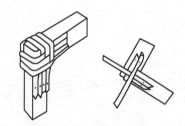

图 4-75　U 形接合缠绕法　　　　　　图 4-76　L 形接合缠绕法

4.4.2.3　藤家具编织结构

在藤家具中大量使用藤皮、藤芯、藤条或竹篾等的编织结构来构成家具的面和体。常用的有单独编织法、连续编织法和图案编织法。

（1）单独编织

单独编织是用藤条编织成结扣和单独图案。结扣用于连接构件，图案用在不受力的编织面上。图 4-77 中所示，就是用藤皮或藤条编织出单独的结扣与图案。

（2）连续编织

连续编织是以藤皮或细藤芯为基材，采用四方连续构图的方法编织成面，用作椅凳等家具受力面及其他储存类家具的围护结构。其中，使用藤皮、竹篾、藤条编织的称为扁平材编织；采用圆形材编织的称为圆材编织。在连续编织中，有一种穿结法编织，即用藤条或芯条在框架上做垂直方形或菱形排列，

图 4-77　单独编织及应用

并在框架构件连接处用藤皮缠接，然后再以小规格的材料在适当间距做各种图案穿接，如图 4-78 所示。

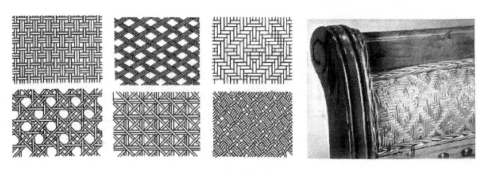

图 4-78　连续编织及应用

（3）图案编织

在藤编中，图案编织是指用圆形藤材编织构成各种形状和图案，安装在家具的框架上，起到装饰作用及对受力构件的辅助作用，如图 4-79 所示。

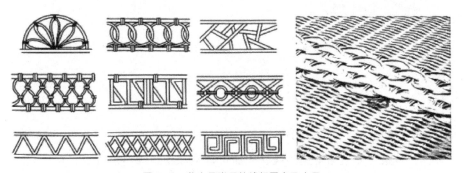

图 4-79　藤家具常用的编织图案及应用

4.4.2.4　藤家具座面结构

众多的藤家具产品中以坐具居多，座面结构有框架结构、支承板结构和绷带结构。一般情况下，表层的编织面均非主要受力部位，更多的是起装饰作用。

（1）框架结构

框架结构是使用木（金属、塑料、竹）构件制作框架，以采用榫接合的木质框为例：先在木质框上钻孔，再用藤皮和细藤条进行编织，如图 4-80 所示。编结形式有实心型和通透型两种。

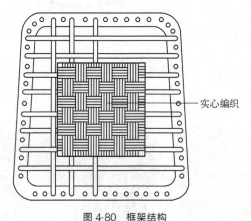

——实心编织

图 4-80　框架结构

（2）支承板结构

支承板结构是在塑料板、木板等材料的边缘钻孔，再用藤条或藤皮接合底板编织形成面层，面层与板之间有棕丝等填充物，如图 4-81 所示。

（3）绷带结构

绷带结构是在一些木质与金属框架的藤家具座面结构中，为保证造型需要，利用绷带作为受力结构，绷带固定于框架，以绷带为基础，利用藤皮或藤条编织面层，如图 4-82 所示。

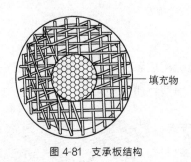

——填充物

图 4-81　支承板结构

图 4-82　绷带结构

4.4.3　竹、藤编织图案构成与结构

4.4.3.1　常见竹、藤编织图案

竹、藤家具编织图案是靠线材的曲折盘旋和编织缠绕形成的，在竹、藤家具中主要有结饰和各类图案纹样。

（1）结饰

结饰在竹、藤家具中主要用作竹篾、藤条和藤皮的接长、编织收尾及装饰，多用于家具边角部位，并主要以装饰形式出现。常见的结饰有平结、女结、单圈扣结、蝴蝶结、菱形结、方形结、梅花结、环式结、花圈结、旋式花结、球式结、挂结、总角结、纽扣结、蝉结、吉祥结、袈裟结、十字结、酢浆草结、万字结、平安结、双线结、蛇结、团锦结、太阳结、藻井结、玫瑰花结、四盘线结、双联结、双套结等多种。图 4-83 所示为一些常见的结饰纹样。

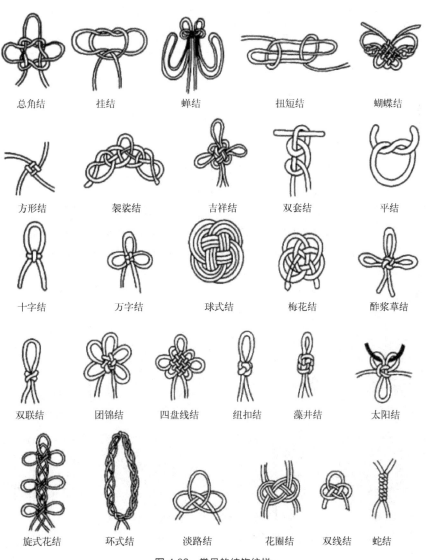

| 总角结 | 挂结 | 蝉结 | 扭短结 | 蝴蝶结 |

| 方形结 | 袈裟结 | 吉祥结 | 双套结 | 平结 |

| 十字结 | 万字结 | 球式结 | 梅花结 | 酢浆草结 |

| 双联结 | 团锦结 | 四盘线结 | 纽扣结 | 藻井结 | 太阳结 |

| 旋式花结 | 环式结 | 淡路结 | 花圈结 | 双线结 | 蛇结 |

图 4-83　常见的结饰纹样

（2）面层图案纹样

在竹、藤家具的面层构成中，装饰图案纹样是重要的组成部分。面层图案的类型多样，从编结起首的形式来说，就有圆形、方格形、人字形、多角形、边缘起首法等；从编织材料来说，有圆材（细藤条、藤芯）编、扁材（藤皮或竹篾）混合编；从编织方法来说，有连续编、穿插编、编与结混合；从图案纹样的图形编织类别来说，有圆形编插类、方格形编插类、三角孔编插类、蛇眼编插类、胡椒形编插类、人字形编织类、箩筐式编织类、立体方块编织类、编结组成类等。表 4-9 和图 4-84 列出了一些常见的面层纹样类型及图案。

表 4-9　常见编织图案纹样类型

分类	纹样类型
圆形编插类	米字纹、井字纹、田字纹、放射纹、环式纹等
方格形编插类	经纬压一交错纹、经纬压二交错纹、两一相间纹、三一相间纹、方孔加强编插纹、方孔穿插编、菱形纹、八角编插纹等
胡椒形编插类	胡椒形编插纹、胡椒孔单条穿插纹、浮菊式编插纹、车花式编插纹、桔梗花式编插纹、龟甲形编插纹、胡椒套叠穿结纹等
人字形编织类	人字形对称纹、人字形对称连续纹、文字纹等
箩筐式编织类	双经错一箩筐纹、绞丝式箩筐纹（绳形纹）、箭羽式箩筐纹（绳形相对纹）、穿插式箩筐纹、盔甲式箩筐纹（绳形辫子纹）、中国式箩筐纹、栅栏式箩筐纹等
编结组成类	横栅式编结纹、四孔相错编结纹、反正部分编结纹、涡卷式编结纹、蛛网式编结纹、联花式编结纹

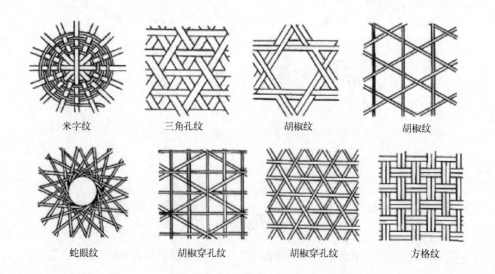

米字纹　　　　三角孔纹　　　　胡椒纹　　　　胡椒纹

蛇眼纹　　　　胡椒穿孔纹　　　　胡椒穿孔纹　　　　方格纹

二一相间纹　　　方孔穿插纹　　　三一相间纹　　　八角孔眼纹

嵌套胡椒纹　　　车花纹　　　浮菊纹　　　菱形纹

胡椒穿插纹　　　桔梗花纹　　　桔梗花纹　　　胡椒套叠穿结纹

立体方块纹　　　人字纹　　　福字纹　　　人字对称连续纹

人字对称纹　　　蛛网式编结纹　　　联花式编结纹　　　圆形编结纹

图 4-84　面层图案纹样

219

（3）框体缠接纹样

在竹、藤家具框体长形构件（方形、长方形或圆形断面）的表面常用缠扎纹样装饰，既可以增加强度，同时能够使家具纹样、材料质地整体协调，更能起到美化和装饰作用。常用的缠扎纹样有素缠、单筋缠、双筋缠、飞鸟缠、雷纹缠、交错缠、箭矢缠、结花缠、侧结缠、留筋缠（夹藤缠）、菱形缠（素棱缠、间棱缠及蛇腹缠）等。图 4-85 所示为几种常见的框体缠接纹样。

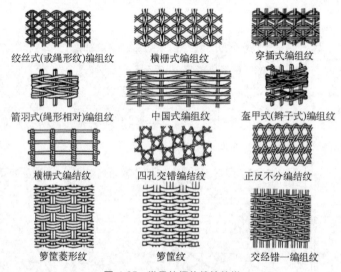

绞丝式(或绳形纹)编组纹　　横栅式编组纹　　穿插式编组纹

箭羽式(绳形相对)编组纹　　中国式编组纹　　盔甲式(辫子式)编组纹

横栅式编结纹　　四孔交错编结纹　　正反不分编结纹

笋筐菱形纹　　笋筐纹　　交经错一编组纹

图 4-85　常见的框体缠接纹样

（4）结构缠接纹样

缠接纹样除了起装饰作用之外，还是竹、藤家具连接结构的一部分。其在家具的造型上属于可变化要素，通常以点的形式出现，尤其是不同色彩的缠接纹样，能够起到极强的装饰作用。竹、藤家具中常见的缠接纹样有素缠纹、绑扎纹、缠绑混合纹、留筋缠扎纹、横竖素缠纹、交错缠接纹等，其中，交错缠接的装饰作用较强。图 4-86 所示为几种常见的结构缠接纹样。

（5）包角纹样

包角是竹、藤家具角部的一种装饰，作用是使连接结构得以掩盖，同时又加以美化，也加强了家具角部结构。当角的结构及构件形式不同时，包角样式也随之改变。对于圆形构件，有双面包角和三面包角；对于方形构件，有人字形包角和方格形包角。图 4-87 所示为几种常见的包角纹样。

（6）收口纹样

竹、藤家具通过收口纹样的运用，能使编织纹样收分有序、边部圆滑顺畅、过渡自然，同时也能丰富家具的造型。常见的收口纹样形式有开边收口、

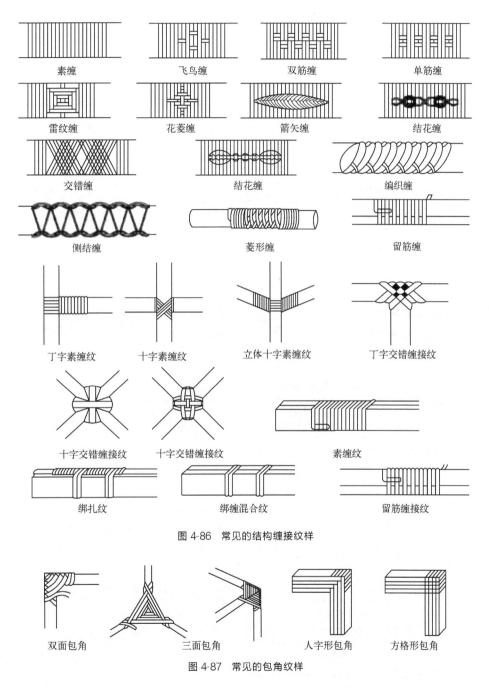

图 4-86　常见的结构缠接纹样

图 4-87　常见的包角纹样

闭缘收口、综合收口及人字形收口。开边收口又包括连续开边收口纹样、间一
开边收口纹样、间二开边收口纹样；闭缘收口包括压一闭缘收口纹样、压二挑

一闭缘收口纹样、压二挑二压一闭缘收口纹样；综合收口包括双层闭缘收口纹样、连锁收口纹样、加强卷边收口纹样、环式穿插收口纹样、闭缘编组收口纹样、双层穿插收口纹样。图 4-88 所示为几种常见的收口纹样。

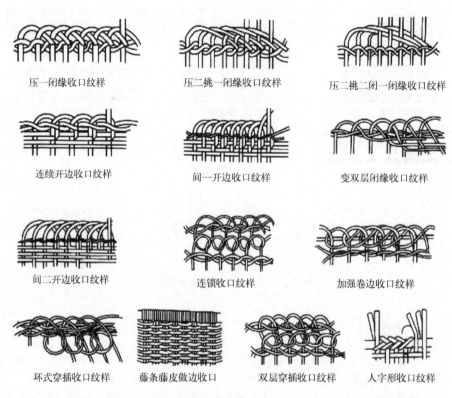

压一闭缘收口纹样　　压二挑一闭缘收口纹样　　压二挑二闭一闭缘收口纹样

连续开边收口纹样　　间一开边收口纹样　　变双层闭缘收口纹样

间二开边收口纹样　　连锁收口纹样　　加强卷边收口纹样

环式穿插收口纹样　　藤条藤皮做边收口　　双层穿插收口纹样　　人字形收口纹样

图 4-88　常见的收口纹样

（7）线脚装饰纹样

在竹、藤家具中，为打破单调感，会用到线脚装饰。常见的线脚装饰纹样有一字纹、绳形纹、人字纹等，如图 4-89 所示。

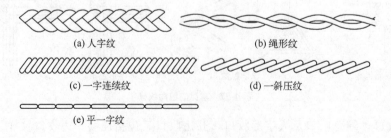

(a) 人字纹　　(b) 绳形纹

(c) 一字连续纹　　(d) 一斜压纹

(e) 平一字纹

图 4-89　线脚装饰纹样

4.4.3.2　竹、藤编织结构

编织作为竹、藤家具制作的重要环节，是制造竹、藤家具必不可少的工艺方法，也是竹、藤家具装饰的重要手段。通过编织能够产生形式、风格不同的花纹，使竹、藤家具产生独特的装饰效果。编织材料截面形状不同，其编织的装饰效果也有差异。常见的有人字形编织、十字形编织、三角孔编织、双重三角编织、六角眼编织、回字形编织、梯形编织、圆口编织、菊底编织等。

（1）一挑一编织

此编法是先将经材排列好，纬材按 1/1 编织，一条藤皮（竹篾）在上，一条在下进行交织，编法极为简单，如图 4-90（a）所示。该法可演变成各种试样，如 4/4 编法，如图 4-90（b）所示；两一相间编法，如图 4-90（c）所示；或 3/3、2/2 编法。

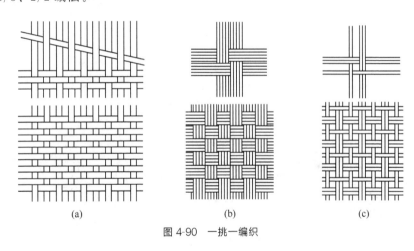

(a)　　　　　　　(b)　　　　　　　(c)

图 4-90　一挑一编织

（2）斜纹编织

此编法是当横的纬材第二条穿织时，必须间隔直的一条，依二上二下穿织，第三条再间隔一条，于纬材方面呈步阶式排列，如图 4-91（a）所示。除挑二压二方式也可采 3/3 编法，如图 4-91（b）所示，或采用 4/4 编法，如图 4-91（c）所示。

（3）三角孔编织

三角孔编织法是用三条竹篾依次交叉叠加，中间间隔角度相等，然后加入六条竹篾穿插叠加，以此类推，如图 4-92 所示。

（4）双重三角编织

双重三角编织法以六条藤皮（竹篾）起编，而后增加六条，了解藤皮（竹篾）之间的构成关系后，逐渐增加，如图 4-93 所示。

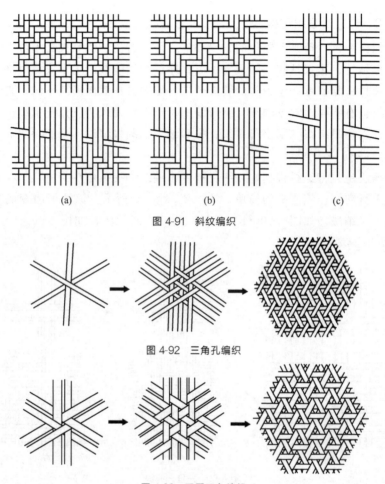

图 4-91　斜纹编织

图 4-92　三角孔编织

图 4-93　双重三角编织

（5）六角眼编织

六角眼编织法是用三条藤皮（竹篾）起头，再用三条藤皮（竹篾）穿插，然后再用六条藤皮（竹篾）叠加，篾条之间两两平行，互相交织、挑压，形成六角形的空心图案，如图 4-94 所示。

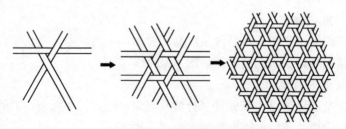

图 4-94　六角眼编织

（6）菱形编织

菱形编织法是将四片经篾交叉，在交叉口编入纬篾，即呈菱形图案，如图 4-95 所示。

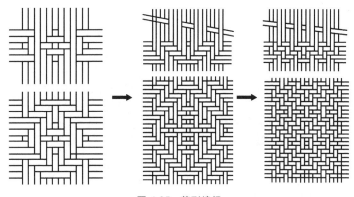

图 4-95　菱形编织

（7）梯形编织

梯形编织法是将经材排列好备用，第一条纬材以六上二下编织，第二条纬材以五上三下编织，第三条纬材以四上四下编织，第四条纬材以三上五下编织，第五条纬材以二上六下编织，即成梯形步阶式图案，以五条纬材为单位，依序增加编成，如图 4-96 所示。

图 4-96　梯形编织法

（8）圆口编织

圆口编织法是先以四条藤皮（竹篾）为一个单位，依序重叠散开，再增加四条，编织时注意其交织顺序，然后逐渐增加，如图 4-97 所示。

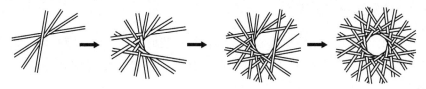

图 4-97　圆口编织法

（9）菊底编织

菊底编织法是八条藤皮（竹篾）以中心点交叠，排成放射状，如菊形；再以篾丝做一上一下绕圆编织。在第二圈开始处，先于第一、第二藤皮（竹篾）之上做一次二上编织，然后再做一上一下绕编，第三圈开始是在第二、第三藤皮（竹篾）处做二上编织，以此类推，如图 4-98 所示。

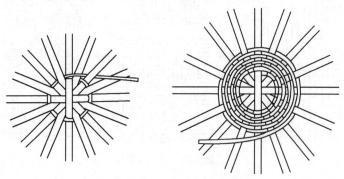

图 4-98　菊底编织法

（10）收口编织

收口编织是指在面层编织完成后，将剩余的经线加以处理的方法。可将剩余的藤皮（竹篾）进行绕扎处理，也可另外用藤皮（竹篾）进行绕扎处理，以加强面层的张紧度，防止松弛。在实际生产中，有时为了加强收口的强度，用小径级藤条或竹篾作加强条，如图 4-99 所示。

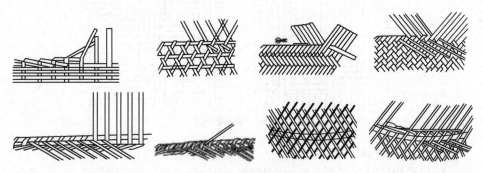

图 4-99　收口编织法

4.4.4　竹家具新型结构

随着现代加工技术的发展，在发挥传统技艺的基础上，新颖的竹、藤家具结构不断得到应用。以竹家具为例，如套接、榫接、注塑增强等均得到了应用。

（1）套接结构

套接结构是通过套筒内壁与竹竿的紧配合来实现连接的一种方法。其拆卸时，仅需松开套筒内径调节结构，抽出竹竿即可，因此连接强度高、拆装方便、可进行批量化生产、储存和运输便捷、可降低空间的占用、节省成本。其维护方便，仅将损坏的部分进行更换即可。常用的有一字形、弯头型、丁字与十字形等几种。

① 一字形套接连接。一字形套接连接多用于将竹竿接长，分台阶式一字形套接连接件和外裹式一字形套接连接件。一字形套接连接特别适合连接竖直方向上的零部件（如高柜的立柱、架子床的立柱），此时竹竿零部件所受的力可在竹竿间由上往下传递，连接件基本上不受力，所以经接长的部件可承受较大载荷。连接方式如图 4-100 所示。

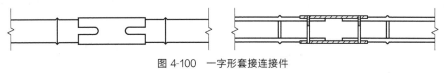

图 4-100　一字形套接连接件

② 弯头型套接连接。弯头型套接连接用于两个相互垂直（或呈一定角度）的竹竿之间的连接，有台阶式套接连接件和内套式连接件两种，可用于扶手部件的连接、座椅靠背的立梃与搭脑的连接等。连接方式如图 4-101 所示。

图 4-101　弯头型套接连接件

③ 丁字、十字形套接连接。丁字、十字形套接连接用于将三个或四个竹竿连接成丁字或十字形部件，用于桌、几、案、台等腿与横档的连接、床梃和床屏的连接等，如图 4-102 和图 4-103 所示。

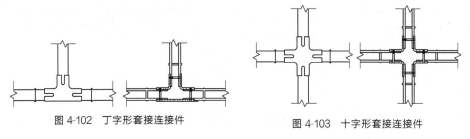

图 4-102　丁字形套接连接件　　　图 4-103　十字形套接连接件

（2）螺栓-螺母连接

连接件由圆柱螺母、紧固螺栓等组成。使用时，先将圆柱螺母装于竹竿腔内，接合时，紧固螺栓一端穿过另一竹竿的螺孔，对准圆榫式螺母旋紧，另一端对准圆柱螺母的螺孔旋紧即可，如图 4-104 所示。针对中空的竹材，采用如图 4-105 所示的塑料膨胀头螺栓连接结构也不失为一种牢固、快捷的连接方法。

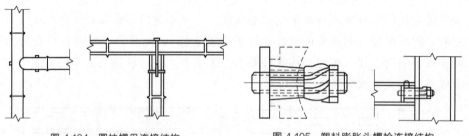

图 4-104　圆柱螺母连接结构　　　　图 4-105　塑料膨胀头螺栓连接结构

（3）榫接合结构

① 双肩竹榫贯通连接。双肩竹榫接合方式即将用作横档的圆竹端面等分成两个榫头，在桌腿或椅腿相对应位置开两个榫孔，如图 4-106 所示，常用在桌腿与横档、椅腿与横档的接合处。该连接结构制作简单、外观简洁、稳固性较好。

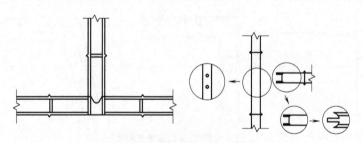

图 4-106　双肩竹榫贯通连接

② 插入榫连接。插入榫接合是将预制的木质插件（榫）置于竹竿腔内实现紧密配合从而将两个构件连接在一起，如图 4-107 所示。同时，这种木质插

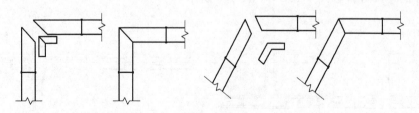

图 4-107　插入榫连接

件（榫）隐蔽性好，对圆竹家具整体的外观没有任何影响，依然能够保留其清新、自然、质朴的风格。

（4）注塑增强结构

注塑增强结构是采用建筑中的 CFST 钢管混凝土技术，对圆竹连接点进行局部注塑以增加强度，常用的注塑材料包括橡胶、树脂、塑料、混凝土等。通过注塑后的竹材，可以根据家具的需要设计出很多新的结构，如榫结构（包括丁字榫、夹头榫等），如图 4-108 所示；五金连接件结构（包括偏心连接件、三合一连接件、预埋五金件）等，如图 4-109 所示。

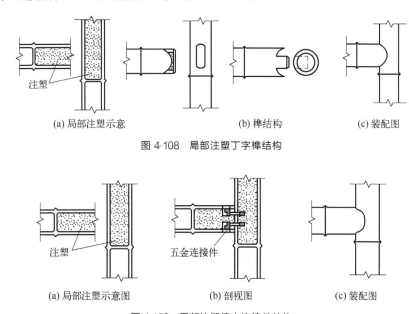

(a) 局部注塑示意　　　　　　(b) 榫结构　　　　　　(c) 装配图

图 4-108　局部注塑丁字榫结构

(a) 局部注塑示意图　　　　(b) 剖视图　　　　(c) 装配图

图 4-109　局部注塑偏心连接件结构

竹材与藤材在柔性、韧性等方面有着相似的特点，因此在家具制作方面也有共性。可以充分利用其柔性好、韧性强的特点，通过各种编织、缠绕、捆扎技法来构建竹、藤家具。同时，也需要根据竹材中空、藤材质轻的特点有针对性地开展新型结构的研究与探讨。

第 5 章

木家具制造工艺技术

5.1 传统古家具制作技艺

中国传统古家具基于传统文化积淀和老手艺人的口传身授，其知识体系关联到传统家具的类型、材质、结构、制作和工具运用等方面一整套的传统技术，关联到地方风俗特点和家具尺度的历史演变，以及传统古家具的艺术形式和内容特点等方面的问题。

5.1.1 传统古家具类型特点

传统古家具类型，是指家具的分类形式，是人们在家具的运用和需求的实践中历史性地形成和创造了不同样式为特点的各种类型。

需要什么家具，做什么形状的家具，是由人们的审美观念和经济条件决定的。在这种情况下，木工匠人们又以各自加工工艺的不同特点，规范地制作了各种不同结构的家具，满足了人们对家具的需求。木工匠人按主人的需求观念和审美要求，借鉴一些好的式样，或是凭着自己的工艺和自身的艺术修养创造性地制作出一批具有新样式的家具产品。传统古家具类型实际就是考虑时间、地点、人物、环境、经济条件等因素，达到满足主人审美和适用的要求，表达工匠自己制作工艺的独到之处，或是工匠自己工艺手法的风格特点。

因此，传统家具的类型，要根据人们社会生活需求状况，加工工艺的客观环境，政治条件和经济条件高低的差异，生存环境、住宿环境存在差别等因素，正确认识传统家具和进行分类，促进家具工艺的向前发展。

家具的分类方法有多种，有现代分类法、古代分类法（即行业分类法）、收藏分类法等。

5.1.1.1　现代分类法

现代分类法是按照家具的实际使用状况，解决"制作什么"和"干什么用"的问题，常常依据家具的内容和形式进行分类。

（1）凳类家具

以坐具的大小、长短和方圆为特点的各种形式。

（2）桌几架类家具

以书桌、饭桌、长案、低几、几架、花架、盆架等为特点的各种形式。

（3）卧具类家具

以人们躺卧休息为特点的各种床或榻。

（4）箱式类家具

供人们盛装东西的器具。

（5）柜架类家具

一是竖柜，早期为存书的竖式柜子，后来用于存放物品，逐渐以薄厚尺度的变换形成了书柜和衣物柜，有存衣物的大柜、存书的书架，或以花格形式制作成摆放物品的博古架等。二是铺柜，早期为商业店铺的普通柜子，和桌子高度基本相同，桌面开口，内设抽屉，屉下储物。三是橱柜，这是结合桌子的结构形式，利用桌子下面的空间，逐渐改进结构，形成了前面有门的桌带柜形式，有三屉或是二屉的橱柜。

（6）屏镜类家具

有遮风或者以隐藏为特点的大屏风、大座屏；以镶艺术品为特点的小座屏；以整容、梳妆为特点的大镜屏、小镜屏。

5.1.1.2　古代分类法

古代分类法，又叫木工行当分类法，解决"怎样制作""哪里制作好"的问题。这是早期家具制作工艺形成和发展中的分类，常常是按照木工行业制作家具的特点差别、家具表现形式的差异来区分的，这种分类有助于家具工艺的协调和发展。

（1）农具行家具

以农具制作和维修为特点的工匠，兼作的农家家具，即农具耧、犁、耙、盖、扇车、风箱、辘轳、碾框、风车、水车、纺车、盆桶等。农具行家具的特点是简朴厚重、结构富于变化、牢固扎实。

（2）工商业家具行

以城市工商业为特点的工匠，专门制作和销售的各种常用家具，包括卧具、坐具、桌案用具、起居和屏蔽用具、储存用具和衣架等用具。工商业家具行的特点：一是家具一般注重表面的装饰，家具的形式千变万化，价廉并且实用而新颖；二是注重高档的材质、结构、造型、工艺；三是贵重家具多为皇室和达官贵人，以及富商大户特制。

（3）漆器行家具

以漆器工艺为特点的工匠制作的各种描金、镶嵌、皮货漆器等家具，突出装裱、镶嵌艺术等方面的特点。旧时木工制作家具，工匠们对一般家具在画线选料时，材质的好面常常朝外，劣面朝内。而制作漆货（漆器行家具）时，劣面朝外，好面朝内。这种手法好像不正确，但是家具的装板、榫卯结构能够保证质量，使得有缺陷的一些木料能够合理运用，然后在漆饰工艺的装裱中加以掩饰。

（4）雕花行家具

注重雕刻艺术，以雕花工艺为特点的工匠兼作的各种雕花家具和雕花工艺品。突出雕花的工艺细腻，刀工手法的娴熟。配制到家具上的图案讲究传统、民俗文化渲染。

（5）建筑木工行家具

以古建筑木工工艺为特点的工匠兼作的各种室内家具和各种雕花家具。取样较为粗阔，具有雄宏大气的特点。

（6）车船行家具

如风车、水车、纺车、独轮铁包角车、双轮战车、平车、大车、独木船、货船等，突出榫卯结构的牢固，具有用料粗阔和真实自然的特点。

由于木工行业工艺特点存在差异，制作的传统家具表现风格自然带有行业的特征。农具行多变化而求扎实，家具行多规制而求新颖，漆器行多裱作而求装饰，雕花行多华丽而求祥瑞，建筑行多朴实而求大气，车船行多壮实而求实用。

由此，传统木工行当的发展，侧重点不同，口传身授和师传承递存在一定的差异，木工工匠们的制作工艺各具特长、各有千秋，在一定程度上发展了传统家具的制作工艺，并随之产生了千变万化的各种家具形式、丰富了各种家具结构、完善了各种家具的用料尺度。

传统木工行业的发展，又从各个方面促进了家具行或者厂家制作家具的规范化，包括形式、下料、画线、尺度、选材、结构、配料、装裱等加工制作工艺的完善和深化，使传统的一些造型美、材质好、耐使用的家具流传下来。

5.1.1.3 收藏分类法

家具狭义的收藏目的，是为了家具的升值。广义的收藏目的，自然包括家具的升值，还应包括人们对家具的鉴赏和爱好。所以，从收藏分类的内容中了解传统古家具工艺，解决"制作什么好""什么家具值钱"的问题，这是一种结合实际的方法与运用。

收藏分类法，是指收藏和鉴赏者按照传统古家具的使用范围，买卖和销售的收藏特点来分类的，包括民间家具、富商贵族家具、佛教家具、皇室家具、少数民族家具等。了解收藏分类法的内容，有助于认识传统古家具的加工工艺，有助于对传统古家具使用状况的掌握，并促进现代家具制作工艺的创新和发展。

（1）民间家具

民间常用的传统家具有凳子、椅子、桌子、橱柜、箱盒、条案、几架、镜屏和神龛等。这些家具为我们制作工艺创建了各种品牌样式，大都形式简洁而重使用功能，以民俗习惯的典雅秀丽、简洁古朴为特点。

民间还有达官贵人与商家使用的床榻、桌案、凳椅、炕几、书柜、铺柜、博古架和物品架等。其特点：一是尺度有的增长加宽；二是简洁形式中对宽大平面独特的造作；三是文人官商注重典雅秀丽，注重华贵和庄重的雕饰，表现了他们在家具的使用中追求阔气和感情艺术的特点。

（2）佛教家具

佛教家具一般指佛教庙宇中供奉用的家具，有禅椅、供桌、箱柜、几架、灯台、佛龛、拜垫、木鱼和木鼓等。

（3）皇室家具

皇室家具包括民间和佛教使用的典型家具，还有特制的大椅子、大储柜、大屏风、大几架、大长案、大桌子等，有特别秀丽典雅的，有雄宏大气的，有镶嵌华贵的等。皇室家具表现出至高无上的气势和一定历史时期的特点。

5.1.2　传统古家具的材质特点

传统古家具有从重实用向重观赏演变的过程。中国传统古家具的实用艺术和观赏文化博大精深，其中贵重材质占有重要的地位。解读家具材质也是家具文化的范畴，包括木材的干湿、木质的坚硬与软脆、肌理纹路的变异、色泽纹样的搭配等方面（后面设专门章节讲述）。

材质代表家具用材质量的优劣，材质在一定情况下可以显示传统古家具的档次和品位。华贵材质自然首选红木，如紫檀、花梨木等。次贵重材质有鸡翅木、橡木、团枣木、樟木、核桃木等。以上这些材质比较稀少，其珍贵还在于其木质硬度适中，色调和木材纹路自然、丰满、柔，质重沉稳和变异性小的特点。

传统古家具材质包括上千种木材，而且家具制作工艺中，对材质的运用同样有广泛性，上千种木材中只有红木、紫檀、花梨木等几个树种珍贵，显然是不合理的。为此我们有必要对传统古家具的传统用材知识进行必要的认识。

传统古家具的制作中对选材的加工工艺非常讲究。俗语有"三分下料七分做"，这是木工加工工艺在运用材质方面的一个要求。"三分下料"就是工匠对木料材质的选择、搭配、合理运用的方式。

工匠们要认识木材的材质，是按照锯材的面板或是框枨的纹理认识木材的干湿和变异性，掌握木材制成家具后的变化状况。如果想要认识传统古家具，一定要探讨选材的深层次工艺，应当了解家具制作过程中材质一般运用的知识。好家具材质一定好，但好家具还要材质搭配和合理利用好，否则，家具材质搭配和合理利用存在问题，也不是一件好的家具，所以，传统材质的运用工艺，占家具质量优劣的三分。

家具制作过程中，材质运用还有讲究。春天制作的家具木质干燥，榫结构牢实不会变形。暑伏天气制作的家具木质潮湿，榫结构会松动。所以，从传统古家具的形状变化中，基本上可以看出加工时是否存在材质的干湿问题。

家具演变过程中，材质的运用也是在历史中形成的。大约唐朝到明朝时期，中国的木材资源丰富，粗大的木材、名贵的木材比比皆是。那时雕花的镶饰家具制作较少，高档家具多以一种硬木料制作，尤其是活动性的搬动家具，如凳子、桌子、几案等。现存大量的明式家具，尤以结构合理、木质好、实用和耐久的特点见长，就是一个很好的例证。

清朝时期，传统古家具有很多雕花镶饰的高档家具作品，用料产生了相应的变化。家具制作中，各种硬、软木料搭配的现象很多，如变形小、木质好的黄杨木、椴木、柳木等软木用于柜子的雕饰，用较硬木料制作柜桌的腿或是框料，桌子、坐具用肌理好的名贵硬木。

传统古家具制作工艺的合理配料，在历史演变过程中的清朝时期特别讲究。如木材的利用总是好的材质与劣的材质并存，而往往是好的材质少、劣的材质多。对中国传统家具的认识，主要是明清家具。有些学者说清代家具不如明代家具好，不是这样。明代家具是根据明朝时期的客观环境制作的，其面阔的线条形式可能适合现代人的需求。清代家具是根据清朝时期的客观要求创造出那个时代的产物，即雕花和镶嵌的吉祥工艺文化用于家具的生产之中。如果说明式家具用料考究，而清式家具配料考究，是完全符合事实的。

由此可见，在传统家具的制作工艺中，华贵材质固然重要，用料和配料同样是档次和品牌的重要内容。各个地方树种拥有不同的特点，比如南方的樟木、鸡翅木、榉木、橡木、樱桃木、杉木、黄杨木等；北方的核桃木、槐木、水曲柳、香椿木、柳木、椴木、楸木、榆木等。这些材质，只要用料和配料考究，加上精致的工艺，自然同样可以制作出精品家具。

5.1.3　传统古家具结构特点

中国传统古家具的结构，是从简洁形式逐渐向前发展的。一直到唐宋时期达到合理规范，元、明、清时期更加精细完善。传统古家具的结构形成框架、榫卯、镶板等组合形式。

（1）结构结实

传统工匠制作工艺中讲究"好门能甩四十年"（旧指民间的风门），好柜能放三百年，活动桌椅不好做，硬木还得卯鞘严（卯指榫头，鞘指榫眼）"。这种口传身授的言辞虽然有不严谨的一面，但是卯鞘要严丝合缝、镶板要松紧适度是有一定结构工艺要求的。

（2）能够衡量

衡量传统家具结构的俗语有"一看卯鞘，二敲板，三看周正，四看面"。这里的"一看卯鞘"是指卯鞘要严丝合缝，不能留有缝隙。利用制作工艺中有专门讲究的吃线和留线的方法，以达到卯鞘严的要求。"二敲板"的意思，是用反指敲打家具的镶板。镶板槽的松紧一定要适度，镶板太紧就会顶松卯鞘，不严实；镶板太松会鼓出与变形。敲打镶板时声响为"当……当"，可视为镶板松紧适度和框架组合为一体。"三看周正"是衡量家具上下左右各个面的方正，应不翘不歪。"四看面"是看家具的表面是否平整，造型、肌理、色泽、木纹等给人的主观感受是否良好。

衡量是传统古家具制作优劣的工艺结构要求，总结为四点：一是卯鞘要严；二是镶板松紧适度；三是不翘不歪；四是表面平整光滑。

（3）合理用材

① 以木材为主要用材。

制作家具先是选材配料，加工木材要进行结构组合，由结构而产生形式，以稳固和庄重为基础，以线型和牙板的铺垫雕刻作为装饰。

② 多利用本地区树种。

本地区的树种一般取材方便。民间讲究"宁买粗一寸，不买高一尺"，又有"梢孔空到底，底空只三尺"之说。

民间购买木材时，一般多买树材。普遍认为树桩粗一寸比高一尺的出材率多，甚至以一棵树的出材率来计算建筑或是家具的用材数量，达到一定的经济性。例如：盖房子要买树，树桩圆木一般留作房屋梁枋的主要用材；锯截下的短树桩和粗树枝制作家具；再细的树枝最后锯成 7～9 寸（30cm）长度后，用斧子劈开分成两半，可制作房子两椽中间的栅板，就是这样物尽其用。

制作家具买树时，树桩的木材软硬和纹路的顺直也是衡量材质的主要条件。一般观察树木的质量时，要看是否有梢孔，树冠的枝梢是否长得好。梢孔是指树冠上树梢处腐烂的孔洞。如果有梢孔，年长日久雨水会顺着木纹一直腐蚀到底，这就叫"梢孔空到底"。

③ 油漆材料的应用和完善。

油漆材料应用技术的出现，使实用器具的加工工艺更加完善。出现了自然的传统木本色和擦蜡、擦生漆或是擦少量植物油的家具，俗称"清水货"，以及大漆红、胭脂黑等传统古家具工艺制作而成的"浑水货"。

传统古家具行业中有运用木胎、漆灰、麻纸（或麻丝）、裱糊等通过层层堆漆或是镶嵌等工艺制作而成的漆木家具。漆木家具的木胎，南方多以杉木制作，北方多以柳木制作。在漆木家具发展的过程中，涂饰和镶嵌工艺把中国传统古家具推向又一个高度。

5.1.4　传统古家具的制作工艺技巧

5.1.4.1　锯的使用技巧

掌握锯子的使用和维护方法是传统木工匠人必备的技能之一。一般人们都会用锯子锯截木料，但是，会锯木料不等于会锯直木料（不走线）。能够锯齐榫卯对角线，并不是一件容易的事。比如：初学木工的人，往往很用力气锯木料，结果越锯越走线，或者是木板上面还在线上，木板下面的锯口却斜到一边。这种现象究其原因有两个：一是锯子的拨料和锉齿的维护出现了问题；二是操作的用力不匀和木板放置歪斜。

要解决这两个问题，一般锯子要求拨料匀称、不偏不斜，锉齿平齐锋利，锯条不能扭曲。首先要按要求拨料锉齿，其次操作者用力需要均匀。比如：大锯子的锯齿大，一次最快锯 1～3mm 深，小的锯子锯齿小，一次也就锯 1mm 深。因此，操作时要适当用力以确保锯条承受均匀的力量，不得压斜锯条进行锯割，否则只会造成木板锯割走线。

（1）选用大锯/小锯或是粗锯/细锯

宽厚木板常用大锯，窄薄木料常用小锯。横截下料常用粗锯，料宽锯得快。榫头、榫肩常用细锯，料窄锯得整齐。

（2）分清锯什么样的木料

硬木和湿木要用料路大的锯子，软木和干燥的木材要用料路小的锯子。

（3）锯子的操作规范

锯子锯木料的姿势：踩稳木料，锯割下锯时右手握住锯把，胳膊肘要抬起，左手的拇指骨靠着锯条（不是指甲），身体略向下倾斜，顺势用力，防止锯割中锯伤手指，如图 5-1 所示，锯割在进行中，左手扶在右手上，下锯时用力，提锯时顺势抽回，上下往复用力，均匀锯割。

图 5-1　锯木料的姿势

（4）锯割走线的调整

初学的人往往锯割歪斜，或是出现弯曲走线的状况。调整的方法：锯割用力要轻，控制锯齿切削的速度，逐渐把锯路削宽点，使锯条回到锯割线上，再用力进行锯割。

（5）正确的锯割的方法

这是根据木材的性质、变异等缺点决定的。尤其机械多用锯的出现，更加需要保证锯割质量，同时保证锯割中人的安全是重要的前提。民间有关于正确锯割的口诀：板材纵锯先锯根，腿框下料先锯心，如有节子放慢锯，板材翘曲放稳锯。口诀的具体解释如下：

① 板材纵向锯割先锯根是根据木材的性质——"根材易裂梢材曲"的实践经验决定的。锯割过程中，下锯先锯根部，木质随着开裂的状况，自然分开不夹锯。如果下锯先锯梢部，会产生翘曲紧缩的状况，即木料紧缩夹锯现象。板材纵锯如图 5-2 所示。

② 锯割腿框下料，应先锯心材或是中材的一边，避免边材出现边弯的状况。

③ 对有节子的木板锯割，在进入节子范围时要放慢锯割速度，因为节子周围木纹杂乱，常会引起走线。

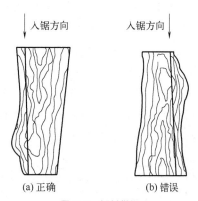

(a) 正确　　　　　　　(b) 错误

图 5-2　板材纵锯

④ 板材翘曲要以一边为基准，压稳木料保证锯割面的锯割平整。否则，会出现四面翘曲和扭曲的框料。

5.1.4.2　用眼观测和刨削的技巧

传统工艺中用眼观察刨削木料的棱和面是否平直是一个很重要的技巧，一般人大概可以看出一根木料直或是不直，但是肉眼观察一个面是否平就不那么容易了。例如，木板在拼缝时，刨子的底面如有微小的翘曲，或是微小的凹凸不平，在拼缝过程中会造成一定的刨削麻烦。

传统木工工艺中，木工的眼力很是讲究。大到古建筑的竖柱、搁枋吊线放样，小到一般家具的方正歪斜、锯割精细，用眼的观测自然是工匠突出的一个绝招。好的眼力不是一两天能练成的，要根据一定的规律，多看、多练、多测验木料的棱和面。

能够将木料刨削平整，是多方面技巧互相联系的，包括基础知识和加工规范的技巧，但用眼观测的技巧特别重要。下面结合木料的刨削，讲述用眼观测中的技巧难点。

传统工艺讲究：先看基准边，细看平整面，刨削加工剩余面。

（1）先看基准边

以一块刨削平直的木料为例（图 5-3），可以看到 a、b、c 三个面。图中 a 面与 b 面共有一边棱 CD；a 面与 c 面也共有一边棱 BD；b 面与 c 面也同样共有一边棱 DF。看不见的其他三个面也是有三条共有的边棱。实际上，从图中得知一块平整的方料可以分解为六个面、12 条边棱、24 道边线。就是说，每相邻的两个面，有一条共用平直的边棱。传统工艺中，在刨削操作时，往往选一条边棱，作为两个面平直的两条基本边线，行话称"基准边"。

如果把图 5-3 所示的木料三个面分解，如图 5-4 所示。其中，a 面和 b 面的边棱，分别为 a 面的一条基准边 CD 和 b 的一条基准边 CD；a 面和 c 面的边棱，分别为 a 面的一条基准边 BD 和 c 面的一条基准边 BD；b 面和 c 面的边棱，同样各有 b 面和 c 面的两条基准边 DF。由此得知，每一平直边棱，是两个面的共有边线，如果两条边线平直，那么边棱平直。反过来，边棱平直，那么两条边线一定平直。

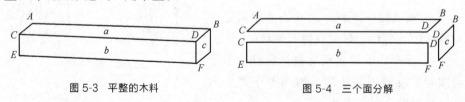

图 5-3　平整的木料　　　　　　　　　图 5-4　三个面分解

观测基准边的方法如下：

① 观测：木料的刨削面朝上，行话叫"看面朝上"。"看面"在这里指木料刨削出的第一个加工面和第二个加工面，是框料的基准面。家具制作好后，

木工有时也把制作的柜子的前面和侧面，或者是桌子的桌面称为"看面"。从下料到刨削，从画线到做榫，从组合到刨削光滑，每道工序都要把"看面"作为重要的面来看待。

② 瞄视："左眼闭目，右眼瞄"，如图 5-5 所示。

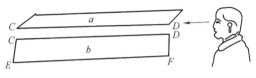

图 5-5　瞄视基准边

如果看 a 面是否刨削得平直，瞄视时应视 a 面的边线，而不是全视 b 面的边线或是共用的边棱。从 a 面的 D 点向 C 点看去，a 面的边线中间有无凸凹不平的现象，或是高低不平的地方。用刨子把高的地方刨平，弯的地方取直，但是不可多刨，要适可而止。一般刨削中感觉已经刨直后，可用眼反复再瞄视，数次后，就可以确定平直，但是初学者要反复多看几次才能确认刨削平直。

③ 平直：一般先保证一条边线的平直，然后再保证其他边线的平直。但四条边线的平直也不可能确定这个面的平整，因为可能有一角翘起的现象，还可能有中间的凹凸不平的现象。

以上所说，刨削木料必须遵循面和线的原理，先观测衡量基准边的平直，然后再进一步观测面的平整。

（2）细看平整面

① 平整。按照几何原理，如果木料的面要达到平整，那么图 5-5 中，b 面的四条边线 CD、EF、CE、DF 必须平直，而且这四条边线（也叫基准边）必须在同一个平面上。

② 衡量和刨削平整面的方法如下。

a. 瞄视平整面的原理。把一块方形的平整的木板放在眼前，如图 5-6 所示。

把平整木板的 a 面（也叫看面）向上，箭头指的是基准边。这时双手端住这块木板基准边的两端，手未动前看到的是全面的一块木板面。瞄视时，人的头部位置不动，左眼闭目，右眼球左右活动进行瞄视。这时双手把基准边慢慢向上抬起，注意对边不能抬起。从视点根据基准边看抬起的木板，其平整面的长方形越来越窄，木板越往上移，a 面的视力范围越窄，当 a 面的基准边和对边边线重合，所瞄视的木板面形成了一条重合的直线，说明基准边和对边对称平行。掉转方向，用同样的方法看邻边的基准边和对边，如果也平行，那么

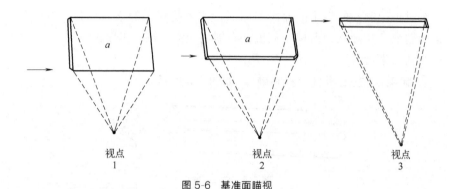

视点1   视点2   视点3

图 5-6 基准面瞄视

这块木板平整。这就是看平整面的原理。木工刨削的技巧就是按照这个原理进行加工的。

b. 刨削平整面的方法。刨削木板时常出现的几种情况，如图 5-7 所示。

• 一角翘起。瞄视看到的是两对角偏高，刨削注意两高角部分等量加工

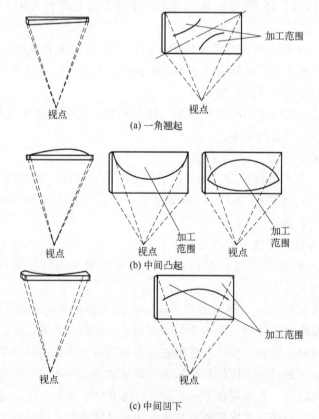

视点   视点   加工范围
(a) 一角翘起

视点   视点 加工范围   视点 加工范围
(b) 中间凸起

视点   视点 加工范围
(c) 中间凹下

图 5-7 刨削木板时常出现的几种情况

去除，或者说向高的部分多进行刨削加工。

• 中间凸起。对边与基准边因中间高出不能重合，应该加工木板中间范围的部分，达到平整。

• 中间凹下。四边刨削高的边棱部分，保证四边平直。如果板面为瓦弯状，应该加工两边，薄厚一致时可等量加工达到平整。

（3）刨削加工剩余面

① 基准面。一般刨削木料时，都先确定一个大面，称为基准面。然后确定一个相邻的小面，作为标准的侧面。这两个面也就是前面讲的"看面"，都作为基准面，称为大面和小面。大面和小面必须相对地选择木质缺陷少、表面平整、刨削的边棱绝对保证平直的面，大、小面才能形成互相垂直的状态。木工常用角尺衡量两个面的垂直，决定大面和小面的刨削精度是否达到要求。

② 加工剩余面。大面和小面平整垂直后，作为基准面，用勒线或者画线的方式画出木料内侧两个面的宽、厚，这样其剩余的两个面就可以按线刨削出来。

技术好的师傅，可以一面画线，凭自己的眼力就可以刨削方正。初学者还是要按照大、小面在剩余的内侧面上画线，即两面画线，这样才能避免刨削太多或是太少，造成木料的不方正。

（4）木板面的刨削光滑

木板面要刨削光滑，要按照木料的木纹走向加工，行话叫"顺茬推"。这里的"推"，就是刨削，"顺茬"就是顺木纹，不能逆木纹刨削。逆纹刨削的方式叫"茬推"。实际刨削中，往往一块好的木板茬少，劣的则茬多。木板要刨削光滑，要看木纹的走向，尽量少茬。一般的技巧是顺一个方向刨削，刨削平整后，用小的净刨进行局部净光，行话叫"回茬"。"回茬"讲究技术，尤其是桌子、凳子、椅子、柜子面的净光处理。一般的工匠尽量刨削到戗茬小即可，然后用砂纸打磨。工匠技术好、刨子好、刨刃好，这是刨削质量好的基本条件。所以，首先要保证加工木料面的平整，然后将木料面加工光滑，这是刨削木料的程序，行话叫"戗茬极小，面部平整光滑"。

（5）异形木料的刨削

① 三角形木条的刨削。三角形木条的刨削有一定的难度，加工时刨出基准面后，用斜尺衡量大面和小面的斜度，保证把边棱刨直。也可以先刨成正方形木条料，用细锯对角锯开，工作台上做个三角形卡子，放稳木料后，再进行平整刨削。

② 圆形木料的刨削。圆形木料的刨削，首先应刨成正方形的木条，然后四棱刨八棱，八棱刨十六棱，十六棱刨三十二棱……。该方法行话叫"打棱刨

削"。刨棱越匀称规矩，圆形越好，然后用专用圆刨净光。

5.1.4.3　吃线与留线规律的技巧

吃线与留线是传统家具制作工艺的重要内容，这一技巧是画线和制作相联系的一条规律。

因为画线是为了加工，加工就要按线进行下料锯割、刨削、做榫卯、雕花、结构组合等。人们常说"一线之差"。一线之差可以造成木料的厚薄不匀，可以造成榫卯结构的松动或是开裂和损坏，可以造成家具的歪斜和不严实。吃线与留线就是要用好一线之差，掌握一线之差。

（1）凿榫眼的吃线和留线

凿榫眼时，按画线的情况必须分清大面、小面、后面、里面，分清榫眼线、前皮线。根据画线确定是否是透榫，或是半榫。

凿子切削前皮线要吃半线，就是每次凿切，统一切着前皮线的一半墨线凿眼，留下一半线的痕迹。这里的墨线包括铅笔线、墨斗线、勒子和画线刀的痕迹线。

（2）锯榫头的吃线与留线

锯榫头锯出的榫头和榫肩，应大小齐整，必须与榫眼和榫眼腿框料吻合。一般情况下，同样以画线的前皮线为基准，锯榫头的前皮线要吃半线锯割。榫头的厚度线要和榫眼的宽窄对比着进行锯割，因为个人画线是否准确、误差的多少和工艺高低有关，所以榫头的厚度线，有时吃半线，有时留下线。

（3）刨削木料的吃线和留线

刨削木料分为厚度线和宽度线。木板和腿框料的大面和小面要平整，其他两个面画线确定宽、厚，刨削时多为留线。组合时净光刨削应吃线。

榫眼凿好、榫头锯好后，要进行结构组合。腿框料、木板料还必须再进行刨削，叫净光，就是刨削平直、光滑干净、不留墨线、少有戗茬。这时的刨削根据结构组合的严实齐整、松紧适度情况进行吃线刨削，或是吃半线刨削。

5.1.4.4　卯鞘和砍削的技巧

（1）卯鞘制作的技巧

传统古家具工艺讲究卯鞘的结实，这还是榫眼和榫头结构牢实的问题。其技巧包括以下几种情况。

① 透卯。

a. 为了保证卯鞘的结实，选择木材要干燥。制作家具的最佳时间是春季，即俗话说的"春制家具暑不做，木材干燥卯牢实"。

b. 为了保证卯鞘的结实，腿框和拉枨选择的木材材质软硬度基本一样，珍贵家具用一种木材制作，高档家具用相近的木料制作，这和选材配料工艺有一定的关系。

c. 为了保证卯鞘的结实，刨削的木料必须方正规矩，这样才能使榫眼保持四周方正、不歪不斜。

d. 为了保证卯鞘的结实，凿眼做榫非常讲究吃线和留线，达到卯鞘不松不紧。

e. 为了保证卯鞘的结实，榫眼大小、榫头薄厚比例一定要适度，木料宽凿子也要宽，木料窄凿子也要窄。

f. 为了保证卯鞘的结实度，每个卯鞘必须沾胶接合，还得用三个木楔"倍紧"。"倍紧"即加倍使卯鞘牢实，做法是卯鞘沾胶接合以后，一个卯鞘还得用三个木楔组装，全部要沾胶钉紧接合，未钉入的木楔部分，用锯子锯掉，刨子刨光。

总之，做到以上六个技巧，基本能保证卯鞘的结实牢靠，不变形或少变形。家具制作完成以后，涂油漆的迟与早、家具所处的环境干燥与湿润，都可以造成家具质量的变形或微小的裂纹，保证卯鞘的结实牢靠可减少木质产品的变形。

② 半卯。半卯接合的行话叫"盖卯榫"。"盖卯榫"是一些工匠的专长，家具的结构全部用半卯制作，就是榫眼不凿透。一般榫眼的深度是腿框料的 2/3，榫头长略小于榫眼深度 3mm，这样是为了不顶卯。其凿眼的要求有，前皮线切半线凿削，榫眼宽度线要留线凿削，就是榫眼插入口留线，榫眼内略吃线，不能形成口大内小的情况，至少要形成方正垂直的现象。榫头松紧合适，榫头宽度要依照框料宽度，在净料时留线净光，这样才能保证榫卯接合以后的结构牢实。技术好的工匠在卯鞘接合前，还要在榫头端头钉上一个短的破头楔，再进行沾胶接合。半卯的制作技巧有可以使家具光洁和精巧的优点，但若是做不好，家具的质量在结构上就不能保证。

③ 圆卯和斜卯。圆卯在这里指圆形腿枨的卯。圆卯又分为圆棱卯和圆腿卯，用于椅子、桌子、柜子的腿枨为全圆或椭圆的造型结构形式。这种卯鞘要求严格，其技巧在于：榫眼和榫头一般先在木料方形时进行凿削和锯割。

圆棱卯，指的是腿料的前面为椭圆形。拉枨榫肩的锯割，要按照椭圆角的形式在前面留下三四分卡皮，锯割卡皮时不得全部锯掉多余部分，必须留下一点连接着，待拉枨和腿形用专用刨刨圆后再锯掉。

圆腿卯，指的是腿形为全圆形式，同样按照圆形的腿脚前面留下三四分圆弧卡皮，锯割卡皮时不得全部锯掉多余部分，必须留下一点连接着，待拉枨和腿形用专用刨刨圆后再锯掉。注意的是圆弧卡皮一定要规则齐整、不偏不斜，枨腿的榫肩接合严实。

斜卯，同样是椅子、桌子、柜子腿枨的斜形连接结构，根据腿脚斜度的多与少，以画线确定榫眼的方向做榫。拉枨随之变换榫肩的斜度，使榫肩线的斜度和腿脚的斜度配合严实。难度在于斜榫眼的凿削应不挖不掏，斜度合适齐整。榫头插入榫眼后，榫肩形成的斜度和榫眼能配合严实准确。用斜尺画榫肩线时不得走样，还要吃半线，整齐锯割。

图 5-8 所示为榫眼凿刻要求。图 5-9 所示为吃线和留线锯凿情况的示意。

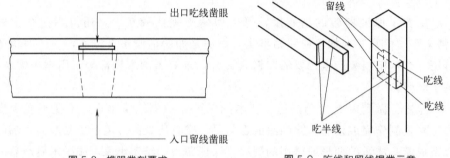

图 5-8　榫眼凿刻要求　　　　　图 5-9　吃线和留线锯凿示意

④ 框架卯鞘的一般形式。框架的卯鞘多是以半卯或是透卯、俊角或是插肩的形式表现的，难度在于加入镶板时的榫接合。如古家具桌子的三面俊角榫装心板结构，面板的木料要选好刨好，薄厚一致，镶板的刨槽齐整不伤榫头，穿带松紧适中，俊角榫卯、榫头、榫肩各个方面锯剔齐整，才能一步一步保证质量。这就是说，家具的质量是一个系统工艺的全部过程，在构思样式、选材下料、刨锯木料、画线工艺、做榫镶板、起线雕刻、组装净光等方面都有技巧的难度。

框架的榫接合形式如图 5-10 所示。

柜子装镶板的角接合。柜子的结构如果要装镶板，必须分清所装镶板在腿框料的哪一个方向。若镶板槽的前皮线与榫头、榫眼的前皮线重合，则必须在画线时缩小榫头、榫眼的宽度。一般情况下可根据槽刨的深度，榫眼、榫头的一面缩小 1/3，或是双面各缩小 1/3。这样可以保证卯鞘的大小齐整合适。

⑤ 板式卯鞘的一般形式。板式卯鞘的形式，是指木板式的卯鞘结构，或叫制作卯鞘的技巧。如木箱的接合卯鞘、箱盒的接合卯鞘、牙板的镶装卯鞘、装心板带框的镶装。

木箱接合的卯鞘叫箱卯，俗称"大头卯"。箱卯一般常为单数（一、三、五、七、九），传统工艺很少做双数。

榫眼画线只画中心线，斜度为经验值，不能太大。榫眼大小可根据木板的

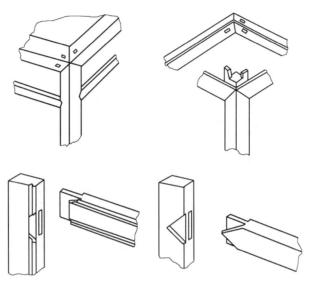

图 5-10　榫接合的一般形式

薄厚确定。榫头的大小一般是按照锯掏出的榫眼的大小模画在木板上，留线锯出。箱卯的质量、大小要合适，榫眼、榫头要错开木板的拼缝处，不能出现箱子两面的拼缝处在一起。箱卯同样要用片状的木楔沾胶打紧，如图 5-11 所示。

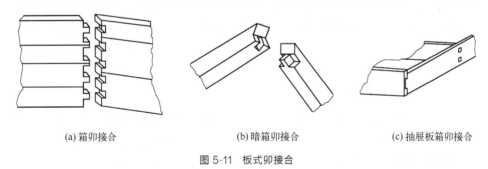

(a) 箱卯接合　　　　　　　　　(b) 暗箱卯接合　　　　　　　　(c) 抽屉板箱卯接合

图 5-11　板式卯接合

　　用于箱盒接合的卯鞘叫龇口榫，有的叫梳子榫。榫眼、榫头为直线形，少做斜卯，制作时把两块木板错开，钉接在一起，然后画线锯出小榫，用一分凿剔出榫眼，把钉接的木板拆开，当两块木板对齐时，一块为卯，一块为鞘，沾胶接合。难点在于锯小卯需要均匀一致，有一个卯不对，其他卯鞘就不会对上。

　　用于牙板镶装的卯鞘，一般为直榫镶嵌俊角的形式，如膨鼓牙板、壶门牙板的镶装，难点在于要薄厚均匀、俊角严实。

　　装心板带框的镶装，一般出现在桌面的围板结构中，好的家具要在拼缝板上做木楔和穿带结构，才能保证桌面的牢实。依一定宽度的木板，做单榫或是双榫和腿框接合，这种形式一旦做好，比框架镶板结构牢实，但是选用木料要选质量好的。

（2）砍削的技巧

下面以单刃斧砍削为例加以说明。

① 斧头。斧头必须安装牢实，不得掉出和松动。斧头的刃部必须磨砺，磨砺的方法是先在粗磨石上面粗磨有坡度的一面，再在细磨石上面细磨拓平平整的一面。磨刃原理和刨刃的磨砺方式大同小异。

② 砍削。按照画线的顺木纹方向砍削。砍削时，梢材在上、根材在下，向根材部分往下砍，遇到节子应先上下反正轻轻地砍碎逆纹，不得将木材劈裂。砍削斜纹应视木纹向外走向的形状砍削，不得逆纹砍削。

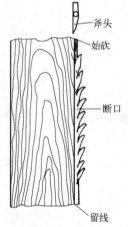

图 5-12 断切砍削

③ 用力。用斧砍削时，右手握紧斧把，依靠臂力和手腕的活动动态，顺势以斧头的重量向下顺木纹砍削。逆砍因有戗茬会劈裂木材。

④ 注意事项。砍削开始时要注意轻砍，先砍出下面断切口，再用斧刃对准端头的留线初剁一下，砍出始口，逐渐加力砍削。

⑤ 砍削量。砍削量大时可以锯割。如果是便于砍削的木材，要进行分割断切砍削。断切砍削的次数越多、距离越近越省力，木材越不容易劈裂，如图 5-12 所示。

5.1.4.5 拼板对缝技巧

拼板是把两块或两块以上的木板拼接配料；对缝是把两块或两块以上的木板刨削合对在一起；胶合是用胶把两块或两块以上的木板粘接在一起。

拼板对缝胶合工艺是家具制作的难点，也是传统古家具制作工艺必须具备的条件。拼缝工艺差，家具的质量就不好。拼缝工艺好，家具的质量就有了可以保证的条件，另一方面还可以保证制作的家具少变形或不变形。

（1）拼板技巧

拼板要考虑对缝，对缝必须掌握拼板。下面以多块木板相拼对为例，按照木材的性质进行配料。

① 边材相对。同树种木料，如果多为弦切板的边材。端头断面的年轮方向要正反调换位置，若不调换，拼缝木板容易产生弯曲的现象。有时为了木质颜色匀称，配料时会减少边材的浅色部分。

② 径切板相对。同树种木料，径切板一般是中材或心材。拼板时以木纹

顺畅相对为好，不需要调换位置。配料时注意木料花纹的匀称。

③ 木质相近的木料相对。异树种木料，一般是硬质木料相对，软质的木料相对，木质颜色相近的木料相对。如，水曲柳和柞木、椿木和槐木、红松和獐（樟）子松、楸木和核桃楸、柳木和小叶杨、椴木和大叶杨等。

④ 弯曲的木板相对。同树种木料，弯曲的木板相对时需要调换木板弯曲方向，调整木纹的弯曲方向，弯板两端头还要互相错位，使木板的厚度损失减小。

⑤ 翘曲的木板相对。翘曲的木板相对要注意互相错位，拼缝后在胶合时，每块拼缝板的薄厚方向上把翘角错出，才能保证整块木板加工后的平整。

总之，正确的配料方法主要有以上几点，实践中还要从以上几个方面综合考虑，才能保证拼缝木板的质量。

（2）拼板的方法

拼板要排好木板的位置。拼板的厚度确定后，拼板需要多宽、多长要按照家具的要求拼出。

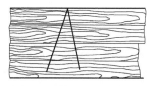

① 木板数量。确定拼板配好需要多少块木板，数出几道缝。

② 加工余量。每块木板的长度和宽度都需要有加工余量，在传统工艺中称为经验值。技术好的工匠加工余量小，木材损失少，技术差的加工余量大，木料损失略大。在下料时，长度方向一般加长 20～50mm；宽度方面，工艺好的工匠为每道缝加宽 10mm 左右即可。

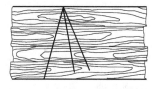

③ 打号。多板相拼要保证刨削对缝的顺序不乱，就必须打号。要拼几块板必打几种号，可以把线形的斜度任意错开，线条可以或多或少，区别明显即可，如图 5-13 所示。

图 5-13　对缝板常用符号

（3）对缝的方法

① 粗刨加工。

a. 卡口。一般在木工凳子上面钉上一个三角口的木卡子，三角口要锯正，不能歪斜，保证对缝的木板可以立正，而且能够卡紧。

b. 粗刨。可以用粗平刨把每块木板边先粗刨一次，刨子的吃刀量可以大些。粗刨保证了每块板的边基本刨直取平，不凸、不凹、不翘。

c. 要求。正常情况下，1m 以内的木板刨削时，刨子中途不停顿，人的腿脚不需要换步，应一刨到底，不要左右偏斜，还要用力均匀，并根据手推刨削的感觉，高的地方多刨，低处少刨，达到平整的目的。如果加工超过 1m 的对缝刨削，中途可适当采用刨削的停顿和腿脚换步方法。

②细刨合缝。经过粗刨加工后，细刨合缝是关键的一步。

a. 要求。一般情况，刨子底面必须保证绝对的平整。如果是长 500mm 以内的木板，刨子底面中间可以微高一点点，但是不能翘曲。长 1m 以上的木板对缝，刨子的底面、刨刃必须保证锋利齐平，不凸不凹。

b. 方法。细刨在刨削时，其方法和粗刨相同。但是细刨一定要吃刀量小，用力平稳，保持匀速前推，常常根据手感状况，高处用力，低处少刨，精细合缝。

c. 搓缝。细刨的两块板边刨好后，按照打号确定无误。将两块板合在一起，向前或是向后一搓，感到有吸在一起的感觉，不光不滑，左右轻微摆动不翘角。然后用眼观测，无空缝，两端头的缝必须要合对严实。

d. 矫正。对缝必须严丝合缝。对缝质量如有问题，主要从以下几个方面进行矫正。

• 两头空缝. 行话也叫"梢空"。家具出现"梢空"的装板或是桌面板，木板缝一般会变形开裂。出现这种情况的原因一是工匠刨削工艺的基本功不到位，二是刨底略弯不平，需要矫正。

• 中间空缝。主要原因是刨削用力不匀，工匠基本功不到位；刨子底面略凸，刨刃不齐整等，需要矫正。

• 翘缝。主要原因是刨削习惯方式不标准，刨子底面略和对缝木板刨削面一顺翘曲，需要矫正。

• 黑缝。黑缝多为空缝和翘缝形成，有时是因胶合所用的胶过稠，有时是因为木板涂胶时未立正。

③其他对缝形式。以上叙述的是一般的平对缝的形式，下面还有加削对缝、拆口缝、企口缝、夹条对缝、穿带对缝、弯板补缺缝等对缝的形式。

a. 加销对缝。一般是在平对缝形式的基础上又在板与板之间加木销。

• 木销。木板厚时，凿榫眼上木销。这种木销是按照榫眼的大小，用木条锯刨成榫头一样的宽厚，长度按照两块榫眼凿削的深度确定，以不顶缝为好。每道板缝如果制作几个木销，应根据板缝的长短，在粗刨的前后画线凿眼，待细刨后再穿入木销。细刨对缝时，木销范围可以容许留点中间空缝。木销对缝，因木板厚，用胶粘接时，需要用卡具把木板卡紧，必须先试好卡具，卡紧时中间空缝消失，然后松开，进行涂胶后立即合缝卡紧，待胶干燥后再松开。这种卡具俗称"扎床"，卡紧也叫扎紧。扎紧时保证不能用力过大、对缝不能有空隙、木板平整即可。

• 竹销、钉销。木板薄时，钻眼可以上竹销、钉销，原理和方法同上，用小型扎床卡紧即可。

b. 拆口缝、企口缝、夹条对缝，如图 5-14 所示。

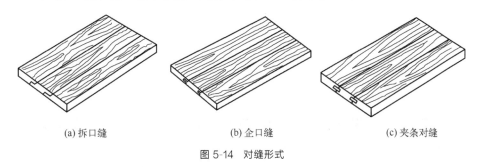

(a) 拆口缝　　　　　　　　(b) 企口缝　　　　　　　　(c) 夹条对缝

图 5-14　对缝形式

c. 穿带对缝。穿带对缝是一般多用在桌面板，方形座椅面板，古代铺柜面板、竖柜面板的一种能达到平面效果装饰的结构形式。穿带对缝板俗称"装心板"。穿带对缝，是先对好缝，装心板的下面（或叫后面）做燕尾槽，穿上燕尾带，燕尾带两头做榫头和边框榫眼接合。燕尾带一是可以起到拉袢的作用，二是可以保证柜、桌面木板的平整，减少变形，但是往往木板由于干缩会有裂开小缝的现象，旧的桌柜这种现象很多，原因是木板的横向收缩和四周木框的纵向收缩有很大的差别。

5.1.4.6　雕刻技巧

木工雕刻范围广，这里只介绍古家具的技巧。

（1）阴雕

阴雕也叫阴刻，又叫沉雕，是在家具木板上用线条的雕刻表现物体的形象，如图 5-15 所示。

阴雕的雕刻比较省工时，常常以文字或梅兰竹菊等图纹表现在装板、牙板上。

（2）阳雕

阳雕也叫浮雕，家具有深浮雕和浅浮雕两种，是在木板上浮起的雕刻图案，是用类似古代绣画像的形式进行的凹凸轮廓的铲雕。图案的空白地方铲底

图 5-15　阴雕花板

平整光滑，浮起的雕刻图案有高有低。家具的深浮雕一般是雕刻深度在 15～40mm 之间，浅浮雕一般在 5～15mm 之间。家具的浅浮雕多做在镶板上面，

或是牙板上面。深浮雕多做在椅子靠背上面，或是厚木板的木箱上面。

阳雕需用的工时多，工艺要求高，形式变化多样。做工好的阳雕作品线条流畅、刀功深浅匀称有力度、图案轮廓外围铲底平整、立体感强。有时也将阳雕和阴雕的手法混合运用，如花叶纹、龙须纹的线条雕刻。

（3）圆雕

圆雕是立体雕刻，反映在家具上，多和深浮雕结合使用，例如对佛像、仙人、珍禽异兽等玲珑剔透的图案轮廓进行侧面和背面的镂空。圆雕用在镜座上的作品较多。

圆雕的技巧是先主体锯铲轮廓，再加工物象的陪衬部分，一层一层地雕刻，由表及里逐层凿剔，先雕粗，后雕细，直到细部刻画光滑。

（4）透雕

透雕在南方叫通雕。透雕吸收了圆雕和阴、阳雕的手法，有的地方会把木板穿透，创造镂空雕刻的条件。透雕可分为立体透雕和平面透雕。

图5-16　平面透雕

① 立体透雕。透雕作品需要一定的美术功底和雕刻技巧，需要选用大小合适的专门的透凿、钻凿等作为工具。有的家具图案需要用到多层镂空四面立体的雕刻技法，加工难度极大。雕刻的形式千变万化，只能在实践中多练习、多雕刻，掌握各种技巧，按照样板品牌的精、细、美特征，综合运用各种工具满足消费者的各种艺术要求。

② 平面透雕。平面透雕是一般的透雕。雕刻时先画出雕刻图案，除雕刻的物象和需要连接的地方外，全部用钢丝锯掏空。物象和连接的地方再层层用各种铲和雕刀进行雕镂。刀工的力度和刀痕的形状统一而且匀称。平面透雕如图5-16所示。

（5）雕刻的吃线和留线

家具雕刻一般多为雕刻花板，要根据情况具体确定。透雕和镂空锯割的部位，掏空时留半线；圆雕轮廓锯割时吃半线；深浅浮雕要确定木板雕刻的深度；木板四周留线雕刻；雕刻图案因为是层层雕做，逐层画线，雕刻后不留线，所以要吃线雕刻。

5.1.4.7　胶料与胶合技巧

胶合技巧必须掌握传统的胶合材料及其使用方法。

（1）传统的胶合材料

传统的胶合材料有蛋白胶，包括鱼鳔胶、骨胶、猪皮胶等。其形状有块状、粒状或是条状的。

①鱼鳔胶。古时南方叫明胶，北方叫鱼鳔胶。这种胶主要是由鱼鳔和鱼皮作为原料制成的，现市场出售较少。鱼鳔胶需调制后才能使用，传统的方法是先把鱼鳔打碎，用温水浸泡一段时间，放入专用的铸铁胶锅熬煮半小时，再把多余的水去掉，用木槌或是斧子的木把端头将胶捣烂，如果用一般的胶锅炖煮，可以把炖煮的胶，放在石勺或是木板上捣制。注意，捣制的胶要均匀，不能有颗粒，捣好后用木棒或是斧把，边捣边拉起胶随时缠绕在木把上，缠绕到一定厚度时，用刀刃割断成小块晒干待用。胶合时，将鱼鳔胶用一般的胶锅加水熬制，用多少就加多少块，根据气候的冷暖适当调整到"冬流流，夏稠稠"状态。鱼鳔胶多用于桌面板装板时的对缝胶合。

②骨胶。骨胶是用兽皮、筋角、爪等为原料制成的，如牛皮、驴皮，以及羊、猪的筋骨、蹄子等进行熬制。其中以牛皮为原料制成的茶褐色半透明胶，质量较好仅次于鱼鳔胶。骨胶常用于木材胶合，好的胶硬而亮，并且难捣碎，干燥而匀净。好胶被水泡后易膨胀，但不易溶解。次胶色暗无光，杂质多而有酸臭味。次胶多用于榫接合的部位，但夏天时胶发霉后是不能用的。

③猪皮胶。猪皮胶主要是用猪皮作为原料熬制而成，颜色灰白，黏合力良好。猪皮胶的制成品多数是条状，调制时将胶打碎，先在 20℃左右的水中泡 6 小时左右，将多余的水倒掉，用斧子在木板上把条状的胶剁砍成小块，放入胶锅中用水炖煮。水温一般在 85℃左右胶液可以溶解，炖煮胶时勤搅拌几次，使胶液均匀成为稀糊状后方可使用。

（2）胶料的调制使用

俗语有"冬流流，夏稠稠"。这是胶料调制的习惯标准，是说胶料随着温度的变化而变化。温度低时胶应相对稀些，在对缝木板上能流开。温度高时胶液应稠些，如在夏天使用胶时，用胶刷搅拌时提起胶刷，胶液要缓慢而连续下流。太稀的胶液当胶刷提起时，急速而连续流动，流到胶桶内会出现较小的声响。

（3）胶料使用的注意事项

①浓度合适。传统工艺中，胶液的浓度应视加工物的情况确定。对缝胶液的浓度一定要合适。太稠，会有黑缝出现或是不能粘接。太稀，粘接后会出现不牢实、不耐久的情况。

②熬制与存放。熬制胶液，应保持清洁，不能混入锯末、沙土、刨花等杂物。胶液不能烧煳，不能存放时间太久（变质），还不能蒸煮过长的时间，否则会影响胶的质量。

炎热的夏天，煮胶时尽量用多少煮多少。如果当天用不完，剩下的胶液还要煮沸，从胶桶中取出，放于干燥通风处。如果处理不当，胶会发霉变质导致不能使用。

③ 现代胶料。传统的胶料现在极少使用。现在使用的胶料一般为白乳胶、酚醛树脂胶、脲醛树脂胶等，按照市场销售的说明书使用，同样也必须掌握使用时的温度和胶合施工方法。

5.2　现代实木家具制造工艺

实木零部件主要指以天然实木板材为原料加工而成的零部件，例如：实木桌椅等家具的框架、腿、档、立柱、嵌板、望板、面板等零部件。目前，木家具生产企业一般都不设制材工段或车间，而是直接购进实木板材（又称锯材或成材）。根据加工特征或加工目的的不同，实木零部件的生产工艺过程一般由干燥、配料、毛料加工、胶合（胶拼）、弯曲成型、净料加工、装饰（贴面与涂饰）、装配等若干个过程组成。

5.2.1　木材干燥

天然木材是木家具制造的主要材料，而对木材的合理使用则是建立在对木材正确干燥和对木材含水率严格控制的基础上的。为保证家具的产品质量，生产中要对锯材的含水率进行控制，使其稳定在一定范围内，即与该家具的使用环境年平均含水率相适应。因此，木材干燥是确保木家具质量的先决条件。实木板材（尤其是湿板材）在加工之前，必须先进行适当的干燥处理，以便使其达到要求的含水率。

木材干燥的目的，主要体现在以下几方面。

① 防止木材变形和开裂：如果将木材干燥到其含水率与使用环境相适应的程度，就能提高木材的尺寸稳定性，从而防止木材干缩变形和翘曲开裂，使木材经久耐用。

② 提高木材力学强度和改善木材物理性能：当木材含水率低于纤维饱和点时，力学强度随着含水率的降低而增高。另外含水率适度降低，可改善木材的物理性能，提高胶合质量，充分显现木材的花纹、光泽和绝缘性能等。

5.2.2　配料

实木家具零部件的主要原材料是锯材。零部件的制作通常是从配料开始的，经过配料将锯材锯切成一定尺寸的毛料。配料工段应力求使原料达到最合理的利用。因此，配料就是按照产品零部件的尺寸、规格和质量要求，将锯材锯制成各种规格和形状的毛料的加工过程。

配料是家具生产的重要前道工段，直接影响产品质量、材料利用率、劳动生产率、产品成本和经济效益等。

配料包括选料和锯制加工两大工序，选料工序要进行细致的选择与搭配，锯制加工工序要进行合理的横截与纵解。也就是说，在进行配料时，应根据产品质量要求合理选料，掌握对锯材含水率的要求，合理确定加工余量，正确选择配料方式和加工方法，尽量提高毛料出材率。这些是配料工艺的关键环节。

5.2.2.1　合理选料

合理选料是指选择符合家具产品质量要求的树种、材质、等级、规格、含水率、纹理和色泽等原料以及合理搭配用材，材尽其用。

配料所采用的锯材主要是毛边板或整边板。采用毛边板可以充分地利用木材。现在许多家具企业通常选购符合规格尺寸、材质、含水率、加工余量等方面要求的板方材，进厂后只要进行简单的锯截配料。

不同技术要求的家具产品以及同一家具产品中不同部位的零部件，对于材料的要求往往不是完全相同的。例如：桌子的面与背板，对于材料的要求不同；实木弯曲椅的腿与普通实木椅的腿，对于材料的要求也是不同的。因此，合理选料的原则或依据为：

① 必须着重考虑木材的树种、等级、含水率、纹理、色泽和缺陷等因素，在保证产品质量和符合技术要求的前提下，节约使用优质材料，合理使用低质材料，做到物尽其用，提高毛料出材率和劳动生产率，降低产品成本，达到优质、高产、低耗和高效的经济效果。

② 根据产品的质量要求，高级家具的零部件以至整个产品往往需要用同一树种的木材来配料，而且木材都为高级木材；对一般普通家具产品，通常要将软材和硬材树种分开，将质地近似、颜色和纹理大致相似的树种混合搭配，以达到节约代用和充分利用的目的。木家具所使用的木材树种和材质的要求以及允许的缺陷等都有相应的规定。

③ 要获得表面平整、光洁又符合尺寸要求的零部件，必须根据加工余量值来合理选用锯材规格，使得选用的锯材规格尽量与零部件或毛料的规格相衔接。如果锯材和毛料的尺寸规格不衔接，将使锯口数量和废料增多，影响到材料的充分利用和生产效率。锯材规格和毛料规格配置有以下几种情况：锯材断面尺寸和毛料断面尺寸相符合；锯材宽度和毛料宽度相符合，而厚度是毛料厚度的倍数或大于毛料的厚度；锯材的厚度和毛料厚度相符合，而宽度是毛料宽度的倍数或大于毛料宽度；锯材的宽度、厚度都大于毛料的断面尺寸或是其倍数；锯材长度上要注意长短毛料的搭配以便使木材得到合理利用以减少损失。

5.2.2.2　控制木材含水率

锯材含水率是否符合家具产品的技术要求，直接关系到产品的质量、强度和可靠性以及整个加工过程的周期长短和劳动生产率的提高。因此，必须控制木材的含水率，其原则或依据为：

① 在配料前所用的木材应预先进行干燥（干燥与配料的先后顺序一般是先锯材干燥后配料，有些特殊产品也可以先锯材配料而后再进行毛料干燥），使其含水率符合要求，并且内外含水率均匀一致，以消除内应力，防止在加工和使用过程中产生翘曲、变形和开裂等现象，保证产品的质量。

② 由于家具产品的种类及用途不同，锯材的含水率要求有很大的差异。因此，应根据家具产品的技术要求、使用条件以及不同用途来确定锯材的含水率。国家标准 GB/T 6491—2012《锯材干燥质量》中规定了不同用途的干燥锯材的含水率。其中，家具制作时，用于胶拼部件的木材含水率为 6%～11%（平均为 8%）；用于其他部件的木材含水率为 8%～14%（平均为 10%）；采暖室内的家具用料的含水率为 5%～10%（平均为 7%）；室内装饰和工艺制造用材的含水率为 6%～12%（平均为 8%）。

③ 由于家具产品的使用地区不同，锯材的含水率也有很大的差异，即使同一种产品，因使用地区不同含水率要求也不一样。因此，除了根据产品的技术要求、使用条件、质量要求外，还应该结合使用地的平衡含水率，合理地确定对锯材的含水率要求。只要与之相适应，家具就容易保证质量。气候湿润的南方与气候干燥的北方，要求材料的含水率要控制在不同的范围内。北方要求含水率低一些，否则家具的榫头会与榫眼脱开。南方含水率应该高一点，否则容易使零件变形或破坏家具结构。一般要求配料时的木材含水率应比其使用地区或场所的平衡含水率低 2%～3%。

④ 干燥后的锯材在加工之前应妥善保存，在保存期间不应使其含水率发生变化，即干材仓库气候条件应稳定，应有调节空气湿度和温度的设施，使库内空气状态能与干锯材的终含水率相适应。干燥锯材（或毛料）在进行机械加工的过程中，车间内的空气状态也不应使木材的含水率发生变化，以保证公差配合的精度要求。木制品毛料、零部件或成品，在加工、存放、运输过程中，最好能严密包装或有温度、湿度调节设施，以保证其含水率不发生变化。

5.2.2.3　选定加工余量

加工余量是指将毛料加工成形状、尺寸和表面质量等方面符合设计要求的零件时所切去的一部分材料的尺寸大小。简单地说，加工余量就是毛料尺寸与零件尺寸之差。如果采用湿材配料，则加工余量中还应包括湿毛料的干缩量。

5.2.2.4　确定配料工艺

（1）配料方式

目前，我国在木家具生产中，由于受到生产规模、设备条件、技术水平、加工工艺及加工习惯等多种因素的影响，其配料方式是多种多样的。但总的看来，大致可归纳为单一配料法和综合配料法两大类。

① 单一配料法：将单一产品中某一种规格的零部件的毛料配齐后，再逐一配备其他零部件的毛料。这种配料法的优点是技术简单、生产效率较高。但最大缺点是木材利用率较低，不能量材下锯和合理使用木材，材料浪费大；其次是裁配后的板边、截头等小规格料需要重复配料加工，增加往返运输，降低了生产效率。因而，其适用于产品单一、原料整齐的家具生产企业的配料。

② 综合配料法：将一种或几种产品中各零部件的规格尺寸分类，按归纳分类情况统一考虑用材，一次综合配齐多种规格零部件的毛料。这种配料法的优点是能够长短搭配下锯，合理使用木材，木材利用率高，保证配料质量，但要求操作者对产品用料知识、材料质量标准掌握准确，操作技术熟练。因而，该法适用于多品种家具生产企业的配料。

配料时，根据锯材类型、树种和规格尺寸以及零部件的规格尺寸，锯材配制成毛料的方式又有以下几种情况：由锯材直接锯制符合规格要求的毛料；配制宽度符合规格要求，而厚度是毛料倍数的锯材；配制厚度符合规格要求，而宽度是毛料倍数的锯材；配制宽度和厚度都符合规格要求，而长度是毛料倍数的锯材。

（2）配料工艺

①先横截后纵解的配料工艺。如图 5-17 所示先将板材按照零件的长度尺寸质量要求横截成短板，同时截去不符合技术要求的缺陷部分（开裂、腐朽、死节等），再用单锯片或多锯片纵解圆锯机或小带锯将短板纵解成毛料。由于先将长材截成短板，这种工艺的优点是：方便于车间内运输；采用毛边板配料，可充分利用木材尖度，提高出材率；可长短毛料搭配锯截、充分利用原料长度，做到长材不短用。但缺点是在截去缺陷部分时，往往同时截去一部分有用的锯材。

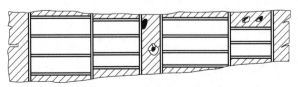

图 5-17　先横截后纵解

② 先纵解后横截的配料工艺。如图 5-18 所示先将板材按照零件的宽度或厚度尺寸纵向锯解成板条，再根据零件的长度尺寸截成毛料，同时截去缺陷部分。这种工艺适用于配制同一宽度或厚度规格的大批量毛料，可在机械进料的单锯片或多锯片纵解圆锯机上进行加工。这种工艺的优点是：生产效率高；在截去缺陷部分时，有用木材锯去较少。但缺点是长材在车间占地面积大，运输也不太方便。

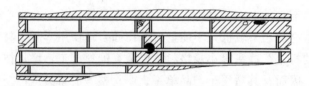

图 5-18　先纵解后截断

③ 先画线后锯截的配料工艺。如图 5-19 所示，根据零件的规格、形状和质量要求，先在板面上按套裁法画线，然后按线再锯截为毛料。采用套裁法画线下锯可以用相同数量的板材生产出最大数量的毛料。根据生产实践证明，该种方法可以使木材出材率提高 9%，尤其对于曲线形零件，预先画线既保证了质量又可提高出材率和生产率。但是需要增加画线工序和场地，画线配料在操作上有平行画线法和交叉画线法两种。

平行画线法是先将板材按毛料的长度截成短板，同时除去缺陷部分，然后用样板（根据零件的形状、尺寸要求再放出加工余量所做成的样板）进行平行画线。此法加工方便、生产率高，但出材率低，适合用于较大批量的机械加工配料，如图 5-19（a）所示。

交叉画线法是考虑在除去缺陷的同时，充分利用板材的有用部分锯出更多的毛料，所以出材率高。但毛料在材面上排列不规则，较难下锯，生产率较低，不适合用于机械加工及大批量配料，如图 5-19（b）所示。

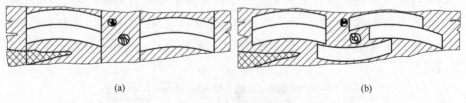

(a)　　　　　　　　　　　　　　　　　　(b)

图 5-19　先画线后锯截

④ 先粗刨后锯截的配料工艺。先将板材经单面或双面压刨刨削加工，再进行横截或纵解成毛料。由于板面先经粗刨，所以材面上的缺陷、纹理及材色等能较清晰地显露出来，操作者可以准确地看材下锯，按缺陷分布情况、纹理

形状和材色程度等合理选材和配料，并及时剔除不适用的部分。另外，由于板面先经刨削，一些加工要求不高（如内框之类）的零件，在配制成毛料之后，对毛料加工时，就只需加工其余两个面，减少了后期刨削加工工序；如果配料时采用刨削锯片进行"以锯代刨"锯解加工，可以得到四面光洁的净料，以后就不需再进行任何刨削加工，这样毛料出材率和劳动生产率都将显著地提高。但是在刨削未经锯截的板材时，长板材在车间内运输不便，占地面积也大；此外，板材虽经压刨粗刨，但往往不能使板面上的锯痕和翘曲全部除去，因此并不能代替基准面的加工，对于尺寸精度要求较高的零件，特别是配制长毛料时，仍需要先通过平刨进行基准面加工和压刨进行规格尺寸的加工，才能获得正确的尺寸和形状。

⑤ 先粗刨、锯截和胶合再锯截的配料工艺。如图 5-20 所示，将板材经刨削、锯截和剔除缺陷后，利用指榫和平拼，分别在长度、宽度和厚度方向进行接长、拼宽、胶厚（见方材胶合章节），然后再锯截成毛料。这种工艺能充分利用材料，有效地提高了毛料出材率和保证零件的质量。但缺点是增加了刨削、锯截、铣指榫和胶接等工序，生产率较低。此种方法特别适用于长度较大、形状弯曲，或材面较宽、断面较大、强度要求较高的毛料（如椅类的后腿、靠背、扶手等）的配制。当然也可以采用集成材成品直接进行配料。

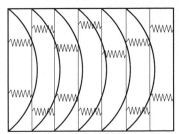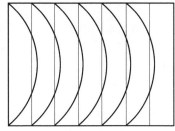

图 5-20 先胶合后锯截

了解了以上几种方式的优缺点以后，可以根据零件的要求，并考虑到尽量提高出材率、劳动生产率和产品质量等因素，进行组合选用，综合确定配料方案。无论采用何种配料方案，都应先配大料后配小料，先配表面用料后配内部用料，先配弯料后配直料等。

（3）配料设备

根据配料工序和生产规模的不同，配料时所用的设备也不一样。目前，我国木家具生产中的配料设备主要有以下几类。

① 横截设备：横截锯，用于实木锯材的横向截断，以获得符合长度规格要求的毛料。其类型较多，常用的有吊截锯（刀架弧形移动）、万能木工圆锯

机、悬臂式万能圆锯机［刀架直线移动，见图 5-21（a）］、简易推台锯、精密推台锯、气动横截锯［图 5-21（b）和（c）］、自动横截锯、自动优选横截锯［万能优选锯，见图 5-21（d）］等。

　　② 纵解设备：纵解锯，用于实木锯材的纵向剖分，以获得宽度或厚度符合规格要求的毛料。常用的有手工进料圆锯机（普通台式圆锯机）、精密推台锯、机械（或履带）进料单锯片圆锯机［图 5-21（e）］、机械（或履带）进料多锯片圆锯机［图 5-21（f）］、小带锯等。

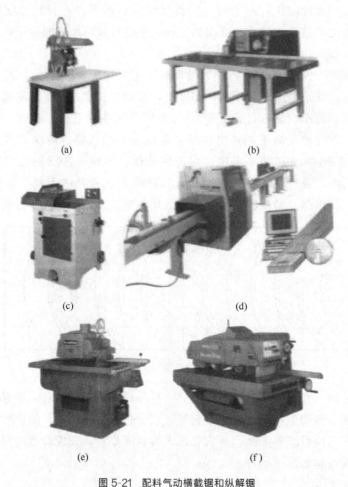

图 5-21　配料气动横截锯和纵解锯

（a）悬臂式万能圆锯机；（b）悬臂式气动横截锯；（c）气机；（d）自动优选横截锯；
（e）单片片圆锯机；（f）多锯片圆锯机

　　③ 锯弯设备：用于实木锯材的曲线锯解，以获得符合曲线形规格要求的毛料，也可以使用样模画线后再锯解。主要有细木工带锯和曲线锯。

④ 粗刨设备：用于先对实木锯材表面进行粗刨，以合理实施锯材锯截和获得高质量的毛料。常用的有单面压刨、双面刨（平压刨），也可用四面刨等。

⑤ 指接与胶拼设备：用于板方材在长度、宽度、厚度方向上通过指榫和平拼而进行接长、拼宽、胶厚，以节约用材和获得长度较大、形状弯曲或材面较宽、断面较大、强度较高的毛料。主要有指榫铣齿机、接长机（接木机）、拼板机等。

5.2.2.5　提高毛料出材率

配料时木材的利用程度可用毛料出材率来表示。

毛料出材率（P）是指毛料材积（$V_毛$）与锯成毛料所耗用锯材（或成材）材积（$V_成$）之比（百分数）。

$$P = V_毛 / V_成 \times 100\%$$

影响毛料出材率的因素很多，如加工零件要求的尺寸和质量、配料方式与加工方法、所用锯材的规格与等级、锯材尺寸与毛料尺寸的匹配程度、操作人员的技术水平、采用设备和刀具的性能等。如何提高毛料出材率做到优材不劣用、大材不小用、长材不短用，以降低木材耗用量，是配料时必须重视的问题。为了尽量提高毛料出材率，在实际配料生产中可考虑采取以下一些措施。

① 认真实行零部件尺寸规格化，使零部件尺寸规格与锯材尺寸规格相衔接，以充分利用板材幅面，锯截出更多的毛料。

② 操作人员应熟悉各种产品零部件的技术要求，在保证产品质量和要求的前提下，凡是用料要求所允许的缺陷，如缺棱、节子、裂纹、斜纹等，不要过分地剔除，要尽量合理使用。

③ 操作人员应根据板材质量和规格，将各种规格的毛料集中配料、合理搭配和套裁下锯：可以将不用的边角料集中管理，供配制小毛料时使用，做到材料充分利用。

④ 在不影响强度、外观及质量的条件下，对于材面上的死节、树脂囊、裂纹、虫眼等缺陷，可用挖补、镶嵌的方法进行修补，以免整块材料被截去。

⑤ 对一些短小零件，如线条、拉手等，为了便于后期加工和操作，应先配成倍数毛料，经加工成净料后再截断或锯开，既可提高生产率和加工质量，又可减少每个毛料的加工余量。

⑥ 合理确定工艺路线，减少重复加工余量，除了需要胶拼、端头开榫的零部件外，在配料时应尽量做到一次精截，不再留二次加工余量。

⑦ 在满足设计要求下，尽量选用边角短料或加工剩余物、小规格材配制成小零部件毛料，做到小材升级利用。根据实践经验可节约木材 10% 左右。

⑧ 应采用先进的配料设备或刀具，如选用薄锯片或小径锯片代替普通圆

锯以减少锯路损失，或采用"以锯代刨"工艺来减少后续加工余量等，减少加工损耗。

⑨ 应尽量采用画线套裁及先粗刨后配料的下料方法。生产实践证明，可提高木材利用率 9%～12%（如采用交叉划线效果会更好）。

⑩ 对规格尺寸较大的零部件，根据技术要求可以采用短料接长、窄料拼宽、薄料胶厚等小料胶拼的方法代替整块木材，用于暗框料、芯条料、弯曲料、长料、宽料、大断面料等，既可提高木材利用率做到劣材优用、小材大用，又能保证产品质量、提高强度、减少变形和保证形状尺寸稳定。

目前，在实际生产中计算毛料出材率时，常加工出一批产品后综合计算出材率，其中不仅包括直接加工成毛料所耗用的材积，也包含锯出毛料后剩余材料再利用的材积，因此，实际上是木材利用率。它根据生产条件、技术水平和综合利用程度不同而有很大的差异。一般来说，从原木制成锯材的出材率为 60%～70%，从锯材配成毛料的出材率也为 60%～70%，从毛料加工成净料（或零部件）的出材率为 80%～90%。因此，净料（或零部件）的出材率一般只有原木的 30%～50% 或板方材的 50%～70%。

5.2.3　毛料加工

经过配料，将锯材按零件的规格尺寸和技术要求锯成了毛料，但有时毛料上可能因为干燥不善而带有翘弯、扭曲等各种变形，再加上配料加工时都是使用粗基准，毛料的形状和尺寸总会有误差，表面也是粗糙不平的。为了保证后续工序的加工质量，以获得准确的尺寸、形状和光洁的表面，必须先在毛料上加工出正确的基准面，作为后续规格尺寸加工时的精基准。因此，毛料的加工通常是从基准面加工开始的。毛料加工是将配料后的毛料经基准面加工和相对面加工而成为合乎规格尺寸要求的净料的加工过程。

5.2.3.1　基准面加工

基准面包括平面（大面）、侧面（小面）和端面三个面。对于各种不同的零件，按照加工要求的不同，不一定都需要三个基准面，有的只需将其中的一个或两个面精确加工后作为后续工序加工时的定位基准，有的零件加工精度要求不高，也可以在加工基准面的同时加工其他表面。直线形毛料是将平面加工成基准面，曲线形毛料可利用平面或曲面作为基准面。

平面和侧面的基准面可以采用铣削方式加工，常在平刨或铣床上完成。端面的基准面一般用推台圆锯机、悬臂式万能圆锯机或双头截断锯（双端锯）等横截锯加工。

5.2.3.2　相对面加工

为了满足零件规格尺寸和形状的要求，在加工出基准面之后还需对毛料的其余表面进行加工，使之表面平整光洁，并与基准面之间具有正确的相对位置和准确的断面尺寸，以成为规格净料。这就是基准相对面的加工，也称为规格尺寸加工，一般可以在压刨、三面刨、四面刨、铣床、多片锯等设备上完成。

5.2.4　方材胶合（集成材加工）

木家具中板方材零件一般是从整块锯材中锯解出来，这对于尺寸不太大的零件是可以满足质量上的要求的，但尺寸较大的零件往往由于木材的干缩湿胀的特性，会因收缩或膨胀而引起翘曲变形，零件尺寸越大，这种现象就越严重。因此，对于尺寸较大的零部件可以采用窄料、短料或小料胶拼（即方材胶合）工艺而制成，这样不仅可以扩大零部件幅面与断面尺寸、提高木材利用率、节约大块木材，同时也能使零件的尺寸和形状稳定、减少变形开裂和保证产品质量，还能改善产品的强度和刚度等力学性能。

5.2.4.1　方材胶合种类

方材胶合在实木家具生产中占有重要位置。其主要包括板方材长度上胶接（短料接长）、宽度上胶拼（窄料拼宽）和厚度上胶厚（薄料层积）等。

5.2.4.2　方材胶合工艺与设备

方材胶合的一般工艺过程为（从原木开始）。

① 平拼板方材：原木制材（带锯机）→锯材干燥（干燥窑）→横截（横截锯）→双面刨光（双面刨）→纵解（多片锯）→横截或剔缺陷（横截锯或万能优选锯）→涂胶（涂胶机）→胶拼（拼板机或压机）→砂光（砂光机）→裁边（裁边机）。

② 指接板方材（集成材）：原木制材（带锯机）→锯材干燥（干燥窑）→横截（横截锯）→双面刨光（双面刨）→纵解（多片锯）→横截或剔缺陷（横截锯或万能优选锯）→指榫铣齿（指榫铣齿机）→指榫涂胶（指榫涂胶机）→纵向接长（接长机或指接机）→（高频加热固化）→四面刨光（四面刨）→涂胶（涂胶机）→胶拼（拼板机或压机）→（高频或热空气加热固化）→砂光（砂光机）→裁边（裁边机）。

5.2.4.3　影响胶合质量的因素

方材胶合过程是一个复杂的过程，它是在一定压力下使胶合面紧密接触，并排除其中空气的机械作用和在添加固化剂或加热条件下，使胶层中水分散发或分子间发生反应，使胶液固化将方材胶合起来。因此，影响方材胶合质量

（即胶合强度）的因素很多，主要包括被胶合材料特性、胶黏剂特性和胶合工艺条件等方面。

5.2.4.4　加速胶合的方法

在室温条件下的方材胶合，一般应在压力下保持 4～12h 才能完成胶液固化。为了缩短胶合过程和生产周期，减少胶合工段生产面积和提高生产率，常采用加热方法来加速胶合过程。目前主要有接触传导加热、对流传导加热和高频介质加热三种方式，以及化学加速方式等。

5.2.5　净料加工

毛料经过刨削和锯截加工成为表面光洁平整和尺寸精确的净料以后，还需要进行净料加工。净料加工是按照设计要求，将净料进一步加工出各种接合用的榫头、榫眼、连接孔或铣出各种线型、型面、曲面、槽簧以及进行表面砂光、修整加工等，使之成为符合设计要求的零件的加工过程。

5.2.5.1　榫头加工

榫接合是实木框架结构家具的一种基本接合方式。采用这种接合方式的部位，其相应零件就必须开出榫头和榫眼。榫头加工是方材净料加工的主要工序，榫头加工质量的好坏直接影响到家具的接合强度和使用质量，榫头加工后就形成了新的定位基准和装配基准，因此，对于后续加工和装配的精度有直接的影响。

5.2.5.2　榫眼和圆孔加工

榫眼及各种圆孔大多是用于木家具中零部件的接合部位，孔的位置精度及其尺寸精度对于整个制品的接合强度及质量都有很大的影响，因而榫眼和圆孔的加工也是整个加工工艺过程中一个很重要的工序。在现代木家具零部件上常见的榫眼和圆孔按其形状可分为直角榫眼（长方形榫眼、矩形孔）、椭圆榫眼（长圆形榫眼）、圆孔、沉头孔等，其形式及其加工方法如图 5-22 所示。

5.2.5.3　榫槽与榫簧加工

（1）榫槽与榫簧的加工工艺

在木家具接合方式中，家具的零部件除了采用端部榫接合外，有些零部件还需沿宽度方向实行横向接合或开出一些槽簧（企口），这时就要进行榫槽和榫簧加工。在加工榫槽和榫簧时要正确选择基准面，保证靠尺、刀具及工作台之间的相对位置准确，确保加工精度，如表 5-1 所示。

（2）榫槽和榫簧加工的常用生产设备

榫槽和榫簧加工的主要生产设备有刨床类、铣床类、锯机类和专用机床等。

编号	孔的形式	加工工艺图		
		Ⅰ	Ⅱ	Ⅲ
1	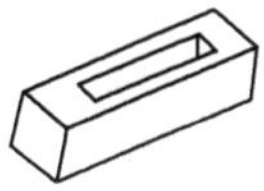	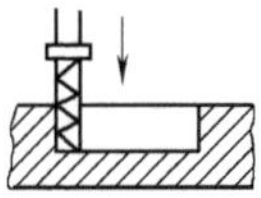	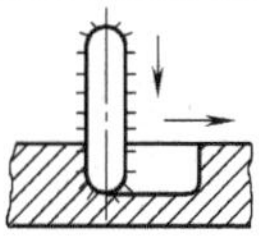	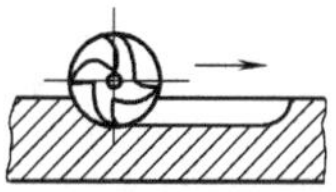
2	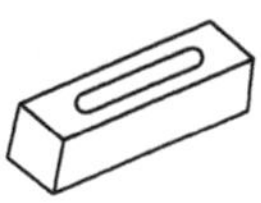	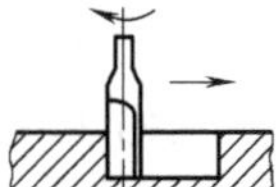	—	—
3	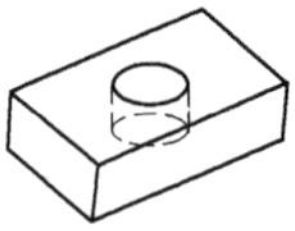	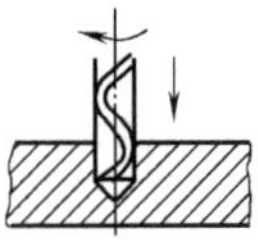	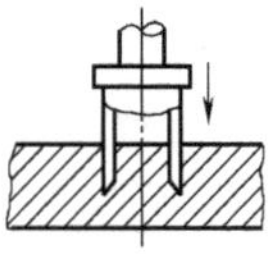	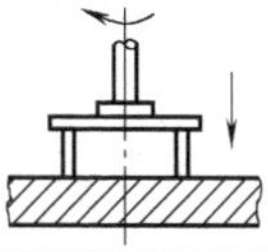
4	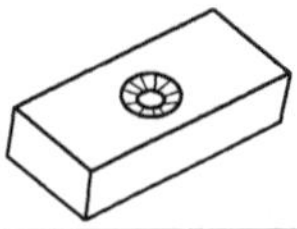	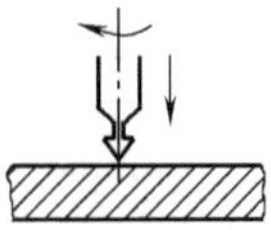	—	—

图 5-22　榫眼与圆孔的形式及其加工方法示意图

① 刨床类：可采用平刨、压刨及四面刨进行榫槽或榫簧加工，如表 5-1 中 1～6 几种形式。目前在木制品的实际生产中，一般常用四面刨床加工榫槽和榫簧，其加工方法是根据工件上的榫槽和榫簧的位置与形状，将四面刨床所在位置的平铣刀更换为不同形状的成型铣刀进行加工。可根据榫槽的宽度来选用刀具，被加工工件的宽度较大时应采用上下水平刀头，被加工工件的宽度较小时应采用垂直立刀头。

② 铣床类：立铣机（下轴铣床）、镂铣机（上轴铣床）、数控镂铣机和双端铣床等都可以加工榫槽和榫簧，根据榫槽和榫簧的宽度、深度等不同，可选用不同类型的设备。加工榫槽时，榫槽宽度较大时应使用带立式刃具的设备，如镂铣机等。表 5-1 中 1～6 几种形式的榫槽和榫簧，也可在铣床上加工，但若在铣床上完成 2、3 形式的加工，应将刀轴或工作台面倾斜一定角度。表 5-1 中 7 是在零部件长度上开出较长的槽，也可在铣床上加工，切削深度取决于刀具对导尺表面的突出量，切削长度用限位挡块控制，这种方法是顺纤维切削，所以加工表面质量高，但缺点是加工后两端产生圆角，必须有补充工序来加以修正。表 5-1 中 6、9、10 等较深的槽口也可在上轴铣床（镂铣机）上采用端

铣刀加工。

③ 锯机类：万能圆锯机等可以加工棒槽，这种加工主要是采用万能圆锯片的锯切锯路来完成，这就使榫槽的宽度不能超过锯路的宽度，否则就需要通过别的方法来加工榫槽。加工燕尾形槽口可将不同直径的圆锯片叠在一起或采用镶刀片的铣刀头构成锥形组合刀具来分两次加工，加工时将刀轴倾斜一定的角度，以获得要求的燕尾形状，如表 5-1 中 8、9 两种槽口在悬臂式万能圆锯机上的加工。

④ 专用起槽机：表 5-1 中 10 所示的合页槽，可以在专用的起槽机上进行加工，由两把刀具组成，一把平口铲形刀具做上下垂直运动将纤维切断，一把水平切刀做水平往复运动将切断的木材铲下，从而得到所要求的加工表面。这种方法适用于浅槽的加工。

表 5-1　常见的榫槽与榫簧形式及加工工艺示意图

榫槽形式	加工示意图		榫槽形式	加工示意图	
	Ⅰ	Ⅱ		Ⅰ	Ⅱ
1 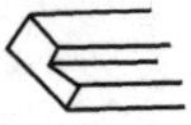	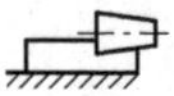	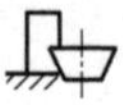	6 	—	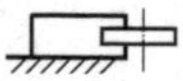
2 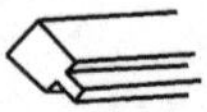	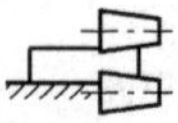	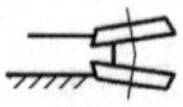	7 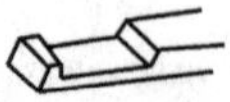	—	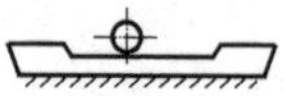
3 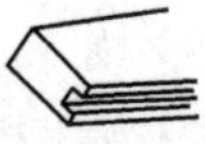	—		8 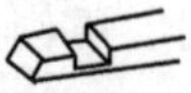	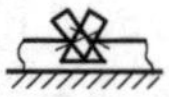	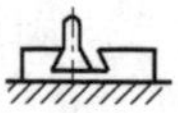
4 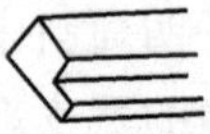	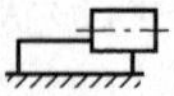	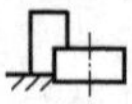	9 	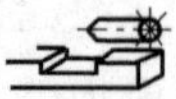	—
5 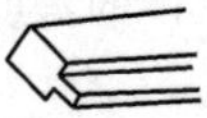	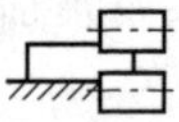	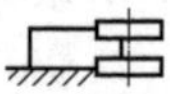	10 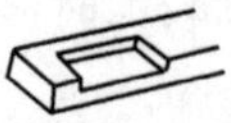	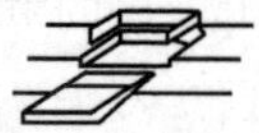	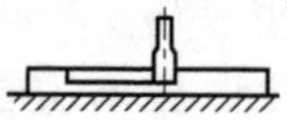

5.2.5.4　型面与曲面加工

锯材经配料制成直线形毛料，有一些制成曲线形毛料，将直线形或曲线形毛料进一步加工成型面是净料的加工过程。型面和曲面零部件的示意图如图 5-23 所示。零部件的型面又可以分为直线形型面、曲线形型面及回转体型面。

（1）直/曲线形型面

直线形型面是指加工面的轮廓线为直线，切削轨迹为直线的零部件。曲线形型面是指加工面的轮廓线为曲线或直线，切削轨迹为曲线的零部件。四面刨床可以加工直线形型面，同样使用各类铣床几乎可以加工任意的直/曲线形型

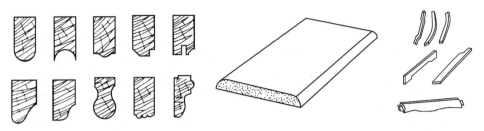

(a) 直线形型面零部件 　　　　　　(b) 板式部件的边部型面 　　　　　　(c) 曲线形型面零部件

图 5-23　零部件的型面和曲面

面，立铣、镂铣的加工方法已经介绍过，现主要介绍几种靠模铣床。

① 卧式靠模铣床加工。图 5-24 所示为巴利维李（BALESTRINI）公司生产的卧式双轴靠模铣床。该铣床加工方法主要是采用模具加工，模具的形状与加工的零部件具有同样的线型，而型面是靠成型铣刀来控制，如图 5-25所示。

图 5-24　卧式双轴靠模铣床

图 5-25　卧式双轴靠模铣床加工工艺

② 立式靠模铣床加工。图 5-26 所示为巴利维李（BALESTRINI）公司生产的立式双轴靠模铣床，该铣床加工方法同卧式双轴靠模铣床几乎相同，只是立式靠模铣床可同时加工几个工件，而且铣型的同时可以安装工件，确保铣型的连续性，是一种铣型效率较高的设备，其加工的零部件如图 5-27 所示。现代的立式靠模铣床除了完成铣型，还具有砂光等功能，即在铣型的两侧加入砂光头，解决了曲线形表面的砂光问题，而且将原来两道工序变为一道工序完成，提高了设备的利用率，如图 5-28 所示的立式六轴靠模铣床。计算机控制技术的使用，使靠模铣床的自动化程度有了较大的提高，同时还确保了铣型的准确度，如图 5-29 所示的 CNC 控制的立式八轴靠模铣床。

图 5-26　立式双轴靠模铣床

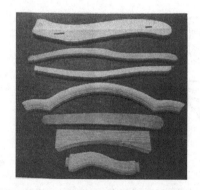

图 5-27　立式双轴靠模铣床加工的零部件

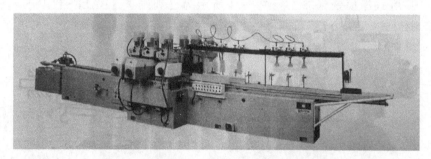

图 5-28　立式六轴靠模铣床

图 5-29　CNC 控制的立式八轴靠模铣床

　　③ 回转工作台式靠模铣床（圆盘式靠模铣床）加工，对于整体台面的边部铣型时，需采用圆盘式靠模铣床。例如图 5-30 所示的重型圆盘式靠模铣床和图 5-31 所示的轻型圆盘式靠模铣床，这两种铣床属于上轴铣床，工作原理是利用工件做圆周运动，通过铣刀轴上的挡环靠紧工件下的模具完成。圆盘式靠模铣床的铣刀轴数常为 1 或 2，如图 5-32 所示。

　　④ 双端铣加工。双端铣是一种多功能的生产设备，它可以用于人造板的双端精密裁板和铣边型加工，也可以用于实木零部件的端部锯切和端部铣型加

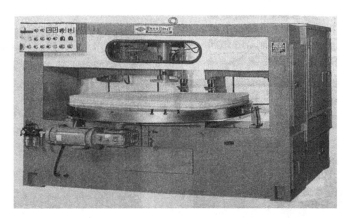

图 5-30　重型圆盘式靠模铣床

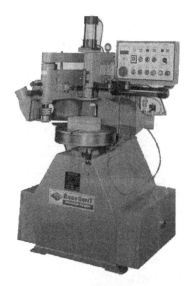

图 5-31　轻型圆盘式靠模铣床

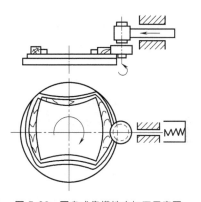

图 5-32　圆盘式靠模铣床加工示意图

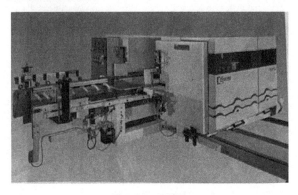

图 5-33　双端铣

工,如图5-33所示的豪迈(HOMAG)集团公司生产的双端铣。双端铣每侧配有四个刀轴,可安装锯片,也可以安装铣刀。在人造板的裁板加工中,可以用其中的一个轴装上刻痕锯片,确保人造板不出现崩茬。在实木零部件的加工中,一般用于方材毛料或方材净料的端部加工:使用锯片加工时,可以获得较高的端部质量;使用成型铣刀加工时,可以在实木零部件的边部铣成型面。双端铣也广泛应用于地板的开槽簧生产和实木门的双边齐边或铣型加工。

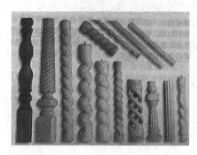

图5-34 回转体型面零部件

(2) 回转体型面

回转体型面是加工基准为中心线的零部件,将方、圆、多棱、球等几种几何体组合在一起,曲折多变,其基本特征是零部件的断面呈圆形或圆形开槽形式。图5-34所示为回转体型面零部件。图5-35所示为加工回转体型面的工作原理。图5-36所示为车床卡头工作图。在车床上,工件做高速旋转,切削刀具做纵向或横向的联合移动制成回转体型面,刀具的移动有手动和靠模自动移动两种形式。该类设备刀架的形式分为单刀架和多刀架,单刀架的车床每次加工的工件,是靠

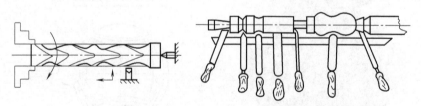

(a) 刀具和工件运动示意图   (b) 回转面刀具位置图

图5-35 加工回转体型面的工作原理

图5-36 车床卡头工作图

刀具的各种动作来完成的，加工完成后需更换刀具，方可再加工，如图 5-37
所示的手动单刀架车床。多刀架车床在加工中，每次虽然也仅加工一个工件，
但是由不同的刀具同时加工，因此采用多刀架的车床加工时，生产效率会大大
提高。现代生产设备的发展使车床性能发生了较大变化，即工件的加工和更换
可以同时进行，而且是在不同的工作位置上完成，如图 5-38 所示的自动式
车床。

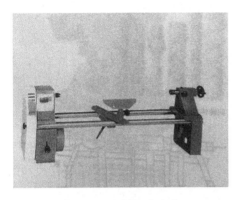

图 5-37　手动单刀架车床

图 5-38　自动式车床

5.2.5.5　表面修整与砂光加工

（1）表面修整加工的目的和方法

实木零部件方材毛料和净料经过刨削、铣削等切削加工后，由于受设备的
加工精度、加工方式、刀具的安装精度、刀具的锋利程度、工艺系统的弹性变
形以及工件表面的残留物、加工搬运过程的污染等因素影响，使被加工工件表
面出现了如凹凸不平、撕裂、毛刺、压痕、木屑、灰尘和油渍等，并且工件表
面粗糙度一般只能达到粗光的要求。为使零部件形状尺寸正确、表面光洁，在
尺寸加工与形状加工以后，还必须通过零部件的表面修整加工来解决，以除去
各种不平度、减少尺寸偏差、降低表面粗糙度，这也是零部件涂饰前所必须进
行的加工。表面修整加工的方法主要是采用各种类型的砂光机砂光处理。

（2）砂光工艺

砂光是利用砂光机对工件表面进行修整的加工方法，属木材切削加工。砂
光机上的刀具是砂带，砂的粗细是由砂带的粒度号决定的，木制品砂光机使用
的粒度号主要有 800、400、200、120、100、80、60、40（目❶）等。木制品
砂光机的类型较多，主要有盘式砂光机、辊式砂光机和带式砂光机等。

----

❶　目指每英寸筛网上的孔眼数目。

图 5-39 所示为各类砂光机示意图。

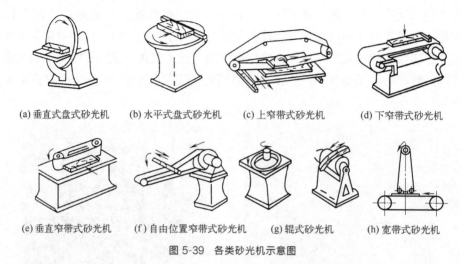

(a) 垂直式盘式砂光机　　(b) 水平式盘式砂光机　　(c) 上窄带式砂光机　　(d) 下窄带式砂光机

(e) 垂直窄带式砂光机　　(f) 自由位置窄带式砂光机　　(g) 辊式砂光机　　(h) 宽带式砂光机

图 5-39　各类砂光机示意图

① 砂光机的结构。在木制品的生产中，由于零部件的形状差别较大，因此就要使用不同结构和类型的砂光机，以满足各种类型零部件的加工要求。

② 砂削速度。砂光机的砂削速度高低决定了工件表面的砂削质量和表面粗糙度。砂光机的砂削速度高、砂光质量高，零部件的表面粗糙度就低；砂光机的砂削速度低、砂光质量差，零部件的表面粗糙度就高，生产效率低。

③ 进料速度。一些木制品砂光机砂光时，其工件是固定的。有些类型的砂光机砂光时，是通过零部件的移动完成砂光的。工件的进料有人工进料和机器进料两种形式，其进料速度越高，砂削质量越低，表面越粗糙；反之表面光洁度高，但是进料速度太低，生产效率也会随之降低。

④ 砂削量。实木砂光机砂削量的控制多半是手工通过压垫或直接推压砂带来完成的。当砂削量一定时，砂带对工件的压紧力越大，砂光机的每次砂削量就会越大，工件的砂光质量就会越低；砂光机的每次砂削量越小，达到同等砂削量时，就必须采用多次砂光，虽然砂光质量提高了，但是生产效率却大大降低了。因此适当确定每次的砂削量，不仅可以使工件表面具有较高的光洁度，同时可以提高生产效率。

⑤ 砂粒粒度。砂带的砂粒粒度大（砂带号小），生产效率高，但是砂削工件的表面粗糙度高；砂带的砂粒粒度小（砂带号大），生产效率低，但砂削工件的表面粗糙度低。一般在砂光实木工件时，砂带的粒度号应在 40～200 目之间。基材表面涂饰底漆或面漆时，应取粒度号为 200～800 目的砂带。

⑥ 砂削方向。砂光机的砂带平行木材的纤维方向砂光时，砂削量较低，特别是在砂光宽幅面的工件时，砂光表面不易砂平。砂光机的砂带垂直木材纤维方

向砂光时，砂带的砂粒会把木材中的纤维割断，使工件的表面出现横向条纹，增大工件的表面粗糙度。因此对于较宽大的工件砂光时，需首先进行垂直木材纹理的横向砂光，再进行平行木材纹理的纵向砂光，以得到既平整又光洁的表面。

（3）砂光机

木制品砂光机的类型较多，按使用功能可以分为通用型和专用型；按设备安装方式不同可以分为固定式和手提式；按砂光机结构可分为盘式、辊式、窄带式和宽带式等。砂光机的类型和结构决定了零部件的砂光质量和表面粗糙度。

① 盘式砂光机。图 5-40 所示为垂直盘式砂光机。加工时，由于盘式砂光机在不同的圆周内各点的线速度不同，中心点速度为零、边缘速度最大，因此磨削不均匀，只适用于砂削表面较小的零部件。在实际生产中，盘式砂光机常常用于零部件的端部及角部砂光，特别在椅子生产过程中，常常将卧式盘式砂光机用于椅子装配后腿部的校平砂光。

② 辊式砂光机。图 5-41 所示为辊式砂光机。辊式砂光机在砂光时，其砂削面近似于圆弧，适用于圆柱形、曲线形和环状等部件的内表面以及直线形零部件的边部砂光，不适合零部件的大面砂光。

图 5-40　垂直盘式砂光机　　　　　　　　　图 5-41　辊式砂光机

③ 窄带式砂光机。图 5-42 所示为上窄带式砂光机。图 5-43 所示为垂直窄带式砂光机。由于砂削面是平面，因此适合工件大面和小面的砂光。对于大幅面的实木拼板或集成材的大面砂光，应采用宽带式砂光机砂光。对于工件侧面的砂光应采用边部砂光机砂光，如图 5-44 所示的边部砂光机。对于侧边既要铣型又要砂光的实木拼板或集成材部件，可以采用铣型和砂光同在一个工序中完成的铣边形型面砂光机，如图 5-45 所示。

④ 宽带式砂光机。这是一种高效率、高质量的砂光机，按砂架的数量可分为单砂架、双砂架和多砂架砂光机等；按砂带与传送带相对位置不同可分为上砂架、下砂架和双面砂架以及带有横向砂架的砂光机等；按结构不同可分为

图 5-42　上窄带式砂光机

图 5-43　垂直窄带式砂光机

图 5-44　边部砂光机

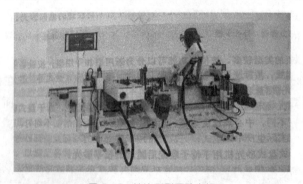
图 5-45　铣边形型面砂光机

轻型、中型和重型砂光机。宽带式砂光机在木制品企业中应用比较广泛，主要用于大幅面板材零部件的定厚砂光和表面砂光。定厚砂光既能使被砂零部件表面光滑，得到高质量的砂光表面，同时也保证被砂零部件的厚度均匀一致并达到规定的厚度公差；表面砂光主要使被砂零部件表面光滑，得到高质量的砂光表面，有些宽带式砂光机配有气囊式或琴键式砂光压垫，以适应各种形状、型面的不同厚度、凹面或中间镂空等工件的砂光，不会在砂光工件的边缘砂成倒棱。

⑤ 其他专用砂光机。在木制品生产中，由于零部件形状等的特殊要求，经常使用专用砂光机来砂削这类工件，既要保持其形状，又要使其复杂的表面光滑。例如自动单带或双带直线圆棒砂光机、自动带式曲线不规则圆棒砂光机、单立辊或双立辊棒刷式砂光机等。

5.3　板式家具制造工艺

板式家具是指主要部件由各种人造板作为基材的板式部件所构成，并以连接件接合方式组装而成的家具。在现代板式家具中，通常泛指拆装式家具

（KD）、待装式家具（RTA）、易装式家具（ETA）、自装式家具（DIY）以及 32mm 系统家具等。其产品的构造特征是"（标准化）部件＋（五金件）接口"。板式结构的家具是一种具有发展前途的拆装结构的制品，它具有独特的优点。

① 节省天然木材，提高木材利用率。由于天然木材的供应越来越紧张，实木家具生产的发展受到了限制。板式家具生产所采用的主要原材料是通过木材综合利用而制得的各种人造板材，因而节省了木材，木材利用率高。如按实木框式结构的家具消耗木材量为 1 计算，则细木工板制成的板式家具所消耗的木材量为 0.6～0.7，以刨花板制成的板式家具所消耗的木材量为 0.4～0.6。

② 减少翘曲变形，改善产品质量。框式家具的构件大多采用天然实木，由于温度和湿度的变化，实木板材往往容易发生胀缩、开裂、翘曲和接合松动等现象；而板式家具所使用的原材料大多是表面平整、厚度均一和具有一定强度的大幅面的各种人造板，因此材性稳定、变形较小，从而改善了产品质量。

③ 简化生产工艺，便于实现机械化流水线生产。与框式家具相比，板式家具不用各种复杂的撑档；板式部件加工，可省去厚度刨削加工、开榫等工序；板式家具的劳动消耗比框式家具的低 20％左右，生产周期可缩短约 25％；板式部件加工可先装饰后装配，简化加工工艺，利于实现机械化、连续化、自动化、流水线生产。

④ 造型新颖质朴、装饰丰富多彩。由于使用要求的不断提高，新材料、新技术和新工艺的不断应用，板式家具的造型也随之发生变化，由原来平整而光滑的人造板件逐渐向具有各种装饰图案和线型的板件发展，装饰材料丰富、款式新颖大方、造型变化多样。

⑤ 拆装简单，便于实行标准化生产，利于销售和使用。板式家具的主要单元是各种人造板的板式部件，部件间用连接件和圆榫接合，可以拆装和进行部件化生产、部件化储存、部件化包装、部件化运输、部件化销售，占地面积小，搬运方便，因此便于统一规格，实行标准化、系列化、通用化和专业化生产，用较少通用规格的部件组装成多种形式和用途的家具。同时，消费者可购买这种部件化家具，自行看图装配，还可以根据需要分期购买或随时变换室内的布置形式和家具类型。

正因为板式家具具有以上这些优点，所以它的出现很快引起人们的注意，并受到了普遍的欢迎。目前，板式家具发展很快，在材料、结构、造型、装饰和加工工艺等方面日趋成熟和完善。

5.3.1 板式部件的类型

目前，板式家具所用的板式部件的种类很多，从结构上可分为实心板件和空心板件两大类。这两类都是由芯层材料（基材）和饰面（贴面或覆面）材料两部分所组成的复合材料，其通常是三层或五层对称结构。

5.3.1.1 实心板件

目前，根据板材加工前的初期形式或开料裁板时的表面状况，实心板件又可分为实心素面板件和实心覆面板件两种。

① 实心素面板件：直接采用刨花板、中密度纤维板、多层胶合板、单板层积材等各种人造板的素板，或用由实木条胶拼制成的集成材、细木工板，或用碎料模压制品等经过配制加工后制成的板式部件，又称素面板。

② 实心覆面板件：由实心基材和贴面材料两部分所组成的实心复合结构材料。其通常是三层或五层对称结构。

其中，基材是指被饰贴的底层材料，可以直接用刨花板、中密度纤维板、多层胶合板、单板层积材等各种人造板，也可以用由实木条胶拼制成的集成材、细木工板或碎料模压制品等。其表面形状有平面和曲面（及型面）之分。

贴面材料按材质的不同可分为：木质的有天然薄木、人造薄木、单板等；纸质的有印刷装饰纸、合成树脂浸渍纸、合成树脂装饰板（防火板）；塑料的有聚氯乙烯（PVC）薄膜、Alkorcell（奥克赛）薄膜；其他的还有各种纺织物、合成革、金属箔等。贴面材料主要起表面保护和表面装饰两种作用。不同的贴面材料具有不同的装饰效果。装饰用的贴面材料，又称饰面材料，其花纹图案美丽、色泽鲜明雅致、厚度较小。表面有贴面材料的实心板，称为贴面板，又称饰面板。图 5-46 所示为常见的实心板（细木工板、饰面刨花板或饰面中密度纤维板）。

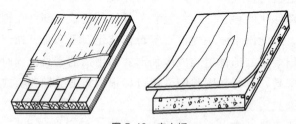

图 5-46 实心板

5.3.1.2 空心板件

空心板与实心板最大的区别在于芯层，是由轻质芯层材料（空心芯板）和覆面材料组成（其类型和特点详见 2.1.4.5 节）。图 5-47 所示为常见的空心板类型。

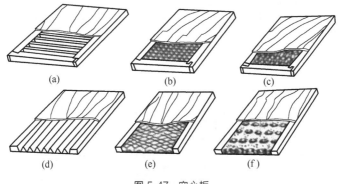

图 5-47　空心板

5.3.2　配料

5.3.2.1　实心基材的配料

（1）人造板基材的配料

① 人造板基材的选择。为保证装饰的质量和效果，基材都应进行严格的挑选，并对基材提出一定的要求。在选用人造板材时，除了要求了解和掌握各种人造板材的材性与特点之外，还必须根据板件的用途和尺寸来合理选择人造板的种类、材质、厚度和幅面规格等。一般说来，表面需要进行饰面处理的人造板基材都要具有一定的强度及耐水性；含水率要均匀，一般 8％～10％；厚度均匀一致，偏差要小；表面平滑、质地均匀；结构对称，平整不翘曲；特殊要求的还须防火阻燃等。

② 人造板材的锯截（开料、裁板）：各种人造板基材的饰面处理既可以在标准幅面板材上进行，也可以根据板式部件规格的大小，首先经过锯截加工，再进行饰面处理。

人造板材的锯截是指按板件尺寸和质量的要求，将各种人造板基材或贴面实心人造板材锯制成各种规格和形状的毛料的加工过程。它是板式家具生产中的重要工序，直接影响产品的质量、材料的利用率、劳动的生产率、产品的成本和生产的经济效益等。

目前，我国的板式家具生产由于受到生产规模、设备条件、技术水平、加工工艺及加工习惯等多种因素的影响，开料或配料的方式是多种多样的。但总的来看，大致可归纳为单一配料法和综合配料法两种，如图 5-48 所示。

单一配料是指在一块人造板材上只锯截出一种规格的毛料，其技术简单、生产效率较高，但板材利用率较低、材料浪费大。综合配料是指在一种幅面的人造板材上锯截出几种不同规格的毛料，其材料利用率高，能保证配料质量，

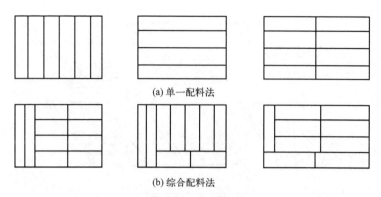

(a) 单一配料法

(b) 综合配料法

图 5-48　人造板材的配料方案

但操作技术水平要求较高。实际生产中，一般都是采用综合配料法，在锯截基材或素板时不必考虑纤维方向和天然缺陷，只要按人造板幅面和部件尺寸编制出合理的开料方案或裁板图，做到充分利用原材料。

裁板图是在标准幅面的人造板材上的最佳锯口位置图或毛料配置图。它是根据人造板幅面规格、板式部件尺寸、锯口宽度和所用设备的技术特性来拟定的，力求在被锯截的幅面上配置出最多的毛料。编制装饰胶合板或薄木、塑料薄膜等饰面材料贴面的人造板材的裁板图时，还需要注意毛料在幅面上配置的纤维方向和图案方向。为了在较短的工作时间内配足毛料数量，并使材料损失最少，常采用先进的电子计算机或微处理机，通过建立数学模型确定出最佳锯截方案，这样可以缩短编制裁板图的时间，提高毛料出材率。

人造板材的开料、裁板或配料通常是在各种开料锯（又称裁板机）上进行的。开料锯的形式有立式、卧式和推台式三种；锯片的数量有单锯片和多锯片两种；进料方式有手工和机械两种等。为了适应锯截已经贴面处理后的实心人造板材，大多数锯机在主锯片的底部都装有刻痕锯片，可以在锯截前预先在板材的下表面锯出一道深 2～3mm 的刻槽，然后再由主锯片进行最后锯截，以保证锯口光滑平整和防止主锯片锯割时产生下表面撕裂、崩茬（见板边切削加工章节）。

a. 推台式开料锯。图 5-49 所示为常用的推台式开料锯，又称为精密开料锯、板料圆锯机、导向圆锯机（导向锯）等。该机床上装有刻痕锯片和主锯片。目前，国产的有 MJ613、MJ614、MJ1125、MJ6125 等；进口的有 F45 和 F90（德国）、S1 和 SW3（意大利）等；合资的有 F92 和 F90T（秦皇岛"欧登多"）等。这类开料锯按其主要功能可分为三种类型：一种只能锯直边，如 F90、F92；第二种通过锯片在垂直平面内进行 0°～45° 的倾斜调整可锯出斜边，如 F45、F90T；第三种借助于刻痕锯片的自动升降可用于锯裁后成型构件的型边下部，以确保型边下部的锯切质量。推台式开料锯是国内大多数中小型家具生产厂广泛使用的锯机。锯机上有活动推台，使用时把需锯截的板材放在推台上压紧，然后沿导轨用手慢慢推送进料，锯出一定规格的板材。

图 5-49　推台式开料锯

　　b. 电子开料锯。图 5-50 所示为锯片往复式开料锯，又称为裁板锯、电子开料锯等。目前，国产的有 BJC2125（牡丹江）等；进口的有 OPTIMAT CH、OP-TIMAT HPP81 和 HPL11（德国）、Z30 和 Z45（意大利）以及 SIGMA65 和 SIGMA90 等。它是由主锯片、刻痕锯片、微处理机控制箱和气动压紧器等组成。主锯片和刻痕

图 5-50　锯片往复式开料锯

锯片都安装在活动锯架上，在不进行加工时，锯片位于工作台下面，当板材送进并定位和压紧后，锯片即升起移动，对板材进行锯切，锯切完成时，锯片又降到工作台下面并退回到起始位置。

　　c. 立式开料锯。图 5-51 所示为立式开料锯。圆锯片直接由电机带动，整个锯架由另一电机带动链轮传动，沿着导轨上下移动。机架下部带有刻度尺，由定位挡板控制规格尺寸。这种设备具有较高的精度和较高的生产能力，而且占地面积小。有的立式开料锯带有刻痕锯片，有的没有。立式开料锯通常是纵横双向都可锯裁的，但这种设备的价格要比导向锯贵。

　　d. 数控多锯片纵横联合开料锯如图 5-52 所示，又称为数控裁板锯等。它是由一个横锯和几个

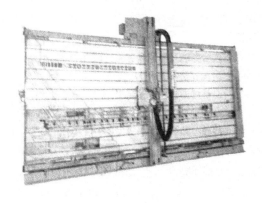

图 5-51　立式开料锯

纵锯或一个纵锯和几个横锯组成，并装有微处理机数控自动下料。操作者把希望得到的板件规格尺寸和数量以及原板材幅面尺寸输入计算机，经过计算处理，几种不同方案的参数输出在屏幕上显示出来，操作者可选择自己满意的方案，编好程序后输入微处理机，微处理机便可发出指令控制机床自动完成锯截任务。在该种锯机上，板材一次送进后，纵横锯片同时锯切将板材加工成所规定的毛料尺寸，生产效率非常高，锯切表面质量好，因而适用于大批量生产。

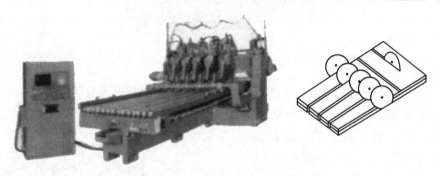

图 5-52　数控多锯片纵横联合开料锯

e. 单锯片纵横开料锯。如图 5-53 所示，它具有可使单锯片做纵向和横向移动的锯架，完成相互垂直方向的锯截，也可以转成规定角度做倾斜锯解。锯解时板材固定，刀架按锯截方案做纵横向移动并进行加工。

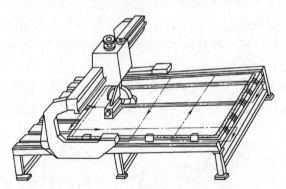

图 5-53　单锯片纵横开料锯

人造板配料时所用的圆锯片有普通碳素工具钢和硬质合金两种材质。普通碳素工具钢圆锯片容易磨损变钝，要经常更换锯片，并且加工表面不光洁。硬质合金圆锯片由于镶齿边缘加宽、锯片刚度增加、振动较小，因此切削加工表面光洁，锯齿耐磨，换锯次数大大减少，从而提高了劳动效率。采用硬质合金锯片，可比普通锯片延长使用寿命 10 倍以上。所以，人造板材的配料一般采用硬质合金锯片。常用的硬质合金锯片的直径为 300～400mm，切削速度为

50～80m/s，锯片每齿进料量取决于被加工的材料，锯刨花板时为 0.05～0.12mm，锯纤维板时为 0.08～0.12mm，锯胶合板时为 0.04～0.08mm。

人造板材由于结构均匀、无天然缺陷，因此可以多张板重叠起来同时锯截，锯截加工厚度可达 60～120mm。一般厚度为 19～22mm 的刨花板、中密度纤维板、多层胶合板等，可以同时加工 2～6 张；纤维板、胶合板等可以同时加工 4～20 张，以提高配料效率。

③ 人造板基材的拼接。家具生产中，对于厚度或幅面尺寸较大的板件，一般常采用刨花板、中密度纤维板或多层胶合板等基材及其短小边料通过胶合的方法层积或拼接后，再进行锯截而成。

④ 人造板基材的厚度校正（砂光）。人造板基材的厚度尺寸总有偏差，往往不能符合饰面要求，在锯截成规格尺寸之后、装饰贴面之前，必须对基材进行厚度校正加工，否则会在贴面工序中产生压力不均、表面不平和胶合不牢等现象。在单层压机中贴面时，基材厚度公差不允许超过±0.1mm。

基材厚度校正加工常用带式砂光机（水平窄带式或宽带式）砂光，近年来普遍使用宽带式砂光机。它的作用主要是校正基材厚度、整平表面和精磨加工，使基材达到要求的厚度精度，加工质量较高。宽带式砂光机有单砂架（带）式、两砂架（带）式、三砂架（带）式、多砂架（带）式等几种，根据砂带位置不同又可分为上带式和下带式两种。小批量生产时用一台宽带式砂光机，磨光一面后，人工翻板，送回进料处再磨光另一表面。大批量生产时可以将上带式砂光机和下带式砂光机配合使用，或者用双面宽带式砂光机加工。一般砂带用 100～240 号，以保证表面平整度。

基材表面砂光后的粗糙度应按贴面材料种类与厚度来确定，基材表面的允许最大粗糙度不得超过饰面材料厚度的 1/3～1/2，一般贴刨切薄木的基材表面粗糙度不大于 200μm，贴塑料薄膜的基材表面粗糙度不应大于 60μm。贴表面空隙大的基材（如刨花板）和贴薄型材料时应采用打腻子或增加底层材料的方法来提高表面质量。

人造板基材经砂光后应尽快贴面，以免表面污染，影响贴面胶合。

（2）细木工板的配料

细木工板是将厚度相同的木条，顺着一个方向平行排列拼合成芯板，并在其两面各胶贴一层或两层单板面制成的实心覆面板材。其结构尺寸稳定、不易开裂变形、加工性能好、强度和握钉力高，是木材本色保持最好的优质板材，广泛用于家具生产和室内装饰，尤其适用于制作台面板部件和结构承重构件。细木工板的制作工艺和加工精度与细木工板的质量有着密切关系。

① 芯板的材种与要求。芯板的材种多为针叶树材或软阔叶树材等低密度

软材树种，常用的有松木、杉木、杨木等。软材容易加工、芯条容易压平、干缩变形小、重量轻。不同的树种或材性不相近的树种不可混杂在同一块芯板中。

芯板厚度占细木工板总厚度的 60％～80％，并且厚度要一致。拼成芯板的芯条，通常采用厚宽比为 1∶(1.5～2) 的木条比较适宜，而且芯条的厚度公差为±0.2mm 左右，以免胶拼后产生翘曲变形和板面不平。芯条必须经过干燥处理，其含水率为 6％～12％。

② 芯条的制造。芯条的加工与实木方材零件的加工相同，其主要工艺过程为：原木（小径木、边小短料）→制材→干燥→刨光→纵解→横截→芯条。

③ 芯板的胶拼与刨（砂）光。芯条拼成芯板有两种方法：一种是把芯条横向侧边涂胶拼合成一定规格尺寸的芯板，然后再进行表面的刨光或砂光处理，使芯板厚度均匀一致；另一种是芯条不预先胶拼，直接排成芯板。胶拼芯板的胶拼工艺与实木方材宽度上的胶拼工艺相同。

5.3.2.2　空心芯板的制备

空心芯板通常是指木框或木框内装有空心填料。

（1）周边木框的制备

周边木框可由实木板或刨花板、中密度纤维板、多层胶合板、层积材等制得，也可采用方材胶合的方法，将这些材料的短料接长或窄料拼宽而成。周边木框应尽量采用同一材料或同一树种的干燥木材，以保证产品形状与尺寸的稳定。木框尺寸根据产品设计的部件尺寸来确定，尤其是实木边框的宽度不宜过大，以免翘曲变形。一般边框宽度为 30～50mm。

实木框条的加工与实木方材零件的加工相同，其主要工艺过程由双面刨光、纵向锯解和横向精截等加工工序组成。人造板框条的加工工艺过程比较简单，一般是先纵向锯解成条状，再横向精截成一定长度即可。

周边木框的接合方式常用的有闭口直角榫接合、开口（直角榫或燕尾榫）榫槽接合和"冖"形钉（扣钉、骑马钉或扒钉）接合三种，如图 5-54 所示。闭口直角榫接合的木框，接合牢固，框条间相互位置比较精确，但需要在装成木框后再次刨平，以去除纵横框条或方材间的厚度偏差。榫槽接合的木框，刚度较差，但加工方便，只要在纵向框条上开槽，横向框条上开榫，不需再刨平木框即可直接组框配坯。"冖"形钉接合的木框最为简便，是将经加工后两端平直的纵横实木框条直接用气钉枪钉成木框。家具生产中，当用刨花板、中密度纤维板或多层胶合板等人造板框条制作木框时，一般都采用这种接合方式组框（又称敲框或合框）；对于厚度或幅面尺寸较大的木框也可采用层积或拼接胶合的方法制备。

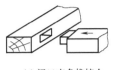
(a) 闭口直角榫接合

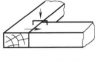
(b) "冂" 形钉接合

(c) 开口燕尾榫接合

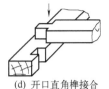
(d) 开口直角榫接合

图 5-54　木框的接合方式

（2）空心填料的制备

空心填料主要有栅状、格状、网状、波状、蜂窝状、圆盘状等多种形式。

① 栅状填料：利用条状实木板条或人造板条等材料作周边木框的内撑档（又称内衬条），如图 5-55 所示。它与周边木框的纵向或横向框条间也可以采用闭口直角榫接合、开口榫槽接合和 "冂" 形钉接合。前者适用于单面覆面（单包镶），后两种适用于双面覆面（双包镶）。

采用栅状芯层材料制成的空心板（或包镶板）是一种使用较广的空心板材。其中，双包镶板平整美观，板材稳定性好，要求较高的产

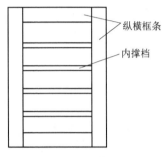

图 5-55　栅状填料

品一般都采用双包镶。在要求较低的产品中，一面外露的部件如橱柜的侧板等可采用单包镶。包镶用的覆面材料常采用胶合板或硬质纤维板，而不能用单板、薄木或装饰板。

撑档（或衬条）的加工工艺过程与周边木框框条的工艺相同，并且与周边木框应尽量采用同一种材料或同一树种的干燥木材，宽度也不宜过大，一般比边框要小，以减少翘曲变形。双包镶撑档（或衬条）的宽度为 10～20mm，单包镶撑档（衬条）的宽度为 25～35mm，撑档的间距要根据覆面材料的厚度和空心板的使用要求来确定。覆面材料薄时，撑档间距不能太大，否则覆面后板件表面容易出现凹陷或 "排骨档" 现象；覆面材料厚时，撑档间距可以大一些，即撑档数目可以少些；承重受力的空心板件（如台桌面、椅凳面等）的撑档间距要小些。常用撑档间距见表 5-2。此外，撑档的数量和位置还应与整个产品的结构相配合，要根据空心板部件结构和接合要求来加设撑档或撑块，例如，空心门扇上镶锁的部位要有撑档和木方，装玻璃的部位周边不要露出木材端头。

② 格状填料：利用标准幅面大规格胶合板或硬质纤维板以及其边角余料作原料，经裁条、截断、刻口加工、纵横交错插合制成卡格状空心填料，如图 5-56 所示。其加工使用设备简单，制造方便。

281

表 5-2　木框内撑档（衬条）的间距

空心板种类	覆面材料	撑档间距/mm	应用部位	使用要求	最大撑档间距/mm
单面覆面（单包镶）	三层胶合板	不大于 90	桌柜面板	一般部件	130～160
	三层胶合板	不大于 130	一般部件		
	五层胶合板	不大于 110	桌柜面板	受力部件	110
	五层胶合板	不大于 160	一般部件		
双面覆面（双包镶）	三层胶合板	不大于 75	桌柜面板、门板	一般部件	90～110
	三层胶合板	不大于 90	一般部件		
	五层胶合板	不大于 100	桌柜面板、门板	受力部件	90
	五层胶合板	不大于 150	一般部件		

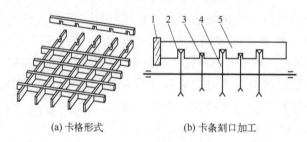

(a) 卡格形式　　　　(b) 卡条刻口加工

图 5-56　格状填料

1—靠板；2—卡口；3—透气孔；4—锯片；5—板条

　　a. 胶合板或硬质纤维板（包括边角余料），首先通过多锯片纵解和圆锯锯解制成宽度一致的小板条，小板条的宽度应和木框的厚度相等或大于其厚度 0.2mm。

　　硬质纤维板边部松软部分不能使用，裁条时应该去掉；胶合板条要顺表面纤维方向锯解，做成顺纹板条使用，因为横纹板条组成芯板后胶合强度低，一般不常使用。

　　b. 小板条裁好后，按芯板的规格尺寸要求在横截圆锯上截断，成为长度与木框内腔相当的短板条。为了组坯方便，一般板条长度要比木框内腔尺寸小 10～20mm。

　　c. 接着将规格板条叠成摞送入多片圆锯进行刻口加工。刻口深度要比板条宽度的一半大 1mm 左右，以保证所有板条都能卡下去，不会出现格状填料高低不平、厚薄不均。刻口宽度应和板条厚度一致，宽度过窄时，卡格后板条会翘曲；过宽时，组成的格状填料松软不紧，不易拿放。刻口间距（即方格尺寸）要根据产品质量要求和覆面材料的厚度来确定，一般刻口间距不得大于覆面材料厚度的 20 倍。在产品质量要求高、覆面材料薄时，刻口间距或方格尺寸要小些，一般用三层胶合板覆面的空心板制作家具时，其方格尺寸为50mm×50mm；用三层胶合板或硬质纤维板覆面的空心板制作空心门或活动板房构件时，其方格尺寸为 50mm×50mm、60mm×60mm 或 50mm×120mm 等。为了热压覆面时能够透气，在刻口的同时最好也刻出透气口，透气口的深度为 5mm。

d. 最后将刻口板条按要求纵横交错插合成卡格状填料，自由放入木框内，并用木槌轻轻敲平即可。

③ 波状填料：利用旋切单板压成波纹状，单板厚度为 1.5～2.2mm，含水率为 8%～10%。为增加单板强度，其两面可贴上皮纸，在波压板模

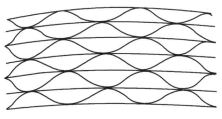

图 5-57　波状填料

具间弯曲干燥定型，波纹长度均为波纹高度的 3 倍。然后把波状单板与平单板交替配置，相邻层波状单板方向相反地胶合，胶合后再按芯层材料（芯板）厚度锯开即为波状填料，如图 5-57 所示。

④ 网状填料：利用单板与单板条或纸与单板条纵横交错间隔排列胶合成网状。其工艺流程如图 5-58 所示。

①整张单板 ─→ 配坯 ─→ 冷压胶合 ─→ 干燥 ─→ 铡剪或锯解 ─→ 拉开 ─→ 网状填料

单板条 ─→ 涂胶

②纸 ─→ 配坯 ─→ 热压胶合 ─→ 陈放 ─→ 铡剪或锯解 ─→ 拉开 ─→ 网状填料

单板条 ─→ 涂胶

图 5-58　网状填料加工工艺

当采用单板与单板条胶合成网状填料时，整张单板的长度与木框内腔长度一致，而条状单板的宽度为 20～25mm。制作时，将单板条两面涂胶并按一定间距放在整张单板之间，相邻层单板条位置互相错开，如此循环交替，然后在压力下保持到胶液固化，单位压力为 0.4～0.8MPa（加压面积按涂胶单板面积计算），放置时间由胶种和加压方式决定。所放单板层数，由芯层材料（芯板）宽度决定，一般在压缩状态下的宽度与拉开后的宽度之比为 1:(3～4)。胶合后的板坯先刨平一侧，加工出基准面，再在铡板（剪切）机上按芯板厚度要求铡（剪）开，也可以在圆锯机或带锯机上锯开，如果锯解后的尺寸精度达不到要求，需要用刨床加工侧面。最后把加工好的板坯拉开即成网状填料，如

图 5-59（a）所示。

当用纸和条状单板组成空心填料时，用纸代替整张单板铺放在工作台上，两层纸之间放有涂胶的单板条，相邻层单板条位置互相错开，最后再放上一层纸，装在金属垫板间，送入压机加压胶合。其工艺条件如下：单位压力 0.6～1.4MPa，加热温度 100～130℃，胶压时间按板坯厚度（每 1mm 以 0.5min）计算，胶压后放置 3h 以上，再送入铡剪或锯解工序，按芯板厚度要求加工并拉开成为网状填料，如图 5-59（b）所示。

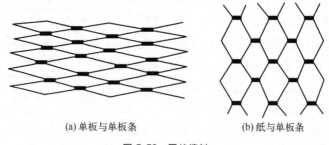

(a) 单板与单板条　　　　　　(b) 纸与单板条

图 5-59　网状填料

⑤ 蜂窝状填料：利用 100～140g/m² 的牛皮纸、纱管纸、草浆纸作为原料，在纸正反两面做条状涂胶，涂胶宽度与条间距离相等，缠绕成卷，加压保持，在切纸机上按芯板厚度切成条状，经张拉定型后形成排列整齐的六角形蜂窝状填料。其工艺流程如图 5-60 所示。

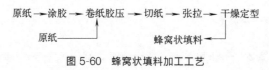

图 5-60　蜂窝状填料加工工艺

a. 首先将原纸（牛皮纸用于制作家具板材，其余用于空心门或活动板房构件）在蜂窝纸机上通过两套胶辊两面涂胶，与另一不涂胶的原纸相合，用卷纸机构卷成一定长度和厚度（70～100mm）的纸卷，如图 5-61（a）所示。在纸卷中，涂胶的原纸与不涂胶的原纸正好相互隔开，因此，相邻纸层间都能胶合起来。胶合用的胶黏剂为聚乙烯醇类合成浆糊（聚乙烯醇含量为 10%～11%；对于要求较高的牛皮纸蜂窝，可用乳白胶或聚乙烯醇合成浆糊与乳白胶各半的混合胶）。胶黏剂在使用时应加适量的水稀释（胶∶水＝3∶1），根据生产条件和气候条件来调整，涂胶量一般为 100kg 原纸用 10kg 左右原胶。涂胶条状间距与蜂窝状孔径（六边形内切圆直径）有关，孔径越小，板面越平整，强度越高，但用纸、用胶越多。蜂窝孔径有 10mm、13mm 和 19mm 三种规格，一般家具用的蜂窝孔径为 13mm，空心门或活动板房构件用的蜂窝孔径为 19mm。

b. 卷合后的纸卷卸下后，应立即用冷压机进行加压。压力为 0.15～0.18MPa，加压时间为 5min。冷压后的纸卷整齐堆放，让胶液充分固化，经 24h 后才能移入下一工序进行切纸。

c. 纸卷在切纸机上铡切成条状，切口方向与涂胶带垂直，切纸的宽度应大于芯板木框的厚度约 2.6～3.2mm，经张拉夹压使两侧弯折 1.3～1.6mm，以增大与覆面材料间的胶合面积，提高胶合强度。

d. 纸芯切好拉开后进入烘干定型工序，干燥温度为 120～130℃，干燥时间为 1min，干燥后的纸蜂窝即为蜂窝状填料，如图 5-61（b）所示。

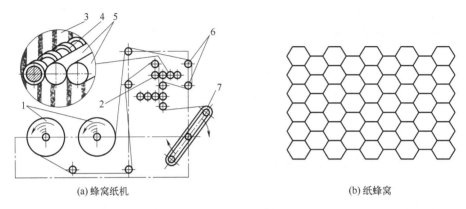

(a) 蜂窝纸机　　　　　　　　　　　　(b) 纸蜂窝

图 5-61　蜂状填料

1—原纸卷；2—压辊；3—原纸；4—涂胶辊；5—托胶辊；6—导向辊；7—卷纸机构

⑥ 圆盘状填料：利用密度较小的木材（如轻木）或一些植物茎秆（如玉米秆、葵花秆、高粱秆等）横向锯切成小圆盘状或卷状材料，如图 5-62 所示，使其纤维方向与板面垂直，即用其横断面与覆面材料胶合，可以提高板件的抗压强度，保证板件重量轻、刚度高，具有良好的隔热、吸声、吸振性能。当用轻木作圆盘状填料时，常用环氧树脂胶黏剂进行覆面胶合；当

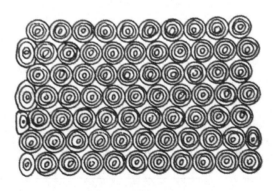

图 5-62　圆盘状填料

用植物茎秆作圆盘状填料时，一般用脲醛树脂胶黏剂进行覆面胶合。

（3）空心板的覆面

空心板覆面胶合时，将已准备好的芯层材料和覆面材料进行涂胶、配坯、覆面胶压。

① 涂胶。空心板的芯层材料即芯板包括周边木框和空心填料两部分。对于栅状芯板一般是在栅状填料两面涂胶；对于其他芯板一般在覆面材料上涂胶。如果采用两层单板或单板与薄木覆面，应在内层单板即中板上双面涂胶；如果用胶合板或硬质纤维板或纸质装饰板覆面，应把两张板面对面叠合起来，一起通过涂胶机（单面）涂胶。

常用的胶黏剂有：脲醛树脂胶（UF）、聚乙酸乙烯酯乳白胶（PVAc）。涂胶量为 $200 \sim 350 g/m^2$（单面）、$400 \sim 440 g/m^2$（双面）。

② 配坯。配坯时，将涂过胶的芯层材料或覆面材料按空心板的结构要求铺放排芯，在结构需要部位还要加上垫木，便于打眼（孔）或安装五金配件等，其他部位应排满空心填料。

③ 胶压。空心板覆面胶合有冷压和热压两种。

冷压时，应采用冷固性脲醛树脂胶或聚乙酸乙烯酯乳白胶。板坯在冷压机中上下对齐、面对面、背对背地堆放，以减少变形。为了加压均匀，在板坯之间应夹放厚的垫板。冷压覆面时的单位压力稍低于热压覆面，一般为 $0.25 \sim 0.3 MPa$（按芯层木框与填料面积计算），加压时间为 $4 \sim 12h$，夏季短一些，冬季长一些。

热压时除了采用热固性脲醛树脂胶之外，也可以采用冷压时的胶黏剂。板坯一般是多层压机单张加压，其工艺条件如表 5-3 所示。

表 5-3 空心板热压覆面工艺条件

空心板类型	涂胶量/(g/m²)	热压温度/℃	压力/MPa	热压时间/min	备注
蜂窝空心板	400~440（双）	100~110	0.25~0.30	8~10	两层单板覆面、UF 胶、家具用材
卡格空心板	400~500（双）	95~110	0.25~0.30	6~8	三层胶合板覆面、UF 胶、家具用材
蜂窝空心板	300~350（单）	115~125	0.25~0.30	5~6	硬质纤维板覆面、UF 胶、活动房用材
卡格空心板	300~350（单）	100~130	0.30~0.40	8~10	硬质纤维板覆面、UF 胶、活动房用材

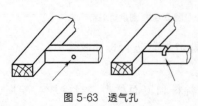

图 5-63 透气孔

对于双包镶，如果采用热压胶合，在边框和撑档及空心填料上应该加设透气孔，以便使板坯内空气在热压与冷却过程中能自由流通。如果没有透气孔，在热压时板内空气受热膨胀，可能冲开胶层外逸，使胶合强度降低；冷却时，板内空气收缩，又可能造成板面凹陷。透气孔设置的方法有钻孔和开槽两种：一是钻直径 5mm 的孔；二是锯 5mm 深的锯口槽，如图 5-63 所示。覆面胶压后，板式部件需放置 48h 以上，使其应力均衡、胶黏剂充分固化，然后再送到下一工序加工。

④ 嵌入包镶。许多包镶部件，为了省去封边工序，要求覆面材料与木框平面平齐，一般可以在包镶时将覆面材料（胶合板、纤维板）嵌到两根直边框之间（如门扇）或只嵌一边（如旁板），如图 5-64 所示。这时外露的直边与胶合板的树种应一致或外观相似。木框裁口宽度为 10mm，胶合板边要刨斜，胶合板宽比裁口间距稍大一点，覆面时挤入，使接缝严密。这需要在涂胶配坯前，把准备好的覆面胶合板与芯层材料一起送

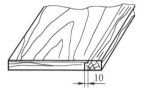

图 5-64　嵌入包镶

到齐边严缝机上加工，使覆面胶合板能镶入木框并平齐严密。

图 5-65 所示为齐边严缝机的工作原理。图 5-65 中 1 为装在水平轴上的圆锯片，用来加工木框纵向框条裁口部分和覆面胶合板侧边；2 为水平铣刀，用来加工木框平面，使其能与覆面后的胶合板表面平齐；3 为倾斜圆锯片，用来加工覆面胶合板侧边，使其稍带倾斜度，能与框边接缝严密。

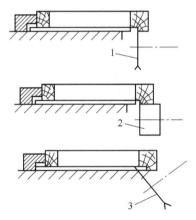

图 5-65　齐边严缝机工作原理
1—圆锯片；2—水平铣刀；3—倾斜圆锯片

涂胶配坯时，常用扁头圆钉固定位置，以备胶压。钉圆钉时应将钉头顺木纹敲进板中以减少对板面的破坏。如没有压机，也可以在涂胶后直接用扁头圆钉钉牢。

5.3.3　贴面

前已述及，为了美化制品外观、改善使用性能、保护表面、提高强度，中高档家具所使用的板式部件都要进行表面饰面或贴面处理。通常各种空心板式部件在增加部件强度的覆面材料上都要再贴上装饰用的饰面材料，既可以采用已经贴面的覆面材料进行覆面，也可以先使用普通覆面材料进行覆面，然后再进行贴面装饰处理。实心板式部件有两种情况：一种是在刨花板、纤维板等基材的表面上直接贴上饰面材料；另一种是在定向刨花板、挤压式刨花板或细木工板等基材的表面上将一层增强结构强度的单板或胶合板和饰面材料一起胶压贴面。

目前，板式部件贴面处理用的饰面材料按材质的不同可分为：木质的有天然薄木、人造薄木、单板等；纸质的有印刷装饰纸、合成树脂浸渍纸；塑料的有聚氯乙烯（PVC）薄膜、Alkorcell（奥克赛）薄膜；其他的还有各种纺织物、合成革、金属箔。

5.3.3.1　薄木贴面

薄木是家具制造中常用的一种天然木质高级贴面材料。装饰薄木的种类较多；按制造方法分主要有刨切薄木、旋切薄木（单板）、半圆旋切薄木；按薄木形态分主要有天然薄木、人造薄木（科技木）、集成薄木；按薄木厚度分主要有厚薄木、薄木、微薄木；按薄木花纹分主要有径切纹薄木、弦切纹薄木、波状纹薄木、鸟眼纹薄木、树瘤纹薄木、虎皮纹薄木等。薄木贴面是将具有珍贵树种特色的薄木贴在基材或板式部件的表面，这种工艺历史悠久，能使零部件表面保留木材的优良特性并具有天然木纹和色调的真实感，至今仍是深受欢迎的一种表面装饰方法。其贴面工艺与设备如图 5-66 所示。

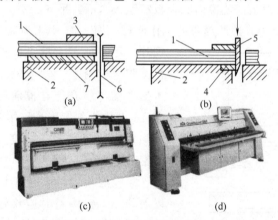

图 5-66　薄木贴面工艺与设备图片

1—薄木摞；2—工作台；3—压紧装置；4—底刀；5—铡刀；6—圆锯片；7—滑动垫板

5.3.3.2　印刷装饰纸贴面

印刷装饰纸贴面是在基材表面贴上一层印刷有木纹或图案的装饰纸，然后用树脂涂料涂饰，或用透明塑料薄膜再贴面。这种装饰方法的特点是工艺简单，能实现自动化和连续化生产，表面不产生裂纹，有柔软性、温暖感和木纹感，具有一定的耐磨、耐热、耐化学药剂性。该方法适合制造中低档家具及室内墙面与天花板等的装饰。

5.3.3.3　合成树脂浸渍纸贴面

合成树脂浸渍纸贴面是将原纸浸渍热固性合成树脂，经干燥使溶剂挥发制成树脂浸渍纸（又称胶膜纸）覆盖于人造板基材表面进行热压胶贴。常用的合成树脂浸渍纸贴面，不用涂胶，浸渍纸干燥后合成树脂未固化完全，贴面时加热熔融，贴于基材表面，由于树脂固化，在与基材黏结的同时，可形成表面保护膜，表面不需要再用涂料涂饰即可制成饰面板，根据浸渍树脂的不同有冷-热-冷法和热-热法胶压。合成树脂浸渍纸贴面人造板又称为浸渍胶膜纸饰面人造板。用三聚氰胺树脂浸渍纸进行贴面的人造板材，常被称为三聚氰胺树脂浸渍纸饰面板（或贴面板）或三聚氰胺树脂浸渍胶膜纸饰面板。

5.3.3.4　装饰板贴面

装饰板，即三聚氰胺树脂装饰板，又称热固性树脂浸渍纸高压装饰层积板（HPL）、高压三聚氰胺树脂纸质层压板或塑料贴面板，俗称防火板，是由多层三聚氰胺树脂浸渍纸和酚醛树脂浸渍纸经高压压制而成的薄板，如图 5-67 所示。图中第一层为表层纸，在板坯中的作用是保护装饰纸上的印刷木纹并使板面具有优良的物理化学性能，表层纸由表

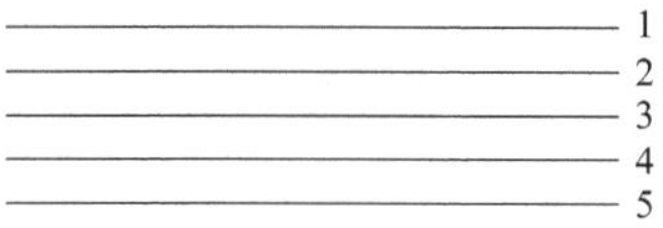

图 5-67　常见装饰板（或层压板、防火板）的构成

1—表层纸；2—装饰纸；3,4,5—底层纸

层原纸浸渍高压三聚氰胺树脂制成，热压后呈透明状。第二层为装饰纸，在板坯内起装饰作用，防火板的颜色、花纹由装饰纸提供，装饰纸由印刷原纸（钛白纸）浸渍高压三聚氰胺树脂制成。第三、四、五层为底层纸，在板坯内起的作用主要是提供板坯的厚度及强度，其层数可根据板厚和品种而定，底层纸由不加防火剂的牛皮纸浸渍酚醛树脂制成。

装饰板［或层压板（HPL）、防火板］可由多层热压机或连续压机加热加压制成。它是一种已广泛应用的饰面材料。它具有良好的力学性能、表面坚硬、平滑美观、光泽度高、耐火、耐水、耐热、耐磨、耐污染、易清洁、化学稳定性好，常用于厨房、办公室、计算机房等的家具及台板面的制造和室内的装修。

5.3.3.5　塑料薄膜贴面

目前，板式部件贴面用的塑料薄膜主要有聚氯乙烯（PVC）薄膜、聚乙烯（PE）薄膜、聚烯烃（Alkorcell，奥克赛）薄膜、聚酯（PET）薄膜以及聚丙烯（PP）薄膜等种类。其中，采用聚氯乙烯（PVC）薄膜进行贴面处理在家具生产中应用最为广泛。

聚氯乙烯（PVC）薄膜的表面或背面印有各种花纹图案，为了增强真实感，还有的压印出木材纹理和孔眼以及各种花纹图案等。薄膜美观逼真、透气性小，具有真实感和立体感，贴面后可减少空气湿度对基材的影响，具有一定

的防水、耐磨、耐污染的性能，但表面硬度低、耐热性差、不耐光晒，其受热后柔软，适用于室内家具中不受热和不受力部件的饰面和封边，尤其适用于进行浮雕模压贴面（即软成型，贴面或真空异型面覆膜）。

PVC 薄膜是成卷供应的，厚度为 0.1～0.6mm 的薄膜主要用于普通家具，厨房家具需采用 0.8～1.0mm 厚的薄膜，真空异型面覆膜、浮雕模压贴面或软成型贴面一般也需用较厚的薄膜。

5.3.4　板边切削加工

板式部件经过表面装饰贴面胶压后，在长度和宽度方向上还要进行板边切削加工（齐边加工或尺寸精加工）以及边部铣型等加工。

5.3.5　边部处理

各种板式部件的平表面饰贴以后，侧边显露出各种材料的接缝或孔隙，不仅影响外观质量，而且在产品运输和使用过程中，边角部容易碰损、面层容易被掀起或剥落。尤其是用刨花板作基材，板材侧边暴露在大气中，湿度变化时会产生吸湿膨胀、脱落或变形现象。因此，板件侧边处理是必不可少的重要工序。板件侧边处理的方法主要有：封边法、镶边法、包边法（后成型）、涂饰法和 V 形槽折叠法，可根据板件侧边的形状来选用各种侧边处理方法，见表 5-4 所示。

表 5-4　板件边部处理方法及其应用

板件侧边形状		封边法				包边法	镶边法	涂饰法	V 形槽折叠法
		手工封边	直线封边机	曲线封边机	软成型封边机	后成型封边机			
直线形板件	平面边	√	√				√	√	√
	型面边	√			√	√	√	√	
曲线形板件	平面边	√		√			√	√	
	型面边	√					√	√	

5.3.6　钻孔加工

在板式零部件加工生产中，为便于零部件间更好地接合，经过贴面胶压、贴面齐边和边部处理等的零部件，常需要进行钻孔加工。

5.3.7　表面镂铣与雕刻

在板式部件表面上镂铣图案或雕刻线型是板式家具、工艺品和建筑构件的重要装饰方法之一。在工业化生产中，镂铣与雕刻是在上轴铣床、多轴仿形铣床和加工中心等设备上采用各种端铣刀头对板式部件表面进行浮雕或线雕加工。

浮雕也称凸雕，是在板件表面上铣削或雕刻出凸起的图形，好像浮起的形状，根据铣削或雕刻深度的不同分为浅雕和深雕。

线雕是在平板件表面上铣削或雕刻出曲直线状沟槽来表现文字或图案的一种雕刻技法。沟槽断面形状有 V 形和 U 形，V 形主要用于雕刻直线，U 形可以雕刻直线或曲线。线雕常用于装饰家具，如柜门、抽屉门、屏风等。

板式部件的表面如需铣削出各种线型和型面，一般可在上轴铣床（如镂铣机、数控铣床）上加工。镂铣与雕刻所用的上轴铣床可以是单轴的、多轴的、由工人操作的或用数控装置自动控制操作的。

在普通单轴上轴铣床（镂铣机）上进行铣削或雕刻加工时，只需将设计的花纹先做成相应的样模，套于仿形销上，根据花纹的断面形状来选择端铣刀，加工时样模的内边缘沿仿形销移动，刀具就能在板件表面上加工出所需要的纹样形状。这类机床需要使用各种小直径（2～30mm）端柄铣刀，主轴转速可达12000～30000r/min，但是由于工人的技术水平不同，加工质量往往会有差别。

近几年来，家具及木制品工业已开始使用数控机床（CNC）等加工，可以通过计算机自动控制工件的运动、刀架（一般有 2～8 个刀头）的水平或垂直方向的移动、工作台的多向移动、刀头的选择与自动换刀以及刀头的转动等，根据给定的设计程序进行自动操作，在板件表面上加工出不同的图案与形状，完成更为复杂的家具雕刻装饰或铣型部件的加工，这既能降低工人的劳动强度，又能保证较高的加工质量，为家具雕刻和铣型工艺自动化创造了良好的条件。数控机床能满足现代家具企业对产品多方面的加工要求，并能迅速适应设计和工艺变化的需要，如产品造型上的复杂多变、产品的快速更新，还有高效、高精度加工以及小批量多品种的生产。

5.3.8　表面修整与砂光

为了提高板式部件表面装饰效果和改善表面加工质量，一般还需要对有些板式部件进行表面修整与砂光加工。

砂光又称磨光，是修整表面的主要方法。不贴面的板件或用薄木、单板贴面的板件都必须在机加工完成后进行砂光修整处理，以消除生产过程中产生的加工缺陷，使板面平整光滑，再送往装配或涂饰工段。

窄带式砂光机砂磨板件表面时，生产效率低、劳动强度大，部件加工精度及表面光洁度低，只适用于幅面较小、批量不大的产品。因此，近年来普遍使用宽带式砂光机，它的作用主要是校正板件厚度、整平表面和精磨加工，使板件达到要求的厚度精度，加工质量较高。

宽带式砂光机按砂带或砂架的数目不同可分为单砂架（带）、两砂架（带）、三砂架（带）、多砂架（带）等几种。宽带式砂光机的砂带由砂辊、摆动辊和张紧辊等三个辊支承，砂辊对样品进行磨削，摆动辊稳定要砂光的样品，张紧辊使要砂光的样品处于张紧的状态。宽带式砂光机加工宽度可达1350mm，砂光厚度误差小（一般为±0.127mm），砂带更换方便，使用寿命较长，生产效率高，是一种高效、高质量、高度自动化的砂光设备。

对薄木贴面的板件砂光时，需要特别注意磨削方向，横纹磨削易砂断纤维，表面会出现许多木毛和横砂痕，故通常要求顺纹砂光。但是，单纯的顺纹砂光，还不易将表面全部砂平，所以生产中较为先进的工艺是采用先横纹后顺纹的砂光方法，以保证表面平滑度并避免产生表面砂痕。

板件表面砂磨的效果，取决于其表面的密度、砂带的粒度、表面原有的粗糙度、磨削速度与进给速度、砂带对表面的压力及其钝化程度等因素。

板式部件经砂光后应尽快涂饰，以免表面污染，影响涂饰效果。

5.3.9　典型板式家具生产工艺

① 空心板（包镶板）的板式家具生产工艺：

贴面胶合板准备→裁截加工→表面砂光。

木框制备（框条加工、组框）→涂胶→组坯→胶压（冷、热压）→陈放→齐边加工（尺寸精加工）→蜂窝纸准备→裁截加工→拉伸、干燥定型→边部铣型＋边部处理（直边与软成型封边、镶边、涂饰）→钻孔→表面实木线型装饰→表面砂光→涂饰→零部件检验→预装配件→盒式包装。

② 细木工板的板式家具生产工艺：细木工板制备→芯条加工、拼板→砂光→涂胶→组坯→覆面胶压（冷、热压）→陈放→齐边加工（尺寸精加工）→边部铣型→封边、涂饰→钻孔→表面实木线型装饰→表面砂光→涂饰→零部件检验→预装配件→包装。

③ 以刨花板、中密度纤维板为基材（薄木或装饰纸贴面）的板式家具生产工艺：贴面材料（薄木、装饰纸等）准备→剪裁→拼缝或拼花→素板开料（裁板）→（镶实木边）→定厚砂光→涂胶→组坯→贴面胶压（冷、热压）→齐边加工（尺寸精加工）→边部统型→封边、涂饰→钻孔→表面镂铣、雕刻→实木线型装饰→表面砂光→涂饰→零部件检验→预装配件→盒式包装。

④ 以刨花板、中密度纤维板为基材（软成型封边或后成型包边）的板式家具生产工艺：贴面材料（薄木、装饰纸等）准备→剪裁→素板定厚砂光→开料（裁板）→边部铣型→涂胶→组坯（面、背层）→贴面胶压（冷、热压）→铣边或修边处理→喷胶→封边、包边→涂饰→钻孔→表面镂铣、雕刻或装饰→局

部线型涂饰→零部件检验→预装配件→盒式包装。

⑤ 以刨花板、中密度纤维板为基材（PVC 贴面）的板式家具生产工艺：贴面材料（PVC 等）准备→剪裁→拼缝或拼花→素板定厚砂光→开料（裁板）→边部铣型与表面缕铣→喷胶→组坯→真空覆膜→修边→钻孔→涂饰→零部件检验→预装配件→盒式包装。

⑥ 已贴面刨花板或中密度纤维板（三聚氰胺装饰板或浸渍纸不涂饰贴面）的板式家具生产工艺：贴面板开料（裁板）→边部铣型→封边、镶边、涂饰→钻孔→表面缕铣、雕刻或表面实木线型装饰→局部线型涂饰→零部件检验→预装配件→盒式包装。

平直型板式家具：只进行表面贴面和封边或包边等平面装饰的板式家具，又称"纯板式家具"，如图 5-68 所示。

艺术型板式家具：表面采用缕铣与雕刻或实木线型镶贴，以及实木拼板（集成材）或框嵌板结构等立体艺术装饰的板式家具，又称"板式结合家具"，如图 5-69 所示。

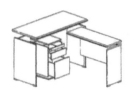

图 5-68　平直型板式家具　　　　图 5-69　艺术型板式家具

5.4　弯曲成型家具制造工艺

在家具与木制品生产中，人们对于家具和木制品不论从满足功能的需要，还是满足精神、审美需求出发，经常需要制造各种曲线形的零部件。例如弯曲木家具，弧形窗框、门框，以及车船的木构件等。

5.4.1　弯曲部件的类型

目前，弯曲部件或曲线形零部件的种类，按照锯制弯曲加工和加压弯曲加工的制造方法可分为两大类。

5.4.1.1　锯制弯曲件

锯制弯曲件是采用锯制加工制得的弯曲件。锯制弯曲加工就是用细木工带锯或线锯将板方材通过划线后锯割成曲线形的毛料，再经铣削制成零部件的方法。锯制加工不需添置专门的设备，但因有大量木材纤维被横向割断，使零部件强度降低，涂饰较难。对于形状复杂和弯曲度大的零件以及圆环形部件，例如圈椅的靠圈、餐椅的后腿及靠背档等，还需拼接，加工复杂、出材率低。

5.4.1.2　加压弯曲件

加压弯曲件是采用各种加压弯曲工艺制得的弯曲件。常见的主要有实木方材弯曲件、薄板弯曲胶合件、锯口弯曲件、V 形槽折叠成型件、碎料模压成型件等。加压弯曲加工是用加压的方法把直线形的方材、薄板（旋切单板、刨切薄木、锯制薄板、竹片、胶合板、纤维板等）或碎料（刨花、纤维）等压制成各种曲线形零部件的方法。这类加工工艺可以提高生产效率、节约木材，并能直接压制成复杂形状、简化制品结构，但需采用专门的弯曲成型加工设备。根据材料种类和加压方式的不同，弯曲成型工艺又可分为以下几种加工方法：①实木方材弯曲；②薄板弯曲胶合；③锯口弯曲；④人造板弯曲；⑤V 形槽折叠成型；⑥碎料模压成型等。

5.4.2　实木方材弯曲工艺

实木方材弯曲是将实木方材软化处理后，在弯曲力矩作用下弯曲成所要求的曲线形，并使其干燥定型的过程。

人们在很早以前就用火烤法弯曲木材，但弯曲半径有限，远不能满足人们的需要。1830 年德国的家具制造商迈克尔·索耐特（Michael Thonet，1796—1871 年），在奥地利首都维也纳发明了使蒸煮过的木材在受压状态下进行弯曲成型的方法。他用山毛榉木方条蒸煮后弯曲成各种曲线形的椅腿、椅背、靠圈等做成如安乐椅、摇椅等曲木家具。随后，他开设成立了索耐特兄弟商行（家具公司），把规格标准化和大生产方式引入到了家具工业化生产中，制造出规格化的曲木椅，销往世界各地（图 5-70）。

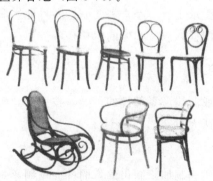

图 5-70　索耐特曲木椅

在弯曲生产过程中，索耐特发现，当板材达到一定厚度以后，弯曲木外层会出现开裂，他经过研究后又发明了在弯曲木材的凸面外包金属钢带使中性层外移的曲木方法，很好地解决了开裂问题。这种原理现在仍然用在很多曲木机上，并被称为"索耐特法"。用这种弯曲木零部件装配而成的椅子，既节约了木材，又适合工厂流水线批量生产，它以结构严谨简明、线条自然流畅的艺术风格，体现了古典造型手法与新技术的结合，至今仍在国际市场上享有一定的声誉，被称为"椅子中最可爱的贵族式椅子"。随着时代的进步和科学技术的发展，人们在方材弯曲的树种、木材软化技术、加压弯曲设备和干燥定型方法等方面加强了研究，并取得了较大的进展。

5.4.2.1　实木方材弯曲原理

根据材料力学和木材力学的理论，木材弯曲时会逐渐形成凹、凸两面，并在凸面产生拉伸应力 (σ_1)，在凹面产生压缩应力 (σ_2)。其应力分布是由方材表面向中间逐渐减小，中间一层纤维既不受拉伸，也不受压缩，这一层叫中性层（图 5-71）。从图中可以看到，长度为 L_0 的方材弯曲后，拉伸面伸长到 $L_0 + \Delta L$，压缩面的长度变成 $L_0 - \Delta L$，中性层长度仍为 L_0。

用下式可以计算中性层长度：

$$L_0 = \pi R \varphi / 180°$$

式中，R 为中性层弯曲半径；φ 为弯曲角度。

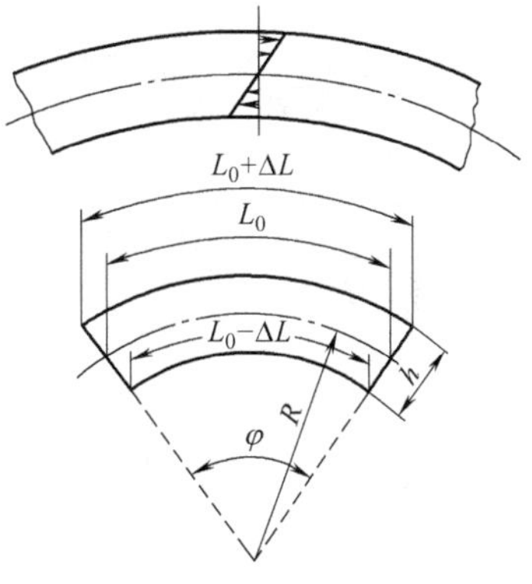

拉伸面长度 L_1 为：

$$L_1 = \pi (R + h/2) \varphi / 180° = L_0 + \Delta L$$

式中，h 为弯曲方材厚度。

由此可得：

$$\Delta L = \pi (h/2) \varphi / 180°$$

因此，其相对拉伸形变 ε_1 为：

$$\varepsilon_1 = \Delta L / L_0 = h / 2R$$

一般以 h/R 表示弯曲性能：

$$h/R = 2\varepsilon_1$$

图 5-71　方材弯曲时的拉伸与压缩、应力与形变

同样厚度的方材，能弯曲的曲率半径越小，说明其弯曲性能越好。

压缩面长度 L_2 为：

$$L_2 = L_0 - \Delta L = L_0 (1 - \varepsilon_1) = \pi r \varphi / 180°$$

式中，r 为凹面弯曲半径（样模半径），$r = R - h/2$。

由此，以凹面弯曲半径计算的弯曲性能为：

$$h/r=2\varepsilon_1/(1-\varepsilon_1)$$

弯曲性能通常受相对形变的限制，如果超过材料允许的形变就会产生破坏。木材弯曲时，必须研究和了解木材顺纹拉伸和顺纹压缩的应力与形变规律。

5.4.2.2　实木方材弯曲工艺

实木方材弯曲的工艺过程主要包括下列五个工序：毛料选择及加工、软化处理、加压弯曲、干燥定型、最后加工。

5.4.2.3　实木方材弯曲质量的影响因素

实木方材弯曲零部件发生的质量问题主要有压缩面或拉伸面的破坏（图5-72）和弯曲形状的变形（图5-73）等。

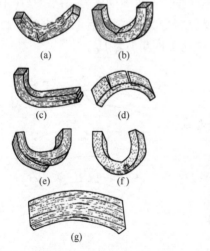

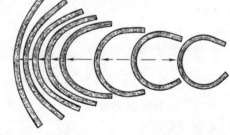

图 5-72　弯曲木在弯曲过程中发生的破坏　　　图 5-73　方材弯曲木在吸湿与解湿过程中形状的变化

方材弯曲形状的稳定性直接影响到弯曲木制品的质量，也关系到弯曲木零件是否具有互换性，能否采用拆装结构等。而影响木材弯曲质量的因素较多，主要有木材树种、含水率、木材缺陷、年轮方向以及弯曲工艺条件（软化方法、弯曲方法、弯曲速度、干燥定型方法）等。

① 含水率。木材塑性将随木材含水率增大而提高，含水率大则木材弯曲性能好。木材含水率在 25%～30% 时，由于水分在纤维间起润滑作用，在相对滑移时摩擦阻力减小、压缩阻力最小、变形最大。木材密度小、弯曲速度慢时，弯曲过程中水分较易排出，在这种情况下，允许较高的含水率。但

如前所述，含水率过大，则弯曲过程中，容易造成纤维破裂，并延长干燥时间。

② 木材缺陷。弯曲木材对木材缺陷限制要求严格，腐朽材不能用，死节会引起应力集中而产生破坏，节子周围扭曲纹理会在压缩力作用下产生皱缩和裂纹。少量活节能使顺纹抗拉强度降低 50％ 和顺纹抗压强度降低 10％；节子多而大会使顺纹抗拉强度降低 85％、顺纹抗压强度降低 22％。因此，要对节子进行严格控制，尤其在拉伸面不允许出现。

③ 木材温度。温度是影响方材弯曲质量的一个重要因素，顺纹抗压强度将随木材温度的上升、蒸煮时间的延长而降低。温度提高和浸泡时间延长，对阔叶树材抗弯强度的影响比针叶树材更显著。因为在饱和蒸汽高温加热的同时，木材中含有较多水分，木材在加大塑性的同时会产生部分水解作用。温度越高，加热时间越长，冲击强度降得越低，这主要是由木材中戊聚糖水解引起的，而阔叶树材中戊聚糖含量比针叶树材高 2～3 倍，因此对阔叶树材的影响更大。方材弯曲多使用阔叶树材，控制好方材弯曲的蒸煮温度和时间，对提高弯曲质量、降低废品率有重要意义。

④ 年轮方向。年轮方向与弯曲质量也有关系，当年轮方向与弯曲面平行时，弯曲应力由几个年轮一起承受，在较大应力下也不易被破坏，但不利于横向压缩；当年轮与弯曲面垂直时，产生的拉伸应力和压缩应力分别由少数几个年轮层承担，中性层处的年轮在剪应力作用下，容易产生滑移离层。所以年轮与弯曲面成一定角度，对弯曲和横向压缩都有利。

⑤ 弯曲工艺。弯曲速度以每秒弯曲 35°～60° 较为适宜，弯曲速度太慢，方材冷却，塑性不足，容易产生裂纹；速度过快，木材内部结构来不及适应变形，也会造成废品。端面挡块压力对弯曲质量影响很大，弯曲过程中，端面挡块压力应能相应改变，使被弯曲方材与金属钢带始终贴紧，以防止反向弯曲和端面损坏，保证弯曲质量。薄而宽的毛料，弯曲过程中稳定性较好，弯曲方便；厚而窄的毛料，应把几个同时排在一起进行弯曲，就会如同薄而宽的毛料那样便于弯曲。

为了改善木材弯曲性能，可以采用压缩弯曲的方法，在毛料的拉伸面施加压力，使凸面纤维产生横向压缩，以便增大拉伸面的顺纹抗拉强度，扩大可弯曲树种。如果采用此法，云杉、椴木、杨木等针叶树材和软阔叶树材也都可以用来制造弯曲零部件。

方材弯曲工艺虽然比锯制弯曲零部件的工艺简单，材料损耗也较小，但是对毛料的材质要求高，尤其是弯曲性能要求严格时选料困难、弯曲过程中容易产生废品。因此，现已逐渐转向薄板弯曲胶合成型工艺。

5.4.3　薄板弯曲胶合工艺

薄板弯曲胶合是将一叠涂过胶的薄板按要求配成一定厚度的板坯，然后放在特定的模具中加压弯曲、胶合成型而制成各种曲线形零部件的一系列加工过程。它是在胶合板生产工艺和实木方材弯曲技术的基础上发展起来的。

薄板弯曲胶合零部件主要有：

① 家具构件：精凳，沙发的座面，靠背腿，扶手，桌子的支架、腿、档，柜类的弯曲门板、旁板、曲形顶板等；

② 建筑构件：圆弧形窗框、门框、门扇，扶手，装饰线条等；

③ 文体用品：网球拍、羽毛球拍、钢琴盖板、吉他旁板、滑雪板、弹跳板等；

④ 工业配件：机壳、音箱、仪表盒等；

⑤ 农业用具：扬谷板等。

5.4.3.1　薄板弯曲胶合工艺的特点

薄板弯曲胶合工艺具有以下几个特点。

① 用薄板弯曲胶合的方法可以制成曲率半径小、形状复杂的零部件。这是因为在弯曲过程中，胶液尚未固化，各层薄板之间可以相互滑移，不受牵制，内部应力分布如图 5-74 所示。同时由于每层薄板的凸面产生拉伸应力，凹面产生压缩应力，应力大小与薄板厚度有关，薄板弯曲胶合的弯曲性能或弯曲件的最小曲率半径不是按弯曲件厚度 h 计算，而是用薄板厚度 s 来计算的。例如，制造曲率半径为 60mm、厚度为 25mm 的弯曲件，用方材弯曲时其弯曲性能必须是 $h/R = 25\text{mm}/60\text{mm} = 1/2.4$，这就要求用材质好的硬阔叶树材，而且还需经软化处理才能达到；但是，如果用厚度为 1mm 的多层薄板弯曲胶合，就只要求其弯曲性能为 $s/R = 1/60$，不需软化处理，干燥状态下就可达

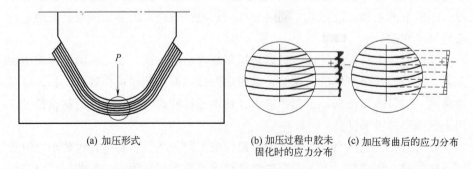

(a) 加压形式　　　　　(b) 加压过程中胶未　　　(c) 加压弯曲后的应力分布
　　　　　　　　　　　固化时的应力分布

图 5-74　薄板弯曲胶合件的应力分布

到，这样，软阔叶树材或针叶树材都可用。

② 薄板弯曲胶合件的形状可根据其使用功能和人体工学尺度以及外观造型的需要，设计成多种形状。其形状主要有 L 形、V 形、U 形、S 形、Z 形、h 形、C 形、O 形、X 形等多种。有单方向（两维）弯曲或多方向（三维）弯曲的零部件；有厚度一致或厚度变化的零部件；有封闭式或非封闭式的零部件等。

③ 薄板弯曲胶合工艺能节约木材和提高木材利用率。该工艺可以直接用单板胶压成弯曲部件，不需要留出刨削加工余量，对材质要求不像实木方材弯曲那样严格，内层可以用质量较次的单板和窄单板，以提高木材利用率。用薄板弯曲胶合方法生产椅子后腿，比锯制法的木材利用率可提高 2 倍左右；与实木方材弯曲工艺相比，可提高木材利用率约 30%。

④ 薄板弯曲胶合工艺过程比较简单，工时消耗少。薄板弯曲前不需软化处理和刨削加工。如果用薄板弯曲胶合工艺压制"椅背-椅座-椅腿"成一体的成型部件，还可以省去开榫、打眼等工序。如果用各种装饰材料作为面层薄板，更可以省去涂饰工序，简化工艺，提高工效。薄板弯曲胶合部件的加工工时约可减少 1/3。

⑤ 弯曲胶合成型部件，具有足够的强度，形状、尺寸稳定性好。制品在湿度变化的环境下能保证不松动、不开裂等。

⑥ 弯曲件造型美观多样、线条优美流畅，具有独特的艺术美。制成的制品构造简洁明快、结构简单牢固、使用舒适方便，产品既轻便又美观，具有现代风格。

⑦ 用弯曲胶合件可制成拆装式产品，便于生产、储存、包装、运输和销售。

⑧ 薄板弯曲胶合工艺需要消耗大量的薄板和胶黏剂。薄板越薄，弯曲越方便，用胶量也越大。弯曲件侧面有胶缝，会影响涂饰，但有时也可起到装饰效果。

5.4.3.2　薄板弯曲胶合工艺流程

薄板弯曲胶合工艺主要包括五个部分：薄板准备、涂胶配坯、弯曲胶压成型、弯曲胶合件陈放、最后加工，如图 5-75 所示。

5.4.3.3　薄板弯曲胶合质量的影响因素

弯曲胶合件的质量涉及多个方面，薄板的种类与含水率、胶黏剂的种类与特性、模具的式样与制作精度、加压方式、加热方法与工艺条件等都对其质量有重要的影响。

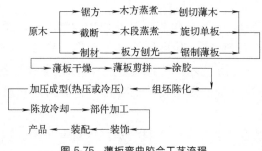

图 5-75　薄板弯曲胶合工艺流程

（1）薄板含水率

薄板含水率是影响弯曲胶合件变形和质量的重要因素之一，含水率过低，则胶合不牢、弯曲应力大、板坯发脆，易出废品；含水率过高，弯曲胶合后因水分蒸发会产生较大的内应力而引起变形。因此，薄板的含水率一般应控制在6％～12％为宜，同时，要选用固体含量高、水分少的胶液。

（2）薄板厚度公差

薄板厚度公差会影响弯曲部件总的尺寸偏差。薄板厚度在 1.5mm 以上时，要求偏差不超过±0.1mm；厚度在 1.5mm 以下时，偏差应控制在±0.05mm 以内。同时，薄板表面粗糙度要小，以免造成用胶量增加和胶压不紧，影响胶合强度和质量。

（3）模具精度

模具精度是影响弯曲胶合件形状和尺寸的重要因素。一对压模必须精密啮合，才能压制出胶合牢固、形状正确的弯曲胶合件。设计和制作的模具需满足以下要求：有准确的形状、尺寸和精度；模具啮合精度为±0.15mm；制作压模的材料要尺寸稳定，具有足够的刚性，能承受压机最大的工作压力，不易变形，从而使板坯各部分受力均匀、成品厚度均匀、表面光滑平整、分段组合模具的接缝处不产生凹凸压痕；加热均匀，能达到要求的温度；板坯装卸方便，加压时，板坯在模具中不产生位移或错动。木模最好采用层积材或厚胶合板制作。压模表面必须平整光洁，稍有缺损或操作中夹入杂物，都会在坯件表面留下压痕。

（4）加压方式

对于形状简单的弯曲胶合件，一般采用单向加压，而对于形状复杂的弯曲胶合件，则采用多向加压方法比较好。加压弯曲必须有足够的压力，使板坯紧贴压模表面，并且薄板层间紧密接触，尤其是弯曲角度大、曲率半径小的坯件，压力稍有松弛，板坯就有伸直趋势，不能紧贴压模或各层薄板间接触不紧密，就会胶合不牢，造成废品。

（5）热压工艺

热压方法和工艺条件是影响薄板弯曲胶合质量的重要因素。在热压三要素（压力、温度、时间）中，压力必须足够，以保持板坯弯曲到指定的形状和厚度，保证各层单板的紧密结合；温度和时间直接影响到胶液的固化，太高的温度或过长的加热时间会降解木材，使其力学性能下降，同时也会造成胶层变脆，同样，温度太低则会使胶液固化较慢，从而降低生产效率，同时容易造成胶液固化不充分、胶合强度不高、容易开胶等缺陷。

（6）弯曲胶合件陈放

薄板弯曲胶合成型以后，如果陈放时间不足，坯件的内部应力未达到均衡，就会引起变形，甚至改变预期的弯曲角度，降低产品质量。陈放时间与弯曲胶合件厚度和陈放条件有关。

除了上述因素之外，在生产过程中，应经常检查薄板含水率、胶液黏度、涂胶量及胶压条件等，定期检测坯件的尺寸、形状及外观质量，并按标准测试各项强度指标，形成完备的质量保证体系。

5.4.4　锯口弯曲工艺

锯口弯曲是指在毛料的纵向或横向锯出若干锯口，然后涂胶（有的需要插入薄板或填块）加压弯曲胶合制成曲线形零部件的一种方法。

5.4.5　V 形槽折叠工艺

V 形槽折叠成型是以贴面的人造板为基材，在其内侧开出 V 形槽或 U 形槽，经涂胶、折叠、胶压制成家具柜体或盒状箱体。采用 V 形槽折叠成型工艺可以简化结构和接合方式，减少生产工序，利于机械化和半自动化生产，但由于结构上的原因，不利于大型柜类家具的生产，一般仅适合在一些小型装饰柜、床头柜、茶几、音箱、包装盒等中使用。

V 形槽折叠成型工艺主要包括基材的准备、基材的开槽、涂胶和折叠成型等。图 5-76 所示为 V 形槽或 U 形槽的折叠成型形式和工艺流程。

5.4.6　人造板弯曲工艺

随着刨花板、纤维板、胶合板等人造板用途范围的扩大，它们在很多场合需要进行弯曲加工。对于厚度较大的人造板，如厚型中密度纤维板、刨花板、细木工板和厚胶合板等，一般采用横向锯口弯曲或 V 形槽折叠成型的方法进行弯曲加工；对于厚度较小的人造板，如硬质纤维板、薄型中密度纤维板、薄胶合板等的弯曲加工，一般有两种方法，一种是把若干张人造板涂胶并叠放在

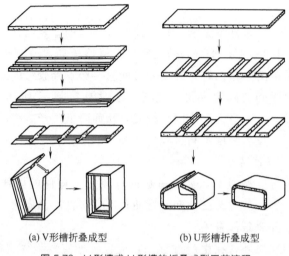

(a) V形槽折叠成型　　　　　(b) U形槽折叠成型

图 5-76　V形槽或 U 形槽的折叠成型工艺流程

一起配成板坯再进行弯曲胶合，另一种是用单张人造板弯曲。单张人造板弯曲时，弯曲半径大的部件，可用人工压弯后固定在相应的接合零部件上；而弯曲半径小的部件，需用专门装置或加压方法，如图 5-77 所示。

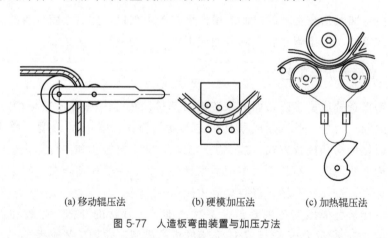

(a) 移动辊压法　　　　　(b) 硬模加压法　　　　　(c) 加热辊压法

图 5-77　人造板弯曲装置与加压方法

5.4.7　碎料模压成型工艺

模压成型是用木质或非木质材料的碎料（或纤维）经拌胶后在三维模具中加热和加压一次模压制成各种形状的部件或制品的方法。它是在刨花板和纤维板制造工艺的基础上发展起来的。

5.4.7.1　模压成型的特点

模压成型工艺具有以下几个特点。

① 能压制成各种形状、型面、尺寸的零部件，尺寸稳定，不易变形。

② 模压零部件材质均匀，密度、强度、刚度和耐候性等均比天然木材有所提高。

③ 同一零部件，根据需要可压成不同厚度或密度，适合不同受力、强度和硬度要求。

④ 模压时可预留出孔槽或压入各种连接件，以便与其他零部件接合和组装成产品。

⑤ 模压可制成带有沟槽、孔眼和型面的部件或制品，省去或减少了成型加工和开槽钻孔等工序，简化零部件的机械加工工艺过程。

⑥ 模压同时覆贴上饰面材料，可提高装饰效果和减少表面装饰工序。

⑦ 模压成型充分利用碎小材料，提高了木材利用率。

⑧ 可用于模压具有圆弧形、线形边缘的平面或曲面形部件以及桌几面、椅凳面、门扇、腿架、箱盒、餐盘、托盘等立体型部件或制品。

5.4.7.2　模压成型的工艺过程

模压成型工艺大致可分为碎料（或纤维）制备、拌胶、计量铺装（可覆饰面材料）、模压成型（热压固化）、定型修饰与后续加工等过程。

纤维模压成型工艺与纤维板生产工艺基本相似。碎料模压成型工艺与普通刨花板生产工艺基本相似。

第6章

竹藤家具制造技艺

竹藤家具是以竹材或藤材为主要原料，通过一定的工艺技术制作的家具。近年来，世界家具工业发展迅速，国际家具市场日益扩大。随着现代科学技术的突飞猛进，中国家具现代工业化进程加快，加之家具标准化的普遍实施，我国的竹藤家具得到了较为快速的发展，并在国际家具生产、技术和贸易中占有一席之地。

6.1 圆竹家具制造工艺

圆竹家具是指以形圆而中空有节的竹材竿茎作为家具的主要零部件，并利用竹竿弯折和辅以竹片、竹条（或竹篾）的编排而制成的一类家具。圆竹家具以椅、桌为主，也有床、花架、衣架和屏风等。在我国，圆竹家具原料资源丰富、成本低廉、生产历史悠久、使用地区广泛、消费者众多。

6.1.1 传统圆竹家具的生产工艺

6.1.1.1 花竹家具的生产工艺

花竹家具零件形状主要可分为直线形、曲线形和包接形三类。主要加工工艺流程为：原料→水热及药剂处理→干燥→选料→打通竹隔→灌砂→竹竿校直→下料→烤花→零件加工→装配→表面装饰→检验→包装→入库。

（1）原料

主要有淡竹、黄充竹等，要求竹龄在 4 年左右，竹竿表面无洞眼、疤痕。

（2）水热处理及药剂处理

在蒸煮池进行的水热处理能提高竹竿含水率，减少竹竿的浸提物，并能高温杀虫、杀菌。在水热处理的同时进行药剂处理，常用的杀虫灭菌药剂有虫霉灵等。

（3）选料

按设计要求选择竹材的规格与材质，如竹龄、竿径、节间长、壁厚、表面质量等。

（4）通竹隔

用钢钎将竹竿的竹隔全部打通，以便向竹腔内灌入干砂，同时使竹腔内外的气压平衡，避免竹竿在加热时，封闭在竹腔内的气体因受热膨胀而导致竹壁爆裂。

（5）灌砂

为了提高竹竿校直或弯曲时竹竿横截面的圆度，需要向竹竿内灌砂。灌好砂的竹竿两端用纸或布堵好，以免干砂流失。

（6）竹竿校直

将直线度不佳的竹竿加热校直，提高产品外观和装配质量。为保证加工质量，要求竹竿不能有裂纹，且竹竿的含水率要在 30％左右，对于含水率太低的原料，要进行增湿处理。校直前，先确定加热点的正向、背向和侧向；校直时，先从竹竿的基部正向开始，正向校直后再校直背向，最后是侧向的校直。校直某一弯曲部位时，先校直节间弯点，后校直竹节弯点。烘烤时，当温度达到 120℃左右，竹竿表面渗出发亮的液珠——竹油时，再缓缓用力，将竹竿校直。竹竿经校直后要将干砂倒出。

（7）下料

将竹竿按设计横截成一定规格的毛料。下料时，对箍头和横向锯口，要测量并避免锯口和碗口在竹节上，如果不能避开，就要打上记号，在后续加工时尽量保留所在部位的竹节（即不车节）。对弯曲零件，要定好弯曲零件的弯曲点，再根据弯曲点下料；要留合理的加工余量并合理配料，以节约原材料。

（8）烤花

将原来无斑纹的竹竿表面烤出浓淡、大小、疏密不同的斑纹。首先是洒泥浆，将要烤花的竹竿在平地上排列整齐，用洒泥扫帚从泥浆盆中蘸取适量泥浆疏密有致而又均匀地洒在排列好的竹竿表面，待竹竿的一面洒好后，再将其翻转 180°后接着洒好另一面。然后是烤花，点燃汽油喷灯，调整好火焰，对准竹竿一道道烘烤，做到不漏火、不滞火，并注意掌握好火候。由于竹竿表面被厚泥浆覆盖的地方受热有限，基本保持竹竿原色，而覆有薄泥浆处因受到较强烘烤，被烤出较淡的斑纹，至于无泥浆处，则被烤出较浓的斑纹，最后将竹竿表面的泥浆擦洗干净。

（9）零件加工

零件加工是关键工序，如圆竹家具的结构部分所述，圆竹家具的零件分为直线型零件和曲线型零件，而曲线型零件的加工方法有直接加热弯曲和锯口弯曲两种方法。

（10）分部件装配及产品总装配

图 6-1（a）～（e）说明了分部件的装配过程。其中（b）、（d）为装配好的部件，（f）为装配好的产品。花竹家具的部件装配常采用圆木芯接合中的端接和丁字接，以及木螺钉接合。图 6-1 中（a）所示为圆木芯端接，（b）、（c）为木螺钉接合。此外，并竹接合时应将拼接面的竹节削平，以使拼缝紧密。

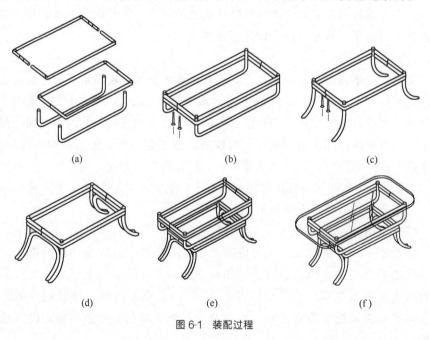

(a)	(b)	(c)
(d)	(e)	(f)

图 6-1　装配过程

（11）表面涂饰

部分圆竹家具产品采用透明涂饰的涂料及相关工艺，也有的产品仅在表面上蜡。

（12）检验与包装

主要检验产品的规格、外观质量、结构强度等内容。检验合格的产品用泡沫纸捆扎，边角及凸出部位，要多用几层泡沫纸，以防产品在运输过程中发生碰撞摩擦而影响产品质量。捆扎好的产品再用塑料袋将其包裹封闭，最后入库和销售。

6.1.1.2 毛竹家具的生产工艺

毛竹家具主要工艺流程为：原料→选料→竹竿校直→下料→水热及药剂处理→零件加工→装配→修整→表面装饰→检验→包装→入库。

其中选料、下料、水热及药剂处理、检验、包装、入库等类似于花竹家具，在此不再赘述。

（1）原料

主要为毛竹，要求竹龄在6年左右，正常生长并在秋冬砍伐的竹材，竹竿表面无洞眼、疤痕。

（2）竹竿校直

毛竹径级较大，加热烤直时燃料的火头也要大，一般用干透的废竹梢或捆扎成把、燃烧时能产生较高温度的细灌木、树枝等。烤直时用力较大，一般在拗架上进行。竹竿校直的工艺要求、过程与花竹家具相似。

（3）弯曲零件加工

毛竹竹径大，曲率半径小的弯曲零件不能采用直接加热弯曲法，而是采用横向锯口弯曲工艺，并分为正圆锯口弯曲和角圆锯口弯曲。正圆锯口弯曲常用于制作桌面、几面等，角圆锯口弯曲常用于制作沙发扶手、桌子面板、装饰件等。

6.1.2 全拆装式圆竹家具生产工艺

在对传统圆竹家具生产工艺全面了解和系统分析研究的基础上，提出全拆装式圆竹家具生产新工艺思路：竹材定向→竹材选材→竹材防蛀、防腐、防霉、保青、着色等改性处理→竹竿干燥→机加工涂饰→检验→包装→入库或销售。

（1）原料与选材

用于圆竹家具生产的竹材应定向培育，合理间伐，使原料竹材竿形端直，材质优良，竿皮无瑕疵。

原料选材在竹林中进行。砍伐时应根据产品设计要求选择立地条件、生长状况、竹龄、外观、径级、节间长、壁厚等均与设计相符的竹株。若竹材用于经保青处理后加工高品质家具，则在采伐、运输时要注意保护竿皮，避免竿皮划伤、擦伤、碰破，必要时用织物或草绳捆扎保护。

（2）竹材防蛀、防腐、防霉、保青、着色等改性处理

在采伐后24h内，应对竹材进行防蛀、防腐、防霉处理。图6-2所示的设备用于竹竿的树脂增强与防开裂处理，采用先减压再增压的处理法使树脂浸渍更深入。

（3）竹材干燥

根据产品销售地的气候特点，将竹材干燥到当地平衡含水率以下。基于竹材构造特点，干燥时应采用软基准，防止竹竿开裂。

（4）机加工

下料：用吊截锯或万能锯将竹材横截成一定长度的竹段。合理下料可提高原料利用率。

内外径规整：在车床上将竹竿车削成外径径级、圆度、直线度均符合要求的工件，再以外径为基准，按要求规整内径的深度、直径。

其他机加工：包括铣床加工竹竿的相贯线、钻床加工竹竿的定位孔和装配孔等。

（5）涂饰

根据设计要求对产品进行上蜡抛光或涂料涂饰加工。全拆装化零部件使气压喷涂、静电喷涂等现代涂饰工艺的应用成为可能。

（6）包装

按包装设计要求将产品零部件、胶水、五金连接件、装配工具、产品使用说明书、质量检验合格证、质量保证书等包装好，再入库或销售。传统圆竹家具生产设备简陋，生产效率低下，产品品质有待提高，质量不易控制。采用新型结构和专用五金连接件，运用现代加工技术，可以高效率、大批量地生产出标准化、通用化程度高的全拆装式现代圆竹家具。

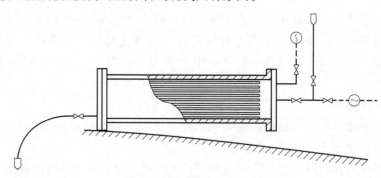

图 6-2　树脂增强与防开裂处理

6.1.3　编织竹器生产工艺

编织竹器的种类很多，如竹箱、竹盆、竹盘、竹碟、竹篮、竹箕、竹篓、竹包、竹花瓶等。虽然其造型多种多样，但基本构造却是一样的，都是由底、腰、筒身、缘口、提手等几个部分构成，具体如图 6-3 所示。

一件竹器的高度与筒身直径的比例要适当，否则既影响美观，也不实

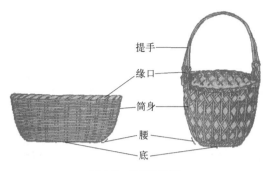

图 6-3 竹器的构造

用。一般篮子的高度是筒身直径的 1/3～1/4；篓子的高度是直径的 1～1.5 倍；花篮、花瓶的高度是直径的 2～3 倍；果盘高度通常在 8～9cm，如图 6-4 所示。

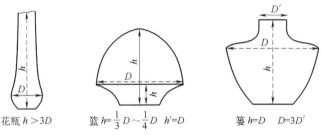

图 6-4 竹器的高度与筒身直径的比例

一般把编织竹器的纵向竹篾，也就是径向竹篾，称为立竹篾；把横向竹篾，也就是纬向竹篾，称为横竹篾；把增加横向竹篾的编织称为横向编。另外，把竹器缘口用篾称为缘卷篾，缘口的编织工艺过程称为缘口加工。

6.2 竹集成材家具制造工艺

竹集成材家具采用的基材是各种形式的竹集成材。竹集成材是一种新型的竹质人造板，它是以竹材为原料加工成一定规格的矩形竹片，经三防（防腐、防霉和防蛀）、干燥、涂胶等工艺处理进行组坯胶合而成的竹质板方材。竹集成材的最小组成单元为竹片，因此，根据竹片的组合与胶拼形式的不同，竹集成材的种类和形式主要有竹质竖拼板、竹质横拼板、竹质立芯板、竹质胶拼方材（胶拼竹方）等。这些竹质集成材既继承了竹材的物理化学特性，同时又有自身的特点。

常见竹集成材加工的主要工艺流程为：原竹（毛竹）→横截→开条（纵

剂)→粗刨→竹片→蒸煮漂白（或蒸馏炭化）→干燥→精刨→选片→涂胶、陈化→组坯→热压胶拼（立型胶拼、横型胶拼或混合型胶拼）→刨光、锯边或开料→砂光→检验分等。

热压胶拼的形式不同，可以得到不同种类的竹集成材。采用立型胶拼方式可以得到竖拼竹集成材（即竹质竖拼板）；采用横型胶拼方式可以得到横拼竹集成材（即竹质横拼板）；采用混合型胶拼方式可以得到立芯集成材（即竹质立芯板）或方材集成材（即竹质胶拼方材，也称胶拼竹方）。蒸煮处理方式不同，可以得到不同颜色的竹集成材。采用经蒸煮漂白处理后的竹片进行胶拼，可以得到本色竹集成材；采用经蒸馏炭化处理后的竹片进行胶拼，可以得到炭化色竹集成材；采用经蒸煮漂白和蒸馏炭化处理后的竹片进行交错胶拼，可以得到混色竹集成材。

6.2.1 竹质立芯板的制作工艺流程

竹集成材种类和形式中，立芯集成材（即竹质立芯板）的制作工艺流程主要为：选竹→锯截→开条→粗刨→蒸煮、三防或炭化→干燥→精刨→选片→涂胶、陈化→表层胶拼→芯层胶拼→芯层刨光→整板胶合→锯边或开料→砂光→检验分等、修补包装。制作竹质立芯板的工艺流程简图如图6-5所示。

6.2.2 竹质竖拼板的制作工艺流程

在竹集成材种类和形式中，竹质竖拼板的制作工艺基本上与竹质立芯板的制作工艺相同，只是少了表层胶拼和整板胶合。竹质立芯板的制作工艺中的芯层胶拼与竹质竖拼板的制作工艺中的胶拼相同。

6.2.3 竹质横拼板的制作工艺流程

在竹集成材种类和形式中，竹质横拼板的制作工艺基本上与竹质立芯板的制作工艺相似，主要是少了芯层胶拼。其中：径面胶合组坯，即竹片径面为胶合面，通过横向胶拼形成一定规格尺寸的单层板；小整板胶合，即把径面胶合组坯的单层板按所需的厚度选择层数，涂胶、陈化后再胶压在一起。

6.2.4 竹质胶拼方材的制作工艺流程

在竹集成材种类和形式中，竹质胶拼方材（胶拼竹方）的制作工艺基本上与竹质立芯板的制作工艺相同。竹质胶拼方材（胶拼竹方）属于混合型竹集成材，芯部为竖拼胶合，四面为横拼胶合，同时进行整个方材的胶合。

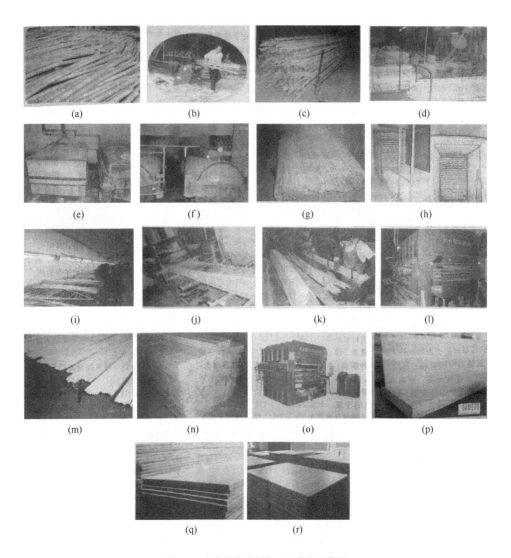

图 6-5　立芯竹集成材加工工艺流程简图

（a）毛竹原料；（b）开条；（c）竹条；（d）竹片加工；（e）蒸煮；（f）炭化；

（g）处理后的竹片；（h）干燥；（i）选片（j）涂胶；（k）组坯；（l）侧向胶拼；

（m），（n）胶拼后的板材；（o）整板复合胶压；（p）立芯集成材（竹本色）；

（q）立芯集成材（炭化仿柚木色）；（r）立芯集成材桌面板（炭化仿胡桃木色）

6.2.5　刨切薄竹和旋切薄竹生产工艺

　　竹材可通过旋切方法制成旋切薄竹（也称竹皮），还可将竹片重组制成竹方，然后经刨切方法加工成刨切薄竹（竹皮）。但薄竹存在脆性大、强度低、易破损、幅面小等缺点。为了克服上述缺点，可将薄竹与无纺布等柔性材料黏合，通过横向拼宽或纵向接长而制成大幅面（图 6-6）薄竹或成卷薄竹（图 6-7），不但可以改善薄竹的脆性，增加其横纹抗拉强度，而且可使其整张化，既便于生产、运输，又利于使用。薄竹具有特殊的质地和色泽极佳的装饰效果，可用于家具饰面，也可用作中密度纤维板、刨花板、胶合板等的高档贴面材料，能实现竹材的高值化利用。

图 6-6　平压刨切薄竹　　　　　　　　　　　图 6-7　成卷薄竹

刨切薄竹和旋切薄竹不仅具有竹子的天然纹理和优美朴实的质感，而且产品品质完全可与其他珍贵树种的薄木相媲美，能满足人们回归自然的愿望。竹纤维长而硬，故薄竹具有良好的耐磨性，用于表面装饰可以进一步改善产品的各项物理指标。

目前薄竹产品以较高的性价比，引来了全球具有前瞻性的家具生产商和新型饰面材料开发商的目光，逐渐成为市场的新宠。

6.2.6　竹集成材家具的制作工艺

竹集成材家具是指将竹材加工成一定规格的矩形竹条（或竹片），再将竹条（或竹片）经纵向接长、横向拼宽和复合胶厚而制成竹集成材，最后通过机械加工而成的一类家具。由于竹集成材继承了竹材的物理和力学性能好、收缩率低的特性，具有幅面大、变形小、尺寸稳定、强度大、刚性好、握钉力高、耐磨损等特点，可进行锯截、刨削、镂铣、开榫、打眼、钻孔、砂光和表面装饰等加工，因此，利用竹集成材为原料可以制成各种类型和各种结构（固装式、拆装式、折叠式等）的竹集成材家具。

竹集成材家具的结构和制造工艺以及加工设备都与木质家具基本相似。竹集成材家具的制作工艺流程为：竹集成材→配料（开料或裁板）→零部件定厚砂光→（贴面装饰）→边部精裁或铣异型（铣边）→开榫或打眼或钻孔→型面加工（表面镂铣与雕刻铣型）→表面修整加工（精细砂光）→涂饰→成品零部件质量检验→专用五金件预装配→装配（榫接合）→竹集成材家具→包装。

6.2.7　竹集成材家具质量的主要影响因素

竹集成材家具的生产与木质家具生产相比，除了材料不同之外，其工艺基本类似。竹集成材家具生产中，竹集成材的加工是关键，竹片集成胶合工艺是影响家具产品质量的主要内容之一。竹片胶合过程是一个复杂的过程，它是在一定压力下排除胶合面之间空气的机械作用使其紧密接触，在添加固化剂或加热条件下，胶层中水分蒸发或分子间发生反应，使胶液固化将方材胶合起来。因此，影响竹集成材胶合质量（即胶合强度）的因素很多，主要包括被胶合材料特性、胶黏剂特性和胶合工艺条件等方面。

6.2.7.1　被胶合材料特性

（1）竹种与密度

竹材的竹种、密度、材质、性能的不同以及是否炭化处理，使其胶合强度也不一样。在集成胶合时，应尽量采用同一竹种或材质相近的竹片，避免采用密度和收缩率差别很大的不同竹材。

（2）竹片含水率

竹片含水率过高，会使胶液变稀，降低黏度，渗透过多，形成缺胶，从而降低胶合强度；同时会延长胶层固化时间；并且在胶合过程中还容易产生鼓泡，胶合后容易使木材产生收缩、翘曲和开裂等现象。反之，竹片含水率过低，表面极性物质减少，妨碍胶液湿润，影响胶层的胶合强度。通常竹片的含水率应为 $8\%\sim12\%$。在实际生产中，含水率的具体选择应根据胶黏剂种类、胶合条件、竹种而定，并与使用地区的平衡含水率要求相符合（略低于平衡含水率），竹片之间的含水率差应控制在 $1.5\%\sim3\%$ 以内。进行炭化处理时，也要控制竹片含水率和消除其内应力，一般先将送至浸煮池里进行防霉、防蛀处理后的竹片，有序地堆放在托架上，送入干燥窑进行炭化处理，使竹片的含水率达到质量要求后再进行选片、配色、涂胶、组坯。

（3）胶合面纹理（纤维方向）

竹材与木材一样，也是各向异性的材料，在竹片胶合中，如果改变胶合表面纤维方向的配置，胶合强度就会变化。平面胶合（纤维方向与胶层平行）比端面胶合（纤维方向与胶层成角度）时的胶合强度好。在平面胶合时，两块竹片纤维方向平行时胶合强度最大，两块竹片纤维方向垂直时胶合强度最低。在端面胶合时，竹片纤维方向与胶层平行时胶合强度最大，竹片纤维方向与胶层垂直时胶合强度最低。

（4）胶合面粗糙度

胶合面的粗糙度直接影响胶层形成和胶合强度，它与胶合强度的关系比较复杂，涉及木材性能、加工方法、胶黏剂性能以及胶合工艺条件等。为了获得较好的胶合强度，胶合面需经刨削、铣削或砂光加工后才可进行胶合。被胶合面越光滑，涂胶量就越少，在低压时也较易得到良好的胶合强度；被胶合面粗糙时，涂胶量就会增大，胶层也会增厚，胶层固化时体积会收缩而产生内应力，从而破坏了胶黏剂的内聚力，使胶合强度降低。因此，竹片（条）应表面光洁、粗糙度小，以免造成用胶量增加和竹片间在压合时贴合不紧，从而降低胶合强度。除此之外，层积时相邻两块竹片接头需错开配置。

6.2.7.2　胶黏剂特性

胶黏剂性能包括固体含量、黏度、聚合度、极性和 pH 值等，其中胶黏剂的固体含量、黏度和 pH 值对胶合强度影响较大。

（1）固体含量与黏度

胶黏剂的固体含量（浓度）和黏度，不仅影响涂胶量和涂胶的均匀性，而且还影响胶合的工艺和产品的胶合质量。固体含量过高，黏度也大，涂胶时胶层容易过厚而使其内聚力降低，最终导致胶合强度降低；固体含量过低，黏度也小，在胶压时胶液容易被挤出，造成缺胶，也会使胶合强度降低。一般来说，用于冷压或要求生产周期短时，应选用固体含量和黏度大些的胶液；对强度要求不高的产品或材质致密的竹片，则可选固体含量和黏度较低的胶液。在胶黏剂中加入适量填料，既可增加黏度，也可降低成本。

（2）活性期

胶黏剂的活性期是指从胶液调制好到开始变质失去胶合作用的这段时间。活性期的长短决定了胶液使用时间的长短，也影响到涂胶、组坯及胶压等工艺操作。一般来说，生产周期短的可选用活性期较短的胶；生产周期长的则应选用活性期长的胶。

（3）固化速度与 pH 值

胶液的固化速度是指在一定的固化条件（压力与温度）下，液态胶变成固态所需的时间。胶液的固化速度会影响压机的生产率、设备的周转率、车间面积的利用率以及生产成本等。因而，在涂胶后的胶合过程中，为了使胶液的固化速度快，除了增加一定温度外，常在合成树脂胶液中添加固化剂（硬化剂）来使胶液的 pH 值降低从而达到加速固化的目的。固化剂的加入量应根据不同的要求和气候条件而增减：在冷压或冬季低温使用时，固化剂的加入量应适当增加；在热压或夏季使用时，固化剂的加入量可稍少些；在阴雨天则需酌情增加固化剂加入量。

6.2.7.3　胶合工艺条件

（1）涂胶量

它是以胶合表面单位面积涂胶的量表示（即 g/m^2）。它与胶黏剂种类、固体含量、黏度、胶合表面粗糙度及胶合方法等有关。涂胶量过大，胶层厚度大，胶层内聚力会减小并产生龟裂，胶合强度低；反之，涂胶量过少，则不能形成连续均匀的胶层，也会出现缺胶现象而降低胶合强度，使胶合不牢。因此，应该在保证胶合强度的前提下尽量减少涂胶量，并尽量使胶黏剂在胶合表面间形成一层薄而连续的胶层。冷压胶合的涂胶量应大于热压时的涂胶量。涂胶应该均匀，没有气泡和缺胶现象。

（2）陈放时间

涂胶以后到胶压之前需将涂好胶的木材放置一段时间，即陈放时间。其目的主要是使胶液中的水分或溶剂能够挥发或渗入竹片中去，使其在自由状态下浓缩到胶压时所需的黏度，并使胶液充分润湿胶接表面，有利于胶液的扩散与渗透。陈放时间过短，胶液未渗入竹片，在压力作用下容易向外溢出，产生缺胶或透胶；陈放时间过长，胶液过稠，流动性不好，会造成胶层厚薄不均或脱胶，若超过了胶液的活性期，胶液就会失去流动性，不能产生胶合作用。因此，陈放时间与胶合室温、胶液黏度、胶液活性期、竹片含水率等有关。室温高可缩短陈化时间，合成树脂胶在常温下陈化时间一般不超过 30min（一般为 5～15min）。

（3）胶层固化条件

胶黏剂在浸润了被胶合表面后，由液态变成固态的过程称为固化。胶黏剂的固化可以通过溶剂挥发、乳液凝聚、熔融冷却等物理方法进行，或通过高分子聚合反应来进行。胶层固化的主要条件参数为胶合压力、胶合温度和加压时间等。

① 胶合压力。胶合过程中施加一定的压力能使胶合表面紧密接触，以便胶黏剂充分浸润，形成薄而均匀的胶层。压力的大小与胶黏剂的种类、性能、固体含量、黏度以及竹片的竹种、含水率、胶合方向和加压温度等有关。

② 胶合（或加压）时间。胶合时间是指胶合板坯在加压状态下使胶层固化所需的时间。冷压（常温胶合）时胶层固化慢，胶合时间长，但冷压时间过长则会因胶液渗透过多而产生缺胶，影响胶合强度。热压时胶层固化快、时间短，在一定范围内胶合强度随着加压时间的延长而提高，但热压时间过长，胶合强度反而会降低。胶合时间应视具体胶种、固化剂添加量、胶合温度、加热与否以及加热方式等因素而定。

③ 胶合温度。提高胶层的温度，可以促进胶液中水分或溶剂的挥发以及树脂的聚合反应，加速胶层固化，缩短胶合时间。热压胶合比冷压胶合时的胶合强度高，加热温度的升高会使胶合强度提高。胶合温度低，则需延长胶合时间；胶合温度高，则可缩短加压时间；加热温度越高，达到规定胶合强度的加压时间就越短。但温度过高，有可能使胶发生分解，胶层变脆；如温度太低，会因胶液未充分固化而使胶合强度极低或不能胶合。一般在常温（20～30℃）和中温（40～60℃）条件下胶合，温度不宜低于10℃。竹片胶合后，应将胶合件在室内（温度15℃以上）堆放2～3天以上，以使胶层进一步固化和消除内应力，然后才可以进行再加工。

总之，竹片经涂胶组坯后送入热压机热压胶合成为板坯，板坯在经96h的恒温定性处理，充分消除其内应力后再进行竹产品的加工。一般竹集成材的技术指标为：含水率7%～9%；气干密度为0.76g/cm³；厚度≤15mm时，抗弯强度≥98MPa，厚度＞15mm时，抗弯强度≥90MPa；硬度≥58N/mm²；胶合强度≥9MPa。

6.3　竹重组材家具制造工艺

竹重组材（又称重组竹或重竹，也称竹丝板）是竹重组材家具（也称重竹家具）的基材。它是一种将竹材重新组织并加以强化成型的一种竹质新材料，也就是根据重组木制造工艺原理，先将竹材加工成条状竹篾、竹丝，或疏解成通长的、相互交联并保持纤维原有排列方向的疏松网状纤维束（竹丝束），再经干燥、涂胶、组坯，通过具有一定断面形状和尺寸的模具经成型胶压和高温高压热固化制成的一种新型的竹质型材。由于竹重组材（重组竹）的最小组成单元为条状竹篾、竹丝或竹丝束，因此，它能充分合理地利用竹材纤维材料的固有特性，既保证了材料的高利用率，又保留了竹材原有的物理力学性能。其生产工艺有其特殊性，材性及应用也有其特点。

6.3.1　竹重组材的基本生产工艺流程

竹重组材（重组竹）的基本生产工艺流程主要为：原竹选择→竹材截断→竹筒剖分→竹条分片（开片）→竹片疏解（压丝）→蒸煮（三防、漂白）或炭化→干燥→浸胶→二次干燥（预干燥）→选料组坯→模压成型→固化保质→锯边或开料→重组竹型材→检验分等、修补包装。生产竹重组材（重组竹）的工艺流程简图如图6-8所示。

(a)　　　　　　　　　(b)　　　　　　　　　(c)

(d)　　　　　　　　　(e)　　　　　　　　　(f)

(g)　　　　　　　　　(h)　　　　　　　　　(i)

(j)　　　　　　　　　(k)　　　　　　　　　(l)

(m)　　　　　　　　　(n)　　　　　　　　　(o)

图6-8

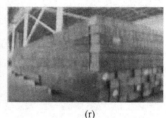

(p)　　　　　　　　　　(q)　　　　　　　　　　(r)

图 6-8　竹重组材加工工艺流程简图及设备

(a) 竹材原料；(b) 竹材截断；(c) 竹筒割分；(d) 竹条；(e) 竹条分片；
(f) 小型开片机；(g) 大型开片机；(h) 小型疏解（压丝）机；(i) 中型疏解
（压丝）机；(j) 蒸煮成炭化；(k) 处理后的竹丝干燥；(l) 浸胶；
(m) 二次干燥（胶预干）；(n) 冷模压机；(o), (p) 冷模压机
及连续固化通道；(q), (r) 竹重组材（重组竹方）

6.3.2　竹重组材家具的制作工艺

6.3.2.1　制作工艺流程

竹重组材（重组竹）家具是指将竹材纵向疏解成通长且保持原有纤维排列的疏松网状竹丝束，并经涂胶、组坯、模压成型制成一定规格的竹重组材，然后再通过家具机械加工而成的一类家具。由于竹重组材是根据重组木制造工艺原理制成的高强度、高性能的型材或方材，具有密度高、强度大、变形小、刚性好、握钉力高、耐磨损等特点，并可进行锯截、刨削、镂铣、开榫、打眼、钻孔、砂光和表面装饰等加工，因此，利用竹重组材也可以制成各种类型和各种结构（固装式、拆装式、折叠式等）的竹重组材家具。

竹重组材家具的结构和制造工艺以及加工设备，与木质家具、竹集成材家具基本相似，而且由于竹重组材一般多为型材或方材，因此，目前竹重组材家具的常见结构、制造工艺和加工设备，基本上与实木框式家具相同，可参考相关教材中有关章节的内容。竹重组材家具的制作工艺流程为：竹重组材→配料（开料）→刨光或精截→（胶拼或贴面装饰）→边部精裁或铣异型（铣边）→开榫或打眼或钻孔→型面加工（表面镂铣与雕刻铣型）→表面修整加工（精细砂光）→部件装配→部件加工与修整→涂饰→成品零部件质量检验→总装配→竹重组材家具成品→包装。

6.3.2.2　主要工艺技术

（1）配料（开料）

竹重组材家具零部件的主要原材料是竹重组材的各种型材或板方材。零部

件的制作通常从配料开始，经过配料将竹重组材的型材或板方材锯切成一定尺寸（通常留有一定的加工余量）的毛料。配料就是按照产品零部件的尺寸、规格和质量要求，将板方材锯制成各种规格和形状毛料的加工过程。配料主要是在满足工艺要求和产品质量要求的基础上，使原料得到最合理、最充分的利用。因此，配料是家具生产的重要前道工序，直接影响产品质量、材料利用率、劳动生产率、产品成本和经济效益等。

为了保证竹重组材家具的装饰质量和效果，对各种竹重组材基材（又称素板）都应进行严格的挑选，必须根据零部件的用途和尺寸来合理选择基材的种类、材质、厚度和幅面规格等。配料包括横截与纵解等锯制加工工序，由于目前竹重组材的主要形式是型材或方材，因此，配料时主要采用横截圆锯、纵解圆锯、细木工带锯、推台式开料锯（又称精密开料锯、导向锯）等配料设备。锯解开料后的板材应堆放在干燥处。

（2）刨光或精截

经过配料，竹重组材的型材或板方材已按零件的规格尺寸和技术要求锯成毛料，但有时毛料可能出现翘曲、扭曲等各种变形，再加上配料加工时都是使用粗基准，毛料的形状和尺寸总会有误差，表面粗糙不平。为了保证后续工序的加工质量，以获得准确的尺寸、形状和光洁的表面，必须先在毛料上加工出正确的基准面，作为后续规格尺寸加工时的精基准。因此，毛料的加工通常是从基准面加工开始的。毛料加工是指将配料后的毛料加工成合乎规格尺寸要求的净料的加工过程，主要是对毛料的4个表面进行加工和截去端头，切除预留的加工余量，使其变成符合要求而且尺寸和几何形状精确的净料，主要包括基准面加工、相对面加工、精截等。

平面和侧面的基准面可以采用铣削方式加工，常在平刨或铣床上完成；端面的基准面一般用推台圆锯机、悬臂式万能圆锯机或双头截断锯（双端锯）等横截锯加工。相对面加工，也称为规格尺寸加工，一般可以在压刨、三面刨、四面刨、铣床、多片锯等设备上完成。

（3）胶拼或贴面装饰

在竹重组材家具生产中，方材零件一般可以直接从整块竹重组材型材中锯解出来，这对于尺寸不太大的零件是可以满足质量要求的，但对于尺寸较大、幅面较宽的零件一般需要采用窄料、短料或小料胶拼（即方材胶合）工艺而制成，这样不仅能扩大零件幅面与断面尺寸，提高材料利用率，同时也能使零件的尺寸和形状稳定、减少变形开裂和保证产品质量，还能改善产品的强度和刚度等力学性能。另外，为了美化制品外观、改善使用性能、保护表面、提高强度，有些竹重组材家具所使用的零件需要采用薄竹（竹薄木、竹皮、竹单板）

等饰面材料进行表面饰面或贴面处理。

（4）边部精裁或铣异型（铣边）

竹重组材板式零件经过方材胶合或表面装饰贴面胶压后，在长度和宽度方向上还需要进行板边切削加工（齐边加工或尺寸精加工）以及边部铣型等加工。常采用精密开料锯或电子开料锯等进行精裁加工。边部铣型或铣边通常是按照型边要求的线型，采用相应的成型铣刀或者借助于夹具、模具等辅助设备，在立式下轴铣床、立式上轴铣床（即镂铣机）、双端铣等铣床上加工。

（5）开样或打眼（或钻孔）

为了便于零件间接合，有些竹重组材零件需要按照设计要求，对其进一步加工出各种接合用的榫头、榫眼、圆榫孔、连接件接合孔、榫槽和榫簧（企口）等，使之成为符合结构设计要求的零件。各种榫头可以利用开榫机或铣床加工；各种榫眼和圆孔可以采用各种钻床及上轴铣床（镂铣机）加工；对于符合 32mm 系列规定的面孔，常用单排钻、三排钻和多排钻等进行钻孔加工；排孔和榫簧（企口）一般可以用刨床、铣床、锯机和专用机床加工。

（6）型面加工（表面镂铣与雕刻铣型）

零件表面上镂铣图案或雕刻线型也是竹重组材家具的重要装饰方法之一。一般可在上轴铣床、多轴仿形铣床和数控加工中心（CNC）等设备上采用各种端铣刀头对零件表面进行浮雕或线雕加工。

（7）表面修整加工（精细砂光）

为了提高竹重组材家具零部件表面装饰效果和改善表面加工质量，一般还需要对其进行表面修整加工。表面修整加工通常采用各种类型的砂光机进行砂光处理，以消除生产过程中产生的加工缺陷，除去零部件表面各种不平度，减少尺寸偏差，降低粗糙度，使零部件形状尺寸正确、表面光洁，达到油漆涂饰与装饰表面的要求（细光或精光程度）。

（8）部件装配与加工

竹重组材家具的部件装配是按照设计图样和技术文件规定的结构和工艺，使用手工工具或机械设备，将零件组装成部件。竹重组材家具的部件装配主要包括木框装配和箱框装配。

在小型企业单件或少量生产时，部件加工基本上是手工进行的；在批量生产的情况下，部件的修整加工可以在机床上进行。无论从生产率还是加工精度方面考虑，机械化修整加工都比手工加工要好些。竹重组材家具的部件常以木框、板件或箱框的形式出现，它们在机床上修整加工的原则和零件机械加工一样，也是从做出精基准面开始的，即先加工出一个光洁的表面作为基准面，然后再精确地进行部件修整加工。

（9）表面涂饰

竹重组材家具的零部件，与竹集成材家具、木家具一样，还必须进行表面涂饰处理，使其表面覆盖一层具有一定硬度、耐水、耐候等性能的漆膜保护层，避免或减弱阳光、水分、大气、外力等的影响和化学物质、虫菌等的侵蚀，防止制品翘曲、变形、开裂、磨损等，以便延长其使用寿命；同时，还能加强和渲染竹集成材纹理的天然质感，形成各种色彩和不同的光泽度。竹重组材家具零部件涂饰一般采用喷涂的方法，漆膜大多为透明涂饰，按漆膜厚度可分为厚膜涂饰、中膜涂饰和薄膜涂饰（油饰）等，按其光泽高低可分为亮光涂饰、半亚光涂饰和亚光涂饰，按颜色不同还可分为本色、栗壳色、柚木色、胡桃木色和红木色等。

（10）总装配

经过修整加工和表面涂饰后的零部件，在配套之后就可以按产品设计图样和技术要求，采用一定的接合方式，进行总装配，组装成具有一定结构形式的完整制品。结构不同的各种竹重组材家具，其总装配过程的复杂程度和顺序也不相同。

总装配与涂饰的顺序视具体情况而言，取决于产品的结构形式。非拆装式家具一般是先装配后涂饰；而拆装式家具则是先涂饰后装配。

（11）包装

对于非拆装式竹重组材家具成品，一般采用整体包装；而对于拆装式竹重组材家具，常对零部件以拆开形式包装后发送至销售地点。后者适合标准化和部件化的生产、储存、包装、运输、销售，占地面积小、搬运方便，是现代家具中广泛采用的加工方式。

6.3.3 竹重组材家具质量的主要影响因素

竹重组材家具的生产与木家具、竹集成材家具生产相比，除了材料不同之外，其工艺基本类似。竹重组材家具生产中，除了家具木工机械加工影响因素之外，竹重组材模压成型胶合工艺是影响家具产品质量的主要因素之一。影响竹重组材胶合质量（即胶合强度）的因素很多，包括被胶合材料特性、胶黏剂特性和胶压工艺条件等，其中主要有以下几方面。

（1）竹种及其密度

竹重组材所使用的竹种与竹集成材相比，竹材原料比较广泛，可选竹种多。但竹材的材种、密度、材质、性能以及是否炭化处理的不同，使其胶合强度也不一样。在模压成型胶合时，应尽量采用同一竹种或材质相近的竹片，避免采用堆密度和收缩率差别很大的不同竹材。

（2）竹材小单元的形态

在竹重组材生产中，其组成的最小单元通常为竹篾、竹丝、竹丝束、竹纤维束等，它们可以通过多种方法制得。因此，应根据原料的特点和竹重组材产品的质量要求来选择竹材小单元材料的具体形态。竹条分片（开片）时，必须去除影响胶合质量的竹青、竹黄，并保证竹片有合适的厚度。竹片疏解（压丝）是竹重组材生产中的重要工序之一，它是制造长条网状竹材小单元（竹丝、竹丝束）的必要过程，因此，必须严格执行竹片疏解的工艺技术要求。

作为竹重组材最小单元材料的竹篾（通过劈篾方法制成），其断面尺寸应为宽 0.8～2cm，厚 0.8～1.2mm，长度根据竹重组材成品长度而定。作为竹重组材最小单元材料的竹丝或竹丝束（采用辊压方法疏解碾压制成），其粗细应为几毫米左右，而且应是网状竹丝束，纵向不断裂，横向碎裂、松散而交错相连，不完全分开，并且保持竹材纤维排列方向，能自然铺展、不卷曲。

（3）蒸煮或炭化处理的程度

对竹材小单元材料（如竹篾、竹丝、竹丝束等）进行蒸煮或炭化的目的是把竹材内的糖、淀粉、脂肪、蛋白质等分解并除掉，使蛀虫及霉菌失去营养来源。同时，通过加入不同的化学药剂也可以达到对竹材进行软化、调色、三防处理的效果。例如，蒸煮时加入碱液使竹材软化；加入双氧水等漂白剂将竹材漂白；加入防虫剂、防腐剂和防霉剂进行三防处理。但这些化学药剂对竹材的胶合有一定影响，因此蒸煮处理后应对其进行水洗，即在清水中浸渍后立即取出，去除表面药液和部分水解产物。另外，蒸煮或炭化处理的工艺条件（温度、时间、蒸汽压力）参数选择会影响处理的程度和色泽。

（4）竹材小单元的含水率

经过蒸煮或炭化处理后的竹丝、竹丝束等竹材小单元材料，其含水率比较高，尤其是蒸煮处理后的竹丝、竹丝束，含水率超过 80%，达到饱和状态，因此，需要进行干燥处理，一般应使其含水率控制在 12% 以下。这是因为，竹材小单元材料含水率过高，会影响涂胶量，形成缺胶，从而降低胶合强度，同时会延长胶层固化时间；反之，竹材含水率过低，表面极性物质减少，会妨碍胶液湿润，影响胶液均匀分布，也会降低胶合强度。因此，只有当竹丝、竹丝束等达到干燥后的含水率要求（常为 8%～10%）时，制成的重组竹成品才不易变形、开裂或脱胶。

（5）胶黏剂的性能

胶黏剂性能包括固体含量、黏度、聚合度、极性和 pH 值等，其中胶黏剂的固体含量、黏度和 pH 值对胶合强度影响较大。

胶黏剂的固体含量（浓度）和黏度，不仅影响涂胶量和涂胶的均匀性，而且影响胶合的工艺和产品的胶合质量。一般来说，用于冷压或要求生产周期短时，应选用固体含量和黏度大些的胶液；对强度要求不高的产品或材质致密的竹片，可选择固体含量和黏度较低的胶液。在胶黏剂中加入适量填料，既可增加黏度，也可降低成本。胶液的活性期是指从胶液调制好到开始变质失去胶合作用的这段时间。活性期的长短决定了胶液使用时间的长短，也影响涂胶、组坯及胶压等工艺操作。一般来说，生产周期短的可选用活性期较短的胶液；生产周期长的则应选用活性期较长的胶液。

胶液的固化速度是指在一定的固化条件（压力与温度）下，液态胶变成固态所需要的时间。胶液的固化速度会影响压机的生产率、设备的周转率、车间面积的利用率以及生产成本等。因而，为了使涂胶后的胶合过程中，胶液的固化速度快，除了增加一定温度外，常在合成树脂胶液中添加固化剂（硬化剂）来使胶液的 pH 值降低从而达到加速固化的目的。固化剂的加入量应根据不同的用途要求和气候条件而增减：在冷压或冬季低温使用时，固化剂的加入量应适当增加；在热压或夏季使用时，固化剂的加入量需稍微少些；在阴雨天则需要酌量增加固化剂加入量。

（6）涂胶方法与涂胶量

竹篾、竹丝、竹丝束等竹材小单元材料不能像竹片一样使用辊胶的涂胶方式，而是采用喷胶或浸胶的涂胶方式。由于浸胶比喷胶均匀，施工操作也比较方便，因此生产中大多采用浸胶方法。但在采用浸胶法涂胶时，竹材小单元材料系成捆的紧松程度、材料装入吊笼内的堆积量、浸胶时间的长短、凉置滴胶（淋干）时间的控制等，对浸胶后材料的含胶量、胶液均匀性、含水率等都有直接影响。

涂胶量过大，胶层厚度大，胶层内聚力会减小并产生龟裂，胶合强度低；反之，涂胶量过少，则不能形成连续均匀的胶层，也会出现缺胶现象而降低胶合强度，使胶合不牢。因此，应该在保证胶合强度的前提下尽量减少涂胶量，并尽量使胶黏剂在竹材小单元材料结合面间形成均匀、薄而连续的胶层。冷压胶合涂胶量应大于热压时的涂胶量。

（7）二次干燥后的含水率

竹篾、竹丝、竹丝束等竹材小单元材料经过浸胶后，由于吸收了树脂胶黏剂水溶液，其水分含量较高，因此，还需要进行二次干燥（预干燥）。一是使其含水率达到 12% 左右的工艺要求；二是使胶黏剂实现预干燥。因而，二次干燥的方法、设备的选择以及干燥条件（温度、时间、风速等）的控制等对材料最终含水率的控制、胶黏剂的预干程度等都有重要影响。

在胶合压制之前，经预干燥的竹丝、竹丝束等竹材小单元材料还应在常温下放置一定时间进行时效处理，使其达到质量要求后再进行选料、配色、组坯、装模。

（8）组坯装模的方式

竹重组材的最小组成单元是浸胶后的竹篾、竹丝、竹丝束等，它们不像竹片那样有规则，而是细条状或网状的纤维束，因此，在胶合压制前，它们不易组坯和装模，而且组坯或装模的方式会直接影响到竹重组材产品的密度均匀性、色泽符合性和纹理仿真性。为了保证竹重组材的产品质量，组坯装模时，应根据竹重组材产品性能要求，对烘干的浸胶竹材小单元材料进行合理的选料、称重、组坯、装模或铺装，尤其是称重和装模。称重时，应根据竹重组材产品的密度要求决定组坯材料的重量，以保证竹重组材产品密度；装模时，应根据竹重组材产品的色泽和纹理要求将竹材小单元材料全顺纹整齐排列并均匀铺装，或色泽差异较大的竹材小单元材料混合定向排列并搭配铺装，以保证竹重组材产品的亮丽色泽和清晰纹理。

（9）模压成型的工艺

在竹重组材模压成型过程中，影响胶合压制质量的主要工艺参数为压力、温度和时间。胶压过程中施加一定的压力能使胶合表面紧密接触，以便胶黏剂充分浸润，形成薄而均匀的胶层。胶合时间是指胶合板坯在加压状态下持续到使胶层固化所需的时间。提高胶层的温度，可以促进胶液中水分或溶剂的挥发以及树脂的聚合反应，加速胶层固化，缩短胶合时间。

由于竹重组材产品规格尺寸不同，其模压成型方法也不一样，因此各种模压成型方法的胶合压力、温度和时间等主要工艺参数及其控制方法也有所不同。对于幅面大、厚度小的重组竹板材，一般采用普通人造板热压机进行一次性热压成型和胶层固化，其胶合压力、温度、时间可通过热压曲线进行一次性控制。对于长度大、宽度小、厚度大的重组竹方材，常采用专门的冷模压机先进行冷模压成型，然后再进行热固化处理。其冷模压时主要考虑的工艺参数是压力，而在加热通道中进行胶层固化的工艺参数主要考虑温度、时间以及如何维持压制时的胶合压力（如通过板坯连同模具一起加热的方式）等。

在普通人造板热压机或专门冷模压机进行竹重组材模压成型时，胶合压力的大小与胶黏剂的种类、性能、固体含量、黏度，以及竹种、竹材小单元的类型、含水率、产品密度、组坯方式、加压温度等有关；胶合时间应视具体胶种、固化剂添加量、胶合温度、加热方式等因素而定；胶层固化温度应根据压机类型、加热与否、胶种、固化剂添加量、固化装置、加热方式等进行综合考虑。

经模压成型和胶层固化保质后的重组竹型材，最后必须经过陈放冷却和脱模堆放。一般应在室温条件下堆放 3～4 天以上，进行恒温定性处理，以使胶层进一步固化和消除内应力，然后才可以进行后续再加工。

6.4 竹材弯曲胶合家具制造工艺

6.4.1 竹材弯曲胶合工艺的特点

竹材弯曲胶合是在木质薄板弯曲胶合工艺技术的基础上发展起来的。它是将一叠涂过胶的竹片（竹单板）按要求配成一定厚度的板坯，然后放在特定的模具中加压弯曲、胶合成型而制成各种曲线形零部件的一系列加工过程，所以也称为竹片弯曲胶合。

竹片弯曲胶合工艺具有以下特点：

① 用竹片弯曲胶合的方法可以制成曲率半径小、形状复杂的零部件，并能节约竹材和提高竹材利用率。

② 竹片弯曲胶合件的形状可根据其使用功能和人体工学尺寸以及外观造型的需要，设计成多种多样的，其造型美观多样、线条优美流畅，具有独特的艺术美。

③ 竹片弯曲胶合工艺过程比较简单，工时消耗少。

④ 竹片弯曲胶合成型部件具有足够的强度，形状、尺寸稳定性好。

⑤ 用竹片弯曲胶合件可制成拆装式产品，便于生产、储存、包装、运输和销售。

⑥ 竹片弯曲胶合工艺需要消耗大量的胶黏剂，竹片越薄，弯曲越方便，用胶量也越大。

竹片弯曲胶合零部件主要可用于制作椅凳、沙发的座面、靠背、腿、扶手，桌子的支架、腿、档，柜类的弯曲门板、旁板、曲形顶板等家具构件，以及建筑构件、文体用品等。

6.4.2 竹片弯曲胶合件生产工艺

竹片弯曲胶合家具的生产工艺与木质薄板弯曲胶合家具的生产工艺相似，其工艺过程主要包括：竹片准备、弯曲胶压成型、弯曲胶合件陈放、弯曲胶合件机加工等。

6.4.2.1　竹片准备

弯曲胶合前，先要根据制品设计要求的形状和尺寸来挑选和配制竹片。竹片应具有可弯曲性和可胶合性。

（1）竹片选择与搭配

竹片选择应根据制品的使用场合、尺寸、形状等来确定。弯曲胶合件的表层与芯层，可以同为竹片，也可以不同。一般来说，芯层应选择竹片或竹单板以保证弯曲件强度和弹性的要求；而表层应选用装饰性好、竹纹美观的刨切或旋切薄竹（竹皮或竹单板）或其他装饰贴面材料。

（2）竹片制作

竹片有旋切、刨切和锯制三种加工方法。在采用前两种切削方法之前，材料需要进行蒸煮软化处理。加工成的竹片应厚度均匀、表面光洁。竹片的厚度根据零部件的形状、尺寸、弯曲半径与弯曲方向来确定。弯曲半径越小，则要求竹片厚度越薄。但竹片过薄，则层数增加、用胶量增大、成本提高。用于弯曲胶合的竹片厚度一般不大于 5mm。通常制造弯曲胶合家具零部件时，刨切薄竹的厚度为 0.3～1mm，旋切薄竹的厚度为 1～2mm。弯曲胶合件的最小弯曲半径与竹片的竹种、材性、强度、厚度、含水率等因素有关。一般来说，影响弯曲胶合件质量最主要的因素是弯曲凸面的拉伸爆裂和弯曲凹面的压缩爆裂。竹片尺寸加工是在弯曲前将竹片加工成要求的长度、宽度和厚度。锯制竹片两面要用刨削锯加工或者在锯割后刨光，以保证胶合强度；旋切竹单板、刨切薄竹等可以直接使用，厚度上不需另行加工。竹片的宽度和长度都是根据弯曲部件尺寸来确定，并可采用拼接加工。为了提高生产率，通常板坯宽度可按毛料宽度的倍数先进行弯曲胶合成型，弯曲胶合后，再锯成几个部件，这样不仅便于弯曲，同时也可以提高压机生产率。

（3）竹片干燥

竹片含水率与胶液黏度、胶压时间和胶合质量等有密切关系。其含水率一般控制在 7%～9%，最大不能超过 14%。竹片含水率高，则塑性好、弯曲性能良好，但含水率过高，会降低胶黏剂黏度，在热压时胶液会被挤出造成欠胶接合，而且会延长胶合时间，并由于板坯内的蒸汽压力过高而出现脱胶、鼓泡、变形或"放炮"现象。如果竹片含水率过低，竹片会吸收更多的胶黏剂，也导致欠胶接合，而且塑性差、材质脆、易破损，即加压弯曲时容易拉断或开裂。总之，竹片含水率关系到胶黏剂的湿润性以及与此相关的胶层的形成状态，含水率过高或过低都会影响弯曲胶合质量。为了提高塑性和便于弯曲，含水率过低的竹片在弯曲前可用热水擦拭其弯曲部位的拉伸面。采用预弯曲的方法可以改善弯曲性能。制造曲率半径小而厚度大的零件时，可在弯曲前把竹片浸入热水中，预弯成要求的形状，干燥定型后，再涂胶和加压弯曲。

6.4.2.2　竹片弯曲胶合工艺

竹片弯曲胶合后制作弯曲件的工艺如图 6-9 所示。

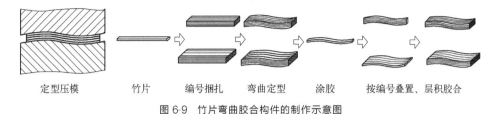

定型压模　　　竹片　　编号捆扎　弯曲定型　涂胶　　按编号叠置、层积胶合

图 6-9　竹片弯曲胶合构件的制作示意图

（1）竖拼弯曲胶合构件

竖拼弯曲胶合构件的制作工艺如下：选竹→锯截→开条→粗刨→蒸煮、软化、三防或炭化→捆扎→放入模具→弯曲→干燥定型→弯曲竹片涂胶→弦面胶合→弯曲竖拼板条→刨削→砂光→涂胶→径面胶合→刨光→锯边或开料→砂光→检验分等、修补包装。

竖拼弯曲胶合构件的制作工艺与竹质立芯板材的制作工艺大体相同，其不同的工艺主要有以下几点。

①蒸煮、软化。竹材组织致密、材质坚韧，其抗拉强度和抗弯强度很高。软化处理后的竹片易于弯曲定型，可采用高温（160℃）快速加热法、化学试剂润胀法以及叠捆微波加热法等几种软化方法，这些方法均能有效地软化竹片。

②捆扎。将软化后的竹片弦面叠加而后用细铁丝捆扎成捆。

③放入模具。将已成捆的竹片，在湿热状态下放入模具中。

④弯曲。均匀缓慢加压，使已成捆的竹片与模具紧密贴合，之后将其与模具一起夹紧固定。模具的精度对弯曲成型质量的影响很大，加压时应保证各层竹片厚度一致，受力均匀平衡，避免整叠竹片捆坯扭曲或倾斜。竹片弯曲成型所需的压力通过控制竹片捆坯的压缩量的办法来确定，在不压溃竹片捆坯的同时保证竹片捆坯压缩量在 12%～15%，压力范围为 2.2～3.5MPa。

⑤干燥定型。由于弯曲的竹片存在弹性应力，需在保持压力的条件下进行干燥定型。一般将已成捆的竹片同模具一起放入干燥箱内高温干燥（130～150℃），在干燥过程中随着竹片干缩量的增加而及时地紧固模具以保证它们紧密贴合，从而使竹片弯曲定型良好。干燥完毕，将竹片捆坯连同模具取出，待竹片捆坯完全冷却后松开模具。此外，也可采用急剧冷却方式定型，但后续干燥易产生一定的回弹量，定型后的形状不十分准确，可用于对弯曲形状要求不

高的场合。考虑到弯曲的竹片捆坯（或竹集成材）的弹性恢复，在模具设计制造时可预先将曲率半径适量减小，待竹片弹性恢复后即达到设计要求的曲率半径。

⑥ 弯曲竹片涂胶。定型后取出弯曲的竹片捆坯，按层叠的顺序编号，以便层积胶合时按原顺序组坯，避免产生胶合缝隙。竹片涂胶时，单面涂胶量为 $200g/m^2$ 左右。

⑦ 弦面胶合。将涂胶后的竹片按弯曲时的叠加顺序弦面胶合组坯，再放入压机模具中加压，压力约为 1.8MPa，热压温度为 100～110℃，时间为 10～12min，以实现胶合固化，制成弯曲竖拼板条坯。

⑧ 径面胶合。弯曲竖拼板条坯经刨削、砂光后，在其胶合面上的径面胶合，达到所要求的宽度，而后采用加压胶合，制成一定规格尺寸的弯曲竹集成材家具构件的板坯。

（2）横拼弯曲胶合构件

横拼弯曲胶合构件制作工艺与竖拼弯曲胶合构件的制作工艺类似，其不同的工艺主要有以下几点。

① 径面胶合。定型后取出弯曲的竹片捆坯，按层叠的顺序编号，编号后竹片双面涂胶，将属于同一层的竹片径面胶合，达到所要求的宽度，然后热压胶合，制成横拼弯曲板坯。

② 弦面胶合。横拼弯曲板坯经刨削、砂光后，在其弦面上涂胶，按竹片弯曲时的叠加顺序进行弦面胶合组坯，且避免层间的同缝结构，把组好的板坯再放入模具中加压，压力约为 2.0MPa，可以采用热压或冷压胶合。

（3）旋切竹单板弯曲胶合构件

旋切竹单板（或刨切薄竹）弯曲胶合构件的制作工艺为：原竹→蒸煮→旋切竹单板（或刨切薄竹）→竹单板（或薄竹）干燥→竹单板（或薄竹）剪拼→涂胶→组坯陈化→加压弯曲胶合成型→陈化冷却→部件加工→装饰→装配→产品。

① 涂胶。采用脲醛树脂胶黏剂，其固体含量为 60%～65%，黏度为 35～50s，涂胶量控制在 $200g/m^2$ 左右。也可对脲醛树脂胶进行改性或使用其他胶种，以增加或提高某些性能。

② 配坯。配坯就是根据弯曲胶合零部件形状与尺寸，合理配置竹单板（或薄竹）层数和方向。竹单板（或薄竹）层数一般根据其厚度、弯曲件厚度以及弯曲胶合时的压缩率来确定。用竹单板（或薄竹）配坯时，各层单板纤维的配置方向与弯曲胶合零部件使用时的受力方向有关，一般有平行配置、交叉配置、混合配置等三种方法。配坯时，单板背面最好处于凸面位置，正面处于

凹面位置，这样弯曲性能好。

③ 陈化。陈化是指单板涂胶后到开始胶压时所放置的过程。陈化有利于使板坯内含水率均匀、防止表层透胶。陈化有开放和闭合两种，通常采用组坯闭合陈化。竹片陈化时间为 15～20min，其时间应比木质材料的陈化时间长一些，这是因为竹材的弦向或径向吸水速率较低。

④ 弯曲胶合成型。弯曲胶合时需用压机和模具，以将板坯加压弯曲。随着现代胶黏剂的发展和加热方法的应用，多层竹单板（或薄竹）弯曲胶合工艺有了相当大的变化，加压方式由原来的简单模具发展到了多种成型压机，胶层固化由原来的冷压固化方法发展到了热压固化方法。弯曲胶合件形状不同，所用弯曲胶合设备也不同。制造时必须根据产品要求采用相应的模具、加压装置和加热方式，这是保证弯曲胶合零部件质量、提高劳动生产率和经济效益的关键。常用的加压弯曲胶合方式是用一对硬模加压，根据部件形状不同又有整体模具加压和分段模具加压之分，对于弯曲程度大的和多面弯曲的部件，最好采用分段加压弯曲方法。采用金属模具时，内通蒸汽或热油加热；采用木（或竹）质模具时，一般用低压电或高频微波加热（图 6-10）。木（或竹）质模具常采用厚木胶合板、木集成材、细木工板、竹集成材、竹材胶合板等制成，先加工成所需形状并钻孔，用螺栓组装紧固在一起，再校正加工弯曲成型表面，使凹凸模之间的间距均匀一致、表面平整光滑，最后在弯曲成型表面上包贴一层光滑的铝板或不锈钢板。

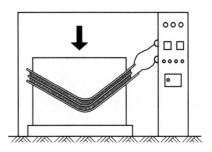

图 6-10　高频微波加热弯曲胶合形式

硬模加压时，板坯表面上的单位压力为 1～8MPa。压力大小与竹单板（或薄竹）厚度、部件形状和部件厚度等有关。弯曲部件凹入形状深度大，压力也要大一些，否则就会胶合不牢固。板坯端面厚度有变化时，所需压力要高于对厚度一致的弯曲部件施加的压力。形状较简单的弯曲胶合件所用的单位压力为 1～2MPa；厚度有变化的弯曲胶合件所用的单位压力为 2～4MPa；形状复杂、端面尺寸不等的弯曲胶合件需要较大的单位压力，为 4～6MPa。

弯曲胶合所使用的压机有单向和多向两类，即加压方式有单向加压和多向加压两种。单向压机可以压制形状简单的弯曲胶合件（1～2 个弯曲段），常分为单层压机（图 6-11）和多层压机（图 6-12）；多向压机有多个油缸，可以从上下、左右两个方向加压或从更多方向加压，它配用分段组合模具，可以制造形状复杂的弯曲胶合件（2 个以上弯曲段），一般有立式多向压机和卧式多向压机两种。其他手工加压装置主要有螺旋夹紧器和螺旋拉杆等，即涂胶单板组成板坯后，放置在模具之间，利用分散设置的螺旋夹紧器或螺旋拉杆对板坯施加压力而进行弯曲胶合。这些手工加压装置比较简单，待胶液充分固化后即可卸出所弯曲胶合的毛坯，但螺旋夹紧器或螺旋拉杆的拧紧程度必须一致，否则会造成工件受压不均匀、厚度不一致。

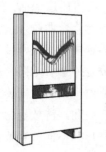

图 6-11　单向单层成型压机　　　　　　图 6-12　单向多层成型压机

6.4.2.3　竹片弯曲胶合陈放

由于竹片的弯曲和胶层的固化收缩，弯曲胶合件胶压成型后，在其内部存在各种应力，当弯曲胶合件从压机中卸出，开始会产生伸直，使弯曲角度和形状发生变化，但随着成型板坯水分的蒸发，含水率降低，弯曲胶合件厚度会发生收缩，从而使其形状恢复到原来的胶压状态，甚至会出现比要求的弯曲角度小的状况。例如冷压的带填块的扶手椅侧框，从模具上卸下来之后脚先向外侧张开，然后再逐渐向内收缩，经过 4 天后，形状才趋向稳定，但尺寸仍比原设计稍大些；又如高频微波加热的弯曲胶合椅背，热压结束开启压模时，弯曲件即向凹面收缩，在脱模后最初 5h 内收缩变形量最大，3～4 天后变化缓慢，到 10 天后，这种变形基本停止。

因此，为使胶压后的弯曲胶合件内部温度与应力进一步均匀，减少变形，从模具上卸下的弯曲胶合件必须放置 4～10 个昼夜，使形状充分稳定后才能投入下道工序，进行锯解和铣削等加工。

6.4.2.4　竹片弯曲胶合件机加工

弯曲胶合件的后续机加工主要包括对成型坯件进行锯剖、截头、齐边、倒角、铣型、钻孔、砂磨、涂饰等，加工成尺寸、精度及表面粗糙度、装饰效果符合要求的零部件。

竹片弯曲胶合件的毛坯的宽度一般都是毛料宽度的倍数，而且边部往往参差不齐，需要在胶压后按照规格将其剖分成一定的宽度。因受到弯曲件形状的

330

约束，宽度加工是弯曲胶合件加工的重要工序。对于大批量生产，通常采用专用的弯曲成型坯件剖分锯（立式多锯片圆锯机），用气动系统将弯曲成型坯件吸附在锯架上，通过转动的锯架把弯曲成型坯件锯剖成要求的规格宽度。在小批量生产的情况下，可以采用普通圆锯机或单轴铣床进行剖分加工。

弯曲胶合件长度加工可参照实木方材加工中弯曲件端部精截的方法。弯曲胶合件厚度加工主要采用相应的砂光机进行砂磨修整。弯曲胶合件的其他加工要求与实木方材弯曲件的机械加工相同。

6.4.3　竹片弯曲胶合质量的影响因素

竹片弯曲胶合件的质量涉及多个方面，竹片的种类与含水率、胶黏剂的种类与特性、模具的式样与制作精度、加压方式、加热方法与工艺条件等都对其质量有重要的影响。

（1）竹片含水率

竹片含水率是影响弯曲胶合坯件质量的重要因素之一。含水率过低，则胶合不牢、弯曲应力大、板坯发脆，从而易出废品；含水率过高，则弯曲胶合后因水分蒸发会产生较大的内应力而引起变形。因此，竹片的含水率一般应控制在 6%～12% 为宜，同时，要选用固体含量高、水分少的胶液。

（2）竹片厚度公差

竹片厚度公差会影响弯曲部件总的尺寸偏差。竹片厚度在 1.5mm 以上时，要求偏差不超过 ±0.1mm；厚度在 1.5mm 以下时，偏差应控制在 ±0.05mm 以内。同时，竹片表面粗糙度要小，以免造成用胶量增加和胶压不紧，影响胶合强度和质量。

（3）模具精度

模具精度是影响弯曲胶合件形状和尺寸的重要因素。一对压模必须精密啮合，才能压制出胶合牢固、形状正确的弯曲胶合件。设计和制作的模具需满足以下要求：有准确的形状、尺寸和精度；模具啮合精度为 ±0.15mm；制作压模的材料要尺寸稳定，具有足够的刚性，能承受压机最大的工作压力，不易变形，从而使板坯各部分受力均匀、成品厚度均匀、表面光滑平整、分段组合模具的接缝处不产生凹凸压痕；加热均匀，能达到要求的温度；板坯装卸方便，加压时，板坯在模具中不产生位移或错动。竹模或木模最好采用层积材或厚胶合板制作。压模表面必须平整光洁，稍有缺损或操作中夹入杂物，都会在坯件表面留下压痕。

（4）加压方式

对于形状简单的弯曲胶合件，一般采用单向加压；而对于形状复杂的弯曲胶合件,则采用多向加压。加压弯曲必须有足够的压力,使板坯紧贴压模表面,并且竹片层间紧密接触,尤其是弯曲角度大、曲率半径小的坯件,压力稍有松弛,板坯就有伸直趋势,不能紧贴压模或各层竹片间接触不紧密,就会胶合不牢,造成废品。

(5)热压工艺

热压方法和工艺条件是影响竹片弯曲胶合质量的重要因素。在热压三要素(压力、温度、时间)中,压力必须足够,以保持板坯弯曲到指定的形状和厚度,保证各层单板的紧密结合;温度和时间直接影响胶液的固化,太高的温度或过长的加热时间会炭化或降解竹材,使其力学性能下降,同时也会造成胶层变脆,同样,温度太低则会使胶液固化较慢,从而降低生产效率,同时容易造成胶液固化不充分、胶合强度不高、容易开胶等缺陷。

(6)弯曲胶合件陈放

竹片弯曲胶合成型以后,如果陈放时间不足,坯件的内部应力未达到均衡,就会引起变形,甚至改变预期的弯曲角度,降低产品质量。陈放时间与弯曲胶合件厚度和陈放条件有关。

除了上述因素之外,在生产过程中,应经常检查竹片含水率、胶液黏度、涂胶量及胶压条件等,定期检测坯件的尺寸、形状及外观质量,并按标准测试各项强度指标,形成完备的质量保证体系。

第 3 篇

创新篇

第 7 章

以竹代木——新型竹灯具结构设计

在中国，竹子与梅、兰、菊并称为"四君子"，与梅、松并称为"岁寒三友"。竹子空心、挺直、四季青等生长特征是人们心中高雅、纯洁、虚心、有节、刚直等精神文化的象征。早在 7000 年前，我们的祖先就开始使用竹子，竹子存在于中华民族生活的方方面面。竹制灯具不仅仅是一种简单的照明工具，它是我们前辈们的心血，是我们中华儿女的文化瑰宝，凝聚着古人无数的智慧，有着无数美好的寓意，并且现代世界提倡绿色生活，而竹制灯具符合绿色发展的理念。作为华夏儿女，继承、发扬竹制灯具是我们的使命，并在此基础上进行创新，以适应时代发展的潮流，紧跟时代的步伐，弘扬中华文化。

灯具是人们的生活必需品，现在人们需要的不仅仅是一种照明工具，而是一种健康绿色、无毒无害的具有多种功能的灯具。竹灯在最大程度上留存了竹子原本的特点。竹子可以说是制作灯具最合适的天然材料。竹灯具取材于自然，具有广阔的发展前景，可以满足人们的多种需求。

7.1 竹灯具的分类

竹灯具以天然的竹材为原料，局部也运用现代的一些材料，如塑料、橡胶、玻璃、金属等材料，同时在传统竹灯具的基础上进行现代创新，产生了各种现代大众所喜爱的灯具。

7.1.1 按形态分

（1）吊灯

吊灯（图 7-1）一般安装于室内空间的正中位置的顶部，是空间照明的中心主体。出于人机因素考虑，吊灯具有一定高度，必须重视安全性问题。除却安全性问题，灯具的高度同时还带来一定的好处，设计师可以不考虑空间占用问题，肆意发挥创意，在吊灯的造型设计上拥有最大的发挥空间。一般来说，灯体需要距离顶部 50～100cm。

（2）吸顶灯

吸顶灯（图 7-2）功能形式多样，主要负责整体照明。吸顶灯一般安装于起居室的顶部或墙壁高处，故而和吊灯一样，也要着重考虑安全问题。

图 7-1　吊灯　　　　图 7-2　吸顶灯　　　　图 7-3　壁灯　　　　图 7-4　台灯

（3）壁灯

壁灯（图 7-3）一般安装于墙壁表面，属于辅助灯光。壁灯亮度较小，常用于浴室、走廊等，多起气氛烘托作用，无力承担工作照明之用。壁灯为烘托氛围，光色通常为暖色调。大壁灯常用功率为 10W、15W，小壁灯常用功率为 4W、6W。

（4）台灯

台灯（图 7-4）多置于客厅、书房、卧室等，因其所在位置不同，照明需求也不同，设计上根据消费者的要求，有较大的发挥空间。如在客厅的台灯，力求与整体室内装修风格相适应；而书房的台灯注重的是照明质量；卧室的台灯因为私密性较高，可以完全根据主人的品位在造型与用色上进行大胆设计。

7.1.2　按光通量分配比率分

在众多灯具分类方法中较为理性的分类方式是 CIE（国际照明委员会）较为推荐的按灯具光通量（人眼所能感知到的辐射能量）在空间的分配比率进行分类。一般分为直接型、半直接型、漫射型、间接型、半间接型五种。

（1）直接型灯具

此类灯具 90%～100% 的光通量向下投照到假定工作平面，拥有最高的光通量利用率。为了保证该高分配比率的光线能够通过灯罩内壁部分进行反射和折射，设计师通常采用不透明且反光率高的材质作为灯罩选材。因此拥有良好透光性的竹材，在直接型灯具中几乎很难见到，而新型材料及金属材质运用较多。需要集中照明的射灯（图 7-5）、轨道灯及要求工作效率的书房台灯是典型的直接型灯具的代表。

（2）半直接型灯具

此类灯具约 60%～90% 的光通量向下投射，而少部分射向上方。通常半直接型灯具多呈现为投射口向下且选用半透明材质，因此竹材在半直接型灯具中运用较为普遍。该类灯具延续直接型灯的高效率照明特点，拥有较大亮度满足人们的工作活动需要，而前文提及的部分光线向上照射，减少了直接型灯具会产生浓重阴影的弊端，且拥有更为广泛的照射范围。其中较为典型是落地灯（图 7-6）、吊灯等。

图 7-5　直接型灯具　　　　图 7-6　半直接型灯具　　　　图 7-7　漫射型灯具

（3）漫射型灯具

此类灯具仅有约 40%～60% 的光通量直接照射在被照物体上。通常此类灯具光源往往被包裹在半透明漫射材质的封闭环境下，由于经过漫射，虽然光通量损失较大，但是光源出现眩光的情况几乎没有，柔和细腻的光线十分适宜营造氛围，多应用于卧室。磨砂玻璃等漫射材质作为灯罩包裹灯源造型较为单调，设计师通常在漫射型灯具的外形上会另行附加设计。竹丝灯具（图 7-7）也是较为典型的形式。

（4）间接型灯具

此类灯具 90%～100% 的光通量向上，简单来说就是直接型灯具以地平线为轴的镜像效果形式的灯具。其绝大部分的光通量射向上方，光线再经过棚顶反射形成均匀发散效果，也不易形成眩光与阴影。此类灯具多以壁灯形式出现，因为投射方向向上，光通量损耗较大，但倚靠墙面能将墙面衬托得极具立体渲染效果。

（5）半间接型灯具

此类灯具构造相对特殊，呈现上下材质迥异的形式，上半部分采用透明材质，而下半部分则采用较为粗糙的半透明漫射材质。该种分布原因是让光线更为细腻柔和，消除光束生硬之感。

7.1.3 基于空间功能的灯具分类

现代灯具根据使用形式的不同形成了一系列的功能分类，最常见的便是顶灯、落地灯、壁灯和台灯。

（1）顶灯

顶灯是安装在天花板上的灯具，有三种表现形式——吊灯、吸顶灯和天花板射灯（图 7-8）。所谓"形式追随功能"，这三种形式均与其相应的功能表达有着千丝万缕的关系，所对应的使用环境也不尽相同。

(a) 吊灯　　　　　　　　(b) 吸顶灯　　　　　　　　(c) 天花板射灯

图 7-8 顶灯形式

吊灯是安装在居室天花板上的装饰性灯具，因此，它是最常见的一种灯具，也是运用最广泛的一种灯具。吊灯的形态变化多端、引人注目，它们以其在天花板上显著的中心位置对居室风格产生深深的影响，因此常常用于进出口的餐厅或客厅等显眼位置。

与吊灯相比，吸顶灯在居室照明中的使用率相对较低。吸顶灯由于上方较平整，因此可以完全贴合在天花板上。因为安装高度优势，吸顶灯常常可以实现大范围的照明，使光线均匀地分布在整个居室内。吸顶灯的造型设计变化不如吊灯风格多样，大部分为灯罩的设计，样式大多较为传统，很难在造型上有新的突破与创新，在现代居室的装扮中也逐步被吊灯所取代。常见的吸顶灯使用环境有需要大量劳动操作的厨房、卫生间、阳台、走廊等。

天花板射灯是一种典型的现代照明系统，没有主灯并且尺寸不定，只作为装饰照明。它的目的是创造居室的照明气氛，因此，经常被用作辅助照明工具，居室环境中应用得相对较少，简单装修的家通常不会考虑射灯的使用。

（2）落地灯

落地灯（图 7-9）是放置于地上，不需要外部支承物便能够自行站立，而

(a) 直照式落地灯　　　　　　　　　　　(b) 间接照明落地灯

图 7-9　落地灯形式

且可以根据人们的不同需求随处移动的灯具。其通常呈现出细高的造型结构特点，底座会有防倾倒的配重。但一般来说，落地灯往往与沙发、茶几等其他家具配合使用，位于客厅和休息区，以实现局部照明和装饰环境的作用。落地灯不要求大面积的布光效果，而强调可轻便移动的灵活光源，能非常有效地创建角落局部照明的气氛。落地灯又有直照式落地灯和间接照明落地灯两种。

直照式落地灯是指直接向下投射光的落地灯，这类落地灯的照明效果与工作台灯基本相似，常常是为了满足客厅阅读等照明需求，进行小范围区域的局部照明。而在造型上，其灯柱常常利用自然有机形态制成，从而突出简约、细高的体态特征；灯罩也常常要求简洁大方、装饰性强，符合现代居室的环境发展趋势。

间接照明落地灯常常是把光向上投射到天花板或是利用有强装饰性的漫投射灯罩形成间接的照明效果。这类落地灯主要是为了调节居室整体光线变化，营造环境氛围，常常作为居室角落的装饰性灯具。

（3）壁灯

壁灯（图 7-10）是安装在墙壁上的灯具，用于局部照明和装饰照明，是

(a) 床头壁灯　　　　　　　　　　　　(b) 镜前壁灯

图 7-10　壁灯形式

一种辅助的装饰灯具。居室内，壁灯多为阳台、卧室等提供局部的环境照明，光线淡雅和谐，将环境装饰得优雅清新、美观大方。壁灯的种类和形态相对较多，其中床头壁灯和镜前壁灯是居室环境内最常用的。

床头壁灯大多数装在床头的左上方，因为光束集中，所以主要是提供工作照明，它的性质和台灯、落地灯差异不大，只是安装位置比较固定，不能实现自由移动。和床头柜上的台灯相比，壁灯由于安装高度离头有一定距离，因此提供工作照明的效果不如台灯、落地灯理想，还是常作为装饰性灯具存在于卧室中。

镜前壁灯则主要是作为装饰灯具在卫生间镜子附近使用，与射灯效果相似，可以根据不同的需要选择朝下或朝上的光线排布。

（4）台灯

台灯（图 7-11）需要放在有一定高度的水平台面，常用的有书桌、餐桌、床头柜等，用作小范围集中照明。台灯的特点是小巧精致、方便携带，因为形体较小，台灯的照射灯光只集中在一小块区域内，不会对整个房间的光线产生较大影响，经常被用于阅读、学习、工作等。根据功能区别，台灯大致可分为两种：阅读台灯和装饰台灯。

(a) 阅读台灯　　　　　　　　(b) 装饰台灯

图 7-11　台灯形式

阅读台灯的光线集中、体型小巧，灯罩一般具有定向反射功能，使发出的光都集中在一个小区域内，为书写阅读等需要集中精力的活动提供高效照明，并且可以根据工作需求进行光照的高度、方向和亮度调整，为工作环境补充足够的光线照明。

装饰台灯可以突破传统台灯的外观造型，利用丰富的材质、多变的风格和复杂的结构，集装饰功能与照明功能于一体，但主要的出发点还是为空间环境增添装饰光。装饰台灯已经远远超出了自己的功能价值，成为一件艺术品。人们在对它功能的选择之外，更注重其在居室环境中的装饰效果。装饰台灯一般不会作为工作台灯使用，不具有可调节等功能。

客厅和卧室两个主要活动区域的照明需求和灯具类型的选择如表 7-1 所示。

表 7-1　客厅和卧室的照明需求和灯具类型选择

主要活动区域	区域划分	照明需求	灯具类型
客厅	中心区域	长时间整体照明；装饰作用	吊灯
	阅读区域	临时的局部照明；装饰作用	落地灯（台灯）
	装饰区域	定点投射照明	射灯
卧室	全覆盖区域	装饰作用；空间整体照明	吊灯
	睡前区域	临时的局部照明；装饰作用	台灯（壁灯）
	动作区域	专门的局部照明；装饰作用	台灯（落地灯）

7.1.4　按竹子的形态特征分

7.1.4.1　圆竹灯具

圆竹灯具（图 7-12）是采用中空有节的自然竹竿为主要零部件，根据竹竿直径的大小差异进行不同长短的截取和造型变化，最大限度地保留了竹材本身的天然特征，包括中空、竹节等，加工方式上也相对简单。在造型设计上，更是可以根据其特性利用叠加和删减等手法进行创意设计。孔洞、缝隙等的透光性更能营造出独特的光影效果。总体来看，圆竹灯具最大限度地保留了竹材的天然形态特征，在一定程度上具有材料不可替代性。

7.1.4.2　竹片灯具

竹片灯具（图 7-13）的零部件是根据竹材的纤维一致性，垂直于竹纤维方向切割制成竹简一般具有一定规格的竹条、竹片。这样宽度的竹片既能保留竹材原有的刚度和强度，更能充分利用竹材的柔软性进行随意的弯曲造型。因为竹片能变化出多种多样的线、面造型，更能充分利用其韧性进行多维度的弯折艺术造型，混以拼接、弯折、组合等，完全能够满足现代造型的复杂度需求。

7.1.4.3　竹编灯具

竹编灯具（图 7-14）是利用定向竹纤维的特征，沿竹纤维方向进行相对灵活的切割，抽出柔韧而薄的竹篾，利用竹篾本身的柔韧性进行插接、捆绑，然后通过弯曲、编织等进一步加工处理而制成的，可密织也可疏织。多种穿丝、编织的设计，在造型上进行多种虚面的组合构造，形成了错落有致的虚实线条，这是竹制灯具特有的表现手法。竹编灯具最大的优势在于光影的艺术效果。交织的竹篾通过不同的压、挑、破、拼等技法，可以形成虚实明暗的变化，具有很强的光效装饰性。竹编灯具是将传统竹编工艺的表现形式融合在现代灯具设计当中，是传统技艺与现代设计碰撞的产物。由于竹子的生长环境、种植时长、种类各有异同，因此在选取竹材料加工产品方面十分讲究。将精选的竹子进行开片、去节、抛光、拉丝、编结等一系列加工，使竹子分解并且以另一种形态重塑，通过设计师将其融入灯具设计当中，为原本普通的自然材料注入了新的灵魂。

7.1.4.4 竹集成材灯具

竹集成材是一种新型的家具基材，保留了竹材原本的物理性能，并且可进行一系列现代加工操作。与木材相比，新型竹集成材灯具（图 7-15）在整体造型上会显得更为轻巧，更能体现竹材的刚性以及力学之美。薄而透的竹集成材特有的柔软性能使得其在灯具设计上可以自成一派。

  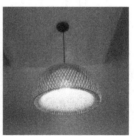 

图 7-12　圆竹灯具　　图 7-13　竹片灯具　　图 7-14　竹编灯具　　图 7-15　竹集成材灯具

7.2　竹灯具设计案例

中华文化博大精深，衣、食、住、行方面面面俱到，渗透在中华儿女生活的方方面面。在竹灯具中，中华文化也体现得淋漓尽致。中华文化的博大精深在竹灯具中的体现非常多，不同地域有不同的特色，乌镇的竹编具、小郁竹艺灯具、客家竹灯、走马灯就是其非常鲜明的例证。

7.2.1　浙江乌镇的竹编灯具

被称为"中国最后的枕水人家"的乌镇坐落于浙江省嘉兴市桐乡市，其中乌镇竹编是以陈庄村、古山里竹编为主的一个竹编集群，其历史可追溯到唐朝，在明清时期达到鼎盛，至今已有五百多年悠久历史。乌镇的传统竹编器具大部分都是以使用功能为主，这是由当地的地理环境与经济发展状况所决定的，也与劳动人民的生活、生产息息相关。

乌镇竹编作为我国的一项非物质文化遗产，竹编灯具是其重要组成部分。乌镇竹编以篾片、篾丝等为材料通过各种编织工艺进行造型的"构筑"过程，在打破竹材性能局限的同时，也构筑了更为复杂的结构以及更富于变化的造型。

乌镇竹编产品的造型特点大致可归结为三点：中心轴对称、几何形与有机形并用、常用粗编。基础编织方法大体可以分为：挑压编、圆面编、绞丝编和装饰编四大类。除了人字纹、梅花纹等传统编织花纹，还有更具桐乡特色的创新编织花纹——六目三层穿丝雪花编（图 7-16）。现代竹编产品分为四大色系：红色系、竹黄色系、竹青色系和蓝黑色系，其中以纯色为主，搭配同色系的相近颜色。

图 7-16　六目三层穿丝雪花编

7.2.2　小郁竹艺灯具

益阳小郁竹艺（图 7-17）是湖南省益阳市优秀的传统工艺品，益阳的非物质文化遗产项目。益阳竹艺品创始于明代，竹艺产品遍布街头巷尾，因此益阳素有"竹器之城"的美称。其产品远销欧美、东南亚等十多个国家，在国内外享有极高盛名。

图 7-17　不同造型的小郁竹艺灯具

小郁竹艺灯具的形态特点可归结为三点。第一，在竹灯的设计中，竹竿通常作为灯饰的一部分。第二，在使用竹子的过程中，如果只采用竹竿和废弃竹枝，将会是对自然资源的极大浪费。益阳小郁竹艺充分利用竹材，在一定程度上体现了小郁竹艺的自然文化内涵。竹器制作过程中，以竹枝为主装饰工艺，选用废弃的楠竹枝作为插花工艺和竹冠花工艺的基础材料。第三，由竹篾片制成的竹艺结构是传统小郁竹艺灯具最常见的形式。传统的竹艺工匠可以根据设计意图，采用折弯、织造等，来控制织造的疏密程度。这些竹艺灯具不仅体现出浓郁的民间特色，还承载着中国竹艺文化的传承。竹条又细又韧，竹条坚韧的外形中透出柔韧的美，它制成的灯造型会更优美。竹丝和竹条都是用来编织灯饰造型的材料，但竹条灯饰的灯具光影编织更丰富，竹条灯饰造型更有现代感。

小郁竹灯的连接方法主要有捆扎连接法、榫卯结构连接法和非竹材构件连接法三种。

捆扎连接法，顾名思义是由捆扎和编织这两大步组成，这两种方式在日常对竹子的连接中十分普遍，使用竹子破成的篾丝进行编织来接合竹子的方式属于捆扎法，但又有其独特的特点。捆扎竹子所使用的都是自然界中获取的材料，比如某些植物纤维等，现如今因为科技的进步，也使用一些金属的连接材料，比如细铁丝。在使用藤蔓把竹子进行连接以前，可以先把藤蔓用水泡一会儿，因为用湿的藤蔓将竹子捆在一起之后，随着藤蔓水分逐渐蒸发，藤蔓也会变得越来越紧，由此让结构更加牢固。

榫卯连接已经被中国人使用了超过千年，经过如此漫长的使用和改进，其技艺自然是十分完善的。可是竹子制成的灯具使用经典的榫卯连接方式来将各部件组合在一起，在牢固程度上还存在一些问题。若直接使用钉子，钉进去时会让竹子在其纹理方向上发生断裂，所以一般都是先在竹子上打孔，然后再打入钉子。

在竹灯的制作中往往需要非竹材构件的加入，使用金属打造一些部件是在混合材料竹灯制作中最普遍的方式。这种方式能够随意拆卸，让竹灯更容易携带和运输。制作时要设计科学的竹灯构造，避免竹子发生断裂，且打孔时的位置选择要十分慎重，不要离竹节部分或该竹制部件的边缘太近，由此竹子开裂的可能性就会大大降低。

现如今机械化能让生产效率大幅提升，可传统竹制技术可以最大限度地保留竹制灯具原有的生态美学特征。竹制灯具不仅要运用现代技术改造传统工艺模式，实现高效、规范的生产模式，还要继承传统手工工艺，弘扬民族文化传统。所以，现如今的灯具中依然要包含竹制灯具。竹灯应该努力把机械技术和生态文化两者有机结合起来，例如灯具的主要组件由机械加工，一些细节部分由人工处理，由此让竹制灯具能够规模化量产，突出简约的设计理念，在体现出简约、干净、素雅的视觉效果的同时，还能体现出一种质朴的手工艺感。

7.2.3　客家竹灯

客家是中国北方移民与南方原住民相融合，形成于赣、闽、粤，保留着汉民族的基本属性，具有鲜明的地域特征，通行汉语中的客家方言，成员分布于海内外广大地区的一个民系。客家也有其独特的习俗、文化。添丁灯、迎客灯、团圆灯是客家所特有的竹制灯具，这不仅是一种简单的照明工具，更带着客家的习俗文化，有着美好的寓意。

7.2.3.1　添丁灯

传统的添丁灯（图7-18）寄托着客家人风调雨顺、五谷丰登、人丁兴旺的美好愿望，不过随着时间的变迁，人们对其有了更多的希望，所以继承传统的同时，也需要作出适当创新。添丁灯的设计目标并不是取代响丁中使用的传统花灯，它定位于日用装饰灯具，广泛用于各种具有客家文化背景的公共及私人空间。

图7-18　添丁灯

7.2.3.2　迎客灯

待客之道是地区民风民情的重要体现，热情好客是客家民风的显著特征，迎客灯正是以此作为设计的切入点。迎客灯（图7-19）的使用场景定位于公共室内空间使用，特别是公共场所的大门内侧附近区域，例如深圳客家民俗文化博物馆、梅州的中国客家博物馆，也可选择商业艺术空间展示或作为创意园区的室内陈设，例如广州K11购物中心、树德生活馆等。开门迎客是客家人热情好客的重要体现，是迎客灯的主要互动方式。

7.2.3.3　团圆灯

令人惊叹的凝聚力使客家人在不断迁徙中不但没有被打散，反而总能在他乡异地艰难险阻中顽强地生根发芽。客家团圆灯的设计定位为氛围灯，为漂泊在外的客家人点上一盏思乡的明灯。团圆灯（图7-20）的主体造型创意源于最

图7-19　客家迎客灯

图7-20　客家团圆灯

具代表性的客家建筑——土楼。其在设计的具体表达上采用了虚实结合的形式，由内至外依次是主光源、主灯罩、提手。灯具的中心是主光源，圆柱形的内灯罩发出金黄的光晕，代表着客家土楼中的祖祠，那是客家人心目中最神圣的精神支柱。团圆灯的外灯罩是半开放式的圆形竹编，如同客家土楼拱卫着位于中心的祖祠。

三种灯具的实体均采用竹材制作，这也是客家灯具的常用材质，相比金属、塑料等材料而言，竹材更具有亲和力，更适合用于传统文化的传播。灯具的底座、支架采用竹集成材，经数控切割、雕刻成型，而灯罩部分则采用薄质竹篾，手工编织而成，可说在实体制作上，集合了数控加工的精细，以及手工艺的人文风情，是传统艺术与现代工艺的有机结合。

7.2.4　走马灯

民间艺术是一个民族的文化瑰宝，是人类文明发展的活化石，更是现代文化创造的源泉。随着创意经济时代的到来，民间艺术的传承与保护越来越受到人们的重视，其独具地方特色的艺术魅力俨然成为今天创意经济的艺术根源。积极探索民间艺术与文化创意产业两者之间的相互关系，并为今天即将消失的民间艺术在当代保存与发展努力探索新的出路，具有重要的社会效益和经济效益。

走马灯（图 7-21）是古代重要的照明灯具，上至皇亲国戚，下至平民百姓的家中，都能见其身影，千年来其设计也在随着时代的变化不断发展。但因走马灯的结构较为复杂，制作也较为繁琐，与现代人们的生活契合程度低，除了大型庙会活动可以见其身影外，生活中人们几乎不会使用。古为今用是现代工业产品设计的趋势之一，将传统走马灯的文化内涵与现代灯具设计结合起来是非常有意义的。

走马灯是中国民间流行的传统照明灯具之一，被用于中秋节、元宵节等各

图 7-21　各种造型的走马灯

种节日活动中。走马灯的出现最早可追溯到汉代,《西京杂记》中记载:"咸阳宫有青玉五枝灯,高七尺五寸,作蟠螭以口衔灯,灯燃,鳞甲皆动,炳若列星。"秦汉时期称之为蟠螭灯,唐朝时期称其为转鹭灯,在皇室内流行,到宋代时期又称马骑灯,装饰绘画上也更加丰富,不仅限于兵戈铁马,还包山水、花鸟、虫鱼等吉庆图案。各朝代对其的命名各异,走马灯也随着朝代的演变不断变化至今。

拥有千年历史的走马灯发展至今,种类繁多,造型样式各异。走马灯不仅是照明用具,也是一种观赏物件,根据使用场景的不同,走马灯的造型材料等的使用上也有所区别,下面主要从外观造型、材质、使用场景三个方面进行分类。

走马灯中最常见的外观造型就是几何形,包括四角柱形、六角柱形、八角柱形、圆形和菱形等,有些走马灯的造型还会进行简单的几何形的堆叠和演变,柱式灯体造型上会仿制建筑的飞檐,远观似小型的亭台楼阁。除了几何形还有动植物造型的灯具,其形状大都取材于人们的日常生活,这种装饰华丽的灯具主要出现在节日灯会上,以供观赏。

古代走马灯在材料的使用上还是比较简单的,主要包括纸材、丝绸、石材、竹材、木材和青铜等。随着人们的生活方式和科技水平的提升,为顺应工业生产的要求,各种材料都被应用到了走马灯上,如使用铝合金做连接件,塑料、玻璃和绸布等透光材质做灯罩,光源也采用现代灯泡,更加安全可靠。

走马灯按使用场景主要分为宫廷用灯、玩具用灯和观赏用灯。走马灯本就是宫灯的一种,是封建社会的产物,其不仅可以作为光源照明,还是富贵华丽的象征。盛行时期其流传到民间,老百姓在制作使用时对其进行简化。观赏用的走马灯主要包括两类,一是悬挂于自家门前照明用,体型较小,二是用于节日庙会的游行活动,供游客观赏,体型较大,有两三个人高。

走马灯的装饰纹样种类繁多,大多都是人物传记、大好风景和虫鱼花草的图案,这些美好画卷是老百姓的精神寄托,是对于美好生活的祈求和向往,体现出以人为本的思想。在现代灯具的设计上就可以效仿古代人们寄托精神的方式,将传达的美好情感与灯具的形体或者装饰手法联系起来,运用同构的手法找寻恰当的表达方式,做到形传意、意达情。

在元宵节灯会上,大批孩童会因趣味性被走马灯所吸引。由此可见,走马灯的流行,很大一部分原因是其含有的玩具属性。现今人们都乐于在乏味的快节奏生活中寻找新的乐趣,将灯具与玩具二者结合,那么灯具的受众范围会发生改变。在创造的初始阶段,可以从慢设计理念出发,注重产品与人的精神层面的交流。灯具不仅可以与玩具结合，也可与时钟、坐具、装饰挂件和家电等物件进行融合，分析家居工作场所的人机行为，找寻与照明产品的连接点并应用起来，提升灯具的互动性，在使用时可以满足人们解压和治愈等心理层面的需求。

7.3　竹灯具的制作技术

7.3.1　制作流程

（1）原料准备

手工艺人对竹材十分了解，可以从生长形态上判断出其是否适合作为当下的原料，并且会根据不同的用处选择不同的竹材（图 7-22）。

（2）开料和篾竹

手工艺人将砍回来的竹子进行开料（图 7-23），解剖为备用的竹片，此过程称为篾竹（图 7-24）。

图 7-22　原料准备　　　　图 7-23　开料　　　　　　图 7-24　篾竹

（3）篾片和篾丝

根据使用形态的不同，手工艺人会对成段的竹材进行不同的劈篾片或劈篾丝操作，以备后面编织时的使用（图 7-25、图 7-26）。

图 7-25　篾片

图 7-26　篾丝

（4）模具制作

常见的竹制灯具模具主要包含两部分。一部分是灯笼形式主题形状模具，该部分的模具造型也沿袭了传统灯笼生产模式的模具制作方式；另一部分是箍圆形竹条（图7-27、图7-28）。

图7-27　模具箍圆

图7-28　编织模具制作

（5）穿丝和编织

穿丝（图7-29）和编织（图7-30）是手工艺人的主要技艺。一个产品的诞生就在于竹丝、竹篾在他手中的飞舞。

图7-29　穿丝

图7-30　编织

7.3.2　竹材常见加工工艺

7.3.2.1　弯曲加工

弯曲加工是竹材加工工艺中很常见的一种改变竹材形态的手法，最常见的是在竹椅的制作过程中，弯曲角度通常很大。作为重要的竹材加工工艺，弯曲加工有两种方式：加热直接弯曲和锯口弯曲。

加热弯曲（图7-31）的原理是加热使竹材的植物纤维发生软化，从而易于造型，经冷却后又能坚固定型。传统加热弯曲叫做火弯，是直接用明火高温烘烤，这是一门专业的手艺，竹椅手工艺人常常使用该法。该工艺首先需要对竹材进行含水率判断，过程中需要根据经验把控加热时间，避免竹材碳化。火弯工艺在竹产品制作工艺中常常用于调直、造型、箍头等。

锯口弯曲（图 7-32）常常用于半径较大的原材弯曲成半径较小的弧形或者闭合环形的零部件等，具体的方法是在竹材弯曲部位锯出一些 V 形的槽口，然后加热凸面使得内部的植物纤维软化，经过迅速冷却后定型，形成稳定闭合的环形等。

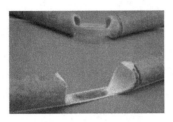

图 7-31 加热直接弯曲

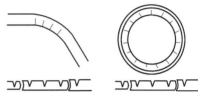

图 7-32 锯口弯曲

7.3.2.2 解剖加工

解剖是竹材加工中常用的分解加工工艺，加工后呈现的形态一般有三种：竹段、竹片、竹篾。多维度不同形态的解剖工艺使得竹材的利用形式得到了拓宽。竹段是指将竹材横截成段，既可取"节"的形态，又可取其中空的环形截面。竹片与竹段的区别在于解剖方向不同，竹段是横截而竹片是纵切，竹片可以叫做"块"，它可以作为基本元素形成更大的面。竹篾则是更为精细的竹片加工方式，可以称为"条"甚至是"丝"。竹篾是常见的编织材料，竹材编织是一项传统工艺，是形成各种丰富多彩的面的特殊手法。

7.3.2.3 改性加工

改性是为了提升材料的综合性能而进行的加工方法。竹材的改性加工主要包括原材的防腐、保青、改色等工艺，使竹材有更好的外观和力学性能，继而使产品具备更高的外观质量和使用寿命。其中对外形影响最多的便是改色工艺。改变竹材的外观色彩主要是通过碳化、热油处理、酸处理等方式。由于这些处理方式是改变了竹材原有的细胞组成成分，所以处理后的色彩效果非常稳定。其中碳化与热油处理不仅可以改变原材本色，同时可以降低原材的氧化和开裂程度，使其保持良好的机械加工性能。常见的改色加工工艺有热油改色、碳化改色、酸处理改色和不燃气体加压加温改色四种。

热油改色是将干燥的竹材放到 200℃ 的热油中，待取出后会呈现出有光泽的紫红色，并且具有良好的加工性能。碳化改色是在高温、高压、高湿作用下，将竹材纤维焦化而改色呈现褐红色，长时间保持色彩效果，杀死附着在竹材中的真菌和虫卵避免霉菌和蛀虫的侵害。加热时间越久，改色的颜色越深，最终会变成黑色。碳化加工后的竹材不但可以降低竹材氧化、裂化等情况，同时能使竹材从表面到竹芯均匀呈稳重古朴的浅咖色或古铜色，给人带来古香古色的视觉体验。改色能增强竹材的表面硬度，使其更耐变形，能保持良好的机械加工性能，但也减少了其柔韧性和弹性。

酸处理是使用强酸对竹材进行处理，根据酸的浓度和浸泡时间的不同，可以控制竹材的颜色深浅，呈现出不同深浅效果的古铜色。

不燃气体加压加温改色是将竹材放入注入不燃气体的真空压力容器中，注入 90% 以上二氧化硫、氮和二氧化碳等不燃气体，然后加热到 $100 \sim 150℃$，加强压保持 30min 以上，使竹材呈现有光泽的紫红色。

这些加工工艺在竹制灯具的创新中都能提供一定的设计思路，从而实现从工艺到形态的设计创新，为竹制灯具的现代设计提供新的方向。

7.3.3 竹编工艺的结构特点

竹编工艺是手工用竹篾、竹片或竹丝采用不同的编织技法编制成生活用品和工艺品，其连接类型有包接、榫接、并接、缠接、丁字接、十字接、L 形接、竹销钉连接和连接件连接。其连接优势在于不使用胶类粘接，使用同种材料连接，利用材料自身的特性，经过缠绕、打孔等，避免回收时产生浪费和污染。编织方式大概分为以下几类。

① 挑压编：将竹篾按照"井"字的样子排列整齐，通过一条竹篾压着另一条竹篾的交织方式而形成图案。这种编织方式也可根据编织需要，自己选择竹篾的数量。

② 斜纹编：通过竹篾纬材穿织时，竹篾之间叠压形成的布阶式的编织样式。在斜纹编织的基础上还衍生出了回字形编织方法。回字形编织方法是由中心为起点进行编织的，先编织出中心部分的小菱形，再编织外部的边框。

③ 三角孔编：这种编织方式较为特殊，是由三条竹篾起编，第一条竹篾在最下面，第二条竹篾在中间，第三条竹篾在最上面，三条竹篾之间的角度相同，之后，再加入六条竹篾进行交叉，以此类推。

④ 圆口编：首先要选取四条竹篾为一组，以每一条竹篾中心为交点依次叠散，将第一条竹篾放在最下面，最后一条竹篾放在最上面，之后再用同样的方式每次增加一组竹篾，通过竹篾之间互相穿插的关系形成圆口形状。

竹编的工艺流程主要分为三个大工序：竹材料处理、起底编织、收口处理。竹材料的处理包括选竹、砍竹、破竹、去节、分篾、分层、过剑刀（为保证竹篾宽度相等）、刮平、划丝、抽匀、晾晒等十几道工序，全是手工制作。竹篾在使用前，可用温水浸泡数小时，增加竹篾韧性，以防断裂。

编织过程中，以经纬的编织法为主要的编造技法。古人在经纬编织的基础上，尝试穿插各种技法，如疏编、插、穿、削、锁、钉、扎、套等，使编出的图案花色千变万化。

竹编工艺经过数百年的传承演变，编织技法可谓是数以百计，但所有的技法多数是在平面编织、立体编织和经纬编织的基础上演变而来。其中最常见的有二十余种，如人字形编法、斜纹编法、梯形编法、挑一压一编法、长方形编法、三角孔编法、双重三角形编法、六角孔编法、立体方块编、米字形编法、菊花形编法、菱形编法、福寿禄字编法、囍字编法、乱编法等。

在加工工艺方面，竹编工艺一直以来都处于线性发展，纹样也不断增加，从单一纹样逐渐出现回形纹、米字纹、人字纹、方格纹等。

7.3.4　竹灯具的表面处理

竹制品的表面处理工艺主要有染色和油漆两种。染色和竹材的构造有很大的关系，一般竹青部位表面光滑、组织紧密、质地坚硬，颜色的渗透力弱，着色能力也差，但油漆后的光亮度很好。随着竹材从竹青层向竹黄层过渡，竹材组织逐渐疏松，质地逐渐脆弱，颜色的渗透力增强，着色能力也逐渐增强。因此，在竹制品的染色过程中，竹层层次不同，色彩也存在差异，如果要保证通体一致的颜色，必须适当调整染液的浓度，最后取得匀称的染色效果。

7.3.4.1　染色前处理

竹制品在制作过程中，往往留下很多标记和疵点，它们不但影响产品表面的整洁和美观，而且对后来的染色和油漆造成很大麻烦，因此在上色前要对编织好的竹器毛坯修刮和磨砂。修刮的工具主要是平板玻璃，利用刃部修刮竹器表面。磨砂的主要工具是木砂纸，要选择适当规格的砂纸，顺着竹的纹理方向打磨，使表面平整光洁。另外，竹制品在制作过程中经常会出现一些裂痕和缺陷，这些缺陷是修刮和磨砂救不了的，只能用填充物进行嵌补，常用的填充物是油性腻子，有时为了保证竹制品呈现的完整性，要配合使用与竹制品同色的有色腻子。

7.3.4.2　染色

竹制品的染色工艺有很多，常用的主要有热染法和冷染法两种。热染法是将染料放入沸水中搅拌，待完全溶解后，将竹制品置入染液中浸染 1~2min，取出后自然冷却，再用清水冷漂，最后晾干。热染法的特点是着色能力强，色彩鲜艳，适合篾丝、弹篾和筋篾等编织品的染色。冷染法是将染料先在热水中充分溶解，待冷后用油刷、画笔一类工具涂于竹制品的表面，它可以使竹制品整体着色或局部着色，也可浸染涂刷。冷染不会让竹制品变形，在同一件产品中可染多种颜色。

7.3.4.3　油漆

竹编艺人在长期的实践中，早就用油脂类油漆（如熟桐油）来涂刷竹编，后来又发展到使用天然大漆涂刷，人们统称其为油漆。现在应用在竹制品中的油漆主要有醇酸类油漆、硝基清漆和虫胶漆等。

清漆是打底用的，用于面层罩光；色漆稳定性好，遮盖能力强，能覆盖竹制品表面的斑点、瑕疵等。硝基清漆是一种黏厚透明的液体，适用于高级竹制品的面层罩光。虫胶漆中的乙醇迅速蒸发促使漆膜干燥染色，而且不溶于水、石油、苯类、酯类等溶剂，可用作腻子隔层、染色隔层和各类油漆涂刷之间的隔层；经过多层涂刷，涂膜层达到一定厚度之后，会出现丰满的表面光洁效果。

第8章

家具结构设计的研究及新技术

————

我国的家具设计和制造倾向于注重家具的外形和材质，外形美观、使用舒适的家具越来越多，家具的人体工程学符合度有了进一步的提升，但家具结构仍处于直觉设计和经验设计阶段。从以往送检的木家具产品中可以看出，家具结构设计常常呈现两极分化的现象：一种现象是不合理的结构和用材导致产品在力学性能试验过程中或是发生破裂、变形，或是倾翻，达不到标准要求，此类产品多为板式家具；另一种现象则是家具用料足、做工精细，在全项力学性能试验后，家具仍旧具有较好的完整性和结构强度，但家具过于笨重，给使用和搬运带来不便，此类产品多为实木家具，在我国木材短缺的现状下，造成了木材的浪费。因此，通过对家具力学性能的检测，可评估和指导家具结构设计。

8.1 家具力学性能检验

《木家具质量检验及质量评定》是我国最新的木家具质量检验行业标准，市场流通的木家具所应达到的标准取决于家具本身的实际用料、木材本身的质量、制作工艺、测量误差、外观以及涂装、产品标志、受力程度等方面的评定和规定。行业标准对木家具质量的评定可以分为 A、B、C 三个等级，木家具质量检测机构，一般会选择抽样检测的方式，将产品本身与质量标准相对比，最后给出综合每项的评级结果，并为该木家具生产厂出具质量检测证书，以保证该厂合法生产木家具的权利。

GB/T 3324—2017《木家具通用技术条件》这项质量检测标准对我国木家具市场发展起到了很大的保护作用，也为木家具制作企业提供了创新和改良的大致方向，在保证市场进步的同时也保障企业的未来发展。另外《木家具通用技术条件》对制造家具的木材也有了更加明确的要求，简而言之就是家具制造的整个链条都有了科学规范的标准进行制约，极大地保证了我国家具制造的质量水平，有利于我国木家具领域的未来发展。

　　检测一个家具是否是优质家具是木家具质量检测过程中的重要内容。优质木家具首先要保证制作的过程完全符合国家的制造标准和质量标准，一些高档的木家具甚至对相关的制造工艺有更严格的要求，比如木家具上的绘画、雕刻等都是衡量和考察木家具价值的重要标准。一般的优质木家具只需要保证制作、材料、工艺、使用寿命符合国家标准即可。

　　木家具的质量检测要点有家具本身的实际用料、木材本身的质量、制作工艺、测量误差、外观以及涂装、产品标志、受力程度等，另外还要注重木家具中有害物质的含量，要确保木家具满足国家质量标准的同时还要保证它的安全性，特别是要检验成分中对人体有害物质的含量。

　　家具综合力学试验机（图 8-1）用于测试家具力学性能，适用于家庭、宾馆、旅馆、饭店等场合使用的各种桌类、椅凳类、柜类、单层床类家具的出厂成品，其他桌类、椅凳类、柜类、单层床类家具可以参照执行。桌类、椅凳类、柜类、单层床类家具强度和耐久性试验是模拟家具在正常使用和习惯误用时，各部位受到一次性或重复性载荷条件下所具有的强度或承受能力的试验；桌类、椅凳类、柜类稳定性试验是测试家具在日常使用时承受载荷（或空载）的条件下，所具有的抗倾翻的能力。该设备不仅符合 GB/T 10357.1—7，还适用于办公家具、户外实木类家具的测试，对国外 BIFMA、EN 标准的应用具有技术的扩延性。

图 8-1　家具综合力学试验机

8.1.1　家具及其零部件的结构强度检验

　　结构强度检验是模拟桌类家具以正常使用或非正常误用以及长期使用中所

承受的载荷进行的检验，旨在保证产品具有足够的强度和满足其实际需要的功能。

8.1.1.1 实木零部件接合强度

任何实木家具都是按照设计图样或技术条件规定，使用手工或设备由若干个零件或部件组装成完整的家具产品。为使装配后的家具达到家具成品质量标准，符合客户要求，必须对家具装配后的接合强度进行检验，否则不能进入下道工序。接合强度检验实训项目内容包括榫接合、胶接合、钉接合、金属连接件接合等检验。

家具产品是将零件或部件按一定的接合方法组装而成的。家具接合强度检验就是对以上接合方式的强度进行检测和评定。家具的接合强度决定家具的结构强度、稳定性、耐久性等主要质量指标。因此，对家具进行接合强度检验是一项非常重要的工作，无论家具采用哪种方法接合，都应该经过接合强度的测试，达到标准规定的接合强度后才能出厂，以保证家具的质量。下面简要介绍几种常见的家具结构接合强度的检验方法。

（1）榫接合强度检验

榫接合是实木家具制造中常用的接合方法，由榫头和榫孔（或榫槽）组成。榫头的种类很多，主要有直角榫、燕尾榫和圆榫 3 种，其他榫头形式都是由此演变而成的。

近年来，刨花板大量被用作板式家具基材，但由于刨花板的结构不同于普通木材（实木），直角榫和燕尾榫接合方法已不适用，经科学研究，刨花板基材家具的接合可采用圆榫接合工艺。在圆榫接合中，压缩螺旋沟圆榫接合强度最好，因为它能像螺钉那样，具有较高的抗拉阻力。影响榫接合强度的因素有榫头的材质、榫的尺寸配合公差和所用的胶黏剂。实验证明，在各种榫接合中，全部外载荷的 $84\%\sim86\%$ 是由胶黏层来承受的，其余部分由榫边和榫肩承受。因此，可以用测试榫接合部位胶层抗剪应力的办法来评定榫接合的强度。榫接合强度计算公式如下：

$$P = T/2(a+b)L$$

式中，P 为接合抗拉极限强度，kgf/mm^2 [1]；T 为榫接合破坏荷重（应力），kg；b 为榫的宽度，mm；a 为榫的厚度，mm；L 为榫的长度，mm；$2(a+b)L$ 为榫接合的有效接合面积。若为圆棒榫，则有效接合面积为圆榫的表面积。榫接合抗拉极限强度可在 $400\sim4000kgf/mm^2$ 的木材试验机上进行测定。

---

[1] $1kgf/mm^2 = 9.8MPa$。

（2）板件的握钉力检验

握钉力是指拔出拧入规定深度木螺钉所需要的力。握钉力仅检测垂直于板面的螺钉拉出力（或制品规定处的连接螺钉拉出力），在使用中不用螺钉连接的部件或制品，此项可不测。螺钉接合不易松动，接合面较小，因此拆装部件常用螺钉接合。螺钉接合的强度取决于接合部件木材的硬度、螺钉旋入的深度、螺钉的直径、螺纹的深度和木材纤维的方向等因素。螺钉接合强度是指螺钉与木材间的接合力，它是通过测定接合材料的抗拔力（即握钉力）来评定的。若接合材料为普通木材，则只测定螺钉垂直于板面的握钉力；若接合材料为平压刨花板（挤压刨花板不测定），则要测定螺钉平行于板面的握钉力。这是由于我国目前生产家具所用的平压刨花板主要为渐变结构，表面层细而致密，内层较粗糙。

刨花板握钉力的标准和计算目前有两种方法：一种是用固定的标准螺钉，以它每拔出一个单位深度（mm）的应力为计算标准，握钉力以 N/mm 为单位；另一种是根据固定的深度（mm）拧入标准螺钉，然后按拔出时的总应力来计算其握钉力，以 N 为单位。

握钉力的标准不同，使得测试的方法也不同：通常平行于板面的螺钉直径为 20mm，长度为 23.3mm，拧入深度为 15mm，拔钉速度为 6mm/min；我国标准规定的标准螺钉为直径 4mm，长度 40mm，螺钉拧入深度为 19mm（试件厚度大于 25mm，不足时可拼接），拔钉速度为 15mm/min。握钉力的测试在 4000～40000 N 的木材试验机上进行，试验机上需装配专用的卡具，如图 8-2 所示。

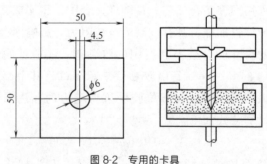

图 8-2　专用的卡具

测试握钉力时，试件应按照标准和测试方法的规定来操作，测试读数精确至 5N，数值按算术平均值计算，精确至 1N。测握钉力要用的设备有万能力学试验机（精密度 5N）、专用卡具、恒温恒湿箱和台钻。

检验方法：

a. 试件在标准温度条件下放置达恒定温度。

b. 测试采用 4mm×40mm 木螺钉，木螺钉不得重复使用。

c. 试件背面对角线交点处，用 ϕ2.5mm 钻头钻一导孔，孔深 5mm。

d. 在导孔中拧入木螺钉，拧入深度为 10mm，导孔与木螺钉应与板面保持垂直。

e. 拧进螺钉后应立即进行拔钉试验，注意卡具、试件、木螺钉和试验机拉伸中心对正，卡具与试件的接触表面垂直拉伸中心。

f. 拔钉速度 15mm/min，读数精确至 5N。

g. 测试每一试件的握钉力。

h. 制品的握钉力用全部试件握螺钉力的算术平均值表示，精确至 1N。

检验结果评定：试件握钉力的算术平均值达到国家标准规定的数值评定为合格。

（3）金属件的连接、焊接、铆接及其他接合方式的强度检验

家具生产中广泛采用各种金属连接件或金属与工程塑料组成的连接件，例如：各种金属铰链、用合金压铸成的偏心连接杆和尼龙注塑件等。对于这些连接件，除要求其材质应具有合适的力学性能以外，还要对它们的接合强度进行测试，测定其连接后的抗拉应力以及连接件受重力作用时的刚性或变形位移量。

8.1.1.2　桌类静载荷检验

检验方法：将桌子置于坚硬的水平地面上，在桌面的中心部位放一块 300mm×300mm 的正方形垫板，在垫板上均匀地加上 200kg 的重物（包括垫板自身重），放置 24h 后取出重物，然后沿桌面对角线测量桌面的翘曲变形和其他部位的变化情况，如图 8-3 所示。

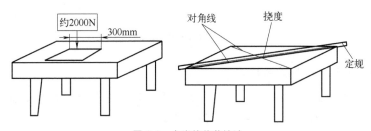

图 8-3　桌类静载荷检验

测定经加载后桌子的整体结构以及对角线挠度（挠度不大于 0.003mm 为合格）。桌类静载荷检验等级见表 8-1。

表 8-1　桌类静载荷检验等级

等级	1	2	3	4	5
力/N	500	750	1000	1250	2×900

注：试验水平 5 级运用两个垂直力，这两个垂直力的加力中心间隔为 500mm。

8.1.1.3　椅凳静载荷和冲击载荷检验

椅背静载荷检验方法：①椅子后退靠住挡块；②用椅背加载模板确定椅背加载点，或将椅背纵向轴线上距离椅背上沿 100mm 处作为加载点；③在座面加载点上加平衡载荷；④按规定的载荷值沿着与椅背呈垂直方向，通过椅背加载垫，在上述椅背两个位置中，一个较低的位置上重复加载 10 次，每次加力至少保持 10s；⑤当椅背加力至 410N 后有倾翻趋势时，逐步增加座面上的平衡载荷直到这种倾翻趋势停止为止；⑥椅背角度可调节时，应调到椅背斜角为 100°~110° 进行检验，如图 8-4（a）所示。

凳椅座面冲击载荷是用以测定凳椅座面遇到快速加载时的冲击强度。检验方法：①将一块泡沫塑料放在座面上；②利用座面冲击器［直径为 200mm，质量为（25±1）kg 的圆柱体］从规定高度自由跌落到由模板确定的座面冲击部位及座面最易损坏的部位上各冲击 10 次；③软凳椅的小型座面加 20N 载荷，以加载下陷后的表面作为调节冲击高度的起点，再按上述方法进行检验，如图 8-4（b）所示。

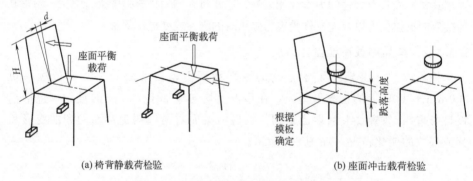

(a) 椅背静载荷检验　　　　　　　(b) 座面冲击载荷检验

图 8-4　椅背静载荷和凳椅座面冲击载荷检验

8.1.1.4　床屏水平静载荷检验

床具的刚性是指床具在外力作用下，仍可保持结构稳定牢固、整体不变、节点部位不发生角位移、框架不错位等的能力。

检验方法

①床腿用挡块挡住；②在床面距床屏 175mm 处作一直线，将该线等分，单人床作三等分，双人床作四等分，在等分点上放 350mm 加载垫，通过加载垫，单人床各放 50kg、双人床各放 60kg 的平衡载荷（其中包括加载垫的质量）；③垂直于床屏向外施加水平力，加力位置为先在床屏离床面 300mm 处作一直线，在单人床床屏宽度方向作中心线与床屏离床面 300mm 直线相交，交点即为加力点，或将双人床床面两侧边等分线向床屏延长，与床屏离床面

300mm 直线相交两点，即为加力
点，如图 8-5 所示；④加载 10 次，
每次加载至少保持 10s，前后两次加
载间隔不大于 30s；⑤如果加载中心
已超出 300mm 床屏顶部，应降低加
载点高度，使加载垫上沿与床屏顶
部相平；⑥对另一床垫进行同样的
试验。

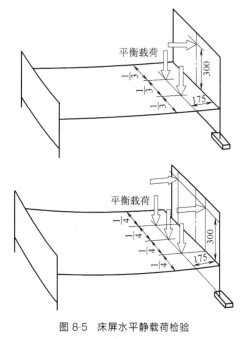

　　检验结果：检查试件接合部位
的牢固度和产生的缺陷。

8.1.1.5　桌类侧面载荷检验

　　检验方法：将桌放在坚实的水
平地面上，将桌腿固定住，沿桌面
水平方向施力；单腿桌施力 10N，
多腿桌施力 200N，每次 5s 左右，两
边交替各进行 10 次，到第 10 次时，

图 8-5　床屏水平静载荷检验

检查桌面端部的变位量；卸荷后检查其他各部位的接合情况，如图 8-6 所示。

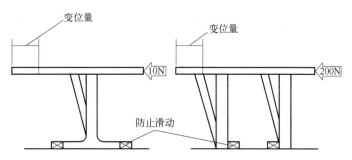

图 8-6　桌类侧面载荷检验示意

8.1.1.6　办公桌骨架强度检验

　　检验方法：将桌子置于测试台上，桌脚固定，沿桌面水平方向施加 450N
的载荷，左右交替各进行 10 次（每次约 5s），如图 8-7 所示。

8.1.2　耐久性检验

　　耐久性检验是模拟日常使用条件，用一定形状、质量的加载模块，以规定
的加载形式和加载频率，分别对家具表面重复加载，检验产品在长期重复性载
荷作用下的承受能力。

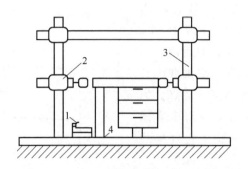

图 8-7　办公桌骨架强度的检验装置

1—液压装置；2—加载器；3—测试架；4—顶脚器

8.1.2.1　椅子座面和椅背的耐久性

通过座面加载垫，把 950N 的力垂直向下重复施加在座面加载点上（座面加载点由模板确定），加载次数按表 8-2 规定，加载频率每分钟不超过 40 次（见图 8-8）。

在第一次和最后一次加载时，分别测量加载垫最低处至地面的距离，所得二值之差为试验座面位移。试验结束后，检查试样整体结构，并记录、评定。

把挡块靠在椅或凳两后脚的后方，再把 950N 的力垂直施加在座面加载点上，座面加载点由模板确定。然后通过椅背加载垫，把 330N 的力反复施加在下列两个位置中较低的位置上：由模板确定的椅背加载点或者在椅背纵向轴线上距椅背上沿 100mm 处。试验时如果椅子倾翻，应把所加的力减小到刚好不致使椅或凳倾翻的程度，并记录实际所加的力。加载次数按表 8-2 中规定。加载频率每分钟不超过 40 次（见图 8-9）。

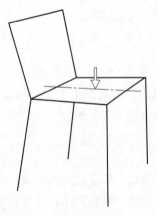

图 8-8　座面耐久性试验

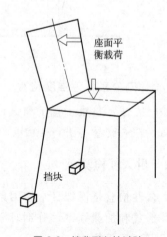

座面平衡载荷

挡块

图 8-9　椅背耐久性试验

表 8-2　试验项目汇总表

试验项目		要求	试验水平				
			1	2	3	4	5
座面耐久性	可单独也可联合试验,座面平衡载荷 950N	循环次数(座面载荷为 950N)	12500	25000	50000	100000	200000
椅背耐久性		循环次数(椅背载荷为 330N)	12500	25000	50000	100000	200000
扶手耐久性试验		循环次数(载荷 10N,角度 10°,距离为 600mm)	—	25000	50000	100000	200000

　　座面耐久性试验和椅背耐久性试验的座面载荷的加载位置以及加载周期相同,可将这两个试验合并为一个试验联合进行,在每个加载/卸载周期中,均应先加载座面,后加载椅背,先使椅背卸载,后使座面卸载。

　　如果椅子装有张力可调的弹簧摇动基座,试验时应把弹簧张力调到可调范围的中点。凳子或椅背很低的椅子进行试验时,应把力水平向后施加在座面前沿中点。对于座面纵、横向不对称的四脚凳,以一半的加载次数分别沿座面的纵、横两条对称轴线方向加载,三脚凳则沿两条主要对称轴线方向加载。试验结束后,检查试样整体结构,并记录、评定。

8.1.2.2　椅子扶手耐久性

　　将椅子放在试验地面上,在其椅腿、脚轮或导轨的外侧放置挡块。挡块不能阻止椅腿在扶手加载时向内偏移。在扶手前沿向后 100mm 处取两点同时施力。在扶手疲劳测试加载装置上施加 10N 载荷。载荷与垂直面成 10°±1°角,摩擦回转轴与扶手加载装置的水平面距离为(600±10) mm (见图 8-10)。试验结束,检查试样整体结构,并记录、评定。

8.1.2.3　桌面水平耐久性

　　用挡块围住所有桌腿,如果桌子装有脚轮,应用挡块限制脚轮活动,把载

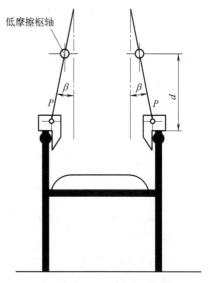

图 8-10　扶手耐久性试验
$P=10N$,$\beta=10°\pm1°$,$d=(600\pm10)$ mm

荷均布在桌面上,见图 8-11 (a)。载荷质量应以刚好能防止桌子在试验时倾翻为宜,但最大不能超过 100kg。然后选择某一实验水平对应的加载次数,把

150N 的力通过加载垫，按 *a*、*b*、*c*、*d* 顺序，依次沿水平方向施加在桌面距一端边缘 50mm 部位。图 8-11（b）为矩形桌面的力的加载点示意图。图 8-11（c）为圆形（包括椭圆形）桌面的力的加载点示意，*a*、*b* 和 *c*、*d* 加载点施加的力分别在同一直线上，*a*、*b* 和 *c*、*d* 加载点的连线相互垂直。图 8-11（d）为不规则桌面的力的加载点示意。图 8-11（d）中，试验力的加载点 *a*、*b* 位于最不利位置相邻桌腿连线的中垂线上，*c*、*d* 加载点在同一直线上，且垂直于 *a*、*b* 连线，距其中一点 50mm。

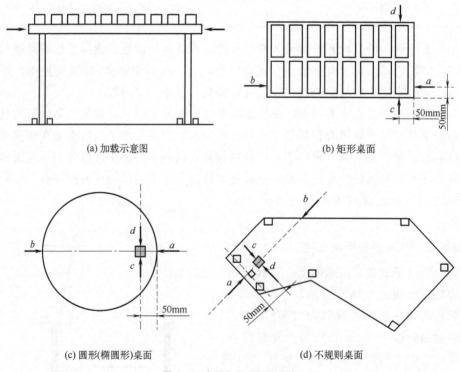

(a) 加载示意图　　　　　　　　　　　　　(b) 矩形桌面

(c) 圆形(椭圆形)桌面　　　　　　　　　(d) 不规则桌面

图 8-11　桌面水平耐久性试验

每次加力应在不小于 1s 的时间内完成从 0N 到 150N 再返回到 0N 的加载过程。每次循环（*a*→*b*→*c*→*d*）的累计延续时间至少为 2s。为便于在加载期间测量试件结构的位移值，每个力保载的最长持续时间应为 1min。如果桌面均布载荷达 100kg，试验时桌子仍会倾翻，则应把所加水平载荷减少到刚好不致使桌子倾翻的程度，并记录实际所加的水平载荷。在第一次循环及最后一次循环加载和卸载时，分别测量加载部位的位移值 *e*（见图 8-12），*e* 值的精度为 0.1mm。第一次及最后一次的循环加力和卸力的时间为 10s。试验结束后，检查桌子的整体结构。

8.1.2.4　沙发耐久性

检验之前对沙发座面进行预压，调整好加载模块的跌落高度，并测量在进行各阶段耐久性试验之前的座面高度和压缩量，检验后背面和扶手的松动量及剩余松动量。

检验方法：模拟测试采用一个 80kg 的人体模型（若为真人，质量应增加 50%），试件保持不动，由执行机构带动人体模型做往复交替运动，频率为 20～25 次/min。

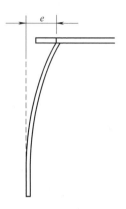

图 8-12　桌面水平耐久性
试验位移值测量方法

8.1.3　稳定性检验

稳定性是指家具在外加载荷作用下具有的抗倾翻的能力。稳定性是家具力学性能检验中最重要的检验项目之一，稳定性检验主要针对柜架、桌几、椅凳及双层床等家具，稳定性不达标将严重影响使用者的安全，同时也会对企业造成不良影响和经济损失。调查显示，1990 年到 2007 年，在美国由家具倾翻引起的事故多达 264200 起，主要是对青少年造成伤害。平均下来每年在 10 万人中就有近 21 人因家具倾翻受伤，而且家具倾翻引起的受伤人数还在以每年 40% 的速度上升。

随着国内家具行业的不断发展以及消费者对家具的功能需求和审美需求不断提升，我国家具产品不断推陈出新，家具产品在材料、结构和外观设计上都有了很大的变化，现行有效国家标准 GB/T 10357.2—2013《家具力学性能试验　第 2 部分：椅凳类稳定性》、GB/T 10357.4—2013《家具力学性能试验　第 4 部分：柜类稳定性》、GB/T 1035.7—2013《家具力学性能试验　第 7 部分：桌类稳定性》等的发布和实施，正顺应了家具产品的不断革新和变化。该三项标准适用于大多数木制、金属、塑料家具等的稳定性检测。

8.1.3.1　椅凳稳定性能检验

椅凳类稳定性涉及椅凳类家具的使用安全，椅凳类稳定性不合格会引起使用者落座后椅凳倾翻，导致使用者摔伤，特别是行动不便的老人以及身体肥胖者，使用时受伤的风险更高。根据国家标准 GB/T 10357.2—2013《家具力学性能试验　第 2 部分：椅凳类稳定性》，椅子的稳定性试验分为椅子向前倾翻试验、无扶手椅侧向倾翻试验、扶手椅侧向倾翻试验和椅子向后倾翻试验。标准要求试验过程中，椅子不应倾翻。以椅子向前倾翻试验为例，要求在座面中心线距离前沿 60mm 处施加 600N 的垂直力，然后在垂直力的施力部位向外施加 20N 的水平力，并至少保持 5s，椅子不应倾翻。

8.1.3.2 桌类稳定性能检验

桌类稳定性涉及桌类家具使用安全，桌类稳定性不合格会造成桌类家具在使用中倾翻，导致桌上放置物品的损坏，也可能砸伤使用者，桌类通常和椅类配合使用，在使用者起身以及工作时需要提供足够的支承，因此，桌类稳定性非常重要。根据 GB/T 10357.7—2013《家具力学性能试验 第 7 部分：桌类稳定性》，桌类稳定性试验分为垂直加载稳定性试验、垂直和水平加载稳定性试验。垂直加载稳定性要求当规定的垂直力施加在最不稳定边的桌面边沿中心向内 50mm 处时，无桌腿离开地面。垂直和水平加载稳定性要求 100N 的垂直力施加在最不稳定边的桌面边沿中心向内 50mm 处，同时以规定的向外的水平力施加在该边桌面中点，无桌腿离开地面。

检验方法：将桌子放在检验基面上，在最不稳定的桌边中心离边缘向内 50mm 桌面处，垂直向下逐渐加载至规定值或至少有一桌腿离地为止。带有活动桌板的应选用最不稳定状态进行检验，若活动桌板有多种连接方式，应选用最不稳定的方式检验，如图 8-13 所示。

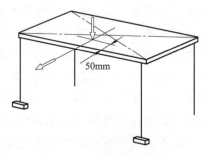

8.1.3.3 柜类稳定性

柜类稳定性涉及柜类家具使用安全性，如果柜类稳定性不合格，会造成柜类家具倾翻，导致柜内物品的损坏甚至砸伤

图 8-13 桌类稳定性检验

使用者，对于精力旺盛的儿童来说，被柜类家具砸伤、压伤的风险尤为突出。在国家标准 GB/T 10357.4—2013《家具力学性能试验 第 4 部分：柜类稳定性》中，柜类稳定性分为搁板稳定性、非固定柜空载稳定性、非固定柜加载稳定性和固定柜稳定性。搁板稳定性适用于全部有搁板的柜类家具，其余三项稳定性适用于高度大于 600mm，且重心高（单位：m）和柜体质量（单位：kg）的乘积数值大于 6 的柜类家具。搁板稳定性试验为搁板水平加载稳定性和搁板垂直加载稳定性。柜类稳定性要求柜体和搁板在试验过程中不应倾翻或脱落。

柜类稳定性检验模拟柜类家具在日常使用中空载或承受载荷的情况，检验其抗倾翻能力。空载稳定性检验方法：用挡块靠在柜子前脚或底座的外侧，把所有拉门开到 90°，抽屉等推拉件拉出 2/3，翻门开到水平或接近水平状态，记录柜子是否倾翻。

非固定柜活动部件打开时的加载稳定性检验方法：用挡块靠在柜子前脚或

底座的外侧，将拉门开到 90°，抽屉拉出 2/3，翻
门开到水平或接近水平位置；在各活动部件上加垂
直力（加力的部位：拉门应放在距门拉手一侧边沿
50mm 的门上沿中间部位，抽屉应放在面板上沿中
间部位，翻门和搁板应放在距翻门和搁板前沿
50mm 的中间部位。），逐渐增大压力，直至相对两
脚中至少有一只脚翘离地面为止；记录实际所加
力。检验时，不进行检验的活动部件应关闭。两扇
对开门中先将一扇门开到 90°进行检验，然后将此
门处于完全打开状态，再将另一扇门开到 90°进行
检验，如图 8-14 所示。

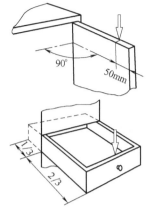

图 8-14　柜类加载稳定性检验

8.2　无损检测

　　传统的检测需要将产品进行切割，这样对于造价成本较高的实木家具来
说，企业就需要承担较为严重的经济损失。按照相关标准 GB 18584—2001
《室内装饰装修材料　木家具中有害物质限量》、GB 18580—2017《室内装饰
装修材料 人造板及其制品中甲醛释放限量》等的规定来看，需要及时对产品
进行检测，实木成分和携带有害物质总量的检测，都需要按照标准要求对家具
产品进行破坏，如果不使用无损检测技术，将会给企业的经济造成负担。因
此，无损检测技术在木家具检测中应得到广泛应用，利用现有的无损检测技
术，对制造原材料进行检测，将相关的数据参数进行对比，从而得到真实有效
的结果。无损检测技术在无需将产品进行切割的情况下，不仅能够获取相关的
有害物质携带量数据，还能得到材料属性的真实数据，保证家具产品的完整
性，为人们营造更好的生活空间环境，促进企业长久稳定的发展。总的来说，
无损检测技术是家具行业的一次重要变革，是企业后续发展的重要引导和
趋势。

　　家具产品的质量检测，不仅是对家具产品整体结构质量进行检测，也是通
过检测来保证人们使用的安全性和有效性。在生产制造过程中采用无损检测技
术，及时检出原始的和加工过程中出现的各种缺陷并据此加以控制，防止不符
合质量要求的原材料、半成品流入下道工序，避免工时、人力、原材料以及能
源的浪费，同时也促使设计和工艺方面的改进，避免出现最终产品的"质量不
足"。目前，无损检测技术在不断研究和发展中得到完善，多种无损检测技术
的出现，让产品质量得到进一步的保障。

8.2.1 无损检测应用

8.2.1.1 木家具甲醛释放量检测

在我国家具行业的发展调查中可以发现,居民对木家具的偏爱程度较高,为了保证人们在使用木家具产品过程中的安全性,营造更好、更舒适的室内生活环境,相关部门开始针对木家具产品有害物质携带量进行研究,在保证环保和安全的基础上,控制木家具产品中有害物质的携带量。按照我国出台的相关标准,在木家具产品生产完成之后,需要采用标准中的一种方法对木家具中游离的甲醛含量进行检测:先将家具材料切割成标准所需大小,采用干燥器法对家具中的游离甲醛进行收集、测量。整个流程需要保证相关技术人员的专业素质能力达标,避免数值存在偏差,影响家具的实际使用。最好使用多样检测的方式,更好地避免在生产中出现偷工减料、滥竽充数的情况。在初步检测完成之后,需要将相同面积的样品进行二次检测,进一步保证检测数据结果的真实性和有效性。

8.2.1.2 软体家具的内部用料检测

软体家具作为目前使用较为频繁的家具,在一定程度上能改善人们的生活环境。近几年来,我国不断对软体家具的检测标准和行业要求进行完善和修订,为软体家具的使用奠定更加良好的基础。在软体家具生产的过程中,相关技术人员需要严格按照标准要求和规定,在保证软体家具生产质量的基础上,减少有害物质的携带,在完成制造后,及时对软体家具进行检测,进而保证软体家具使用的安全和稳定。在检测阶段,相关技术人员必须对软体家具进行切割,对内部起支承作用的金属材料进行检测,包括金属结构的腐蚀效果、结构稳定性、结构布局等,还需要对铺垫的塑料材料质量进行观察和检测,以此来保证软体家具使用的效果。在检测中,对于床垫、沙发释放的甲醛量进行数据收集,如果在标准的范围内,则可以评定产品为合格,如果超过标准携带量,则需要对产品进行报废处理。相关企业在初步检测完成后,将产品投入环境测试舱内进行二次检测,这样不仅能够保证产品的安全和环保,还能够减少对企业造成的经济影响。

8.2.1.3 家具材质检测

随着社会经济的不断进步和发展,市场上流通的家具产品种类也在不断增加。目前家具产品主要以实木和人造板两种材质为主,其中人造板材料包括胶合板、纤维板、层积板、刨花板等。多种材料的出现,也让家具产品的种类和功能多样化。科学技术的发展与创新,让人造材料的价格更加低廉,制造工艺的普及也让人造材料得到更加广泛的应用，但是人造材料自身也具有较为明显的缺陷，比如材料的整体质量较差，不具备耐潮防水的性能；人造材料生产完成后，自身携带的有害物质也相对较高。因此，在经济条件允许的情况下，人们更加偏好于实木材料，但是实木材料的制造成本较高，部分企业为了能够获得更多的经济效益，在制造阶段会使用人造木充当实木进行使用。不法商家从低廉的价格中获取较高的收益，但也让人们的生命安全受到严重的影响。为了能够更好地保证材料的质量和真实，在对家具材料进行检测的阶段，应加强材料的研究和对比，避免出现以次充好的不良现象。但是，我国多种材料检测方法都需要将材料进行切割，这是实木家具生产商家无法接受的检测方式，检测工作会出现明显的经济损失，也会对检测结果的真实性造成影响，严重的情况下还会影响家具企业长久稳定的发展。

8.2.2　无损检测技术方法

8.2.2.1　大容积环境测试舱法

随着现阶段社会经济的不断提升，多数家具产品都会携带一些有害物质，但是为了能够全面保证人们的身体健康，行业对有害物质携带量有着明确的标准和规定，超出标准的家具产品都属于不合格产品。因此家具企业要想获得良好的市场竞争效果，在产品生产完成后，就要及时对产品进行检测，以此来对产品携带有害物质的含量进行确定。在目前的检测过程中，企业会将整个家具产品放置在环境测试舱中，设定环境舱内的风速、温度、湿度等相关参数，按照标准进行检测。在空气流动到达标准范围后，相关技术人员将保证环境舱内各参数数值在恒定范围内。在产品放置一定时间后，将舱内用于检测的设备取出，随后利用计算机对设备内含有的甲醛等有害物质浓度进行分析和检测，从而获得更加有科学性、有效性、真实性和准确性的数值，最终将家具产品的安全环保指标结果进行展示。大容积环境测试舱技术的应用，使得家具产品的质量得到全面的提升，也让我国家具产品的出口量有着明显的改善。

8.2.2.2　CT 影像扫描法

随着现阶段科学技术的不断发展与进步，家具产业的发展也有着明显的改善。在家具产品无损检测技术的应用阶段，CT 影像扫描技术得到广泛的应用。该技术应用时，相关工作人员需要严格按照操作标准对扫描设备进行操作，避免产生人为操作失误造成的影像偏差、数据存疑等问题。目前通过科研人员不断对 CT 影像扫描技术进行研究和应用，该技术得到全面的完善和优化。在家具产品无损检测中，通过 CT 影像扫描技术可以对产品内部弹簧等金属件腐蚀程度进行检测，同时也能够对铺垫塑料的质量进行扫描。将扫描后的数据传入电脑中，技术人员通过高清影像对产品内部结构进行检查，在不会对家具产品造成影响的基础上，对家具产品进行检验，进一步保证检测工作科学合理地开展，为质量检测工作的效率和效果提供保障，带动行业的发展与进步。简单来说，CT影像扫描技术作为现阶段全新的技术类型，在应用中能够实现良好的检测效果，为后续工作的开展奠定良好的基础。

8.2.2.3　超声波法

超声波作为科学技术发展的重要成果，现阶段已经在我国各行业都有着明显的应用与发展，对产品生产的质量也有着更高的标准和全新的要求。在超声波技术的应用下，通过介质密度的变化，将声波进行折射，更好地保证对物质检测的效果和效率。在家具产品生产完成之后，利用超声波能在一定程度上对生产材料的质量进行检测，并在保证材料良好的基础上，对产品整体质量进行检测。超声波检测技术现阶段在木家具中的应用较为广泛，因为目前木家具材料都属于人造木，在检测阶段，会出现与自然木完全不同的声波曲线。通过声波曲线的对比可以发现材料中存在的缺陷问题，相关工作人员能够结合检测结果对产品进行改善，进一步保障产品质量。通常情况下，超声波折射方向会因为材料和产品装饰面之间密度的不同发生转变，经过对比后即可验证材料是否属于人造木，如果属于人造木将开启后续的检测工作，从而保证人造木在性能和材质上的安全性和可靠性，减少对人们身体健康造成的影响。

8.3　有限元技术在家具制品结构设计中的运用

8.3.1　基于有限元技术的板式家具开发设计

随着计算机硬件及软件的不断发展，有限元技术得到了广泛应用，其在家具结构设计中应用的相关文献可追溯到1969年。Eckelman等最早提出在家具结构设计中应用数学分析的方法，并编制了一个程序包，用来分析椅子、沙发、桌子、写字台和柜类家具的结构。1970年Eckelman对程序进行了升级改进，此后有限元技术在家具结构设计中的应用得到逐步发展。在发展初期，主要研究内容集中于对有限元方法概念的引入，并通过个案对有限元技术在家具结构设计中的分析流程进行了介绍。

与实木榫接合家具相比较，板式家具的板件造型较为单一，板件尺寸较规范，单元离散较容易，更加便于有限元分析。在早期的板式家具结构有限元分析中，由于计算机技术和软件的限制，大规模的计算很难实现，故通常将结构进行简化，并通过手工计算。1984 年 Eckelman 等通过将柜类家具整体进行简化，并通过手工计算方法对柜体角部的变形情况以及柜体的强度进行了有限元分析。Albin 利用有限元薄壳理论预测了柜体在不同边界约束条件下的载荷和变形情况。1991 年蔡立平等采用不同种类的刨花板制作成以圆榫和偏心连接件接合的 L 形和 T 形构件，在材料的弹性范围内对其在一定载荷下的位移进行测量，并采用有限元分析法对刨花板制成的柜体进行了分析。1996 年王逢瑚等通过试验方法，对柜类家具熔化喷射式角接合与常规圆榫接合的强度进行了比较，并运用有限元分析法对各种角接合的柜类家具在受载荷作用时的形变进行了测定。

随着有限元分析软件和计算机硬件的发展，有限元分析法在板式家具结构设计中的研究也越来越广泛，主要可分为板式家具角部接合强度有限元分析、板式家具搁板变形有限元分析以及板式家具整体强度有限元分析三个方面。

8.3.1.1　板式家具角部接合强度有限元分析

关于板式家具角部接合强度的有限元分析，众多学者进行了研究。Nicholls 等通过有限元分析法对板式家具典型箱式结构中的角部接合强度进行了研究。在试验研究的基础上他们将角部节点视为箱式家具在宏观上的交汇部分，利用弹性有限元单元替代角部的连接件，并通过试验测量了连接件的力学特性。何凤梅等对板式家具结构强度设计的发展现状进行了综述，强调有限元分析法在板式家具结构设计中的重要性，并指明它是板式家具结构设计的未来发展趋势。同时，其博士论文通过有限元分析法对板式家具角部接合中的 L 形和 T 形结构强度以及板式家具优化设计的方法进行了深入研究。Smardzewski 等采用有限元分析法对不同湿度及温度影响蜂窝板角部接合的刚度和破坏行为进行了研究。Smardzewski 采用有限元分析法对橱柜侧板的屈曲变形进行了研究，分别以刨花板、蜂窝板和无心框架板作为橱柜侧板，研究表明：蜂窝板作为侧板最合适。Smardzewski 等提出了计算板式家具 L 形节点弹性模量的方法，进而对节点进行了简化，即直接将节点弹性模量赋予橱柜的有限元模型，而不用建立具体的节点连接件的几何模型，从而简化了橱柜的有限元模型。Podskarai 等通过 3D 打印技术设计了 3 款连接件并通过试验方法和有限元分析法对采用 3 款连接件接合的 L 形构件进行了比较。以上对板式家具角部接合强度的研究均对节点进行了简化。

搁板作为板式家具主要的承重部件，其在外载荷下的力学行为直接影响着其使用性能，尤其是搁板的挠度变化。何凤梅等对有限元分析法在板式家具结构强度分析中的应用进行了研究，并对书架搁板在静力载荷下进行了加载分析，预测了搁板的变形情况。宋明强等介绍了有限元分析软件 ANSYS 在板式家具结构分析中的应用方法，主要包括有限元分析法在板式家具中的发展情况，对传统家具结构设计方法与有限元分析方法进行比较分析并以橱柜搁板的有限元分析为例进行了论证。董宏敢介绍了 ANSYS 有限元软件在板式家具结构强度分析中的应用方法，对搁板在均布载荷和集中载荷两种受力情况下搁板的变形量进行分析，并与理论计算结果进行对比，同时，对搁板边部受水平拉力时预钻孔位置的应力分布情况进行了研究，为板式家具连接件的安装提供了参考依据。Koc 等通过 Solidworks 和 CosmosWorks 有限元分析软件以三聚氰胺饰面板制作的书架为例进行了搁板挠度分析。他们首先对单板的力学性能进行测试以获取有限元分析所需的参数，然后对一个 4 层书架的搁板挠度进行有限元分析，最后将有限元分析结果与试验结果进行对比。结果表明，有限元分析法可用于板式家具的结构设计。

8.3.1.2　板式家具整体强度有限元分析

对于板式家具的整体强度及稳定性的研究，Smardzewski 等通过试验方法研究了分别以纤维板和松木胶合板作为背板对柜类家具稳定性的影响，并通过有限元分析法进行了理论计算，对试验结果进行验证。宋明强采用 ANSYS 有限元软件对橱柜主要受力部件在均布载荷下的受力情况进行分析，并将结果与实际力学试验结果进行了比较分析。Koc 等对有限元分析法在家具生产中的应用进行论证，讨论了木质材料在进行有限元分析时的难点，以及其应用于家具生产中的可行性，并应用 SolidWorks 与 CosmosWorks 对书柜进行有限元分析，结合试验结果对其分析精度和实用性进行对比，得出有限元分析法可以很好地分析板件的受力情况，但是为了适用于工业生产，必须对不同材性的板件进行强度值测定。Ruma 等通过有限元分析法对采用金属角码连接的板式床架进行分析，得到床架在外载荷作用下的最大应力和应变值，但并未进行试验验证。孙静对速生桉单板层积材家具的造型设计和结构设计进行研究，并利用 ABAQUS 有限元分析软件对其结构进行分析，用以评价设计的合理性。Smardzewski 等设计了一种通过 3D 打印制作的外部隐藏式橱柜连接件并对采用不同数量和长度的连接件的情况下的柜体刚度和强度进行研究，通过有限元分析法对连接件的力学性能进行了测定。2019 年，Smardzewski 等通过有限元分析和试验方法对在不同温度和湿度情况下采用蜂窝板制造的板式家具框架进行研究，在扭转载荷下对板式家具框架的整体弹性模量和刚度进行研究。研究表明：当温度为 26℃、湿度为 40% 时家具框架的质量最好，而当温度为 28℃、湿度为 85% 时家具单元的质量急剧下降。

8.3.2　基于有限元技术的实木家具开发设计

榫卯结构是一种应用木质纤维强度和摩擦力的结构形式，是我国传统家具的主要连接方式。榫卯连接的家具结构性能与其榫卯的配合、位置、深度及大小有着必然联系。传统实木家具对于选材要求严格，但有限的木材资源要求实木家具在制造过程中不能造成大量的浪费，因此在实木家具设计及生产过程中要做到材尽其美、材尽其用。利用有限元数值模拟分析对榫卯结构进行前期的优化设计既可以保证在生产设计过程中实木家具的强度性能，又能提高生产加工效率。

实木家具榫卯性能影响因素包括实木树种、榫卯类型以及榫卯尺寸。早期一些研究中，榫接合被视为刚性节点，榫接合被简化为整体或绑定方式连接的装配体。北京林业大学陈绍禹在研究中将家具构件接触面简化成平面，再组装成装配体进行有限元分析，通过把交界处的圆柱体改变为立方体等形式，使交界面由弧面变为平面，保证相交面为平面、相交线条都为直线条，这样简化可避免出现榫卯部件重合交错的情况。西安建筑科技大学宋俞成在利用有限元分析软件对梓木家具强度进行分析时，以梓木椅子为例，将榫接合关系定义为绑定，最终发现加载后榫眼和榫头处最先发生破坏，且验证了该椅子设计合理。这样的设定方式使榫接合在加载作用下不能体现实际连接状态，因此目前的研究中多将榫接合视为半刚性节点。

对于胶合状态下的实木榫接合的有限元分析建模方式更为复杂，要根据所选择的胶黏剂对胶层部分单独建模，并设定合适的榫卯间隙。东北林业大学李鹏对圆榫、直角榫和椭圆榫三种榫接合方式在胶合与不胶合条件下的抗拔性能进行了完整的有限元分析。该试验中圆榫采用过盈配合，直角榫与椭圆榫采用侧面间隙配合。分析结果表明在尺寸相同的情况下，圆榫的抗拔性能强于直角榫和椭圆榫，而椭圆榫与直角榫的抗拔性能几乎相同。该研究对有限元模拟分析进行了较为完整的过程记录，在力学分析中，对榫接合所受到的外力进行了简化，阐述了利用有限元对榫卯性能分析的完整过程。无胶合的实木榫卯接合可以通过设定榫卯接触面间的摩擦系数来提高有限元分析的精度。胡文刚、关惠元以椭圆榫为例，对不同纹理方向的榫接合间摩擦系数进行深入研究，该研究中将榫头与榫眼设为曲面接触为过盈配合、平面接触为间隙配合的半刚性节点模型。以榫接合的抗拔力为数学模型进行试验，试验结果与模型结果误差小于 10%，因此该榫接合节点设定合理。北京林业大学杨建福在榫卯结构参数对其性能影响的研究中，为测定榫结构尺寸对燕尾榫的抗拉强度影响，将燕尾榫的斜面接触和 T 形直角榫的榫宽方向都设为过盈配合，其他平面接触设为摩擦接触进行建模，建模分析了各类榫的抗弯性能和抗拔性能的影响因素，得到了有效的优化榫卯结构强度的方案。

通过榫接合有限元应用现状可知，当对榫接合节点的分析结果精度要求高时，对榫卯的有限元建模要更为复杂，不仅要将榫接合节点视为刚性节点，同时还要考虑榫接合是否涂胶的问题。

实木家具构件以形态进行分类可以分为 T 形构件和 L 形构件，实木家具的 T 形构件和 L 形构件的抗拔能力和抗弯承载能力是影响实木家具整体力学性能的重要因素。利用有限元法分析对两种构件的抗拔及抗弯承载能力进行数值模拟分析，首先应该用 CAD、Pro/E 等外部几何模型建立软件，按照规定尺寸建立家具构件模型，然后将建筑实体模型转换为有限元分析实体模型，定义原材料特性、网格图模块划分、连接和关联，最后进行有限元分析。物理模型创建的准确性将会直接影响有限元分析的准确性和测量效率。

当以预制构件为研究对象时，可以有效地简化预制构件内部的连接问题。有研究人员对两种木质材料和两种紧密连接类型的 L 形预制构件进行了有限元分析，应用 ANSYS 软件中的 Solid164 来模拟原材料的基本模块。在坐标系中设定 X、Y、Z 三个方向，其中 X、Z 方向固定，Y 方向只允许向下移动并且不能扭转，这样就简化了构件的加载环境。该实验中对 L 形构件采用了两种加载方式，分别是对角线压缩和对角线拉伸，最终有限元分析结果得出最大应变产生在榫头处与实物试验结果相符。AliKasal 利用有限元分析对胶合情况下不同尺寸圆榫接合的 T 形构件和 L 形构件进行力学性能数值分析，同样选取木材为正交各向异性材料及塑性变形，在模型建立中采用 8 节点有限元模型，对与榫接合处的接触面进行了建模，胶合位置视为各向同性材料进行单独建模，逐渐增加载荷直至榫头拔出、构件失效。

对于实木家具构件，有限元应用可以快速有效地分析出家具在受载时局部的应力、应变等力学情况，同时也可以依靠有限元对家具构件单独进行加载约束来进行模拟分析，有效减少研究工作量。对于实木家具中一些装饰性的构件，在有限元分析过程中可以适当将其简化或省略，在不影响家具结构性质的基础上合理简化有限元分析模型。

实木家具整体的有限元分析可以对家具进行全参数化造型特征设计，能快速修改设计模型，还可以分析家具的功能性和安全性。实木家具整体框架有限元分析按加载不同可以分为两种：一种是家具整体框架在使过程中固定不动时所受的载荷，一般可简化为静载荷，加载位置和加载方向根据家具实际使用情况进行设定；另一种是实木家具在运输、冲击、掉落等非正常使用中的外力破坏，当使用有限元分析这种环境下的实木家具整体框架时加载方式可以定义为动载荷或动静载荷结合。通过对家具整体造型建立几何模型导入有限元分析软件，对家具整体进行网格划分，合理定义家具材料及接合节点设定，再对家具整体施加载荷，其中家具接合处的建模方式、材料定义和约束设定是影响数值分析的重要因素。

北京林业大学杨诺以实木椅为例利用 ANSYS 对实木椅结构设计进行分析，为模拟人使用椅子时所产生的载荷，在座面与椅背交点向前位置施加垂直向下的力，在座面椅背交点向上位置施加垂直向后的载荷，最终得到不同形状椅腿能承受的最大应力和形变值。中南林业科技大学赵青青在对桌子结构进行有限元分析时将桌面与横枨之间设为绑定，施加垂直和水平两个方向的载荷，其中垂直载荷施加在桌面中心位置向下，水平载荷先将桌子固定，再在桌面侧边中心位置施加载荷，得到桌子的形变大小和应力分布。北京林业大学张帆比较了实木家具装配体建模和整体建模两种建模方式下的家具模拟力学分析结果，得出将榫接合节点设为刚性节点时，整体模型的计算分析结果与实际情况的误差比用装配体模型计算时更大。因此，将家具接合节点视为刚性节点时，装配体模型会使分析结果更准确。但是当家具接合节点被定义为刚性节点时，接合节点在加载过程中不产生形变，构件的切线与弹性曲线之间角度不发生变化，因此家具框架中的接合节点不能完全定义成刚性，应将椅子框架的接合节点定义为半刚性节点，利用有限元分析软件，在节点处添加弹簧来分配半刚性连接，根据现实条件设定弹簧的旋转方向和弹簧常数来模拟半刚性接合节点。对运输过程中所受外力进行有限元分析，可以预判家具在运输过程中可能受到的撞击、跌落等的破坏，进而加强家具包装等防护措施减少损失。北京林业大学徐卓对灯挂椅进行仿真模拟日常使用时跌落的有限元分析，将灯挂椅简化为平跌落，其与地面的冲击设定为刚性撞击，跌落分析过程中定义的基本参数包括重力加速度和跌落高度，测试对象在重力场中的初始速度和方向、产品下落时压力分布过程的变化以及应变速度的关系是随着时间的推移而变化。

根据已取得的研究成果可知，不同的节点处理方式、加载方式、约束和参数设定都会影响分析结果的准确性。因此，在进行家具结构强度设计有限元分析时，为了提高分析结果的准确性和有效性，实木家具有限元分析木材力学模型的仿真建模、实木家具结构接合节点的建模和家具构件的合理简化与省略是关键性要素。

8.3.3　基于有限元技术的竹家具开发设计

随着经济社会的发展和人们生活水平的不断提升，室内与家具设计领域对木材的需求量越来越大。通过合理的"以竹代木"，不仅有助于节省木材资源，同时还可降低家具生产的成本，实现经济与环境效益的双赢。竹集成材是利用天然竹林资源开发的绿色环保材料，具有结构尺寸稳定、力学性能优异、易加工的优良特性。以竹集成材制造的家具往往造型典雅、古色古香，体现了竹材天然的质感，彰显出独具特色的"竹文化"特征。然而随着家具定制化设计时代的来临，传统批量化生产时代的"打样-试制-破坏性测试-优化设计-试产试销"的设计开发模式已很难满足定制产品"独一无二"的特征要求，很难满足大众求快、求新的消费需求。如何提高产品的设计效率、缩短生产研发周期，是企业亟待解决的问题。市场上竹集成材家具产品尺寸大多沿用木家具的规格定式，由于竹集成材密度较大，因此其产品大都很重，不易运输和搬运。因此利用有限元分析技术模拟家具产品结构强度来代替破坏性力学强度测试，并以此为依据展开轻量化设计，已成为定制家具产品开发设计的新趋势。

椅子是人类生活生产中最重要的一类家具，人的一生有 1/3 的时间在椅子上度过，椅子也是定制家具最主要的产品之一。目前国内外学者已开始利用有限元技术对椅类家具结构设计进行研究。Chen 规范了 Solidworks 和 ANSYS 软件在家具设计中的具体操作步骤：Solidworks 建模→干涉检查→导入 AN-SYS→创建材料属性→定义零部件材料属性→定义零部件之间的接触→划分网格→定义载荷与约束。俞明功认为在将椅子模型导入到 ANSYS Workbench 之后必须进行干涉检查，否则会因装配不合理给优化设计分析带来极大误差。李京龙利用有限元技术尝试对竹龙椅结构局部提出优化设计方案，其安全系数（极限应力/许用应力）为 1.5 时可以起到最佳效果。

8.3.3.1　竹集成材新中式椅设计

图 8-15 所示太师椅汲取了中国明式家具直曲搭、圆接合、线条流畅的特征，其扶手与搭脑借鉴中国古代圈椅的"交圈"样式，呈 U 形；靠背采用"一统碑"式呈 S 形；四条腿一改古代家具线脚收分样式，而采用四足垂直落地给人以挺拔简约的现代感。

在内部构造上该椅整体采用榫卯接合，尺寸设计如图 8-16 所示，构造细节如下：扶手采用三段隐藏式非贯通单榫结构，前端与前腿采用挖烟袋锅结构，如图 8-17（a）所示；靠背与搭脑、座面后立边连接处采用榫簧、榫槽方式接合，靠背开上下榫簧插入扶手和座面后立边的榫槽中，如图 8-17（b）所示；扶手与后腿亦采用直角榫暗榫接合，在后腿开榫头，如图 8-17（c）所示；立边与腿部采用闭口非贯通单榫连接，其中相邻的立边榫头在同

图 8-15　太师椅

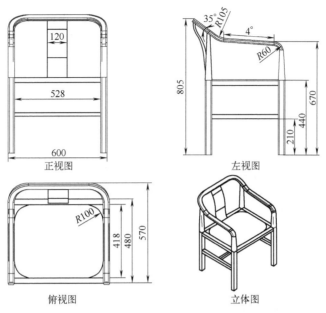

正视图　　　左视图

俯视图　　　立体图

图 8-16　新中式椅三视图与立体图

一个平面上且相互避让交错，如图 8-17（d）所示；座面前后、左右立边与座面采用嵌板的形式接合，立边开榫槽，面板插入到立边榫槽内，如图 8-17（e）所示；左右拉档与腿部之间采用闭口非贯通单榫连接，左右拉档开榫头与腿部榫眼接合，中间拉档开榫头与左右拉档榫眼接合，如图 8-17（f）所示。具体的榫卯结构尺寸如表 8-3 所示。

表 8-3　椅子零部件尺寸参数　　　　　　　　　单位：mm

零部件名称	整体尺寸	榫头尺寸(长×宽×厚)	局部图例
搭脑	692×36×20	15×12×8	图 8-17(a)
靠背板	360×120×10	10×120×8	图 8-17(b)
前腿	620×36×36	10×16×10	图 8-17(a)
后腿	723×36×36	1516×12	图 8-17(b)
座面前后立边	528×30×31	20×18×15	图 8-17(d)
座面左右立边	418×30×31	20×18×15	图 8-17(e)
座面	528×418×15	10×528×15 10×418×15	图 8-17(e)
左右拉档	418×26×26	12×26×12	图 8-17(f)
中横档	58×20×20	12×12×12	图 8-17(f)

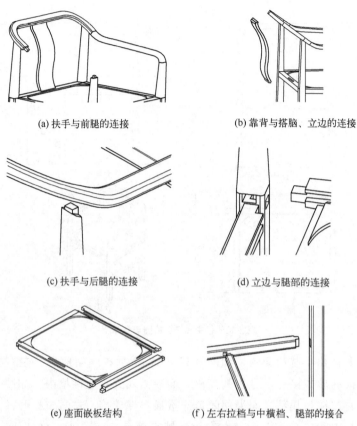

| (a) 扶手与前腿的连接 | (b) 靠背与搭脑、立边的连接 |

| (c) 扶手与后腿的连接 | (d) 立边与腿部的连接 |

| (e) 座面嵌板结构 | (f) 左右拉档与中横档、腿部的接合 |

图 8-17　椅子部件结构图

8.3.3.2　新中式太师椅结构有限元分析

（1）材料参数的选择

表 8-4　竹集成材力学参数

材料	密度 /(g/cm³)	弹性模量 /MPa	剪切模量 /MPa	泊松比	横纹极限抗压 强度/MPa
竹集成材	0.69	$Ex=26938$	$Gx=574$	$V_{xy}=0.474$	45
		$Ey=6640$	$Gy=283$	$V_{yz}=0.588$	
		$Ez=3870$	$Gz=122$	$V_{zx}=0.417$	

（2）模型导入 ANSYS Workbnch 模拟分析流程

模型导入：在 SolidWorks 中对模型进行干涉检查之后导入到 ANSYS Workbench 中。

创建材料属性：依据表 8-4 中竹集成材各力学性能参数在软件中创建材料属性。

定义零部件材属性：在 Geometry 中给每个零部件赋予竹集成材的材料属性。

定义零部件之间的接触：椅子各部件之间接触方式设置为绑定（bonded）。

划分网格：为了保证椅子模拟分析的效果，设置网格划分的单元尺寸为 5mm。

（3）椅子力学强度测试中载荷和约束设置

按 GB/T 10357.3—2013 的规定，根据以往研究经验，取第 3 试验水平的力学要求对简化后的新中式椅家具模型进行力学强度分析。据国新办发布的《中国居民营养与慢性病状况报告（2020 年）》显示，18 岁及以上居民男性平均体重为 69.6kg，因此取该值作为椅子静载荷的参考值，设计实验将人的最大体重设置为 80kg。设定椅子在不同工况下的条件测试项目如表 8-5 所示。

表 8-5 椅子不同工况下的测试项目

椅子载荷测试项目	加载视图	图示	施加载荷	平衡载荷	椅约束
座面垂直加载		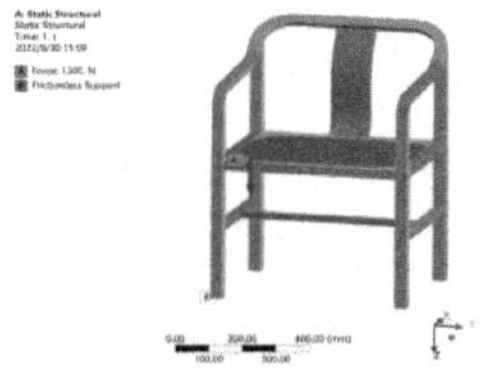	座面施加 1300N 垂直载荷	—	无摩擦约束
座面、靠背联合加载		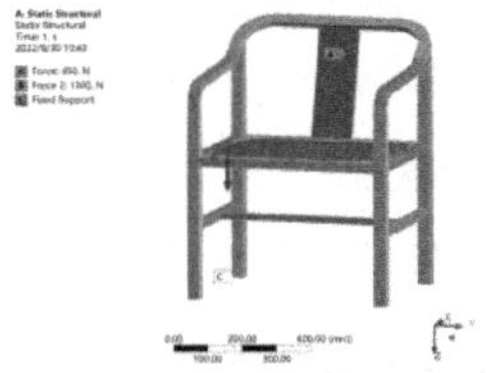	座面施加垂直向下的 1300N 载荷；椅背施加 450N 载荷	—	两条后椅腿与地面选择固定约束
扶手侧向加载	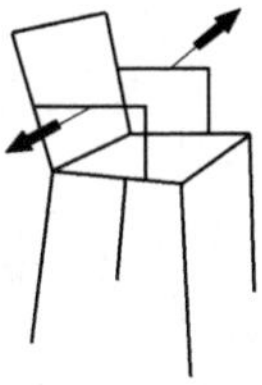	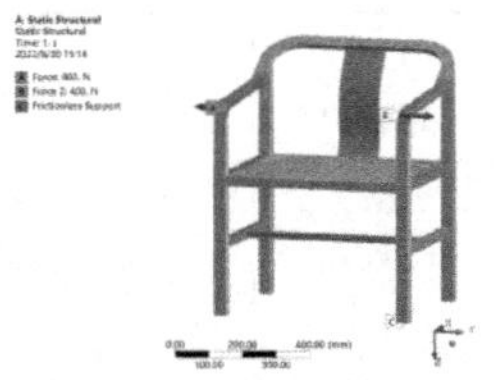	分别对两侧扶手施加垂扶手侧面方向的 400N 载荷	—	四条椅腿与地面设置为无摩擦约束
扶手垂直加载		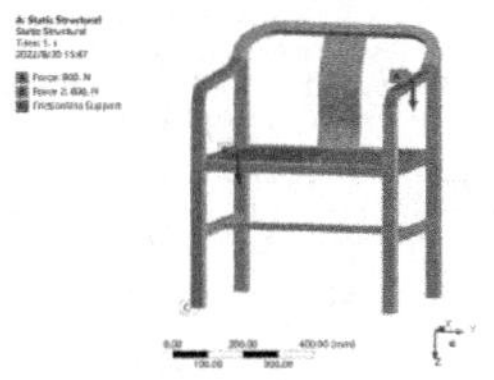	对一侧扶手施加垂直扶手向下的 800N 的载荷	未施加载荷的扶手一侧座面施加 800N 的平衡载荷	四条椅腿与地面设置为无摩擦约束

续表

椅子载荷测试项目	加载视图	图示	施加载荷	平衡载荷	椅约束
椅腿向前加载	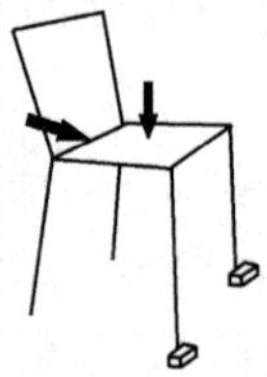	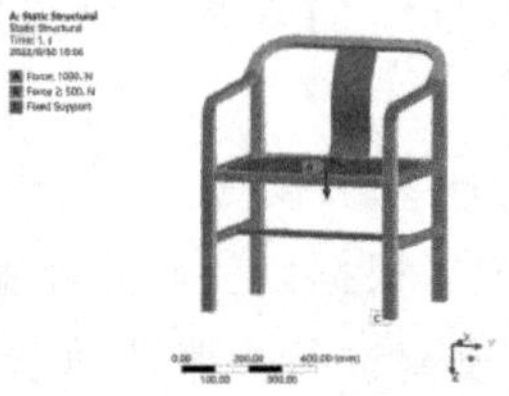	对座面板后部施加水平向前的 500N 载荷	对座面施加垂直座面向下的 1000N 的载荷	两条前椅腿设置为固定约束
椅腿侧向加载		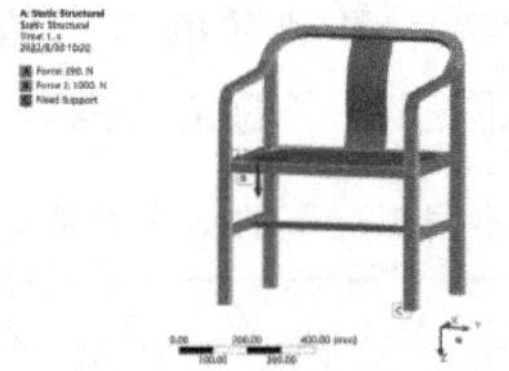	对座面板右侧施加水平由外向左的 390N 载荷	对座面施加垂直座面向下的 1000N 的载荷	左侧两条椅腿设置为固定约束

（4）ANSYS Workbench 求解与分析

经 ANSYS Workbench 软件运算处理后，得到椅子结构的位移云图和应力云图，如图 8-18～图 8-23 所示，其中最大位移在椅子搭脑处，为58.36mm，此处应力为 0.38MPa，最大应力在椅子搭脑与左后腿接合处，为37.43MPa，其他各部位的最大位移和最大应力如表 8-6 所示。通过将椅子各个部位应力值与竹集成材横纹极限抗压强度对比可得：该椅所有部位节点处的最大应力值均小于竹集成材极限抗压强度 45MPa，如图 8-24 所示，这说明该椅子在常规最大外力作用下未发生构造性破坏，其结构设计方案合理。

表 8-6　六种工况下椅子的受力情况

项目	位移云图信息	最大位移处应力	应力云图信息	最大应力	图例
椅子座面垂直加载载荷结果分析	座面中间部分出现最大变形量 1.20mm	2.17MPa	靠背与座面后立边接合处受到最大应力	7.03MPa	图 8-18
椅子座面与靠背共同加载载荷结果分析	扶手前端出现最大变形量 16.02mm	0.26MPa	左右拉档与后腿接合处受到最大应力	35.02MPa	图 8-19
椅子扶手中部侧向加载载荷分析	扶手前端出现水平向外的最大变形量 4.17mm	2.92MPa	搭脑与后腿接合处受到最大的应力	18.32MPa	图 8-20

续表

项目	位移云图信息	最大位移处应力	应力云图信息	最大应力	图例
椅子扶手竖直向下加载试验结果分析	扶手中部出现垂直向下的最大变形量 3.80mm	19.72MPa	搭脑与左后腿接合处受到最大的应力	37.43MPa	图 8-21
椅子椅腿向前加载试验结果分析	搭脑处出现水平向前的最大变形量 21.19mm	0.65MPa	左右拉档与前腿接合处受到最大的应力	34.80MPa	图 8-22
椅子椅腿侧向加载试验结果分析	搭脑处出现最大变形量 58.36mm	0.38MPa	座面前边与左前腿接合处受到最大的应力	34.75MPa	图 8-23

(a) 位移云图　　　　　　　　　　　(b) 应力云图

图 8-18　座面垂直载荷下椅子云图

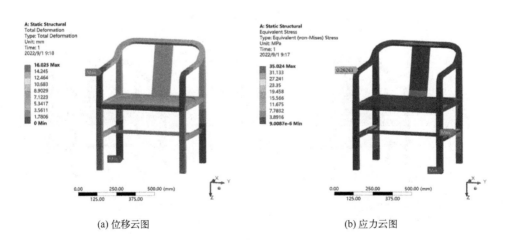

(a) 位移云图　　　　　　　　　　　(b) 应力云图

图 8-19　座面与靠背共同加载载荷下椅子云图

379

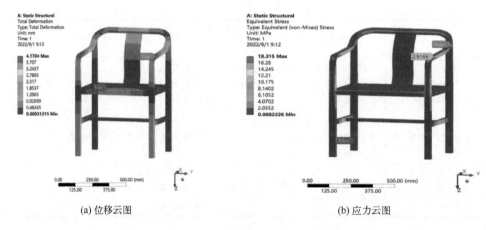

(a) 位移云图　　　　　　　　　　　　　　　(b) 应力云图

图 8-20　扶手中部侧向载荷下椅子云图

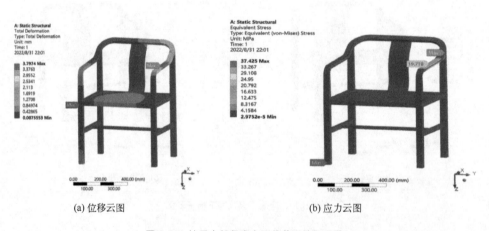

(a) 位移云图　　　　　　　　　　　　　　　(b) 应力云图

图 8-21　扶手中部竖直向下载荷下椅子云图

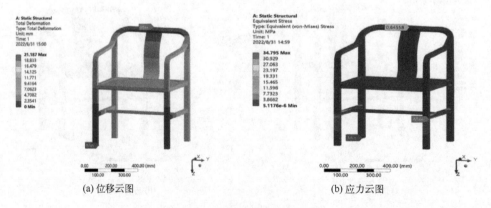

(a) 位移云图　　　　　　　　　　　　　　　(b) 应力云图

图 8-22　椅腿向前加载下椅子云图

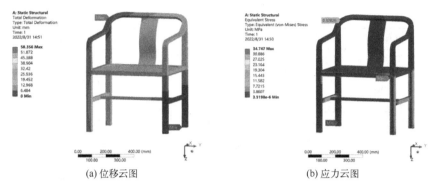

(a) 位移云图　　　　　　　　　　　　　(b) 应力云图

图 8-23　椅腿侧向载荷下椅子云图

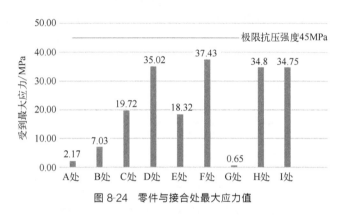

图 8-24　零件与接合处最大应力值

8.3.3.3　竹集成材新中式椅轻量化设计

为降低该椅的整体重量，在此基于有限元技术，对椅子每一零部件都选择六种工况中所受应力最大的一种工况，进一步探讨通过响应面优化减小该椅的尺寸以及榫卯结构设计尺寸。对该椅进行轻量化设计时，为保障椅子安全性，安全系数值取 1.5，设置等效应力最大值≤30MPa，将参数条件设置好之后，系统通过 MOGA 算法得到各零部件尺寸的最优解区间。表 8-7 为基于椅子轻量化设计所选的一组最小尺寸。

表 8-7　优化所得尺寸参数　　　　　　　　单位：mm

家具部件	整体尺寸	榫头尺寸(长×宽×厚)
搭脑	600×25.58×10.03	10.393×10.743×7.72
靠背	360×110.05×8.81	11.30×110.05×5.78
前腿	620×28.25×28.87	7.57×13.32×8.49
后腿	723×25.10×25.01	8.43×9.93×10.06
座面前后立边	528×20.3×23.49	10.17×21.00×12.88

续表

家具部件	整体尺寸	榫头尺寸(长×宽×厚)
座面左右立边	413×20.00×20.00	10.00×10.00×10.00
座面	528×413×7.39	9.29×528×7.39 9.29×413×7.39
左右拉档	413×20.00×32.52	7.37×20.00×7.35
中横档	536×18.01×16.47	12.07×9.58×9.76

　　在将表 8-7 尺寸取整处理，同时兼顾到椅子整体协调性的基础之上，对模型尺寸进行修改，所得模型经六种工况下的静力学分析后，部分零部件所受最大应力大于 45MPa，如最突出的部位前腿，在将尺寸 620mm×30mm×30mm 修改为 620mm×32mm×32mm 后，前腿所受最大应力小于 45MPa，符合椅子的受力要求。将所有不符合椅子受力要求的部位适当修改尺寸后，得到如表 8-8 所示的零部件尺寸参数。

表 8-8　修改后零部件尺寸参数　　　　单位：mm

零部件名称	整体尺寸	榫头尺寸(长×宽×厚)
搭脑	592×32×20	15×15×10
靠背	360×110×12	12×110×6
前腿	620×32×32	10×14×10
后腿	723×32×32	16×14×10
座面前后立边	528×22×30	15×15×10
座面左右立边	413×22×30	12×15×10
座面	528×413×8	10×528×8 10×413×8
左右拉档	413×24×24	12×24×10
横档	56×16×16	10×10×10

　　将椅子按表 8-8 所述尺寸修改建模重新进行静力学分析之后，不同工况下的最大应力均小于竹集成材的极限抗压强度 45MPa，轻量化设计后所得应力云图如图 8-25 所示。

　　图 8-26、图 8-27 为椅子质量信息，相较于初始设计的减重比例为 (7.3847kg−5.3248kg)/7.3847kg×100%=27.89%。

　　综上所述，以竹集成材为原料的新中式椅，应用 SolidWorks 进行建模，按照 GB/T 10357.3—2013 标准，基于有限元 ANSYS Workbench 软件对该椅进行模拟力学强度分析，得到位移云图与应力云图，通过分析可知：该设计方

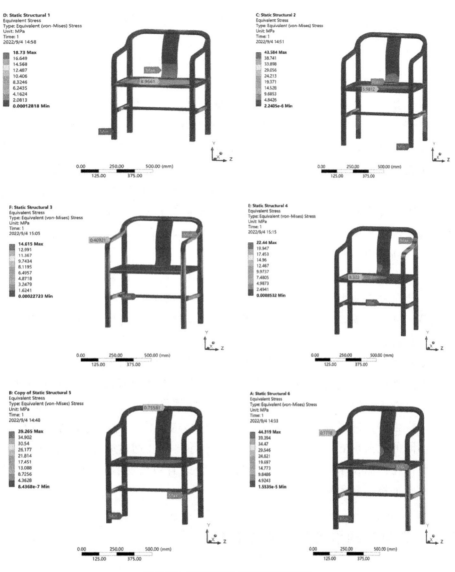

图 8-25　轻量化设计后椅子应力云图

Bounding Box	
Properties	
☐ Volume	1.0702e+007 mm³
☐ Mass	7.3847 kg
Scale Factor Va…	1.
Statistics	
Update Options	
Basic Geometry Options	

Bounding Box	
Properties	
☐ Volume	7.7171e+006 mm³
☐ Mass	5.3248 kg
Scale Factor Va…	1.
Statistics	
Update Options	
Basic Geometry Options	

图 8-26　初始椅子质量信息　　　　图 8-27　轻量化设计后椅子质量信息

案的各个节点受力强度，均小于竹集成材极限强度，证明设计方案合理。为实现该椅的轻量化设计，通过 ANSYS Workbench 的 DOE 工具计算得出在某一工况下符合人体及材料安全性的每个零部件尺寸的优化设计方案，结合椅子的外观整体协调和六种工况下的整体结构性能，分析得出整体设计方案的最优解，得到其各节点受力强度亦均小于竹集成材极限强度，无安全隐患，且整体质量较原方案减轻 27.89％，起到减轻重量、节省材料、降低成本的目的。

家具的结构在以往的设计中最常见的方法是理论计算或经验值确定，但这些方法在实际的操作中难以做到精准与便利。在实际生产中人们总结出一整套以破坏性为主的整体试验法，这种方法在很大程度上造成了材料和能源的浪费。随着计算机算法的发展，有限元分析法成为了分析结构问题的主要方法。利用实验结构强度分析法为接合方式或榫卯结构配合提供研究的参数，有限元分析法逐渐被应用到家具结构设计中。

国内在利用有限元理论分析家具结构强度方面的起步较晚，应用也较为基础，主要是针对典型家具整体或某个部件，采用有限元分析其整体或局部的静力载荷、冲击载荷，进行跌落实验等，证明有限元的可行性，或是对局部易损坏点进行优化。

家具结构设计过程中，有限元分析法可以作为快速有效的仿真方法，对复杂的框架结构进行应力、应变分析，同时使家具部件的形状、尺寸满足家具所有的功能需求、审美要求和强度要求。通过实体模型，利用软件来计算设计产品的结构强度，并通过计算机辅助软件进行结构优化。针对复杂材料及模型，模仿不同的载荷形式进行力学分析，具有可重复性。通过软件分析实体造型结构，可优化产品每个部分的模型参数，在快速有效地选择家具零部件外观尺寸、形状上提供新思路。

8.4　家具结构设计研究前沿案例

8.4.1　大数据技术与家具结构开发设计

大数据技术与制造技术的深度融合正对传统制造业的变革产生深远影响，从定制产品的客户需求到产品全生命周期过程，各个环节产生的各类海量数据资源在制造过程中不断积累，增大了数据挖掘应用的难度，在此背景下形成了工业大数据技术。同时，伴随工业 4.0 时代工业互联网技术的快速发展，大数据挖掘和分析、云计算和边缘计算、物联网等大数据应用技术应运而生。大数据技术不仅为企业带来商业价值的改变，更对传统制造业高质量发展具有重要意义。

通过制造过程中的大数据技术能够提升商业价值、提高生产效率、满足客户对产品质量和优质服务的需求。随着定制家居的兴起和发展、家居智能制造的快速转型升级，家居行业也在不断借鉴其他行业的经验和方法，开始将大数据挖掘技术应用其中，把数据挖掘作为家居行业建立数据库中的知识发现的一个关键环节，通过大数据分析，挖掘出有价值的数据并应用于企业生产制造过程中，促进家居行业的数字化转型。同时，大数据分布的统计特征分析、大数据分类挖掘优化、大数据分类挖掘仿真实验等都需要进一步突破技术瓶颈，其中大数据分析方法和挖掘技术在家居智能制造转型升级过程中逐渐形成一种新的技术需求。

8.4.1.1　家居大数据的研究领域

大数据的概念最早出现于《大数据：创新、竞争和生产力的下一个新领域》一文，其中指出："数据已经融入了大众的日常生活中，对大数据展开研究与分析，能够为人们的消费、生产水平带来跨越式的提升。"家居制造企业大数据研究领域主要包括：家居研发数据域，即家居研发设计数据和新产品测试数据等；家居生产数据域，即家居生产过程中的加工控制信息、工艺过程工段信息、工艺参数及车间设备管控信息等；家居物流数据域，包括车间物流数据、销售物流数据、产品售后服务和维护数据等；家居管理数据域，包括订单管理系统信息、客户关系管理信息、产品采供和供应链数据、运营管理数据等；家居企业的外部数据域，是指与企业相关联的全产业链上的其他主体共享数据等。

大数据分析是对挖掘的数据进行处理的过程。大数据分析方法直接决定了最终信息是否有价值。大数据分析在家居行业中的应用主要包括三个方面。

①　大数据挖掘算法。数据挖掘算法的最大优势是能快速处理大数据，并能面对家居制造过程中不同数据类型和格式构建出科学挖掘模型，应用于实际生产。依据在家居制造过程中不同环节的功能需求，大数据挖掘算法主要有分类算法、聚类算法、关联规则和预测算法等。

②　高质量数据获取和应用。为体现家居智能制造过程中数据分析结构的真实性和高价值，大数据分析需要获取高质量的数据才能满足数据在家居行业的应用需求。因此，在大数据分析过程中离不开高质量的数据和高效的数据管理过程。

③　预测性分析。家居大数据分析除了能处理现有数据外，更为重要的作用是构建科学的数据模型，并依靠模型不断引入新的数据进行验证，从而对家居智能制造作出预测性判断。

　　数据挖掘是从大量数据中挖掘出数据蕴含的潜在规律，提炼出有价值知识的过程，一般分为数据预处理、寻找规律和知识表示三大步骤。与传统的信息采集和处理技术相比，大数据挖掘对信息的获取更直接，是利用机器学习或关联规则等算法发掘出更有效、价值更高的信息。其特征体现在：一是数据挖掘是在各领域的数据库中挖掘、处理海量数据信息的过程，这些数据信息通常已经通过预处理，具有结构化特点；二是数据挖掘是通过数学统计，设计挖掘算法，建立挖掘模型，揭示潜在数值信息及其内部特点；三是数据挖掘的最终目的是构建科学挖掘模型。大数据挖掘技术在家居行业中应用，可对客户需求、产品研发、生产过程、运营过程等进行数据挖掘，通过数据驱动家居全生命周期生产的全过程。

8.4.1.2　大数据在家居智能制造过程中的应用

　　大数据在家居智能制造中的应用包含了数据采集、数据存储和管理、数据分析与反馈、数据可视化等环节，如图 8-28 所示。其中，数据采集在经历了条形码、二维码技术后，逐渐向着射频识别技术（RFID 技术）、机器视觉技术和移动终端技术方向发展；数据存储和管理、数据分析与反馈正在通过订单管理系统、数字化设计和制造、智能物流系统不断进行研发突破，逐渐拥有了具备家居特征和功能的软件系统；数据可视化已经呈现在家居企业的销售门店、电商平台、制造车间、工作岗位等多个环境场所，以满足使用者的需要。

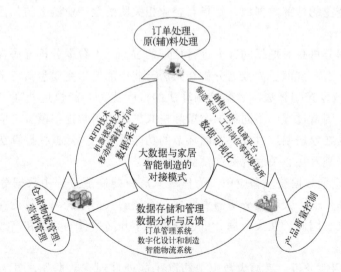

图 8-28　大数据与家居智能制造的对接模式

　　① 大数据改变了家居订单的处理方式。在定制化时代，家居订单的业务

流程不再局限于制造，而是包括订单形成、产品设计、订单制造、订单仓储和物流、订单安装、订单服务等更多环节。家居产品制造已不仅是制造产品，而是能为客户提供一个定制化产品和服务。在这个过程中，通过大数据分析，一方面，可以对消费市场进行细分，产生新的家居市场预测需求和订单量；另一方面，通过客户关系管理和企业管理系统，对每一个订单流程进行准确把控，以确保产品的生产周期最短，并提供全生命周期服务。由此可知，大数据彻底改变了传统家居企业"通过市场调研与分析确定需求量→产品加工→等待订单→处理订单"的模式。

② 大数据规范了物料采购形式。在定制化时代，家居原材料采购往往与订单的形成和制造过程同步进行，是协同生产的过程。因此，通过大数据技术，将产、供、销三个部门进行信息归集，一方面打破了不同企业间的"信息孤岛"问题，实现集约化管理，合理规划采购需求金额和资金周转；另一方面，结合客户需求，对采购的原材料属性、价格进行同步评估，从而降低了原材料和采购成本，提高了企业资金利用率。

③ 大数据优化了家居仓储物流管理模式。随着大数据技术的不断创新和发展，家居企业也逐步将大数据对接到物流信息系统中。通过大数据算法，一方面，企业可以通过改变原有的仓储运算方式解决物流过程中共同配送最短路径优化问题，在实现零库存的同时降低物流成本；另一方面，依据消费者的服务需求，使物流信息变得可视化与可追溯，实现合理、高效、智能化的配送模式并打破传统物流模式的局限，同时也促进了家居电子商务的快速发展。

④ 大数据提升了家居产品的质量控制水平。大数据在家居智能制造过程中的应用，最直接的还是面对产品。产品质量的控制除了需要预测家居产品生命周期内的质量变化情况外，还体现在产品制造过程中，包括原材料的质量监控、制造过程的质量把控等。为发挥大数据的技术优势，提升家居的质量控制水平，一方面需要通过大数据分析对原材料的质量进行监控；另一方面，更为重要的是在家居产品制造过程中需要通过大数据对设备、工艺流程、辅助制造等环节进行即时化管控。

⑤ 大数据创新了定制家居产品的营销模式。随着互联网的发展，家居产品营销模式最明显的变化是呈现多样化特征，既包含家居实体门店、营销、形象、产品服务等方面的管理，也包括客户需求的体验式、个性化、文化、跨界、爆品等新理念，同时涉及家居电子商务、新媒体、全渠道、大数据、人工智能营销等多变的营销方法，所以会产生海量数据，海量数据又直接影响企业营销计划的制定。通过应用大数据技术可以让家居市场逐步变得有计划和有组

织。应用大数据算法，一方面可以实时、准确地了解供需两端的变化情况，从而更有效地推动家居产品零售模式；另一方面，利用大数据统计在数据分析、选择优化、趋势预测等方面具有的极大优势，可逐步扩大家居产品电商市场范围，不断提升家居产品网购渗透率。

8.4.1.3　大数据技术对家具智能制造的提升和改变

通过对大数据技术的特征分析，其对家具智能制造的提升和改变主要体现在五个方面（图 8-29）。

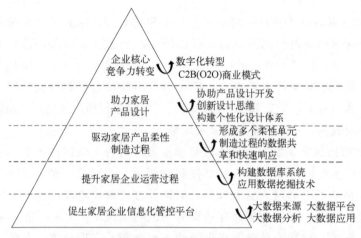

图 8-29　大数据技术对家居智能制造的提升和改变

（1）大数据技术引领企业核心竞争力的转变

大数据技术使企业对家具制造过程有了新的认识，将大数据技术与传统制造技术相结合，应用大数据技术作为企业的核心竞争力，采用系统、集成、信息、服务等理念，对整个家具生产流程进行优化，改变了传统家具制造以产品为中心进行工业化流水线制造的模式，实现了以客户为中心、以柔性制造为主导、以数据驱动生产，并能主动让客户参与到家具的设计、制造和物流过程中，满足客户对产品和服务的个性化需求。大数据技术的应用促使定制家具企业进行数字化转型，这已是企业发展的必由之路。

大数据技术改变的不仅仅是家具的制造过程，更重要的是企业商业模式的变革，是用户改变企业。商业模式不再是 B2C，而是 C2B（O2O）的形式。通过大数据算法的应用，庞大的数据库得以发挥作用，使产品个性化设计能力得以提升，解决了家具车间的柔性制造问题，形成了商业价值链的闭环和全新的商业模式，不仅提升了家具智能制造过程的生产效率，而且降低了企业的运营和生产成本，实现根据客户个性化需求展开生产的模式。

（2）大数据技术助力家具设计研发

通过大数据可以准确地进行市场调研，获取客户对产品的定位、偏好等个性化需求等。在调研阶段，面对快速多变的市场需求，唯有依据大数据思想，对数据进行科学归类、筛选、整理、分析和总结，构建科学的数据模型，从而实现精准的设计定位和对未来设计的预测。

如何通过大数据平台进行设计数据挖掘，以及设计师如何通过大数据面向客户和生产端进行产品设计、以用户体验为核心获取设计决策、进行可持续优化设计等，都是家具智能制造时代设计思维转变需要关注的关键问题。

在产品开发阶段，利用大数据技术，借助准确而有效的市场数据，采用多维度数据图表分析，为企业实现精准研发提供依据，通过客户需求信息挖掘、数据应用过程的管理与分析、家居产品信息建模、定制产品匹配、定制产品决策与评价等，进行定制家具产品的设计流程创新。针对具体的产品，通过大数据技术，按最佳数列科学地排列和组合，形成模块化的家具标准化设计体系。同时，通过数字化设计信息系统的数字化产品建模、虚拟现实等方法，实现客户参与的定制家具产品协同设计。

（3）大数据技术驱动家具柔性制造过程

大数据技术驱动家具柔性生产端发生的根本变化体现在两个方面。

一是形成了多个柔性制造单元。针对定制家具制造装备自动化程度低等问题，通过大数据技术对定制家具智能装备柔性化调控关键部件与控制技术改进、关键工序（开料工序、封边工序、钻孔工序、分拣工序、包装工序）加工最优化算法、最优压缩准备时间算法、最短路径物流路线自动寻优与规划等进行研究和实践，从而构建模块化的柔性生产技术和规范，形成多个高产出、低成本的柔性制造单元。

二是实现了家具智能制造过程中的数据共享和快速响应。通过大数据挖掘技术，建立定制家具柔性生产过程中多因子筛选和消减机制；采用大数据分析，结合成组技术，对定制家具自动排产多因子特征进行评价，建立定制家居高效排产体系和方法；为解决柔性制造过程中的"瓶颈"工序，将各工序综合考虑，如排产时就考虑分拣工序的问题，通过对订单排序优化进行大数据分析和科学算法计算，为后期分拣工序提供智能化自动分拣的数据来源，在实现多订单最优排产和材料利用率提高的同时，解决了零部件分拣工序的技术瓶颈，从而实现家具柔性制造过程的数据共享和快速响应。

（4）大数据技术提升家具企业运营过程

除了设计和制造外，大数据技术还应用在家具企业的运营管理方面：一是通过构建多维度、全面的数据库系统，使得家具企业普遍实现信息化管理，让信息化管理技术在企业的每一个环节得到体现，解决家具企业人财物、产供销一体化综合考虑的问题，通过信息化管理既给家具企业带来低成本的生产、高效率的运营，同时又让企业在运营过程中有据可依、有数可查，提升整个家具企业的运营过程；二是在市场营销领域中，应用数据挖掘技术，帮助企业更加高效地在客户群中挖掘出具有高度购买潜力和忠诚度的客户，同时依据关联预测分析，掌握消费者的未来消费行为，通过企业运行过程对消费数据进行分析，对企业的生产、销售和新产品研发做出进一步调整和优化，在提高销售量的同时更好地进行市场把控，生产出满足消费者需求的最优产品和服务，实现企业和客户双赢。

8.4.1.4　大数据技术在家具智能制造领域的研究热点和难点

大数据技术在家具智能制造如订单处理、原（辅）材料采购、仓储物流管理、产品质量控制、营销管理等全生命周期有着广泛应用，但仍存在以下问题：家具智能制造数据存储方式落后，传统企业使用的 SQL 数据库不能满足海量动态数据的存储要求；缺乏高性能的数据处理方法，目前家具企业数据处理模式不能实现容量大且存储集中的数据文件的快速处理；数据可视化分析薄弱，数据分析过程不能直观地呈现大数据的特点；缺少以云技术为核心的数字化网络平台。针对以上问题，今后大数据技术在家具智能制造领域的研究热点和难点主要体现在以下几个方面，如图 8-30 所示。

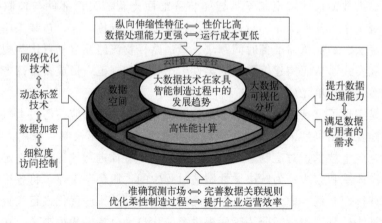

图 8-30　大数据技术在家具智能制造过程中的发展趋势

① 家具智能制造存储技术的拓展。随着互联网技术的快速发展，可以利用网络优化技术进行数据存储，利用动态标签技术构建三维网络，使用数据加密、细粒度访问控制等技术保护数据安全、支撑业务需求，形成新的数据空间。数据空间是面向全生命周期分布式多元标签数据存储的底层技术框架，是

基于大数据分布式的存储技术。目前用到的大数据存储框架主要有数据分组、聚类、描述、数据挖掘等内容。进一步提高家具智能制造过程中的数据挖掘的准确度，将会成为家具智能制造数据存储的新方向。

② 数据处理方法的加速转型。其主要体现为高性能计算和云计算的应用。高性能计算是面对密集数据时，花费少的人力和时间却能够快速进行数据处理的一种技术和方法。高性能计算技术可以使企业的运营效率更高、制造过程中数据关联规则更合理、柔性制造过程更便捷、市场预测更准确。随着定制家具个性化需求越来越高，家具智能制造不仅面对的是板式家具，实木及其他类家具也逐渐迈入智能制造时代，数据文件将会较现阶段倍数增加。面对企业容量较大且存储较为集中的数据文件，高性能计算能满足家具企业的运营需求，同时通过对企业各种数据资料的收集处理和分类汇总实现对产品研发、车间、工段、物流、销售等部门更为科学的规划和管理。云计算是一种基于网络的超级计算模式，属于大数据分布式计算的一种，具备成本低、性价比高的特征，能在相同的逻辑单元内增加更多的资源以提高数据的处理速度、容量和能力。目前，基于云计算的大数据分析已经在定制家具企业的管理会计领域得到应用，显著提高了管理水平。此外，云计算可使企业的管理更容易、运行成本更低、数据处理能力更强，家具制造企业能以低成本获取更多有价值、可使用的数据，显然是企业倾向使用的一种数据挖掘技术。

③ 大数据可视化分析技术的升级。可视化分析技术主要是依据大数据分析，结合客户、制造商等用户需求，在类型多样或者数量很大的数据中迅速获得信息的技术。大数据可视化分析技术一方面能够支持家居企业进行效率更高的全面分析和管理，提升数据处理能力；另一方面在大数据进行分析的过程中能够直观呈现大数据的特点，满足数据使用（需求）者的需求且便于接收。未来家具企业不仅可以通过大数据技术集成多软件的管控平台，还可通过大数据技术和 VR 技术的创新融合研发，对三维引擎的图像处理和实时交互显示技术、多光源大场景实时渲染关键技术、自动布光优化算法、基于智能匹配和深度学习的人工智能算法进行研究，形成家具产品 3D 高效设计云平台，有效提升客户体验感及满意度。

④ 网络化云平台的快速构建。云平台是指基于提供计算、网络和存储能力的硬件资源和软件资源服务的网络平台，也称云计算平台。家具企业未来可通过数据处理引擎、设备集成模块的研发，构建家具行业特有的模型库、案例库、知识库、APP 资源池等，形成家具行业云支持技术体系。通过云平台，一方面可为产品研发、柔性生产过程、运营过程供应链协同优化提供服务；另一方面可集成客户需求的多样化、个性化产品，满足线上家具产品研发设计优

化、协同设计等应用场景的需要，更好地为用户提供整体定制家具解决方案。云平台可实现跨家具行业领域、跨家具企业信息化平台的应用，从而全面提升家具智能制造水平。未来云计算和云平台一定会在家具研发、门店虚拟展示、车间生产等更多领域得到全面应用和发展。

8.4.2　柔性化生产背景下家具产品结构开发

在定制家具智能制造过程中，企业每天面对的是成千上万件形状各异的板件，而且板件在车间的加工时间一般都较短，如果按照工业化流水线的作业方式无法保证加工质量和加工时间。由此，柔性生产被引入家具制造过程。

8.4.2.1　柔性定义

柔性是指一个生产工艺系统在处理不同结构形式产品，进行自我调节的同时保证提高设备负荷率的能力，是制造系统应对变化的调节能力，它取决于整体系统方案、设备及人员配置的合理性。

柔性制造系统（FMS）是指在自动化技术、信息技术和制造技术的基础上，由数控加工系统、计算机控制及处理系统与原（辅）材料的物料自动运储系统有机结合的整体，一般由数控机床、加工中心、车削中心或相关的柔性制造模块组成。它可以根据加工任务或生产环境的变化适应调度管理，自动适应加工零部件的类别和生产批量的变化，并根据任务需求，在设备的技术性能范围内迅速进行调整并加工完成一组不同工艺流程及加工节拍的零部件。适用于中小批量和多品种生产的高柔性、高效率、高自动化的制造体系，可以保证加工系统获得最大利用率。

8.4.2.2　柔性制造系统的表现形式

根据家具制造企业的生产模式，柔性制造系统的表现形式可分为融合柔性、容量柔性和可扩展柔性三种。

融合柔性是指工艺系统不同机构组合中对产品结构形式变化的适应程度。可以通过衡量家具产品从设计到生产投入的时间来确定系统调节的程度和速度，融合柔性程度高说明系统融合时间短。系统的融合柔性对于生产数量少、结构组合模式复杂、可变性大的产品有很大影响。

容量柔性是针对不同产量需求时系统对产品的适应能力，是系统可容忍产品批量及突发情况变化的适应能力。容量柔性是系统被利用能力和系统可用能力的比值，针对不同生产数量、不同结构形式的产品，系统能够及时准确地进行规划和分类对同类型产品模块进行统一生产加工，从而保证企业在快速应对市场变化的同时能够提高企业资源的利用率，并消除或削弱不确定性变化对企业产生的影响。

可扩展柔性通常是指系统在引进新产品时，系统对这种新产品投入市场的反应时间。家具产品流行趋势的变化性需要系统的适应能力很高。当市场需求发生变化时，生产工艺系统可根据相应变化，进行快速调节及反应，从而满足消费者特殊的要求，并在尽可能短的时间内加工生产出适销对路的产品。

8.4.2.3 柔性化生产特征

实现家具的柔性化生产可以分为两类。一类是利用若干个数控机床和自动物料运输系统实现设备的柔性化生产，称为"硬件"实现柔性化生产。例如数控加工中心（CNC）就是具有较强柔性的若干种数控机床之一，但设备成本太高不适合家具生产。另一类是利用现有数控机床与普通机床，不盲目追求物料流的自动化，但要强调在现有设备条件下信息流的自动化，主要利用"软件"来完成柔性化生产。

柔性化生产特征主要表现：

① 柔性化生产的前提是提高标准化程度，使通用零件数量大幅度提高，降低非标准零件的使用规格和数量，从而提高生产设备的利用率，更多从"软件"方面体现柔性化生产及新产品开发的优越性。

② 柔性化生产的实现手段是生产模块化，将家具产品的通用零部件分别进行组织生产，以相对稳定的工艺流程形式满足不同的外观变化需求，在模块体系内实现大批量生产的目标。

③ 柔性化生产的保障是管理信息化。柔性化生产的模式需根据所加工零部件相似程度进行组织生产，将家具生产过程中的各环节及相关因素如工艺流程、模具、生产及技术人员配置等进行整合，统一通过信息化管理实现生产保障。

8.4.2.4 设计和生产工艺柔性化

柔性化体系的关键环节是实现设计的柔性化。批量定制下的柔性化系统家具生产为保证所加工产品对市场的适应能力，在将设计模式进行专业化分工的同时，需提高设计人员产品开发及应对市场变化的快速设计能力，使设计人员在设计的初始阶段即针对产品族进行设计，同时确定产品生产的参数规范及定制模式等，从而提高家具生产企业适应客户需求的能力。这种合理的柔性化设计模式，不仅可以保证行业进步的空间，同时也是促进家具制造企业高速发展的重要因素之一。

生产工艺的柔性化制造单元或称柔性家具制造系统（flexible furniture manufacturing system），是通过计算机将不同柔性工艺体系进行统一控制、集中管理。生产系统的柔性程度是一种相对的衡量标准，需要对系统内的设备及其他技术手段进行综合评定。如采用高度自动化的数控加工中心组成的柔性生产线，还需配置相应的数据信息传输、存储和集中管理系统，以保证其柔性生产的最大化。另外还可以通过计算机管理系统管理现有机床组成的流动性强的生产线，使整个生产线的柔性程度得到大幅度提高，最大限度地利用计算机数控技术集中管理生产工艺中的各个环节，利用工艺可能性最宽泛的机床是保证柔性程度最大化的必要途径。

8.4.2.5　实施柔性化制造的必要性和可行性

对我国家具制造业而言，目前的工业化和信息化成熟度还不够，柔性化制造是符合家具行业实际情况、有效推动行业升级改造的一项优选，是真正实现大规模定制下家具生产的关键技术手段。柔性化制造能够增强企业反应和竞争的能力，快速应对市场变化而不用牺牲企业的大量资源，同时还可以消除或减少各种不确定性变化对企业的影响。

另外，我国已经具备发展家具柔性化生产的产业条件，可以发挥每个企业的专长，在某一地区各企业间分工协作共同抵御外界风险。针对国内家具制造企业不同的生产模式及现状，在维持有利条件的同时，还应分层次、分阶段建立不同效率水平的柔性制造系统，将高度自动化的配置方式、现阶段大批量自动生产线模式及小规模灵活性加工模式相结合，确保整体社会资源的高效利用，同时加快企业先进生产和管理模式的改造步伐，提高家具的生产能力，降低家具生产成本，提升家具行业的整体生存能力。

8.5　传统材料应用的瓶颈期

传统家具设计材料主要包含天然木材、木质人造板、金属、塑料、石材、皮革、布艺等，而木材的材料特性不论是从视觉上还是触觉上，均是其他新型材料难以超越的形式，因此木材于我国家具材料市场而言，始终占有主导地位。但由于我国是少林国家，森林资源日益匮乏，树木生长时间长，优质树种越来越少，受气候和地形的影响，自然灾害和生物虫害严重，近年来我国以红木为主的木材材料大量依靠从东南亚地区进口，所以实木家具的总体造价变高，市场发展受限。基于对生态环境的保护下，以木材为代表的传统材料家具发展陷入瓶颈期。

传统材料遭遇瓶颈期的现实困境，迫使人们思考将可持续发展的理念和创新家具材料融入家具设计中。

参考文献

[1] 李坚.木材科学研究 [M].北京：科学出版社，2009.

[2] 叶翠仙.家具设计：制图·结构与形式 [M].北京：化学工业出版社，2017.

[3] 郑建启，设计材料工艺学 [M].北京：高等教育出版社，2017.

[4] 张求慧.家具材料学 [M].北京：中国林业出版社，2013.

[5] 顾炼百.木材加工工艺学 [M].北京：中国林业出版社，2011.

[6] 中国标准出版社第一室.木材工业标准汇编：人造板.2 版 [M].北京：中国标准出版社，2005.

[7] 陶涛.家具制造工艺 [M].北京：化学工业出版社，2011.

[8] 孙德彬，倪长雨，陆涛.家具表面装饰工艺技术 [M].北京：中国轻工业出版社，2009.

[9] 孙德林.家具结构设计 [M].北京：中国轻工业出版社，2020.

[10] 唐开军.家具设计 [M].北京：中国轻工业出版社，2016.

[11] 柳万千.家具力学 [M].哈尔滨：东北林业大学出版社，1993.

[12] 卡尔·艾克曼.家具结构设计 [M].林作新，李黎，等编译.北京：中国林业出版社，2008.

[13] 张仲凤，张继娟.家具结构设计 [M].北京：机械工业出版社，2016.

[14] 张仲凤，邹伟华.竹藤家具设计与工艺 [M].北京：机械工业出版社，2020.

[15] 吴智慧，李吉庆，袁哲.竹藤家具制造工艺 [M].北京：中国林业出版社，2009.

[16] 吴智慧.木家具制造工艺学 [M].北京：中国林业出版社，2012.

[17] 吴智慧.家具质量管理与控制 [M].北京：中国林业出版社，2007.

[18] 程瑞香.室内与家具设计人体工程学 [M].北京：化学工业出版社，2015.

[19] 袁喜生，于伸.家具质量检测技术 [M].北京：化学工业出版社，2014.

[20] 冯昌信.家具设计 [M].北京：中国林业出版社，2006.

[21] 梅启毅.家具材料 [M].北京：中国林业出版社，2007.

[22] 陈祖建，何晓琴.家具设计常用资料集 [M].北京：化学工业出版社，2012.

[23] 刘晓红，江功南.板式家具制造技术与应用 [M].北京：高等教育出版社，2010.

[24] 刘晓红，王瑜.板式家具五金概述与应用实务 [M].北京：中国轻工业出版社，2017.

[25] 刘一星，赵广杰.木质资源材料学 [M].北京：中国林业出版社，2006.

[26] 何平.装饰材料 [M].南京：东南大学出版社，2002.

[27] 王巍，石炜，刘保滨.家具质量管理与检验 [M].北京：中国轻工业出版社，2017.

[28] 储富祥，王春鹏.新型木材胶黏剂 [M].北京：化学工业出版社，2017.

[29] 宋魁彦，郭明辉，孙明磊.木制品生产工艺 [M].北京：化学工业出版社，2014.

[30] 金露.图解定制家具设计与制作安装 [M].北京：中国电力出版社，2018.

[31] 华毓坤.人造板工艺学 [M].北京：中国林业出版社，2002.

[32] 薛坤，王所玲，黄永健.非木质家具制造工艺 [M].北京：中国轻工业出版社，2012.

[33] 曾东东.木材加工技术专业综合实训指导书：木制品生产技术 [M].北京：中国林业出版

社，2008.

[34] 沈隽.木材加工技术［M］.北京：化学工业出版社，2005.

[35] 郭仁宏.家具与室内装饰材料安全评价及检测技术［M］.北京：化学工业出版社，2018.

[36] 董治年，王春蓬，严康.智能家居与智慧环境设计［M］.北京：化学工业出版社，2020.

[37] 刘修文.智慧家庭终端开发教程［M］.北京：机械工业出版社，2018.

[38] 周雪冰.折叠式多功能家具设计研究［D］.长沙：中南林业科技大学，2012.

[39] 朱伟.基于收启式结构的木质折叠椅系列产品设计［D］.长沙：中南林业科技大学，2016.

[40] 王拓然.伸缩结构在产品设计中的应用研究［D］.北京：北京理工大学，2015.

[41] 孙德林.32mm 系统家具的设计与制造技术［J］.林产工业，2006,33（1）:53-55.

[42] 陈新义，刘文金，张海雁.基于竹集成材的家具产品设计技术研究［J］.包装工程，2019,40
(14)：162-166.

[43] 衡小东.家具材料中塑料的应用现状及发展趋势［J］.塑料工业，2019,47(6):155-158.

[44] 吕桢.竹制家具设计与研究［D］.石家庄：河北科技大学，2017.

[45] 吴昱.竹灯具设计中材料技术美的表现形式研究［D］.长沙：中南林业科技大学，2021.

[46] 王锡斌.源于客家文化的互动竹灯具设计实践［J］.装饰，2020,(12):110-114.

[47] 袁哲.藤家具的研究［D］.南京：南京林业大学，2006.

[48] 闫丹婷.竹藤家具的装饰艺术与结合方法的研究［D］.长沙：中南林业科技大学，2007.

[49] 曾蔚霞.慈竹竹编在家具设计中的应用研究［D］.长沙：中南林业科技大学，2014.

[50] 杨凌云.圆竹家具新型接合结构设计研究［J］.竹子研究汇刊，2015,34(1):26-30.

[51] 贺瑞林.基于结构创新的圆竹家具设计研究［D］.长沙：中南林业科技大学，2016.

[52] 张英.竹材的设计表现力研究［D］.长沙：中南林业科技大学，2011,6.

[53] 陈哲.传统竹家具的结构改进研究［D］.长沙：中南林学院，2005.

[54] 郭洪铣.基于 ANSYS 软件的有限元法网格划分技术浅析［J］.科技经济市场，2010,（4）:
29-30.

[55] 张帆.基于有限元法的实木框架式家具结构力学研究［D］.北京：北京林业大学，2012.

[56] 陈秉慈.木材无损检测方法的应用和发展方向［J］.机电技术，2022(4):99-101.

[57] 张厚江，管成，文剑.木质材料无损检测的应用与研究进展［J］.林业工程学报，2016,1（6）:
1-9.

[58] 马晓芳，曾利.大数据处理技术在家具审美评价中的应用［J］.湖南包装，2022,（6）:158-170.

[59] 熊先青，张美，岳心怡，等.大数据技术在家居智能制造中的应用研究进展［J］.世界林业研究，2023,36（2）:74-81.

[60] 刘桂英.面向家具产品的大批量定制实施策略研究［D］.杭州：杭州电子科技大学，2018.

[61] 毛磊，闫超.面向大规模定制下的家具柔性化制造体系［J］.林业机械与木工设备，2015,43
（7）:35-37.

[62] 李军.家具柔性化生产的研究［D］.南京：南京林业大学，2004.

[63] 吕一心，周橙旻，李臻瑜.我国家具新材料发展现状综述［J］.家具与室内装饰，2020,（7）:
20-22.

[64] 肖瑜，王亚丽，龚璐璐.健康理念下家具新材料的创新应用研究［J］.家具与室内装饰，2021,
（4）:46-49.

[65] 杜光耀，龚京鸿，刘学莘.基于有限元法的竹集成材新中式椅轻量化设计［J］.林产工业，
2023,60（5）:39-44.